조주기능사
필기 + 실기

머리말

오늘날의 식생활 문화는 과거에 비해 많은 변화를 겪고 있으며 고객들의 요구와 기대도 더욱 다양해지고 세분화되었습니다. 이에 따라 식음료 문화 및 산업에 대한 심도 깊은 이해가 필요하다고 할 수 있습니다. 이러한 이해를 바탕으로 고객들에게 보다 전문성 있는 서비스와 양질의 경험을 제공할 수 있으며 이는 긍정적인 고객만족과 깊은 영향이 있습니다.

그동안 외식산업에서 음료 서비스에 대한 관심은 식품 서비스에 비해 상대적으로 적었지만 오늘날에는 음료의 중요성을 인식하고 전문 직업인의 양성을 위한 교육과정이 늘어나고 있는 추세입니다.

최근 정부에서는 국가직무표준(NCS : National Competency Standards)을 도입하여 산업현장에서 직무를 수행하는 데 요구되는 지식 · 기술 · 태도 등의 내용을 표준화, 체계화하여 이 기준에 따라 교육할 것을 요구하고 있습니다. 이에 따라 본 교재에서는 조주기능사 NCS 10개의 능력단위에 맞추어 그 내용을 체계적으로 정리하였습니다. 조주기능사 자격증 취득을 위한 이론 부분에서는 주류학개론 및 주장관리, 서비스 영어 기출문제를 분석 · 정리하였으며, 실기 공개문제 40가지를 조주기법에 따라 분류하고 조주과정을 상세하게 사진으로 설명하여 수험자들의 이해를 돕고자 하였습니다. 또한 전문 직업인으로서 바텐더가 알아야 할 주류와 칵테일에 관련된 일반지식을 수록하여 주류학에 대한 이해를 넓히고자 하였습니다.

본 교재가 시험을 준비하고 있는 수험생들의 합격에 밑거름이 되리라 기대하며 향후 우리나라 외식산업 및 음료산업발전에 함께 노력하기를 또한 기대해봅니다.

끝으로 본 교재의 준비과정에 물심양면으로 도와주신 분들께 감사드리며 본 교재의 출판을 위해 도움을 주신 도서출판 예문사의 모든 분들께 감사의 인사를 전합니다.

저자 드림

국가직무능력표준(NCS : National Competency Standards)

1. NCS란?

국가직무능력표준(NCS, National Competency Standards)은 산업현장에서 직무를 수행하기 위해 요구되는 지식·기술·태도 등의 내용을 국가가 체계화한 시스템으로 수요자 중심의 교육과 자격제도를 운영하는 것을 목표로 하고 있다.

NCS
• 각각 따로 운영되던 교육훈련을 국가직무능력표준 중심 시스템으로 전환 • 산업현장 직무 중심의 인적자원개발 • 능력 중심사회 구현을 위한 핵심 인프라 구축 • 고용과 평생직업능력개발 연계를 통한 국가경쟁력 향상

2. 국가직무능력표준 개념도

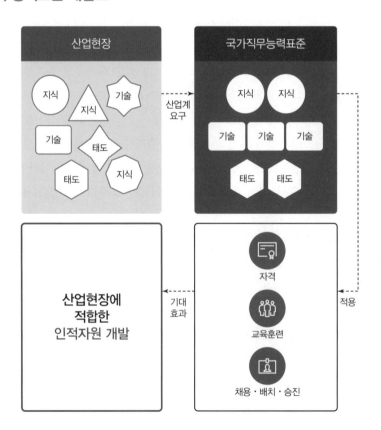

3. NCS에 따른 직업훈련기준(바텐더)

* **직종명** : 바텐더
* **직종정의** : 바텐더 직무는 고객이 만족할 수 있는 음료와 서비스를 제공하기 위해 다양한 음료의 종류와 특성을 이해하고 조주에 관계된 지식, 기술, 태도의 습득을 통해 고객에게 음료를 제공하며 음료 영업장의 관리, 운영, 마케팅을 수행하는 업무에 종사

* **훈련이수체계(수준별 이수 과정/과목)**

대분류	중분류	소분류	세분류
13. 음식서비스	01. 식음료조리 · 서비스	02. 식음료서비스	04. 바텐더

수준	직종				
5수준	지배인 (Manager)	식음료 영업장 관리	와인영업장 경영	커피매장 운영	음료 영업장 마케팅
4수준	부지배인 (Assist Manager)	식음료 고객 관리		• 커피 원두 선택 • 라떼아트 • 커피블렌딩 • 커피테이스팅 • 커피기계수리	• 메뉴 개발 • 음료 영업장 운영
3수준	선임서버 (Captain)	• 식음료 영업장 예약 관리 • 환영 환송 • 식음료 주문 • 음료 서비스 • 음식 서비스 • 식음료 영업장 마감 • 식음료 영업장 위생 안전 관리	• 와인 선정 · 구매 • 와인 · 와인 셀러 관리 • 와인 추천 · 판매 • 와인 서비스 • 와인 테이스팅 • 포도품종 · 와인 양조분류 • 구세계국가 와인 분류	• 커피매장 영업관리 • 커피기계운용 • 커피추출운용 • 커피음료제조 • 커피생두선택 • 커피로스팅	• 고객 서비스 • 칵테일 조주 실무
2수준	서버 (Sever)	식음료 영업 준비	• 와인장비 · 비품 관리 • 신세계국가 와인 분류	에스프레소 음료제조	• 위생관리 • 음료 특성 분석 • 음료 영업장 관리 • 바텐더 외국어 사용 • 칵테일 기법 실무
–		직업기초능력			
수준 \ 직종		식음료접객	소믈리에	커피관리	바텐더

조주기능사 자격시험 안내

자격 개요

1. 자격명 : 조주기능사
2. 영문명 : Craftsman Bartender
3. 관련부처 : 식품의약품안전처
4. 시행기관 : 한국산업인력공단
※ 과정평가형 자격 취득 가능 종목

취득방법

1. 시행처 : 한국산업인력공단
2. 시험과목
   • 필기 : 음료특성, 칵테일 조주 및 영업장 관리(바텐더 외국어 사용 포함) 등에 관한 사항
   • 실기 : 바텐더 실무
3. 검정방법
   • 필기 : 객관식 4지 택일형, 60문항(60분)
   • 실기 : 작업형(7분, 100점)
4. 합격기준
   • 필기 : 100점을 만점으로 하여 60점 이상
   • 실기 : 100점을 만점으로 하여 60점 이상

수행직무

주류, 음료류, 다류 등에 대한 재료 및 제법의 지식을 바탕으로 칵테일을 조주하고 호텔과 외식업체의 주장관리, 고객관리, 고객서비스, 경영관리, 케이터링 등의 업무를 수행

진로 및 전망

1. 주류, 음료류, 다류 등을 서비스하는 칵테일바, 와인바, 호텔, 레스토랑 등의 외식업체에서 바텐더, 소믈리에, 바리스타 등으로 근무하며, 간혹 해외 업체로 취업을 하기도 한다.
2. 주류, 음료류, 다류 등에 관한 많은 지식을 가져야 함은 물론이고 고객과의 원만하고 폭넓은 대화를 나눌 수 있는 소양을 갖추어야 하며, 외국인을 대할 기회가 많기 때문에 간단한 외국어 회화능력을 갖추는 것이 유리하다.

◆◆ 검정현황

연도	필기			실기		
	응시	합격	합격률(%)	응시	합격	합격률(%)
2022	7,878	5,932	75.3	6,048	4,167	68.9
2021	8,426	6,138	72.8	6,381	4,681	73.4
2020	6,240	4,602	73.8	5,169	3,696	71.5
2019	7,095	4,669	65.8	5,606	3,837	68.4
2018	6,375	4,191	65.7	5,372	3,694	68.8
2017	5,784	3,306	62.3	4,946	3,233	65.4
2016	6,513	3,599	55.3	4,915	3,366	68.5
2015	8,310	4,337	52.2	5,170	3,554	68.7
2014	9,063	4,449	49.1	5,043	3,167	62.8
2013	10,045	5,045	50.2	5,781	3,579	61.9
2012	8,981	5,295	59	5,364	3,215	59.9
2011	8,512	5,034	59.1	5,174	3,031	58.6
2010	8,086	5,017	62	5,265	3,020	57.4
2009	7,666	4,517	58.9	4,992	2,881	57.7
2008	6,062	3,671	60.6	3,938	2,380	60.4
2007	5,036	3,189	63.3	3,631	2,169	59.7
2006	5,553	3,677	66.2	3,646	2,145	58.8
2005	5,062	3,675	72.6	3,706	2,213	59.7
2004	5,354	3,873	72.3	3,853	2,191	56.9
2003	5,933	4,550	76.7	4,105	2,247	54.7
2002	5,703	4,253	74.6	3,408	1,884	55.3
2001	6,789	4,024	59.3	3,580	1,959	54.7
1984~2000	12,955	8,039	62.1	6,984	4,373	62.6
소계	167,421	105,382	62.9	112,077	70,682	63.1

CBT 온라인 모의고사 이용 안내

- 인터넷에서 [예문사]를 검색하여 홈페이지에 접속합니다.
- PC, 휴대폰, 태블릿 등을 이용해 사용이 가능합니다.

STEP 1 회원가입 하기

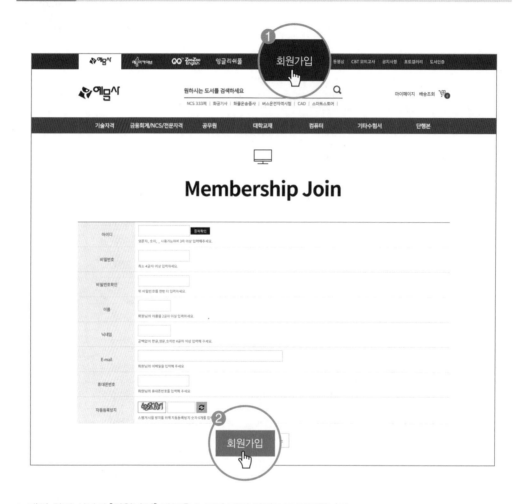

1. 메인 화면 상단의 [회원가입] 버튼을 누르면 가입 화면으로 이동합니다.
2. 입력을 완료하고 아래의 [회원가입] 버튼을 누르면 **인증절차 없이 바로 가입**이 됩니다.

STEP 2 시리얼 번호 확인 및 등록

시리얼번호			
D612	G214	V0J2	854H

1. 로그인 후 메인 화면 상단의 [CBT 모의고사]를 누른 다음 **수강할 강좌를 선택**합니다.
2. 시리얼 등록 안내 팝업창이 뜨면 [확인]을 누른 뒤 **시리얼 번호를 입력**합니다.

STEP 3 등록 후 사용하기

1. 시리얼 번호 입력 후 [마이페이지]를 클릭합니다.
2. 등록된 CBT 모의고사는 [모의고사]에서 확인할 수 있습니다.

이 책의 특징

♠♦ 조주기능사 시험에서 꼭 알아야 할 핵심이론

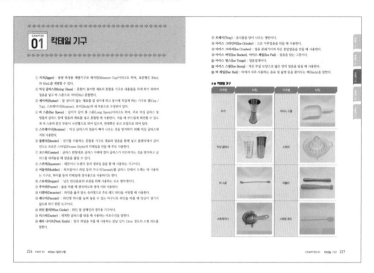

조주기능사 필기 시험에 꼭 나오는 내용을 정리한 핵심이론과 조주기능사가 꼭 알아야 할 주류학 이론을 다양한 풍부한 예시와 그림 및 사진을 담아 정리하였습니다.

♠♦ 학습한 이론을 정리하는 핵심예상문제

출제 가능성 높은 기출문제들과 꼭 풀어보아야 할 유형의 문제들을 상세한 해설과 함께 담았습니다.

♠♦ 최근 10개년 과년도 기출(복원)문제로 최종 점검

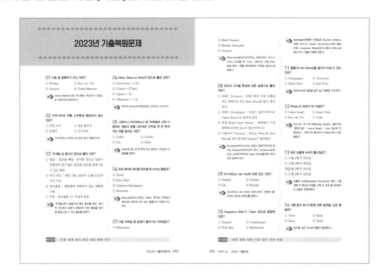

실제 기출문제와 기출복원문제까지 수록하여 최근 출제경향을 파악하고 최종적으로 본인의 실력을 점검할 수 있습니다.

♠♦ 실기 이론과 공개문제 40문항 조주과정 수록

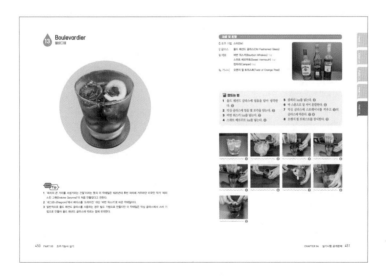

실기 준비에서 꼭 알아야 할 핵심이론과 공개문제 조주과정을 기법별로 저자가 직접 찍은 사진과 함께 담았습니다. 특히, 2024년에 새로 추가되는 칵테일 '불바디에'의 조주과정이 실려 있습니다.

이 책의 차례

PART 01
조주기능사 필기 핵심이론

PART 02
주류학

이 책의 차례

조주기능사 필기
핵심이론

CHAPTER
01 위생관리

 SECTION 1 **훈련목표 및 편성내용**

훈련목표	고객에게 위생적인 음료를 제공하기 위하여 음료 영업장과 조주에 활용되는 재료·기물·기구를 청결히 관리하고 개인위생을 준수하는 능력을 함양	
수준	2수준	
단원명 (능력단위 요소명)	훈련내용 (수행준거)	
음료 영업장 위생 관리하기	1.1	음료 영업장의 청결을 위하여 영업 전 청결 상태를 확인하여 조치할 수 있다.
	1.2	음료 영업장의 청결을 위하여 영업 중 청결 상태를 유지할 수 있다.
	1.3	음료 영업장의 청결을 위하여 영업 후 청결 상태를 복원할 수 있다.
재료·기물·기구 위생 관리하기	2.1	음료의 위생적 보관을 위하여 음료 진열장의 청결을 유지할 수 있다.
	2.2	음료 외 재료의 위생적 보관을 위하여 냉장고의 청결을 유지할 수 있다.
	2.3	조주 기물의 위생관리를 위하여 살균 소독을 할 수 있다.
개인위생 관리하기	3.1	이물질에 의한 오염을 막기 위하여 개인 유니폼을 항상 청결하게 유지할 수 있다.
	3.2	이물질에 의한 오염을 막기 위하여 손과 두발을 항상 청결하게 유지할 수 있다.
	3.3	병원균에 의한 오염을 막기 위하여 보건증을 발급받을 수 있다.

SECTION 2 **음료 영업장 위생관리**

1. 음료 영업장 위생관리

① 음료 영업장의 청결을 위하여 영업 전, 영업 중, 영업 종료 후 청결 상태를 확인하여 조치하여야 한다.
- 음료 진열장 및 수납공간은 먼지가 없도록 하고 세척과 소독하여 관리한다.

- 냉장·냉동고는 내부 용적의 70%를 넘지 않도록 보관하며 적정온도가 유지되는지 확인하고 내부 물품을 일렬로 정리하여 관리한다.
- 칼·도마·행주 및 조주용 기물은 교차오염 방지를 위해 구분하여 사용하고 철저히 소독하여야 한다.
- 음료 영업장 바닥은 물기가 없어야 하며 식재료 보관 시 영업장 바닥과 벽으로부터 15cm 떨어지게 비치한다.

② 위생관리기준서에 따라 개인위생관리를 위해 복장을 청결하게 유지한다.
- 유니폼은 항상 청결히 하고, 다림질을 해서 단정하게 착용한다.
- 근무시간 중 액세서리의 착용을 금한다.
- 모발은 단정하게 하고 헤어무스나 젤 등은 사용하지 않는다.

③ 위생관리기준서에 따라 식중독 예방법을 익히고 올바른 손 씻기 방법을 익혀 손을 청결하게 유지한다.
- 비누거품을 충분히 만들어 손목 위까지 꼼꼼하게 문질러 씻고 흐르는 물에 충분히 헹군다.
- 공용 수건을 사용하지 않고 종이타월 또는 핸드드라이어로 손의 물기를 없애며 손 소독제를 이용하여 손을 소독한다.

2. 재료·기물·기구 위생관리

1) 교차오염 방지

① 주방에 시설되어 있는 장비와 기구 및 기물을 안전하게 배치하고 위생적으로 관리한다.
② 반입되는 식품을 검수하고 운반, 보관하여 조주하는 과정에서 오염이 일어날 수 있으므로 주의한다.
③ 교차오염을 방지하기 위해서는 기물 및 도구를 철저하게 관리하고 정해진 위치에 보관하는 것이 중요하다.

2) 주방 시설 및 도구 관리

① 위생해충의 발생지를 제거하고 서식하지 않도록 한다.
② 주방 시설 및 도구의 관리기준에 따라 관리한다.
③ 소독제 사용 시 허가된 소독약품을 용도에 맞게 사용해야 한다.
④ 전기를 사용하는 도구와 장비는 반드시 전원을 차단한 후 점검과 소독을 실시한다.

3. 개인위생관리

개인위생관리는 식중독 예방을 위하여 중요하며, 소비자에게 안전한 식품을 제공하는 척도가 된다.

1) 위생관리 기준

① 피부병, 화농성 질환이 있는 경우 식품취급을 금한다.
② 유니폼 등을 청결한 상태로 착용한다.
③ 작업 시에는 항상 손을 30초 이상 깨끗이 씻고 마스크를 착용하며 머리 및 코 등의 신체 부위를 만지지 않는다.
④ 진한 화장을 하지 않고, 시계, 반지, 귀걸이 등을 착용하지 않는다.
⑤ 관계자 이외에는 바(Bar) 출입을 삼가고, 근무수칙을 준수한다.

2) 식품위생분야 종사자의 건강진단 규칙

(1) 건강진단 대상자

① 식품위생분야 종사자는 1년에 1회의 정기건강진단을 받아야 한다.
② 건강진단을 받아야 하는 사람은 식품 또는 식품첨가물을 채취 · 제조 · 가공 · 조리 · 저장 · 운반 또는 판매하는 일에 직접 종사하는 영업자 및 종업원으로 한다. 다만, 완전 포장된 식품 또는 식품첨가물을 운반하거나 판매하는 일에 종사하는 사람은 제외한다.
③ 건강진단은 보건소, 종합병원 · 병원 또는 의원에서 실시한다.

(2) 영업에 종사하지 못하는 질병의 종류

① 결핵(비감염성인 경우는 제외한다)
② 콜레라, 장티푸스, 파라티푸스, 세균성 이질, 장출혈성 대장균감염증, A형 간염
③ 피부병 또는 그 밖의 화농성 질환
④ 후천성 면역결핍증(성병에 관한 건강진단을 받아야 하는 영업에 종사하는 사람만 해당한다)

 식품위생

1. 식품위생의 정의

1) 우리나라 「식품위생법」에서 식품위생의 정의

① 식품이란 의약으로 섭취하는 것을 제외한 모든 음식물을 말한다.
② 식품위생이란 식품 · 식품첨가물 · 기구 또는 용기 · 포장을 대상으로 하는 음식에 관한 위생을 말한다.

2) 세계보건기구(WHO)에서 식품위생의 정의

식품위생이란 식품의 재배, 생산 또는 제조로부터 최종적으로 사람에게 섭취될 때까지의 모든 단계에서 식품의 안전성, 건전성, 건강성을 확보하기 위한 모든 수단을 뜻한다.

2. 식품위생법의 목적

① 위생상의 위해 방지
② 식품영양의 질적 향상
③ 식품에 관한 올바른 정보 제공
④ 국민보건의 증진에 기여

3. 식품 등의 취급

깨끗하고 위생적으로 다루어야 한다.

4. 안전성을 해치는 4가지 요인

① 부패 · 변질된 것
② 유독 · 유해 물질이 들어 있거나 묻어 있는 것
③ 병원미생물에 오염된 것
④ 불결하거나 다른 물질이 혼입된 것

5. 식품위생에 관련된 질병

식품위생과 관련된 대표적 질병으로 식중독 및 수인성 감염병 등을 들 수 있다.

1) 식중독

(1) 세균성 식중독

① 감염형 세균성 식중독

식품 중에서 증식한 세균에 의해 발생하는 살모넬라, 장염비브리오, 병원성 대장균, 웰치균 식중독 등이 있다.

② 독소형 세균성 식중독

식품 중에서 증식한 세균의 독소에 의해 발생하는 포도상구균, 보툴리누스균 식중독 등이 있다.

(2) 자연독 식중독

식품이 함유한 유독성분에 의해 발생하며 동물성 자연독 식중독과 식물성 자연독 식중독이 있다.

(3) 화학성 식중독

식품첨가물이나 잔류농약, 중금속 등에 오염된 음식물에 의해 발생한다.

(4) 곰팡이에 의한 식중독

식품 중에 생성된 곰팡이에 의해 발생한다.

2) 수인성 감염병(경구감염병)

식품이나 음용수를 통해 감염되는 질병으로 콜레라, 장티푸스, 파라티푸스, 이질, 폴리오(소아마비) 등이 있다.

3) 인수공통 감염병

동일 병원체에 의하여 사람이나 동물이 모두 감염되는 감염병을 말한다.

4) 기생충 감염병

감염원이 되는 기생충에는 회충, 구충, 요충, 편충, 간디스토마, 폐디스토마, 유구조충, 무구조충 등이 있다.

SECTION 4 식품위생 관계법규

1. 위생적인 주류 취급 방법(출처 : 식품의약품안전처 〈주류의 보관 및 취급관리 요령〉)

주류 보관 시에는 청결하고 위생적인 장소에서 기준에 맞게 보관하고 유통해야 하며, 주류 보관창고 관리 및 취급 요령은 다음과 같다.

1) 보관환경

① 보관창고는 위생적으로 관리해야 한다.
② 보관 및 판매 장소는 방충·방서 관리를 철저히 하여 위생해충이 없도록 해야 하고, 채광 및 조명은 작업에 지장이 없도록 해야 한다.
③ 주류를 취급하는 장소는 눈·비 등으로부터 보호될 수 있도록 하고 오염을 방지할 수 있어야 한다.

2) 보관 및 취급 방법

① 제품은 서늘한 곳에 식품 외의 물품과 분리하여 보관·유통하여야 한다.

② 냉장제품은 냉장온도를 준수하여 보관하고 실온보관제품은 서늘한 곳에 보관한다. 제품의 한글 표시사항에 표시된 보관 방법을 준수하여 주류를 보관한다.
- 상온 : 15~25℃, 실온 : 1~35℃, 냉장 : 0~10℃
- 서늘한 곳 : 제품의 보관이나 유통과정 중 직사광선이나 온도 등에 의해 제품의 변질이 일어나지 않는 조건으로 사전적 의미인 실온 중 약간 추운 느낌을 주는 상태

③ 여름철 고온에서 맥주를 보관할 경우 이취(일광취, 산화취)의 원인이 될 수 있으며, 급격한 온도 변화에 노출될 경우 맥주의 성분이 변화하여 침전물 등이 생성될 수 있어 제품의 품질이 저하된다.

④ 불량·파손·표시사항 훼손 등 부적합한 제품은 반품 교환을 위해 별도의 장소에 구분하여 보관하고 부적합 제품임을 표시한다.

⑤ 대부분의 생(生)탁주 마개는 탄산가스 배출을 하고 있어서 넘어지거나 외부 충격으로 압력이 상승할 경우 술이 넘치거나 흘러 술의 품질 변화와 비위생적 관리가 우려된다.

⑥ 소주, 맥주는 결빙되는 경우 제품의 품질 저하 및 병 파손이 발생할 수 있다.

3) 주류 판매 관계법규

(1) 유흥음식업자의 주류 구입 및 판매

유흥음식업자의 주류 구입 및 판매는 다음에 따른다.

① 제조자 또는 도매업자에게서 유흥음식점용 주류를 구입하도록 하며, 용도위반주류를 허가장소 내에 보유하여서는 아니 된다.

② 주류를 구입하는 때마다 주류판매계산서 또는 세금계산서를 교부받아 보관하도록 한다.

③ 당해 유흥음식업소 내에서 직접 음용하는 고객에게만 판매하도록 한다.

(2) 미성년자 주류 제공 금지

식품접객영업자는 「청소년 보호법」 제2조에 따른 청소년에게 다음에 해당하는 행위를 하여서는 안 된다.

① 청소년을 유흥접객원으로 고용하여 유흥행위를 하게 하는 행위

② 청소년 출입·고용 금지업소에 청소년을 출입시키거나 고용하는 행위

③ 청소년 고용금지업소에 청소년을 고용하는 행위

④ 청소년에게 주류를 제공하는 행위

2. 위해식품 등의 판매 등 금지

다음에 해당하는 식품 등을 판매하거나 판매할 목적으로 채취 · 제조 · 수입 · 가공 · 사용 · 조리 · 저장 · 소분 · 운반 또는 진열하여서는 아니 된다.

① 인체의 건강을 해칠 우려가 있는 것
② 유독 · 유해 물질이 들어 있거나 묻어 있는 것 또는 그러할 염려가 있는 것(다만, 식품의약품안전처장이 인체의 건강을 해칠 우려가 없다고 인정하는 것은 제외한다)
③ 안전성 심사를 받지 아니하였거나 안전성 심사에서 식용으로 부적합하다고 인정된 것
④ 수입이 금지된 것 또는 수입신고를 하지 아니하고 수입한 것
⑤ 영업자가 아닌 자가 제조 · 가공 · 소분한 것

3. 출입 · 검사 · 수거 등

① 식품의약품안전처장, 시 · 도지사 또는 시장 · 군수 · 구청장은 식품 등의 위해방지 · 위생관리와 영업질서의 유지를 위하여 필요하면 다음의 조치를 할 수 있다.
 • 영업자나 그 밖의 관계인에게 필요한 서류나 그 밖의 자료 제출 요구
 • 관계 공무원으로 하여금 출입 · 검사 · 수거 등의 조치
② 출입 · 검사 · 수거 등은 국민의 보건위생을 위하여 필요하다고 판단되는 경우에는 수시로 실시한다.
③ 행정처분을 받은 업소에 대한 출입 · 검사 · 수거 등은 그 처분일로부터 6개월 이내에 1회 이상 실시하여야 한다. 다만, 행정처분을 받은 영업자가 그 처분의 이행 결과를 보고하는 경우에는 그러하지 아니하다.

4. 식품접객업의 종류

1) 휴게음식점 영업

다류, 아이스크림류 등을 조리 · 판매하거나 음식류를 조리 · 판매하는 영업으로서 음주행위가 허용되지 않는다.

2) 일반음식점 영업

음식류를 조리 · 판매하는 영업으로서 식사와 함께 부수적으로 음주행위가 허용된다.

3) 단란주점 영업

주류를 조리 · 판매하는 영업으로서 손님이 노래를 부르는 행위가 허용된다.

4) 유흥주점 영업

주류를 조리 · 판매하는 영업으로서 유흥종사자를 두거나 유흥시설을 설치할 수 있고 손님이 노래를 부르거나 춤을 추는 행위가 허용된다. 여기서 '유흥종사자'란 손님과 함께 술을 마시거나 노래 또는 춤으로 손님의 유흥을 돋우는 부녀자인 유흥접객원을 말한다.

5) 위탁급식 영업

집단급식소를 설치 · 운영하는 자와의 계약에 따라 그 집단급식소에서 음식류를 조리하여 제공한다.

6) 제과점 영업

빵, 떡, 과자 등을 제조 · 판매하는 영업으로서 음주행위가 허용되지 않는다.

5. 영업허가 및 영업신고

① 단란주점 영업, 유흥주점 영업은 특별자치시장 · 특별자치도지사 또는 시장 · 군수 · 구청장의 허가를 받아야 한다.
② 휴게음식점 영업, 일반음식점 영업, 위탁급식 영업, 제과점 영업은 특별자치시장 · 특별자치도 지사 또는 시장 · 군수 · 구청장에게 신고를 하여야 한다.

6. 영업허가 등의 제한

1) 영업허가 규제

① 시설기준에 맞지 아니한 경우
② 영업허가가 취소되고 6개월이 지나기 전에 같은 장소에서 같은 종류의 영업을 하려는 경우(다만, 영업시설 전부를 철거하여 영업허가가 취소된 경우에는 그러하지 아니하다)
③ 청소년을 유흥접객원으로 고용하여 유흥행위를 하거나 성매매알선 등 금지행위를 위반하여 영업허가가 취소되고 2년이 지나기 전에 같은 장소에서 식품접객업을 하려는 경우
④ 영업허가가 취소되고 2년이 지나기 전에 같은 자(법인인 경우에는 그 대표자를 포함한다)가 취소된 영업과 같은 종류의 영업을 하려는 경우
⑤ 청소년을 유흥접객원으로 고용하여 유흥행위를 하거나 성매매알선 등 금지행위를 위반하여 영업허가가 취소된 후 3년이 지나기 전에 같은 자(법인인 경우에는 그 대표자를 포함한다)가 식품접객업을 하려는 경우
⑥ 판매금지 규정을 위반하여 영업허가가 취소되고 5년이 지나기 전에 같은 자(법인인 경우에는 그 대표자를 포함한다)가 취소된 영업과 같은 종류의 영업을 하려는 경우

⑦ 식품접객업 중 국민의 보건위생을 위하여 허가를 제한할 필요가 뚜렷하다고 인정되어 시·도지사가 지정하여 고시하는 영업에 해당하는 경우
⑧ 영업허가를 받으려는 자가 피성년후견인이거나 파산선고를 받고 복권되지 아니한 자인 경우

2) 영업신고 또는 영업등록을 할 수 없는 경우

① 영업등록 취소 또는 영업소 폐쇄명령을 받고 6개월이 지나기 전에 같은 장소에서 같은 종류의 영업을 하려는 경우(다만, 영업시설 전부를 철거하여 영업등록 취소 또는 영업소 폐쇄명령을 받은 경우에는 그러하지 아니하다)
② 청소년을 유흥접객원으로 고용하여 유흥행위를 하거나 성매매알선 등 금지행위를 위반하여 영업등록 취소 또는 영업소 폐쇄명령을 받고 2년이 지나기 전에 같은 장소에서 식품접객업을 하려는 경우
③ 영업소 폐쇄명령을 받고 2년이 지나기 전에 같은 자(법인인 경우에는 그 대표자를 포함한다)가 식품접객업을 하려는 경우
④ 청소년을 유흥접객원으로 고용하여 유흥행위를 하거나 성매매알선 등 금지행위를 위반하여 등록취소 또는 영업소 폐쇄명령을 받고 5년이 지나지 아니한 자(법인인 경우에는 그 대표자를 포함한다)가 등록취소 또는 폐쇄명령을 받은 영업과 같은 종류의 영업을 하려는 경우

7. 건강진단

1) 건강진단 대상자

① 건강진단을 받아야 하는 사람은 식품 또는 식품첨가물을 채취·제조·가공·조리·저장·운반 또는 판매하는 일에 직접 종사하는 영업자 및 종업원으로 한다. 다만, 완전 포장된 식품 또는 식품첨가물을 운반하거나 판매하는 일에 종사하는 사람은 제외한다.
② 건강진단은 보건소, 종합병원·병원 또는 의원에서 실시한다.

2) 영업에 종사하지 못하는 질병의 종류

① 결핵(비감염성인 경우는 제외한다)
② 콜레라, 장티푸스, 파라티푸스, 세균성 이질, 장출혈성 대장균감염증, A형 간염
③ 피부병 또는 그 밖의 화농성 질환
④ 후천성 면역결핍증(성병에 관한 건강진단을 받아야 하는 영업에 종사하는 사람만 해당한다)

8. 식품위생교육

① 식품접객 영업자 및 유흥종사자를 둘 수 있는 식품접객업 영업자의 종업원은 매년 식품위생교

육을 받아야 한다.

② 영업을 하려는 자는 미리 6시간의 식품위생교육을 받아야 한다.

9. 식품접객업자(위탁급식영업자는 제외)와 그 종업원의 준수사항

① 간판에는 해당 업종명과 허가를 받거나 신고한 상호를 표시하여야 한다.

② 손님이 보기 쉽도록 영업소의 외부 또는 내부에 가격표(부가가치세 등이 포함된 것으로서 손님이 실제로 내야 하는 가격이 표시된 가격표를 말한다)를 붙이거나 게시하되, 신고한 영업장 면적이 150제곱미터 이상인 휴게음식점 및 일반음식점은 영업소의 외부와 내부에 가격표를 붙이거나 게시하여야 하고, 가격표대로 요금을 받아야 한다.

③ 영업허가증·영업신고증·조리사면허증(조리사를 두어야 하는 영업에만 해당한다)을 영업소 안에 보관하고, 허가관청 또는 신고관청이 식품위생·식생활개선 등을 위하여 게시할 것을 요청하는 사항을 손님이 보기 쉬운 곳에 게시하여야 한다.

④ 일반음식점영업자가 주류만을 판매하거나 주로 다류를 조리·판매하는 다방 형태의 영업을 하는 행위는 준수사항에 위반된다.

⑤ 유흥주점영업자는 성명, 주민등록번호, 취업일, 이직일, 종사분야를 기록한 종업원(유흥접객원만 해당한다) 명부를 비치하여 기록·관리하여야 한다.

⑥ 모범업소가 아닌 업소의 영업자는 모범업소로 오인·혼동할 우려가 있는 표시를 하여서는 아니 된다.

음료 특성 분석

SECTION 1 훈련목표 및 편성내용

훈련목표	다양한 음료의 특성을 파악 · 분류하고 조주에 활용하는 능력을 함양		
수준	2수준		
단원명 (능력단위 요소명)	훈련내용 (수행준거)		
음료 분류하기	1.1	알코올 함유량에 따라 음료를 분류할 수 있다.	
	1.2	양조 방법에 따라 음료를 분류할 수 있다.	
	1.3	청량음료, 영양음료, 기호음료를 분류할 수 있다.	
	1.4	지역별 전통주를 분류할 수 있다.	
음료 특성 파악하기	2.1	다양한 양조주의 기본적인 특성을 설명할 수 있다.	
	2.2	다양한 증류주의 기본적인 특성을 설명할 수 있다.	
	2.3	다양한 혼성주의 기본적인 특성을 설명할 수 있다.	
	2.4	다양한 전통주의 기본적인 특성을 설명할 수 있다.	
	2.5	다양한 청량음료, 영양음료, 기호음료의 기본적인 특성을 설명할 수 있다.	
음료 활용하기	3.1	알코올성 음료를 칵테일 조주에 활용할 수 있다.	
	3.2	비알코올성 음료를 칵테일 조주에 활용할 수 있다.	
	3.3	비터와 시럽을 칵테일 조주에 활용할 수 있다.	

SECTION 2 음료 분류

음료(Beverage)란 비알코올성 음료만을 뜻하는 것이 아니라 술이라 일컫는 알코올성 음료도 포함한다. 알코올을 함유한 음료를 알코올릭 드링크(Alcoholic Drinks) 또는 하드 드링크(Hard

Drinks)라 하고, 알코올이 함유되지 않은 음료를 논알코올릭 드링크(Non Alcoholic Drinks) 또는 소프트 드링크(Soft Drinks)라고 한다.

◆◆ 음료의 분류

구분	종류			
알코올성 음료	발효주	단발효주		포도주
				과실주
		복발효주	단행	맥주
			병행	곡주류(막걸리, 약주, 청주)
	증류주	위스키		스카치 위스키
				아메리칸 위스키
				캐나디안 위스키
				아이리시 위스키
		브랜디		
		럼		
		진		
		보드카		
		테킬라		
		소주		
	혼성주	과실류		
		씨 & 종자		
		약초 & 향초류		
		우유류		
비알코올성 음료	청량음료			탄산음료
				무탄산음료
	영양음료			주스류
				우유류
	기호음료			커피
				차
				코코아

1. 알코올성 음료

술이라 일컫는 알코올성 음료는 「주세법」상 순수 에틸알코올을 1% 이상 함유하고 사람이 마실 수 있도록 만들어진 것을 말한다. 여러 가지 방법으로 분류할 수 있으나 일반적으로 제조 방법에 따라 양조주(발효주), 증류주, 혼성주로 나눈다.

1) 술의 정의

「주세법」상 주류는 다음과 같이 정의된다.

① **주정(酒精)** : 희석하여 음용할 수 있는 에틸알코올을 말하며, 불순물이 포함되어 있어서 직접 음용할 수는 없으나 정제하면 음용할 수 있는 조주정(粗酒精)을 포함한다.
② **알코올분 1도 이상의 음료** : 용해하여 음용할 수 있는 가루 상태인 것을 포함하되, 「약사법」에 따른 의약품 및 알코올을 함유한 조미식품으로서 대통령령으로 정하는 것은 제외한다.
③ '알코올분'이란 전체용량에 포함되어 있는 에틸알코올(섭씨 15℃에서 0.7947의 비중을 가진 것을 말한다)을 말한다.

2) 술의 알코올 농도 표시법

술의 알코올 도수는 일정한 양의 물에 함유된 알코올 농도의 비율을 말하는 것으로, 표시 방법은 나라마다 다르다. 우리나라에서는 「주세법」의 %의 숫자에 도(°)를 붙여 사용한다.

(1) 용량 퍼센트(Percent by Volume)

프랑스의 화학자 게이뤼삭(Gay-Lussac)이 고안한 방법으로 15℃에서 원용량 100분 중에 함유한 에틸알코올의 비율을 나타낸다. 부피를 기준으로 측정했다는 표시로 Vol% 또는 V/V%라는 단위가 들어간다. 술의 비중은 0.8로 물(1.0)보다 가벼워 무게를 기준으로 하면 그 수치가 달라진다.

(2) 프루프(Proof)

미국의 알코올 농도 표시법으로 화씨 60℃(섭씨 15.6℃)에서의 순수한 물을 0, 에틸알코올을 200 Proof로 하여 나타낸다. 즉, 우리나라에서 사용하고 있는 용량 퍼센트(Percent by Volume)의 2배가 된다.

(3) 중량 퍼센트(Percent by Weight)

독일의 알코올 농도 표시법으로 100g의 액체 중에 몇 g의 순 에틸알코올 분이 함유되어 있는가를 표시한다.

(4) 브리티시 프루프(British Proof)

영국의 사이크(Syke)가 고안한 알코올 비중계를 이용한 알코올 농도 표시법으로, 측정법이 복잡하여 거의 사용하지 않는다.

3) 제조법에 따른 술의 분류

(1) 양조주(Fermented Liquor)

효모의 당분 분해 작용에 의해 만들어지는 술로서 발효주(醱酵酒)라고도 한다. 효모의 성질상 알코올 농도가 낮으며 여러 가지 영양물질을 많이 함유하고 있다. 발효주는 단발효주와 복발효주로 나뉘는데, 단발효주(單醱酵酒)는 당분을 함유하는 과일을 원료로 하여 만드는 것으로 효모에 의하여 곧바로 발효할 수 있으며 포도주, 사과주 등이 해당된다. 복발효주(復醱酵酒)는 전분질을 함유한 보리, 밀, 옥수수 등 곡물의 전분을 당분으로 당화하여 발효시키는 것으로 맥주, 막걸리 등이 해당된다.

(2) 증류주(Distilled Liquor)

발효주의 알코올 농도는 맥주 4~6%, 포도주 8~20% 정도로서 효모의 성질상 발효에 의해서는 그 이상의 알코올 농도를 얻을 수 없다. 발효한 술을 물과 알코올 비등점의 차이를 이용하여 증류함으로써 알코올 농도가 높은 술을 얻을 수 있는데, 이것을 증류주라고 한다. 발효액을 증류할 때 사용하는 증류기에는 단식 증류기(Pot Still)와 연속식 증류기(Patent Still)가 있으며, 저장기간을 가지는 것과 가지지 않는 것이 있는데, 일반적으로 저장기간이 길수록 좋은 풍미를 지닌다.

(3) 혼성주(Compounded Liquor)

일반적으로 리큐어(Liqueur)라 부르며 같은 의미로 코디알(Cordial)이라고도 한다. 주정(Spirit)에 초 · 근 · 목 · 피(草 · 根 · 木 · 皮), 향미약초, 향료, 색소 등을 첨가하여 색 · 맛 · 향을 내고 설탕이나 벌꿀을 더해 단맛을 내어 만든 술로, 대부분의 혼성주는 약초를 넣어 만들기 때문에 약용의 효능도 있다.

우리나라 「주세법」에서 리큐어는 '전분 또는 당분이 함유된 물료(物料)를 주원료로 하여 발효시켜 증류한 주류에 인삼이나 과실을 담가서 우려내거나 그 발효, 증류, 제성 과정에 과실의 추출물을 첨가한 것'이라고 정의하고 있다.

4) 전통주

문헌에 나타난 민속주는 크게 탁주류, 약주류, 소주류, 약용주류(가향주류) 등으로 분류할 수 있으며, 「전통주 등의 산업진흥에 관한 법률」에 따르면 전통주는 크게 다음과 같이 3가지로 분류된다.

① 주류부문의 국가무형문화재와 보유자 및 시 · 도 무형문화재 보유자가 제조하는 술
② 주류부문의 대한민국 식품명인이 제조하는 술
③ 농업경영체 및 생산자단체, 어업경영체 및 생산자단체가 직접 생산하거나 주류 제조장 소재지 관할 또는 인접 시 · 군 · 구에서 생산한 농산물을 주원료로 제조하는 술(지역특산주)

♦♦ 지역별 전통주

지역	주류명	비고
서울 · 경기	문배주	1986년 국가중요무형문화재로 지정
	계명주(鷄鳴酒)	1987년 경기도 무형문화재로 지정
	부의주(浮蟻酒)	1987년 경기도 무형문화재로 지정
	송절주(松節酒)	1989년 서울특별시 무형문화재로 지정
	옥로주(玉露酒)	1993년 경기도 무형문화재로 지정
	삼해주(三亥酒)	1993년 서울특별시 무형문화재로 지정
충청	한산 소곡주(韓山 素麴酒)	1979년 충청남도 무형문화재로 지정
	연엽주(蓮葉酒)	1990년 충청남도 무형문화재로 지정
	계룡 백일주(鷄龍 百日酒)	1989년 충청남도 무형문화재로 지정
	금산 인삼주(錦山 人蔘酒)	1996년 충청남도 무형문화재로 지정
	가야곡 왕주(可也谷 王酒)	국가중요무형문화재 제57호 종묘대제의 제주로 지정
전라	해남 진양주(海南 眞釀酒)	1994년 전라남도 무형문화재로 지정
	전주 이강주(全州 梨薑酒)	1987년 전라북도 무형문화재로 지정
	진도 홍주(珍島 紅酒)	1994년 전라남도 무형문화재로 지정
	송화 백일주(松花 百日酒)	2013년 전라북도 무형문화재로 지정
경상	금정산성 막걸리	1980년 전통민속주 제1호로 지정
	경주 교동법주(慶州 校洞法酒)	1986년 국가중요무형문화재로 지정
	김천 과하주(金泉 過夏酒)	1987년 경상북도 무형문화재로 지정
	안동 소주(安東 燒酎)	1987년 경상북도 무형문화재로 지정
강원	평창 감자술	강원도 지역의 토속주
	춘천 강냉이술	강원도 지역의 토속주
제주	고소리술	1995년 제주도 무형문화재로 지정
	오메기술	1990년 제주도 무형문화재로 지정

(1) 탁주

① 금정산성 막걸리

1960년부터 누룩제조가 금지되면서 밀주로서 단속 대상이 되기도 하였으나, 1979년 고 박정희 대통령의 연두순시 때 민속주 제조판매 허가를 취득하여 합법적으로 생산이 가능하게 되었으며 멥쌀과 누룩을 원료로 만든다.

② 계명주(鷄鳴酒)

고구려시대부터 평양지방에서 전해 내려오는 술로 술을 담근 다음 날 닭이 우는 새벽녘에 마실
수 있도록 빚은 술이라 하여 붙여진 이름이다. 급하게 술이 필요할 때 만들었던 속성주(速成酒)
이며, 옥수수, 수수, 조청, 솔잎 및 누룩을 원료로 만든다.

(2) 약주

① 부의주(浮蟻酒)

찹쌀과 누룩으로 만든 술이다. 술이 다 익으면 쌀알이 떠올라 마치 개미가 동동 떠 있는 것 같다
고 하여 '뜰 부(浮)', '개미 의(蟻)'를 넣어 '부의주'라 하였다.

② 삼해주(三亥酒)

멥쌀, 찹쌀, 누룩을 원료로 서울 등 중부지방의 사대부와 부유층이 주로 빚어 마셨던 고급 약주
다. 정월 첫 해일(亥日)에 시작하여 매월 해일(亥日)마다 세 번에 걸쳐 빚는다 하여 삼해주(三亥
酒)라고 하였다.

③ 송절주(松節酒)

조선시대 중엽부터 시작된 것으로 추측되며, 멥쌀, 찹쌀, 송절(松節), 희첨, 속단(續斷), 진달래
꽃 및 누룩을 원료로 만든다.

④ 연엽주(蓮葉酒)

예안 이씨(禮安 李氏) 가문의 가양주로 연잎, 멥쌀, 찹쌀, 누룩을 재료로 만든다. 종가(宗家)의
맏며느리들에게 제조법을 전수하여 집안에서 제수용으로만 쓰도록 빚어 음복 외에는 맛볼 수
없었던 귀한 술로 여겼다고 한다.

(3) 소주

① 문배주

'문배'는 맛이 뛰어난 우리나라 재래종 돌배를 말하지만 돌배를 원료로 사용하지는 않고 술에서
돌배의 맛과 향이 난다고 하여 붙여진 이름이다. 찰수수와 메조를 주원료로 만들며 평양지방의
술로 알려져 있으나 서울에서 만들고 있으며 국가중요무형문화재로 지정되어 있다.

② 안동 소주(安東 燒酎)

고려시대부터 안동지역의 명문가에서 접대 및 약용의 가양주(家釀酒)로 전승되어 왔으며, 1920
년 안동시 남문동에 현대식 공장을 세워 '제비원 소주'라는 상표로 상품화되었다. 1962년 「주세
법」이 개정되어 순곡주 생산이 금지되면서 생산이 금지되었다. 그 후 민간에서 간간이 만들어져
오다 1987년에 경상북도 무형문화재로 지정되면서 1990년 민속주로서 생산이 재개되었다.

③ 진도 홍주(珍島 紅酒)

진도 홍주가 처음 빚어진 시기는 고려시대라고 하지만 널리 알려진 것은 조선시대이며, 주 원재
료는 쌀과 보리 그리고 영약으로 불리는 지초 등 3가지이다.

④ 감홍로(甘紅露)

평양을 중심으로 한 관서지방의 특산명주로 알려진 감홍로[달 감(甘), 붉을 홍(紅), 이슬 로(露)]
는 '달고 붉은 이슬 같은 술'이란 뜻으로 술 이름에 그 특징이 담겨 있다.

≋ 다양한 전통주

⑤ 고소리술

'고소리'란 소주를 증류하는 소줏고리의 제주도 방언으로 고려 삼별초군의 패배로 제주도에 몽
골인이 정착하면서 전래된 술이다.

2. 비알코올성 음료

알코올이 함유되지 않은 음료로 크게 청량음료(탄산음료, 무탄산음료), 영양음료(과실음료, 우유
등의 유성음료), 기호음료(커피, 차 등)로 구분할 수 있다.

1) 청량음료

(1) 탄산음료

《식품공전》에서는 "탄산음료란 먹는 물에 식품 또는 식품첨가물과 탄산가스를 혼합한 것이거나,
탄산수에 식품 또는 식품첨가물을 가한 것을 말한다."라고 정의하고 있다. 탄산가스는 청량감을
주고 위를 자극하여 식욕을 돋우는 효과가 있다.

① 소다수(Soda Water)

클럽 소다(Club Soda), 플레인 소다(Plane Soda)라고도 부르며, 물에 인공적으로 탄산가스를
주입한 것으로 무기질을 소량 첨가하기도 한다.

② 토닉 워터(Tonic Water)

열대 식민지에 파견된 영국인들의 말라리아를 예방하고 원기 회복과 식욕 증진을 위해 퀴닌, 레
몬, 라임 등 향료식물을 원료로 만들어졌다.

③ 진저엘(Ginger Ale)

생강으로 만든 알코올 음료였으나 현재는 알코올 성분은 포함되지 않은 순수한 청량음료이다.

④ 칼린스 믹스(Collins Mix)

소다수에 레몬, 설탕을 혼합한 청량음료이다.

⑤ 코크(Coke)

콜라 열매에서 추출한 콜라 진액에 레몬, 라임 등의 향신료를 넣어 만든 음료로, 1886년 미국의
약사인 존스타인 펨버튼(Johnstein Pemberton)이 최초로 만들었다.

⑥ 사이다(Cider)

사과로 만든 일종의 과실주로 알코올이 1~6% 정도 함유되어 있는 청량음료이다. 우리나라의
사이다는 순수한 청량음료로 주로 구연산, 감미료 등을 혼합하여 만든다.

〰 탄산음료 종류

(2) 무탄산음료

우리가 흔히 마시는 물을 말하며 칼슘, 마그네슘과 같은 무기질을 많이 함유한 경수(硬水)와 무기
질을 적게 함유한 연수(軟水)가 있다.

(3) 광천수(Mineral Water)

칼슘, 칼륨, 마그네슘 등의 광물질이 미량 함유되어 있으며 탄산 광천수와 무탄산 광천수가 있다.

① 비시 워터(Vichy Water)

프랑스 중부의 온천도시 비시 지방에서 나는 천연 탄산 광천수이다.

② 에비앙 워터(Evian Water)

프랑스 동부 에비앙 마을에서 나는 세계적으로 유명한 천연 무탄산 광천수이다.

③ 페리에 워터(Perrier Water)

가장 유명한 탄산수로 프랑스의 베르제즈(Vergéze) 마을을 수원지로 하는 천연 광천수이다. 물을 정수한 다음 인공적으로 다시 탄산가스를 주입하여 생산한다.

④ 셀처 워터(Seltzer Water)

독일 셀처 지역에서 광천수의 대용으로 저렴한 탄산수를 만들면서 시작되어, 일반 생수를 인공적인 방식으로 탄산수로 만든 것이다. 유럽에서는 스파클링 워터(Sparkling Water), 미국에서는 셀처 워터(Seltzer Water), 그 외 다른 지역에서는 클럽 소다(Club Soda)를 즐겨 마신다.

⑤ 초정 약수

충청북도 청주시 초정리에서 생산되는 천연 탄산 약수로 세종대왕이 한글을 창제할 때 요양차 초정리 약수터에 다녀갔다는 이야기로 유명하다.

2) 영양음료

(1) 과실음료

천연과일을 압착하여 만든 천연과즙음료, 설탕액에 과일의 색과 맛 그리고 향을 첨가하여 만드는 인공과즙음료 등 다양한 종류가 있다.

(2) 유성음료(乳性飮料)

유(乳) 또는 유제품을 원료로 하고 감미료, 색소, 향료, 산 또는 유산균 등을 혼합한 음료나 이와 유사한 음료로 우유, 요구르트, 크림 등이 있다.

3) 기호음료

술, 차, 커피 등 사람들이 널리 즐기는 음료를 말하나 일반적으로 술은 알코올성 음료로 구분한다. 차의 종류는 여러 가지 방법으로 분류할 수 있으나 일반적으로 발효 정도에 따라 구분한다. 발효하지 않은 불발효차의 대표적인 것은 녹차이고, 발효차의 대표적인 것은 홍차이다.

(1) 차

① 녹차

녹차는 증기로 쪄서 만드는 증제차(蒸製茶)와 가마솥에서 볶아 만드는 덖음차(釜茶)로 나눈다. 증제차는 찻잎을 증기로 쪄서 비타민 C의 함량이 높고 찻잎은 진한 녹색을 띤다. 덖음차는 찻잎을 솥에서 바로 살짝 볶아 구수한 맛이 강한 것이 특징으로 우리나라와 중국의 녹차는 덖음차, 일본의 녹차는 증제차가 대부분이다.

② 홍차

홍차는 동양에서는 차의 빛깔이 붉다고 하여 홍차(紅茶)라 하고, 서양에서는 찻잎의 색깔이 검다고 하여 블랙 티(Black Tea)라고 한다.

> ### 🧑 세계 3대 홍차
>
> 1. 기문(Keemun) : 중국을 대표하는 10대 명차 중 하나로 화사하고 달콤한 꽃향이 특징이다. 카페인 함량이 매우 낮아 저녁에 마셔도 좋고 우유를 섞어 밀크티로 마시면 특유의 단맛을 느낄 수 있어 숙면에 도움을 준다.
> 2. 다즐링(Darjeeling) : 인도 뱅갈주 북단 히말라야 산맥의 2,300m의 고지대 다즐링에서 재배된다. 홍차의 샴페인이라 불리는 밝고 옅은 오렌지색의 홍차로 가볍고 섬세한 맛과 머스캣향이 특징이다.
> 3. 우바(Uva) : 스리랑카 남동부의 우바 고산지대에서 생산되는 홍차로 그 품질을 인정받고 있다. 계절풍인 몬순의 영향으로 떫은맛과 감칠맛, 상쾌한 과일향과 장미향의 진한 맛은 스트레이트는 물론 레몬을 넣거나 아이스티 또는 밀크티로 즐겨도 좋다.
> ※ 기타
> - 플레이버리 차(Flavory Tea) : 제조과정에서 천연향료나 꽃 등 다른 향을 가미하여 만든 가향차를 말한다. 예 얼그레이(Earl Grey), 로열 블렌드(Royal Blend), 재스민(Jasmin), 애플(Apple) 등
> - 얼그레이(Earl Grey) : 영국의 정치가인 얼그레이 백작의 이름에서 유래된 것으로 감귤류의 일종인 베르무트(Bergamot) 향을 첨가하여 감귤류의 향기와 비슷한 강한 꽃향기가 느껴진다.

(2) 커피

① 커피의 기원

7세기 무렵 에티오피아의 양치기 소년 칼디(Kaldi)는 어느 날 양떼들이 붉은 열매를 따먹고 밤에 자지 않고 울어대며 소란을 피우는 것을 보았는데, 이에 칼디도 그 열매를 따먹어 보았더니 전신에 활력이 넘치고 기분이 상쾌해짐을 느낄 수 있었다. 칼디는 이러한 사실을 이슬람 수도원에 알렸고 이 이야기를 전해 들은 수도원장이 양떼들을 관찰하며 시험한 결과 이 빨간 열매가 졸음을 쫓아내고 원기를 회복하는 효과가 있음을 알게 되었다. 이후 수도승들이 졸음을 쫓기 위한 각성제로 사용하면서 커피는 이슬람의 포교와 함께 널리 퍼져나가게 되었다.

② 3대 원종

커피의 3대 원종으로 아라비카(Coffea Arabica), 로부스타(Coffea Robusta)로 불리는 카네포라(Coffea Canephora), 리베리카(Coffea Liberica)가 있다. 이 중 아라비카와 로부스타가 상업적으로 재배되고 있으며 여기서 파생된 많은 개량종이 있다.

- 아라비카 : 에티오피아가 원산지로 원두의 모양은 납작하고 길며 푸른빛을 띤다. 기후와 토양, 질병에 상당히 민감하여 재배가 까다로우며, 전 세계에서 생산되는 원두의 70~80% 정도를 차지한다. 로부스타에 비해 카페인 함량이 절반 정도이고 맛과 향이 풍부하여 주로 원두커피용으로 이용된다.
- 로부스타 : 아프리카 콩고(Congo)가 원산지로 원래는 카네포라(Coffea Canephora)의 하나인데, 로부스타라는 이름으로 널리 알려져 있어 카네포라와 같은 의미로 통용되고 있다. 원두는 볼록한 둥근 모양에 붉은색을 띠고, 전 세계 생산량의 20~30% 정도를 차지한다. 카페인 함량

이 많고 쓴맛이 강하며 향이 부족하지만 가격이 저렴하여 인스턴트 커피의 주원료로 이용하고 있다.

- 리베리카 : 아프리카의 리베리아(Liberia)가 원산지로 향미가 낮고 쓴맛이 강해 상업적 가치가 떨어져 거의 재배되지 않는다. 리베리아, 수리남, 가이아나 등지에서 생산하며 거의 자국 내에서만 소비되고 있다.

③ 로스팅 정도에 따른 구분

우리나라와 일본에서는 전통적인 8단계로 구분하며, 간단하게 약배전(Light Roasting), 중배전 (Midium Roasting), 강배전(Dark Roasting) 등 3단계로 나누기도 한다. 생두를 볶는 로스팅의 정도는 커피 맛을 감별하는 중요한 지표로 현재 우리나라에서는 하이 로스트(High Roast), 시티 로스트(City Roast), 풀 시티 로스트(Full City Roast)의 세 가지가 주로 유통되고 있다.

④ 커피 추출기구와 추출법

커피 추출이란 로스팅(Roasting)한 원두를 추출기구의 특성을 고려하여 분쇄하고 물을 이용하여 커피 성분을 용해시켜 뽑아내는 것으로, 좋은 커피를 추출하기 위해서는 원두의 신선도와 추출 방법에 따른 분쇄도, 추출시간, 물의 온도 등을 고려해야 한다. 추출 방법에는 크게 여과방식과 침출방식이 있다.

- 페이퍼 드립(Paper Drip) : 서버(Server)에 드리퍼를 얹어 여과지를 깔고 그 속에 분쇄커피를 담아 뜨거운 물을 부어 중력에 의해 물이 커피 입자들 사이를 통과하면서 커피를 추출하는 방식의 가장 기본적이고 합리적인 추출 방법으로, 비교적 맛이나 향기가 잘 추출되지만 경험이 필요하다. 작은 구멍이 1개인 멜리타(Melita)식과 작은 구멍이 3개인 칼리타(Kalita)식, 역원뿔 모양에 동전 크기의 구멍이 있는 하리오(Hario) 드립과 고노(Kono) 드립 등이 있다.

- 융드립(Flannel Drip) : 플란넬(Flannel)이라는 천으로 고깔모자 형태의 주머니를 만들어 커피를 추출하는 방법이다. 천 주머니를 깨끗이 씻어 보관했다가 다시 사용하므로 필터 관리가 불편하다는 단점이 있지만 종이필터에서는 추출되기 어려운 지방 성분을 추출할 수 있다.

- 더치커피(Dutch Coffee) : 더치커피는 일본식 표현이며 영어로는 콜드브루커피(Cold Brew Coffee)라 한다. 상온의 물을 한 방울씩 떨어뜨려 천천히 커피를 추출하는데 찬물로 커피를 추출하므로 쓴맛과 카페인 함량이 적어 부드러운 풍미를 즐길 수 있다.

- 모카포트(Moka Pot) : 에스프레소 포트(Espresso Pot)라고도 하며, 뜨거워진 수증기가 순간적으로 분쇄커피를 통과하면서 커피를 추출하는 진공방식의 커피추출기구이다. 에스프레소 머신을 이용하여 추출한 커피에 가장 가까운 맛의 커피를 추출할 수 있다.

- 사이펀(Syphon) : 진공방식의 커피 추출기구로 원래 명칭은 베큠 브루어(Vacuum Brewer)이지만 일본에서 발전되어 일본식 명칭으로 사이펀이라 부른다. 커피를 추출하는 과정을 눈으로 볼 수 있기 때문에 시각적 효과가 뛰어나다.

- 에스프레소(Espresso) : 에스프레소 머신을 사용하여 9기압의 압력으로 물을 분쇄커피 사이로 통과시켜 순간적으로 약 20~30mL의 진한 커피를 20~30초 사이에 추출하는 방식이다.

핵심예상문제

01 제조 방법에 따른 술의 분류로 옳은 것은?

① 발효주, 증류주, 추출주
② 양조주, 증류주, 혼성주
③ 발효주, 칵테일, 에센스주
④ 양조주, 칵테일, 여과주

 술은 제조법에 따라 양조주(발효주), 증류주, 혼성주로 분류한다.

02 알코올 농도의 정의는?

① 섭씨 4℃에서 원용량 100분 중에 포함되어 있는 알코올분의 용량
② 섭씨 15℃에서 원용량 100분 중에 포함되어 있는 알코올분의 용량
③ 섭씨 4℃에서 원용량 100분 중에 포함되어 있는 알코올분의 질량
④ 섭씨 20℃에서 원용량 100분 중에 포함되어 있는 알코올분의 용량

 알코올 농도란 섭씨 15℃에서 전체용량에 포함되어 있는 에틸알코올의 백분율을 말한다.

03 다음 중 양조주에 대한 설명이 옳지 않은 것은?

① 맥주, 와인 등이 이에 속한다.
② 증류주와 혼성주의 제조원료가 되기도 한다.
③ 보존기간이 비교적 짧고 유통기간이 있는 것이 많다.
④ 발효주라고도 하며 알코올 발효는 효모에 의해서만 이루어진다.

04 양조주의 제조 방법으로 틀린 것은?

① 원료는 곡류나 과실류이다.
② 전분은 당화과정이 필요하다.
③ 효모가 작용하여 알코올을 만든다.
④ 원료가 반드시 당분을 함유할 필요는 없다.

 양조(발효)는 미생물에 의해 당류가 분해되어 일어난다.

05 양조주의 설명으로 맞지 않는 것은?

① 주로 과일이나 곡물을 발효하여 만든 술이다.
② 단발효주, 복발효주 2가지 방법이 있다.
③ 양조주의 알코올 함유량은 대략 25% 이상이다.
④ 발효하는 과정에서 당분이 효모에 의해 물, 에틸알코올, 이산화탄소가 발생한다.

 양조주는 효모의 특성상 20% 이상의 알코올 농도를 얻기 어렵다.

06 곡류를 원료로 만드는 술의 제조 시 당화과 정에 필요한 것은?

① Ethyl Alcohol
② CO₂
③ Yeast
④ Diastase

 양조주란 발효주라고도 한다. 알코올 발효는 미생물에 의하여 당류가 알코올과 이산화탄소로 분해되어 알코올을 생성하는 발효를 말하며, 효모 외에도 곰팡이 등의 미생물에 의해서 일어난다.

Diastase(디아스타아제)는 전분의 당화효소로 곡물에는 당이 전분의 형태로 존재하므로, 디아스타아제로 당화하여 발효과정을 거치게 된다.

07 효모의 생육조건이 아닌 것은?

① 적정 영양소   ② 적정 온도
③ 적정 pH   ④ 적정 알코올

 효모(미생물)가 생존하기 위해서는 영양소, 온도, 수분, 산소, pH 등의 환경조건이 갖추어져야 한다.

08 양조주의 제조 방법 중 포도주, 사과주 등 주로 과실주를 만드는 방법으로 만들어진 것은?

① 복발효주   ② 단발효주
③ 연속발효주   ④ 병행발효주

- 단발효주 : 당분을 함유하는 과일이 원료로, 효모에 의하여 곧바로 발효할 수 있으며 포도주, 사과주 등이 해당
- 복발효주 : 전분질을 함유한 보리, 밀, 옥수수 등의 곡물이 일단 전분을 당분으로 당화하여 발효시키는 것으로 맥주, 막걸리 등이 해당

09 약주, 탁주 제조에 사용되는 발효제가 아닌 것은?

① 누룩   ② 입국
③ 조효소제   ④ 유산균

 발효제란 재료를 당화시킬 수 있는 누룩과 알코올 발효를 시킬 수 있는 밑술을 말한다.

10 다음 중 양조주(Fermented Liquor)에 포함되지 않는 것은?

① 와인   ② 맥주
③ 막걸리   ④ 진

 진(Gin)은 증류주이다.

11 양조주의 종류에 속하지 않는 것은?

① Amaretto
② Lager Beer
③ Beaujolais Nouveau
④ Ice Wine

 Amaretto(아마레토)는 이탈리아산의 혼성주이다.

12 다음 중 양조주가 아닌 것은?

① 맥주(Beer)   ② 와인(Wine)
③ 브랜디(Brandy)   ④ 풀케(Pulque)

 브랜디는 와인을 증류한 증류주이다.

13 다음 중 양조주가 아닌 것은?

① Slivovitz   ② Cider
③ Porter   ④ Cava

 Slivovitz(슬리보비츠)는 루마니아 등지의 중부 유럽국가에서 서양 살구(Blue Plum)를 발효하여 증류한 브랜디의 일종이다.

14 다음 중 과즙을 이용하여 만든 양조주가 아닌 것은?

① Toddy   ② Cider
③ Perry   ④ Mead

 Mead(미드)는 벌꿀을 원료로 하는 혼성주이다.

15 다음 중 양조주가 아닌 것은?

① 그라파   ② 샴페인
③ 막걸리   ④ 하이네켄

 그라파(Grappa)는 이탈리아가 원산지로 포도를 압착하고 남은 찌꺼기를 증류하여 만든다.

16 다음 중 주류에 해당되지 않는 것은?

① 2~3도의 알코올이 함유된 주스

② 위스키가 함유된 초콜릿

③ 알코올이 6도 이상 함유되고 직접 또는 희석하여 마실 수 있는 의약품

④ 조미식품인 간장에 알코올이 1도 이상 함유된 경우

 「주세법」에서 주류란 주정과 알코올 1도 이상의 음료라고 규정하고 있다.

17 우리나라 「주세법」상 탁주와 약주의 알코올 도수 표기 시 허용 오차는?

① ±0.1%   ② ±0.5%

③ ±1.0%   ④ ±1.5%

 주류의 알코올분 도수는 최종제품에 표시된 알코올분 도수의 ±0.5%까지 허용하되 살균하지 않은 탁주·약주는 추가로 ±0.5%까지 허용한다.

18 양주병에 80Proof라고 표기되어 있는 것은 알코올 도수 얼마에 해당하는가?

① 80%   ② 40%

③ 20%   ④ 10%

 Proof(프루프)는 200분율로 우리나라 도수의 2배가 된다.

19 부드러우며 뒤끝이 깨끗한 약주로서 쌀로 빚으며 소주에 배, 생강, 울금 등 한약재를 넣어 숙성시킨 전북 전주의 전통주는?

① 두견주   ② 국화주

③ 이강주   ④ 춘향주

 이강주(梨薑酒)는 조선시대 3대 명주 중의 하나로 소주에 배[梨]와 생강[薑]이 들어간다고 해서 붙여진 이름이다.

20 다음 민속주 중 약주가 아닌 것은?

① 한산 소곡주   ② 경주 교동법주

③ 아산 연엽주   ④ 진도 홍주

 약주는 발효주이며, 진도 홍주는 알코올 함량 40%의 증류주이다.

21 다음에서 설명되는 우리나라 고유의 술은?

> 엄격한 법도에 의해 술을 담근다는 전통주로 신라시대부터 전해오는 유상곡수(流觴曲水)라 하여 주로 상류계급에서 즐기던 것으로 중국 남방 술인 사오싱주보다 빛깔은 좀 희고 그 순수한 맛이 가히 일품이다.

① 두견주   ② 인삼주

③ 감홍로주   ④ 경주 교동법주

 경주 교동법주는 경주 최씨 집안의 가양주로 빚는 시기와 방법이 정해져 법주(法酒)라는 이름이 붙었다고 한다.

22 다음 중 중요무형문화재로 지정받은 민속주는?

① 전주 이강주   ② 계룡 백일주

③ 서울 문배주   ④ 한산 소곡주

 전주 이강주, 계룡 백일주, 한산 소곡주는 '지방무형문화재'로 지정되어 있으며, 서울 문배주는 1986년 국가중요무형문화재에 지정되었다.

23 다음에서 말하는 물을 의미하는 것은?

> 우리나라 고유의 술은 곡물과 누룩도 좋아야 하지만 특히 물이 좋아야 한다. 예부터 만물이 잠든 자정에 모든 오물이 다 가라앉은 맑고 깨끗한 물을 길어 술을 담갔다고 한다.

① 우물물   ② 광천수

③ 암반수   ④ 정화수

정화수란 이른 새벽에 길은 맑고 정결한 우물물로 과거 민가에서 정성들이는 일 또는 약 달이는 물로 사용하였다.

24 지봉유설에 전해오는 것으로 이것을 마시면 불로장생한다 하여 장수주로 유명하며, 주로 찹쌀과 구기자, 고유약초로 만들어진 우리나라 고유의 술은?

① 두견주 　　　　② 백세주
③ 문배주 　　　　④ 이강주

 백세주(百歲酒)는 찹쌀과 구기자로 만든 발효주로, 백세주라는 이름은 이 술을 마시면 백 세까지도 살 수 있다 해서 붙여졌다.

25 우리나라 민속주에 대한 설명으로 틀린 것은?

① 탁주류, 약주류, 소주류 등 다양한 민속주가 생산된다.
② 쌀 등 곡물을 주원료로 사용하는 민속주가 많다.
③ 삼국시대부터 증류주가 제조되었다.
④ 발효제로는 누룩만을 사용하여 제조하고 있다.

 고려시대에 몽골에 의해 소주가 전래되었다.

26 문배주에 대한 설명으로 틀린 것은?

① 술의 향기가 문배나무의 과실에서 풍기는 향기와 같다 하여 붙여진 이름이다.
② 원료로 밀, 좁쌀, 수수를 이용하여 만든 발효주이다.
③ 평안도 지방에서 전수되었다.
④ 누룩의 주원료는 밀이다.

 문배주는 전통 증류식 소주이다.

27 고려시대의 술로 누룩, 좁쌀, 수수로 빚어 술이 익으면 소줏고리에서 증류하여 받은 술로 6개월 내지 1년간 숙성시킨 알코올 도수 40도 정도의 민속주는?

① 문배주 　　　　② 한산 소곡주
③ 금산 인삼주 　　④ 이강주

 문배주는 조 · 수수 · 누룩으로 빚는 증류주로 보통 6개월~1년 동안 숙성시켜 저장하는데, 알코올 도수는 본래 40도 정도로 장기간 저장이 가능하다.

28 민속주 중 모주(母酒)에 대한 설명으로 틀린 것은?

① 조선 광해군 때 인목대비의 어머니가 빚었던 술이라고 알려져 있다.
② 증류해서 만든 제주도의 대표적인 민속주이다.
③ 막걸리에 한약재를 넣고 끓인 해장술이다.
④ 계핏가루를 넣어 먹는다.

 모주(母酒)는 막걸리를 이용해서 만든 탁주의 일종으로, 제주도로 귀양 간 인목대비의 어머니가 생계를 유지하기 위해 만들어 팔아 '대비모주(大妃母酒)'라고 했던 것이 '대비'가 빠지고 모주가 되었다는 설도 있다. 특히 전주 일대에서는 대추, 생강, 계피 등 한약재를 넣어서 색이 진하고 향이 강하다.

29 시대별 전통주의 연결로 틀린 것은?

① 한산 소곡주 – 백제시대
② 두견주 – 고려시대
③ 칠선주 – 신라시대
④ 백세주 – 조선시대

 칠선주는 조선시대 명주로서 일곱 가지 약재로 빚은 전통약주이다.

30 조선시대에 유입된 외래주가 아닌 것은?

① 천축주
② 섬라주
③ 금화주
④ 두견주

 두견주는 고려시대에 만들어졌다.

31 다음에서 설명되는 약용주는?

> 충남 서북부 해안지방의 전통 민속주로 고려 개국공신 복지겸이 백약이 무효인 병을 앓고 있을 때 백일기도 끝에 터득한 비법에 따라 찹쌀, 아미산의 진달래, 안샘물로 빚은 술을 마심으로 병을 고쳤다는 신비의 전설과 함께 전해 내려온다.

① 두견주
② 송순주
③ 문배주
④ 백세주

 진달래꽃을 다른 말로는 '두견화'라고도 하므로 진달래로 담근 술을 '두견주'라 부르며, 충청남도 당진시 면천면의 두견주가 유명하다.

32 고구려의 술로 전해지며, 여름날 황혼 무렵에 찐 차좁쌀로 담가서 그 다음 날 닭이 우는 새벽녘에 먹을 수 있도록 빚었던 술은?

① 교동법주
② 청명주
③ 소곡주
④ 계명주

 경기도 무형문화재로 지정된 계명주(鷄鳴酒)는 술을 담근 다음 날 닭이 우는 새벽녘에 벌써 다 익어 마실 수 있는 술이라고 하여 이름이 붙었다.

33 다음 중 우리나라의 전통주가 아닌 것은?

① 소흥주
② 소곡주
③ 문배주
④ 경주법주

 소흥주(샤오싱주)는 중국의 전통주이다.

34 다음에서 설명하는 전통주는?

> • 원료는 쌀이며 혼성주에 속한다.
> • 약주에 소주를 섞어 빚는다.
> • 무더운 여름을 탈 없이 날 수 있는 술이라는 뜻에서 그 이름이 유래되었다.

① 과하주
② 백세주
③ 두견주
④ 문배주

 과하주(過夏酒)는 술 이름 그대로 여름을 건강하게 지낼 수 있는 술이라는 뜻이다. 술의 발효 도중에 알코올 도수가 높은 소주를 넣어 만든다.

35 전통주와 관련한 설명으로 옳지 않은 것은?

① 모주 – 막걸리에 한약재를 넣고 끓인 술
② 감주 – 누룩으로 빚은 술의 일종으로 술과 식혜의 중간
③ 죽력고 – 청죽을 쪼개어 불에 구워 스며 나오는 진액인 죽력과 물을 소주에 넣고 중탕한 술
④ 합주 – 물 대신 좋은 술로 빚어 감미를 더한 주도가 낮은 술

 합주란 청주와 탁주를 합한 술이어서 '합주(合酒)'라는 이름이 붙었다. 흰 빛깔이 나기 때문에 '백주(白酒)'라고도 부른다.

36 전통 민속주의 양조기구 및 기물이 아닌 것은?

① 오크통
② 누룩고리
③ 채반
④ 술자루

 오크통은 와인 저장에 처음 이용되었다.

37 소주에 관한 설명으로 가장 거리가 먼 것은?

① 양조주로 분류된다.

② 증류식과 희석식이 있다.

③ 고려시대에 중국으로부터 전래되었다.

④ 원료로는 백미, 잡곡류, 당밀, 사탕수수, 고구마, 타피오카 등이 쓰인다.

 소주는 증류주이다.

38 안동 소주에 대한 설명으로 틀린 것은?

① 제조 시 소주를 내릴 때 소줏고리를 사용한다.

② 곡식을 물에 불린 후 시루에 쪄 고두밥을 만들고 누룩을 섞어 발효시켜 빚는다.

③ 경상북도 무형문화재로 지정되어 있다.

④ 희석식 소주로서 알코올 농도는 20도이다.

 전통소주인 안동 소주는 증류식 소주이다.

39 다음 민속주 중 증류식 소주가 아닌 것은?

① 문배주   ② 삼해주

③ 옥로주   ④ 안동 소주

 삼해주는 발효주이다.

40 우리나라의 증류식 소주에 해당되지 않는 것은?

① 안동 소주   ② 제주 한주

③ 경기 문배주   ④ 금산 삼송주

 금산 삼송주는 5년근 이상의 인삼과 솔잎 등을 저온 발효하여 숙성시켜 만든 전통 발효주이다.

41 우리나라 전통주에 대한 설명으로 틀린 것은?

① 증류주 제조기술은 고려시대 때 몽고에 의해 전래되었다.

② 탁주는 쌀 등 곡식을 주로 이용하였다.

③ 탁주, 약주, 소주의 순서로 개발되었다.

④ 청주는 쌀의 향을 얻기 위해 현미를 주로 사용한다.

 청주는 맑은 술을 얻기 위해 백미를 주로 사용한다.

42 국가중요무형문화재로 지정받은 전통주가 아닌 것은?

① 충남 면천두견주   ② 진도 홍주

③ 서울 문배주   ④ 경주 교동법주

 진도 홍주는 지방 무형문화재이다.

43 쌀, 보리, 조, 수수, 콩 등 5가지 곡식을 물에 불린 후 시루에 쪄 고두밥을 만들고, 누룩을 섞어 발효시켜 전술을 빚는 것은?

① 백세주   ② 과하주

③ 안동 소주   ④ 연엽주

 멥쌀, 찹쌀, 누룩, 엿기름을 주재료로 발효시켜 전술을 빚어 전술을 솥에 담고 그 위에 소줏고리를 얹어 김이 새지 않게 틈을 막은 후 열을 가하면 증류되어 소주가 나온다.

44 고려 때에 등장한 술로 병자호란이던 어느 해 이완 장군이 병사들의 사기를 돋우기 위해 약용과 가향의 성분을 고루 갖춘 이 술을 마시게 한 것에서 유래된 것으로 알려졌으며, 차보다 얼큰하고 짙게 우러난 호박색이 부드럽고 연 냄새가 은은한 전통제주로 감칠맛이 일품인 전통주는?

① 문배주   ② 이강주

③ 송순주   ④ 연엽주

 연엽주는 '예안 이씨' 가문의 술로 연꽃잎을 넣어 독특한 향기를 내므로 연엽주라고 한다.

정답   37 ①   38 ④   39 ②   40 ④   41 ④   42 ②   43 ③   44 ④

45 소주의 특성 중 틀린 것은?

① 초기에는 약용으로 음용되기 시작하였다.
② 희석식 소주가 가장 일반적이다.
③ 자작나무 숯으로 여과하기에 맑고 투명하다.
④ 저장과 숙성과정을 거치면 고급화된다.

 자작나무 숯으로 여과하는 술은 러시아의 보드카
이다.

46 커피의 3대 원종이 아닌 것은?

① 아라비카종
② 로부스타종
③ 리베리카종
④ 수마트라종

 커피의 3대 원종에는 에티오피아가 원산지인 아
라비카종(Coffea Arabica), 콩고가 원산지인 로
부스타종(Coffea Robusta), 리베리아가 원산지인
리베리카종(Coffea Liberica)이 있다.

47 커피의 품종에서 주로 인스턴트 커피의 원료로 사용되고 있는 것은?

① 로부스타
② 아라비카
③ 리베리카
④ 레귤러

 아라비카는 향이 풍부하고 카페인이 적어 원두커
피에, 로부스타는 쓴맛이 강하고 향이 부족하며
카페인 함량이 높아 인스턴트 커피에 이용된다.
리베리카는 국제적으로 거래되지 않는다.

48 커피에 대한 설명으로 가장 거리가 먼 것은?

① 아라비카종의 원산지는 에티오피아이다.
② 초기에는 약용으로 사용되기도 했다.
③ 발효와 숙성과정을 거쳐 만들어진다.
④ 카페인이 중추신경을 자극하여 피로감을 없애준다.

 커피는 열매의 수확 → 껍질 벗기기 → 가공 →
로스팅의 과정을 거친다.

49 아라비카종 커피의 특징으로 옳은 것은?

① 병충해에 강하고 관리가 쉽다.
② 생두의 모양이 납작한 타원형이다.
③ 아프리카 콩고가 원산지이다.
④ 표고 600m 이하에서도 잘 자란다.

 ①, ③, ④는 로부스타종의 특징이다.

50 모카(Mocha)와 관련한 설명 중 틀린 것은?

① 예멘의 항구 이름
② 에티오피아와 예멘에서 생산되는 커피
③ 초콜릿이 들어간 음료에 붙이는 이름
④ 자메이카산 블루마운틴 커피

 모카는 커피를 선적하던 남예멘의 항구 이름으로
에티오피아와 예멘에서 생산되는 커피를 일컫는
데, 이 커피는 초코향이 나므로 초콜릿이 들어간
음료에 붙이는 이름이기도 하다.

51 커피 로스팅의 정도에 따라 약한 순서에서 강한 순서대로 나열한 것으로 옳은 것은?

① American Roasting → German Roasting
→ French Roasting → Italian Roasting
② German Roasting → Italian Roasting →
American Roasting → French Roasting
③ Italian Roasting → German Roasting →
American Roasting → French Roasting
④ French Roasting → American Roasting
→ Italian Roasting → German Roasting

 커피 로스팅의 단계
Light(라이트) Roasting → Cinnamon(시나
몬) Roasting → Medium(미디엄) Roasting →
High(하이) Roasting → City(시티) Roasting →
Full City(풀 시티) Roasting → French(프렌치)
Roasting → Italian(이탈리안) Roasting
※ Medium Roasting은 American Roasting, Full
City Roasting은 German Roasting이라고도 부
른다.

52 커피의 향미를 평가하는 순서로 가장 적합한 것은?

① 미각(맛) → 후각(향기) → 촉각(입안의 느낌)

② 색 → 촉각(입안의 느낌) → 미각(맛)

③ 촉각(입안의 느낌) → 미각(맛) → 후각(향기)

④ 후각(향기) → 미각(맛) → 촉각(입안의 느낌)

 커피를 마실 때 느끼는 맛과 향의 복합적 느낌을 Flavor(플레이버)라고 하는데, 향미를 평가할 때에는 후각 → 미각 → 촉각의 순으로 평가한다.

53 커피의 맛과 향을 결정하는 중요한 가공요소가 아닌 것은?

① Roasting   ② Blending

③ Grinding   ④ Weathering

 다양한 요소가 커피의 풍미를 결정하는데 첫째로는 원두의 품질이 좋아야 한다. 그 밖에 원두 분쇄도(Grinding), 로스팅(Roasting), 블렌딩(Blending), 추출시간, 물의 양 등이 영향을 미친다.

54 커피(Coffee)의 제조 방법 중 틀린 것은?

① 드립식(Drip Filter)

② 퍼콜레이터식(Percolator)

③ 에스프레소식(Espresso)

④ 디캔터식(Decanter)

 디캔터란 술을 옮겨 담는 용기를 뜻한다.

55 에스프레소의 커피 추출이 빨리 되는 원인이 아닌 것은?

① 약한 탬핑 강도

② 너무 많은 커피 사용

③ 높은 펌프 압력

④ 너무 굵은 분쇄입자

 정량보다 많은 양의 분쇄커피를 사용하면 추출 속도는 늦어진다.

56 에스프레소 추출 시 너무 진한 크레마(Dark Crema)가 추출되었을 때 그 원인이 아닌 것은?

① 물의 온도가 95℃보다 높은 경우

② 펌프압력이 기준압력보다 낮은 경우

③ 포터필터의 구멍이 너무 큰 경우

④ 물 공급이 제대로 안 되는 경우

 포터필터의 구멍이 너무 큰 경우에는 추출 속도가 빨라 크레마(Crema) 형성이 제대로 되지 않는다.

57 다음 중 알코올성 커피는?

① 카페 로열(Cafe Royal)

② 비엔나 커피(Vienna Coffee)

③ 데미타세 커피(Demi-Tasse Coffee)

④ 카페오레(Cafe au Lait)

 카페 로열은 나폴레옹 황제가 즐겨 마신 데서 유래한 것으로 블랙커피에 코냑을 넣어 만든다.

58 우유가 사용되지 않는 커피는?

① 카푸치노(Cappuccino)

② 에스프레소(Espresso)

③ 카페 마키아토(Cafe Macchiato)

④ 카페 라떼(Cafe Latte)

 에스프레소는 9기압의 압력을 이용하여 추출한 커피로 아무런 부재료를 사용하지 않는다.

59 다음 중 그 종류가 다른 하나는?

① Vienna Coffee

② Cappuccino Coffee

③ Espresso Coffee

④ Irish Coffee

 Irish Coffee(아이리시 커피)는 블랙커피에 아이리시 위스키를 넣어 만든 알코올이 첨가된 커피이고 나머지는 알코올이 첨가되지 않는다.

60 차를 만드는 방법에 따른 분류와 대표적인 차의 연결이 틀린 것은?

① 불발효차 – 보성녹차

② 반발효차 – 오룽차

③ 발효차 – 다즐링차

④ 후발효차 – 재스민차

 녹차는 불발효차이고 발효차는 발효 정도에 따라 반발효차, 발효차, 후발효차로 구분한다. 대표적인 후발효차로 보이차를 들 수 있고, 재스민차, 얼그레이 등은 가향차에 속한다.

61 차(Tea)에 대한 설명으로 가장 거리가 먼 것은?

① 녹차는 차 잎을 찌거나 덖어서 만든다.

② 녹차는 끓는 물로 신속히 우려낸다.

③ 홍차는 레몬과 잘 어울린다.

④ 홍차에 우유를 넣을 때는 뜨겁게 하여 넣는다.

 차의 종류에 따라 차이가 있으나 일반적으로 70~80℃의 물로 2~3분 정도 우린다.

62 녹차의 대표적인 성분 중 15% 내외로 함유되어 있는 가용성 성분은?

① 카페인 ② 비타민

③ 카테킨 ④ 사포닌

 녹차 특유의 맛은 카테킨(Catechin)이라 불리는 탄닌 성분 때문으로 10~18% 정도 함유되어 있으며, 그 외 카페인 3% 정도, 미량의 비타민, 사포닌 등이 함유되어 있다.

63 4월 20일(곡우) 이전에 수확하여 제조한 차로 찻잎이 작으며 연하고 맛이 부드러우며 감칠맛과 향이 뛰어난 한국의 녹차는?

① 작설차 ② 우전차

③ 곡우차 ④ 입하차

 24절기의 곡우 전에 따는 첫물차를 우전차라 한다.

64 차에 들어 있는 성분 중 탄닌(Tannic Acid)의 4대 약리작용이 아닌 것은?

① 해독작용 ② 살균작용

③ 이뇨작용 ④ 소염작용

 탄닌(Tannic Acid)의 4대 약리작용으로 해독, 살균, 지혈, 소염작용을 들 수 있다.

65 세계 3대 홍차에 해당되지 않는 것은?

① 아삼(Assam)

② 우바(Uva)

③ 기문(Keemun)

④ 다즐링(Darjeeling)

 세계 3대 홍차로 중국의 기문, 인도의 다즐링, 스리랑카의 우바를 들 수 있다.

66 다음 중 홍차가 아닌 것은?

① 잉글리시 블랙퍼스트(English Breakfast)

② 로부스타(Robusta)

③ 다즐링(Darjeeling)

④ 우바(Uva)

 로부스타는 커피 종자이다.

67 제조 방법상 발효 방법이 다른 차(Tea)는?

① 한국의 작설차

② 인도의 다즐링(Darjeeling)

③ 중국의 기문차

④ 스리랑카의 우바(Uva)

 다즐링, 기문차, 우바는 발효차인 홍차이며, 작설차는 불발효차인 녹차로 모양이 참새의 혀를 닮아 붙여진 이름이다.

정답   **60** ④   **61** ②   **62** ③   **63** ②   **64** ③   **65** ①   **66** ②   **67** ①

68 비알코올성 음료에 대한 설명으로 틀린 것은?

① Decaffeinated Coffee는 Caffeine을 제거한 커피이다.

② 아라비카종은 이디오피아가 원산지인 향미가 우수한 커피이다.

③ 에스프레소 커피는 고압의 수증기로 추출한 커피이다.

④ Cocoa는 카카오 열매의 과육을 말려 가공한 것이다.

 Cocoa(코코아)는 카카오 페이스트를 압착하여 기름을 제거하고 분쇄해서 만든다.

69 음료의 역사에 대한 설명으로 틀린 것은?

① 기원전 6,000년경 바빌로니아 사람들은 레몬과즙을 마셨다.

② 스페인 발렌시아 부근의 동굴에서는 탄산가스를 발견해 마시는 벽화가 있었다.

③ 바빌로니아 사람들은 밀빵이 물에 젖어 발효된 맥주를 발견해 음료로 즐겼다.

④ 중앙아시아 지역에서는 야생의 포도가 쌓여 자연 발효된 포도주를 음료로 즐겼다.

 스페인 발렌시아 부근의 동굴에서 기원전 7,000년경으로 추정되는 벽화가 발견되었다. 벽화에는 벌꿀을 채취하는 모습이 담겨 있다.

70 음료류의 식품 유형에 대한 설명으로 틀린 것은?

① 무향탄산음료 : 먹는 물에 식품 또는 식품첨가물(착향료 제외) 등을 가한 후 탄산가스를 주입한 것을 말한다.

② 착향탄산음료 : 탄산음료에 식품첨가물(착향료)을 주입한 것을 말한다.

③ 과실음료 : 농축과실즙(또는 과실분), 과실주스 등을 원료로 하여 가공한 것(과실즙 10%

이상)을 말한다.

④ 유산균 음료 : 유가공품 또는 식물성 원료를 효모로 발효시켜 가공(살균을 포함)한 것을 말한다.

 우유나 탈지유에 유산균을 섞어 유산 발효를 시켜 만든 음료를 유산균 음료라 한다.

71 비알코올성 음료의 분류 방법에 해당되지 않는 것은?

① 청량음료   ② 영양음료

③ 발포성 음료   ④ 기호음료

 발포성 음료는 탄산가스 유무에 의한 분류이다.

72 탄산음료의 CO_2에 대한 설명으로 틀린 것은?

① 미생물의 발육을 억제한다.

② 향기의 변화를 예방한다.

③ 단맛과 부드러운 맛을 부여한다.

④ 청량감과 시원한 느낌을 준다.

 CO_2는 맛을 부여하지 않는다.

73 다음 중 비탄산성 음료는?

① Mineral Water   ② Soda Water

③ Tonic Water   ④ Cider

 Mineral Water(미네랄 워터)란 칼슘 · 칼륨 · 마그네슘 등의 광물질이 미량 함유되어 있는 물을 말하며, 광천수라고도 한다.

74 탄산음료의 종류가 아닌 것은?

① Tonic Water   ② Soda Water

③ Collins Mix   ④ Evian Water

 Evian Water(에비앙 워터)는 프랑스 에비앙 지역의 탄산가스가 들어 있지 않은 천연 광천수이다.

---

75 음료에 관한 설명으로 틀린 것은?

① 음료는 크게 알코올성 음료와 비알코올성 음료로 구분된다.
② 알코올성 음료는 양조주, 증류주, 혼성주로 분류된다.
③ 커피는 영양음료로 분류된다.
④ 발효주에는 탁주, 와인, 청주, 맥주 등이 있다.

 해설 커피는 기호음료이다.

76 음료에 대한 설명 중 틀린 것은?

① 소다수는 물에 이산화탄소를 가미한 것이다.
② 칼린스 믹스는 소다수에 생강향을 혼합한 것이다.
③ 사이다는 소다수에 구연산, 주석산, 레몬즙 등을 혼합한 것이다.
④ 토닉 워터는 소다수에 레몬, 퀴닌 껍질 등의 농축액을 혼합한 것이다.

 해설 칼린스 믹스는 소다수에 레몬주스와 설탕을 혼합한 것이다.

77 다음 중 과실음료가 아닌 것은?

① 토마토 주스　　② 천연과즙주스
③ 희석과즙음료　　④ 과립과즙음료

 해설 토마토 주스는 과채음료이다.

78 음료에 대한 설명이 잘못된 것은?

① 칼린스 믹스(Collins Mix)는 레몬주스와 설탕을 주원료로 만든 착향탄산음료이다.
② 토닉 워터(Tonic Water)는 퀴닌(Quinine)을 함유하고 있다.
③ 코코아(Cocoa)는 코코넛(Coconut) 열매를 가공하여 가루로 만든 것이다.

④ 콜라(Coke)는 콜라닌과 카페인을 함유하고 있다.

 해설 코코아(Cocoa)는 카카오 페이스트를 압착하여 기름을 제거하고 분쇄해서 만든다.

79 다음 중 음료에 대한 설명이 틀린 것은?

① 에비앙 생수는 프랑스의 천연 광천수이다.
② 페리에 생수는 프랑스의 탄산수이다.
③ 비시 생수는 프랑스 비시의 탄산수이다.
④ 셀처 생수는 프랑스의 천연 광천수이다.

 해설 셀처(Seltzer) 생수는 독일 셀처 지역의 광천수이다.

80 소다수에 대한 설명 중 틀린 것은?

① 인공적으로 이산화탄소를 첨가한다.
② 약간의 신맛과 단맛이 나며 청량감이 있다.
③ 식욕을 돋우는 효과가 있다.
④ 성분은 수분과 이산화탄소로 칼로리는 없다.

 해설 소다수(Soda Water)는 정제한 물에 탄산가스를 혼합한 음료로 수분과 이산화탄소만으로 이루어져 영양가는 없으나 청량감을 주고 식욕을 돋우는 효과가 있다.

81 탄산음료 중 뒷맛이 쌉쌀한 맛이 나는 음료는?

① 칼린스 믹스　　② 토닉 워터
③ 진저엘　　④ 콜라

 해설 토닉 워터(Tonic Water)는 영국에서 처음 개발한 무색투명한 음료로 퀴닌 성분이 혼합된 탄산음료이며 시고 산뜻한 풍미가 있다.

82 토닉 워터(Tonic Water)에 대한 설명으로 틀린 것은?

① 무색투명한 음료이다.

② Gin과 혼합하여 즐겨 마신다.

③ 식욕 증진과 원기를 회복시키는 강장제 음료이다.

④ 주로 구연산, 감미료, 커피향을 첨가하여 만든다.

 소다수에 퀴닌, 레몬, 라임 등 여러 가지 향료 식물을 원료로 만들며, 식욕 증진과 원기 회복을 위해 만든 강장제 음료로 주로 칵테일에 사용한다.

83 진저엘(Ginger Ale)의 설명 중 틀린 것은?

① 맥주에 혼합하여 마시기도 한다.

② 생강향이 함유된 청량음료이다.

③ 진저엘의 엘은 알코올을 뜻한다.

④ 진저엘은 알코올분이 있는 혼성주이다.

 진저엘은 생강향이 함유된 순수 청량음료이다.

84 다음 탄산음료 중 없을 경우 레몬 1/2oz, 슈가시럽 1tsp, 소다수를 사용하여 만들 수 있는 음료는?

① 시드르   ② 사이다

③ 칼린스 믹스   ④ 스프라이트

 칼린스 믹스(Collins Mix)는 소다수에 레몬주스와 설탕을 혼합한 청량음료이다.

85 음료에 함유된 성분이 잘못 연결된 것은?

① Tonic Water – Quinine

② Kahlua – Chocolate

③ Ginger Ale – Ginger Flavor

④ Collins Mix – Lemon Juice

 Kahlua(칼루아)는 멕시코가 원산지인 커피 리큐어이다.

86 다음 품목 중 청량음료에 속하는 것은?

① 탄산수(Sparkling Water)

② 생맥주(Draft Beer)

③ 콜린스(Tom Collins)

④ 진피즈(Gin Fizz)

 콜린스(Tom Collins)와 진피즈(Gin Fizz)는 하이볼 종류의 칵테일이다.

87 음료에 대한 설명이 잘못된 것은?

① 진저엘(Ginger Ale)은 착향탄산음료이다.

② 토닉 워터(Tonic Water)는 착향탄산음료이다.

③ 세계 3대 기호음료는 커피, 코코아, 차(Tea)이다.

④ 유럽에서 Cider(또는 Cidre)는 착향탄산음료이다.

 유럽에서 Cider(사이다 또는 Cidre)는 사과를 발효시켜 만든 과일주를 말하며, 알코올 성분이 1~6% 정도 들어 있다.

88 음료의 살균에 이용되지 않는 방법은?

① 저온 장시간 살균법(LTLT)

② 자외선 살균법

③ 고온 단시간 살균법(HTST)

④ 초고온 살균법(UHT)

 음료 살균법에는 저온 장시간 살균법(63~65℃, 30분), 고온 단시간 살균법(72~75℃, 15초), 초고온 살균법(121~130℃, 0.3~30초) 등이 있다.

89 우유의 살균 방법에 대한 설명으로 가장 거리가 먼 것은?

① 저온 살균법 : 50℃에서 30분 살균

② 고온 단시간 살균법 : 72℃에서 15초 살균

③ 초고온 살균법 : 135~150℃에서 0.5~5초 살균

④ 멸균법 : 150℃에서 2.5~3초 동안 가열 처리

 우유의 저온 살균은 63~65℃에서 30분 가열하여 살균하는 방법으로 영양소의 파괴를 최소화하고 병원균의 사멸에 목적이 있다.

90 다음 중 롱 드링크(Long Drink)에 해당하는 것은?

① 마티니(Martini)
② 진피즈(Gin Fizz)
③ 맨해튼(Manhattan)
④ 스팅어(Stinger)

 롱 드링크란 일반적으로 4온스 이상의 글라스에 제공되는 음료를 말한다. 진피즈는 하이볼 글라스, 마티니 · 맨해튼 · 스팅어는 칵테일 글라스에 제공된다.

91 알코올성 음료를 의미하는 용어가 아닌 것은?

① Hard Drink
② Liquor
③ Ginger Ale
④ Spirit

 Hard Drink(하드 드링크), Liquor(리큐어), Spirit(스피릿)은 술을 말하며, Ginger Ale(진저엘)은 순수 청량음료이다.

92 주스류(Juice)의 보관 방법으로 가장 적절한 것은?

① 캔 주스는 냉동실에 보관한다.
② 한번 오픈한 주스는 상온에 보관한다.
③ 열기가 많고 햇볕이 드는 곳에 보관한다.
④ 캔 주스는 오픈한 후 유리그릇, 플라스틱 용기에 담아서 냉장 보관한다.

 캔 주스는 오픈한 후 밀폐용기에 담아 냉장 보관하는 것이 좋다.

93 음료류와 주류에 대한 설명으로 틀린 것은?

① 맥주에서는 메탄올이 전혀 검출되어서는 안 된다.
② 탄산음료는 탄산가스 압이 0.5kg/cm²인 것을 말한다.
③ 탁주는 전분질 원료와 국을 주원료로 하여 술덧을 혼탁하게 제성한 것을 말한다.
④ 과일, 채소류 음료에는 보존료로 안식향산을 사용할 수 있다.

 주류의 메탄올 허용치는 과실주 1.0mg/mL, 과실주를 제외한 술은 0.5mg/mL이다.

94 「주세법」상 주류에 대한 설명으로 (   ) 안에 알맞게 연결된 것은?

> 알코올분 (㉠)도 이상의 음료를 말한다. 단, 「약사법」에 따른 의약품으로서 알코올분이 (㉡)도 미만인 것을 제외한다.

① ㉠ : 1, ㉡ : 6
② ㉠ : 2, ㉡ : 4
③ ㉠ : 1, ㉡ : 3
④ ㉠ : 2, ㉡ : 5

 「주세법」상 주류란 사람이 마실 수 있는 알코올분 1도 이상의 음료를 말한다. 단, 「약사법」에 따른 의약품으로서 알코올분이 6도 미만인 것을 제외한다.

CHAPTER 03 메뉴 개발

SECTION 1 훈련목표 및 편성내용

훈련목표	고객의 요구 및 기호도를 반영하여 음료 영업장 운영의 생산성 향상 및 수익성 제고를 위해 표준 레시피와 기획 메뉴, 주문형 메뉴를 만드는 능력을 함양	
수준	4수준	
단원명 (능력단위 요소명)	훈련내용 (수행준거)	
표준 레시피 만들기	1.1	고객에게 신뢰받는 표준화된 음료 제공을 위해서 표준 레시피를 만들 수 있다.
	1.2	재료의 손실을 줄이기 위해서 표준 레시피를 만들 수 있다.
	1.3	바텐더의 직무를 신속하게 수행할 수 있도록 표준 레시피를 만들 수 있다.
기획 메뉴 만들기	2.1	고객 창출을 위해서 계절 메뉴를 만들 수 있다.
	2.2	고객 창출을 위해서 기획 메뉴를 만들 수 있다.
	2.3	고객의 만족을 위해서 해피아워(Happy Hour) 메뉴를 만들 수 있다.
	2.4	고객 만족과 수익 창출을 위해서 메뉴 엔지니어링(Menu Engineering)을 할 수 있다.
주문형 메뉴 만들기	3.1	행사 성격별 메뉴 개발로 고객의 만족도를 높일 수 있다.
	3.2	성별 주문형 메뉴 개발로 고객의 만족도를 높일 수 있다.
	3.3	연령별 주문형 메뉴 개발로 고객의 만족도를 높일 수 있다.

SECTION 2 메뉴 개발

메뉴는 바의 콘셉트(Concept)와 특징, 이미지를 표현하는 것으로 전문성, 차별성, 독창성을 지녀야 한다. 메뉴 개발은 고객의 요구에 맞는 다양성과 기호도 등을 고려한 식음료 제공 서비스, 메뉴 개발에 관한 원가와 수익성의 관계, 재료 구입 및 관리, 음료제조 및 시설 수용력 등을 포함하여 개발하여야 한다.

1. 메뉴 개발의 목적

메뉴 개발의 목적은 크게 새로운 메뉴 개발과 기존 메뉴 개선의 두 가지로 나눌 수 있다. 메뉴 개발을 위해서는 다양한 시장조사를 통하여 고객의 요구를 신속하게 파악하고 이를 메뉴 개발로 반영해야 하며, 또 가격 · 품질 · 원가 · 작업효율성 등의 다양한 요소를 토대로 결정해야 한다.

2. 메뉴 개발의 중요성

① 메뉴 개발은 바의 경영방침과 세부일정을 결정하고 성공적인 운영을 위한 중요한 역할을 한다.
② 메뉴 개발은 바의 특성과 이미지를 조성해 주는 수단이다.
③ 메뉴 개발은 고객과 연결하는 커뮤니케이션 도구이다.
④ 메뉴 개발은 무형의 서비스이자 세일즈맨이다.

3. 메뉴 개발의 유형

① **신메뉴 개발** : 신규 오픈 또는 기존 매장에서 매출을 올리기 위해 메뉴를 개발하는 것이다.
② **기존 메뉴의 개발** : 판매 중에 있는 메뉴를 개선하는 것이다.

4. 메뉴 개발의 영향 요인

① **내부 요인** : 매출과 예산, 재료의 활용, 설비활용, 음료제조기술 수준, 기술 개발
② **외부 요인** : 고객의 요구, 유행과 트렌드, 시장점유율, 사회의 변화, 유통의 변화

SECTION 3 표준 레시피 만들기

표준 음료 레시피(Standard Drink Recipe)는 음료의 품질, 양, 원가, 제조시간 등을 효율적으로 조절하기 위한 수단으로, 어느 아이템의 음료를 만드는 데 소요되는 음료의 종류와 분량, 가니시(Garnish), 원가, 사용하는 글라스, 만드는 방법 등을 기술한 표준 조주표를 말한다.

1. 표준 레시피의 효과

① 일관된 품질의 음식 제공으로 고객만족도 증대
② 양적 · 질적 표준 제시 가능

③ 원가와 판매가격을 정확하게 산출 가능
④ 정확한 생산량 계산으로 생산 초과나 부족으로 인한 손실 감소

2. 표준 레시피의 구성요소 및 작성

① 메뉴명
② 주류 및 식재료의 정확한 양(계량단위)
③ 필요한 경우 특별한 기자재 표시
④ 음료제조 준비절차
⑤ 재료준비 시간과 음료제조를 포함한 단계별 방법
⑥ 글라스 종류, 제공하는 방식과 형태, 스타일링 장식법
⑦ 남은 재료를 저장하거나 재활용하는 방법

3. 시음 및 평가를 통한 수정 · 보완

① 관능평가를 통한 객관적인 평가 실시
② 관능평가 및 청각과 촉각의 오감을 더한 평가 실시
③ 전체적인 메뉴의 구성과 조화, 음료 제공 서비스 방법 평가

SECTION 4 **기획 메뉴 만들기**

기획 메뉴란 한시적 특별 메뉴로 고객창출을 위한 계절성 메뉴와 고객만족을 위한 해피아워 (Happy Hour) 메뉴, 프로모션 메뉴 등 일정한 간격을 두고 주기적으로 바뀌는 메뉴를 뜻한다. 따라서 기획 메뉴는 매장의 실적을 높이기 위한 수단으로 활용하여 수요를 촉진하며 경쟁 매장과의 차별화를 위한 수단으로도 사용된다.

1. 기획 메뉴의 장점

① 고객에게 합리적인 가격으로 제공되는 느낌을 주어 우호적 태도 유발이 가능하다.
② 다른 촉진 수단에 부가하여 메뉴 판매 효과를 증대시킨다.
③ 즉각적인 구매 행동으로 유도가 가능하다.
④ 메뉴 수명 주기상 모든 단계에서 이용 가능하고 인적 판매를 보조하며, 상황 악화 시 즉각 중단 이 가능하다.

2. 기획 메뉴의 단점

① 기획 메뉴는 단기성으로, 단기성 메뉴는 고객의 충성도가 약하다.
② 다른 메뉴에 비해 보충적 역할에 한정된다.
③ 비반복성으로 판촉수단 개발에 창의성, 시간, 자금 수요가 많다.
④ 지나친 판촉 사용 시 상품에 대한 이미지가 손상된다.

3. 메뉴 엔지니어링

메뉴 엔지니어링(Menu Engineering)이란 매장의 사업방향을 결정하기 위하여 정보를 수집하고 메뉴 구성, 수익성, 대중성 등의 적정성을 매장운영 측면에서 평가하고 판단하는 활동이다. 메뉴가 매장의 수익성에 어느 정도 기여하는지를 파악하여 경영진이 현재와 미래의 메뉴 가격, 내용 등을 평가할 수 있도록 해주는 단계적인 과정으로서 메뉴 엔지니어링의 3가지 요소는 다음과 같다.

① **고객의 수요** : 전체 고객 수
② **메뉴 믹스** : 고객이 선호하는 메뉴 품목 분석
③ **공헌 이익** : 각 메뉴 품목별 순이익 분석

SECTION 5 주문형 메뉴 만들기

주문형 메뉴는 보통 매뉴얼에 없는 메뉴로, 고객이 기호에 따라 메뉴를 선택하고 주문을 통해서만 메뉴가 제공된다. 이벤트별, 성별, 연령별 등 다양한 고객층에 맞추어 변화하는 고객의 요구에 따라 메뉴를 제공할 수 있는 장점이 있으나 그에 맞는 메뉴 개발과 재료 구입에 있어 다양성과 복잡성이 요구된다.

CHAPTER
04 칵테일 기법 실무

SECTION 1 **훈련목표 및 편성내용**

훈련목표		칵테일 조주를 위한 기본적인 지식과 기법을 습득하고 수행하는 능력을 함양
수준		2수준
단원명 (능력단위 요소명)		훈련내용 (수행준거)
칵테일 특성 파악하기	1.1	고객에서 정보를 제공하기 위하여 칵테일의 유래와 역사를 설명할 수 있다.
	1.2	칵테일 조주를 위하여 칵테일 기구의 사용법을 습득할 수 있다.
	1.3	칵테일별 특성에 따라서 칵테일을 분류할 수 있다.
칵테일 기법 수행하기	2.1	셰이킹(Shaking) 기법을 수행할 수 있다.
	2.2	빌딩(Building) 기법을 수행할 수 있다.
	2.3	스터링(Stirring) 기법을 수행할 수 있다.
	2.4	플로팅(Floating) 기법을 수행할 수 있다.
	2.5	블렌딩(Blending) 기법을 수행할 수 있다.
	2.6	머들링(Muddling) 기법을 수행할 수 있다.

SECTION 2 **칵테일 특성 파악하기**

1. 칵테일의 유래

Cocktail은 수탉이란 뜻의 Cock와 꼬리란 뜻의 Tail이 합쳐진 말로 '수탉의 꼬리'라는 의미이며, 그 유래에 관하여는 여러 이야기가 전해지고 있다. 멕시코 유카탄(Yucatan) 반도의 캄페체 (Campeche) 항구에 영국 배가 기항하여 상륙한 영국선원들이 어떤 바에 들어갔는데, 카운터 안에 서 한 소년이 깨끗하게 벗긴 나뭇가지로 혼합음료를 만들어 서비스하고 있었다. 당시 영국인들은 술을 스트레이트로만 마시고 있었으므로 소년의 행동이 신기하게 보였고, 한 선원이 '그것이 무엇이냐?'고 묻자 소년은 나뭇가지가 무엇인지 묻는 줄 알고 '꼴라 데 가죠(Cola de Gallo)'라고 대답하였다. '꼴라 데 가죠'란 스페인어로 '수탉 꼬리'라는 뜻으로 소년은 나뭇가지의 모양이 수탉 꼬리와 비슷하여 '꼴라 데 가죠'라는 별명을 붙여 부르고 있었던 것이다. '꼴라 데 가죠'를 영어로 직역하면 '테일 오브 콕'이 되는데, 그 후 선원들 사이에서는 혼합음료를 '테일 오브 콕'이라 불렀고 간단히 칵테일이라 부르게 되었다고 한다.

2. 칵테일의 정의

칵테일은 두 종류 이상의 술을 사용하여 만든다. 베이스(Base)로 모든 술을 사용할 수 있으나 주로 증류주를 사용하며 여기에 혼성주를 비롯한 시럽, 과즙, 감미료, 향신료 등의 여러 가지 부재료와 얼음을 함께 넣고 차게 만들어 분위기에 맞게 마시는 음료를 말한다.

3. 칵테일의 알코올 농도 계산법

칵테일은 알코올 농도와 분량이 각기 다른 술과 음료를 혼합하여 만들므로 정확한 알코올 도수는 알 수 없으나 일반적인 방법으로 추측이 가능하다.

$$\frac{(A\% \times a) + (B\% \times b) + (C\% \times c) + \cdots}{V}$$

여기서, V : 전체 용량
A, B, C : 사용한 술의 알코올 농도(%)
a, b, c : 사용한 술의 용량(mL)

하이볼(Highball) 등의 롱 드링크(Long Drinks)는 글라스 용량을 전체 용량으로 한다. 따라서 알코올 농도가 실제보다 낮으며, 시간이 경과함에 따라 얼음이 녹아 농도는 낮아진다.
칵테일의 알코올 농도는 만드는 방법에 따라 얼음이 녹는 정도의 차이가 있어 알코올 농도의 차이가 생긴다.

4. 칵테일의 TPO(Time · Position · Occasion)

칵테일은 재료의 특징과 마시는 시간, 장소에 따라 크게 다음과 같이 나뉜다.

1) 애피타이저 칵테일(Appetizer Cocktail)

식욕을 돋우기 위해 식전에 가볍게 마시는 칵테일로 신맛과 쓴맛을 가지며 단맛은 억제된다. 맨해튼(Manhattan), 마티니(Martini), 캄파리 소다(Campari Soda) 등이 있다.

2) 클럽 칵테일(Club Cocktail)

정찬요리에서 오르되브르(Hors-d'oeuvre) 또는 수프(Soup) 대신에 마시는 우아하고 자양분이 많은 칵테일로 식사와 조화를 이루고 자극성이 강한 것이 특징이다. 클로버 클럽(Clover Club), 로열 클로버 클럽(Royal Clover Club) 등이 있다.

3) 비포 디너 칵테일(Before Dinner Cocktail)

정찬 전에 마시는 칵테일로 미디엄 마티니, 미디엄 맨해튼 등 중간 맛의 칵테일이다.

4) 애프터 디너 칵테일(After Dinner Cocktail)

식사 후 입가심을 위한 칵테일로 기본적으로 달콤한 맛을 낸다. 대부분 단맛이 있고 소화를 돕는 리큐어가 베이스(Basse)가 되며 알렉산더(Alexander), 그래스호퍼(Grasshopper), 블랙 러시안(Black Russian) 등이 있다.

5) 비포 미드나이트 칵테일(Before Midnight Cocktail)

밤 늦은 시간에 마시는 만찬용의 드라이한 맛을 지닌 칵테일로 압생트(Absinthe) 등이 있다.

6) 나이트 캡 칵테일(Night Cap Cocktail)

잠자리에 들기 전 마시는 칵테일로 강장성의 재료를 사용하여 만드는 나이크 캡(Night Cap), 줌(Zoom) 등이 있다.

7) 샴페인 칵테일(Champagne Cocktail)

샴페인이 가지는 우아하고 화려한 분위기를 살린 축하연이나 연회석상에 내는 칵테일로 샴페인 칵테일, 프렌치 75 등이 있다.

8) 올 데이 칵테일(Cocktail for All Day)

언제 어느 자리에서나 가볍게 즐길 수 있는 산뜻하고 부드러운 맛이 특징으로 사이드카(Sidecar), 마이타이(Mai-Tai), 진토닉(Gin Tonic) 등이 있다.

5. 칵테일 용어

1) 아페리티프(Aperitif), 애피타이저(Appetizer)

식욕을 돋우기 위해 식전에 마시는 술로 아페리티프 또는 애피타이저라 한다.

2) 베이스 리커(Base Liquor)

두 종류 이상의 술을 사용하여 칵테일을 만들 때 기본이 되는 술로 기주(基酒)라고도 한다.

3) 대시(Dash)

한 번 뿌려주는 양으로 5~6방울(1/32oz)의 양을 말하며, 칵테일을 만들 때 비터(Bitters) 등과 같이 소량으로 사용하는 재료의 양을 나타내는 계량단위이다.

4) 드롭(Drop)

보통 비터 보틀(Bitters Bottle)에서 한 방울 떨어뜨리는 것을 말한다.

5) 핑거(Finger)

목측으로 술의 분량을 계량할 때 8온스 텀블러 글라스의 아랫부분에 손가락을 옆으로 대고 따르면 약 30mL 분량이 된다. 이것을 1 핑거(One Finger)라고 한다.

6) 컷(Cut)

장식 과일을 사용할 때 세로로 등분하는 것을 말한다.

7) 하프 앤드 하프(Half & Half)

두 종류의 술을 반반씩 섞어 제공하는 것을 말한다.

8) 스퀴즈(Squeeze)

'압착하다', '쥐어짜다'라는 뜻으로 레몬이나 오렌지 등의 과일을 반으로 잘라 스퀴저(Squeezer)의 돌출 부분에 끼우고 돌려 과즙을 짜는 것을 말한다.

9) 트위스트(Twist)

레몬이나 오렌지 등의 껍질을 작게 잘라 비틀어 과일껍질의 오일을 넣는 칵테일 기법이다. 레몬을 많이 사용하며 칵테일의 풍미를 높이는 역할을 한다.

10) 체이서(Chaser)

'추적자'라는 뜻으로 독한 술을 마신 후 따라 가듯 마신다고 하여 붙여진 이름이다. 알코올 농도가 높은 술을 스트레이트로 마실 때 함께 내는 청량음료로 기호에 따라 물이나 소다수, 주스 등을 사용할 수 있다.

11) 드라이(Dry)

독한 맛을 표현하는 단어로, 단맛의 경우 스위트(Sweet)라고 한다.

12) 콜드 드링크(Cold Drinks)

체온보다 낮은 온도로 만든 음료를 말하며, 보통 6~12℃ 정도의 온도로 만든다.

13) 핫 드링크(Hot Drinks)

체온보다 높은 온도로 만드는 음료를 말하여, 보통 60~65℃ 정도의 온도로 만든다.

14) 숏 드링크(Short Drinks)

4oz 미만의 글라스를 사용한 칵테일로 롱 드링크에 비해 알코올 도수가 높으며, 가능한 한 빨리 마시지 않으면 그 맛의 순수성을 잃는 혼합음료로 주로 칵테일 글라스가 사용된다.

15) 롱 드링크(Long Drinks)

4oz 이상의 글라스를 사용한 음료로 비교적 천천히 마셔도 좋은 음료를 말하며, 주로 하이볼 글라스, 콜린스 글라스, 텀블러 글라스 등을 사용하여 얼음과 청량음료를 넣어 만든다.

16) 온더락(On The Rocks)

'바위 위에'라는 뜻으로 올드 패션드 글라스에 얼음 몇 개를 넣고 그 위에 술을 붓는다. 얼음 위에 술을 붓는다 하여 이러한 표현을 하였다.

17) 스노 스타일(Snow Style)

글라스의 가장자리에 설탕이나 소금을 묻히는 것으로 프로스트(Frost)한다고 표현하며, 프로즌 스타일(Frozen Style)이라 부르기도 한다. 정식 표현은 'Rimmed with Sugar(Salt)'이다. 방법은 깨끗이 건조된 글라스의 가장자리 바깥쪽에 레몬조각을 대고 문질러 레몬즙을 묻힌 후 설탕이나 소금을 묻힌다.

어떤 종류의 칵테일이든 재료의 용량을 계량하여 넣는 것은 공통되지만 같은 재료를 사용하더라도 만드는 기법이 다르면 색과 풍미에 차이가 있다.

1. 스터링(Stirring, 휘젓기)

술의 비중에 별 차이가 없어 혼합이 용이한 재료나 단순한 내용물의 혼합 또는 셰이크(Shake) 하면 풍미에 손상이 있는 재료 등의 혼합에 이용하는 방법으로 믹싱 글라스(Mixing Glass)에 얼음과 재료를 넣고 바 스푼(Bar Spoon)으로 휘저어 혼합하는 것이다.

요령은 바 스푼의 가운데 나선형 부분을 가운뎃손가락과 약지 사이에 끼우고 엄지손가락과 집게손가락으로 바 스푼을 잡고 회전시켜 혼합한다. 이때 내용물과 얼음이 함께 돌아가도록 한다. 믹싱 글라스를 사용할 경우에는 혼합한 후 얼음이 나오지 않도록 스트레이너(Strainer)를 끼우고 글라스(Glass)에 따른다. 이 방법으로 만드는 대표적 칵테일로 맨해튼(Manhattan), 드라이 마티니(Dry Martini) 등이 있다.

≋ 스터 기법

2. 빌딩(Building, 직접 넣기)

글라스에 직접 얼음과 재료를 담고 만드는 방법으로 주로 하이볼(Highball)을 만들 때 이용하며 많은 종류가 있다. 대개 청량음료를 사용하며 가능한 한 차갑게 냉각시켜 사용하는 것이 좋다. 이 방법으로 만드는 대표적 칵테일로 올드 패션드(Old Fashioned), 쿠바 리브레(Cuba Libre) 등이 있다.

≋ 빌드 기법

3. 셰이킹(Shaking, 흔들기)

셰이커(Shaker)에 얼음과 재료를 넣고 흔들어서 만드는 방법으로 설탕, 크림, 달걀 등 혼합이 어려운 재료들을 혼합하는 데 이용한다. 셰이커할 때에는 먼저 보디(Body) 부분에 내용물과 얼음을 넣고 스트레이너(Strainer), 캡(Cap)의 순으로 조립한다. 올바르게 조립되지 않으면 셰이커 도중에 내용물이 새어나올 수 있으므로 주의한다.

셰이커를 쥐는 요령은 오른손잡이를 기준으로 왼손의 가운뎃손가락과 약지로 보디의 바닥 부분을 받치고 엄지는 헤드를 누르며 집게손가락과 새끼손가락 사이에 보디를 끼운다. 오른손의 엄지로 캡을 누르고 나머지 약지와 새끼손가락 사이에 보디를 끼우고 가볍게 감싼다. 이러한 방법으로 옆에서 볼 때 수평으로 셰이커를 쥐고 가슴 가운데 부분의 높이에서 상하로 흔든다. 단순한 내용물의 혼합은 10~12회, 달걀이나 우유, 크림, 설탕 등 혼합이 어려운 내용물은 12~15회 정도 셰이크하며, 셰이커에는 샴페인이나 맥주, 탄산음료 등은 넣지 않는다. 이 방법으로 만드는 대표적 칵테일로 그래스호퍼(Grasshopper), 마가리타(Margarita), 브랜디 알렉산더(Brandy Alexander) 등이 있다.

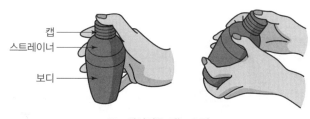

캡
스트레이너
보디

≋ 셰이커를 쥐는 요령

4. 플로팅(Floating, 띄우기)

두 종류 이상의 술을 혼합하지 않고 비중의 차이를 이용하여 천천히 흘려 부어 띄우는 것을 말한다. 바 스푼(Bar Spoon)을 리큐어 글라스의 안쪽에 엎어 대고 바 스푼의 등에 조금씩 흘려 부어 글라스의 안벽을 타고 흘러 들어가게 한다. 이렇게 하여 비중이 각기 다른 술을 혼합하지 않고 층을 쌓는 것으로 반드시 비중이 무거운 술을 먼저 부어야 한다. 이 방법으로 만드는 대표적 칵테일로 푸스 카페(Pousse Cafe), 비-52(B-52), 레인보(Rainbow) 등이 있다.

≋ 플로트 기법

5. 블렌딩(Blending, 기계혼합)

블렌더(Blender)에 얼음과 함께 재료를 넣고 만드는 기법으로, 이때 얼음은 크러시드 아이스 (Crushed Ice)를 사용한다. 이 방법으로 만드는 대표적 칵테일로 마이타이(Mai-Tai), 블루 하와이 안(Blue Hawaiian) 등이 있다.

6. 머들링(Muddling, 으깨기)

과일이나 허브향이 강해지도록 머들러(Muddler)라는 기구로 재료를 으깨는 것을 말한다.

CHAPTER
05 칵테일 조주 실무

SECTION 1 **훈련목표 및 편성내용**

훈련목표	칵테일 조주 기법에 따라 칵테일을 조주하고 관능평가를 수행하는 능력을 함양	
수준	3수준	
단원명 (능력단위 요소명)	훈련내용 (수행준거)	
칵테일 조주하기	1.1	동일한 맛을 유지하기 위하여 표준 레시피에 따라 조주할 수 있다.
	1.2	칵테일 종류에 따라 적절한 조주 기법을 활용할 수 있다.
	1.3	칵테일 종류에 따라 적절한 얼음과 글라스를 선택하여 조주할 수 있다.
전통주 칵테일 조주하기	2.1	전통주 칵테일 레시피를 설명할 수 있다.
	2.2	전통주 칵테일을 조주할 수 있다.
	2.3	전통주 칵테일에 맞는 가니시를 사용할 수 있다.
칵테일 관능평가하기	3.1	시각을 통해 조주된 칵테일을 평가할 수 있다.
	3.2	후각을 통해 조주된 칵테일을 평가할 수 있다.
	3.3	미각을 통해 조주된 칵테일을 평가할 수 있다.

SECTION 2 **칵테일 조주하기**

칵테일 음료는 사용하는 잔의 크기와 용량에 따라 롱 드링크(Long Drinks)와 숏 드링크(Short Drinks)의 2가지로 구분한다. 롱 드링크는 오랜 시간 마시는 것으로 텀블러 및 고블릿, 콜린스 같은 큰 글라스에 탄산수ㆍ물ㆍ얼음 등을 섞어서 만들며, 하이볼 및 콜린스 등이 이에 속한다. 숏 드링크는 단시간(3~4모금)에 마시는 적은 양의 것으로 칵테일 글라스, 샴페인 글라스, 리큐어 글라스 등을 사용하며 맨해튼, 드라이 마티니 등이 대표적이다.

SECTION 3 전통주 칵테일 조주하기

칵테일의 대부분이 위스키, 브랜디, 보드카, 진, 럼 등 양주류를 베이스로 하여 만들어져 왔으나 근래에 들어 전통주에 대한 관심이 늘어나고 다양한 종류의 전통주, 특히 다양한 증류주가 생산되고 있어 이를 베이스로 한 전통주 칵테일이 만들어지고 있다.

SECTION 4 칵테일 관능평가하기

관능평가란 사람의 시각, 후각, 미각, 청각, 촉각 등의 감각을 통해 품질을 평가하는 것을 뜻한다. 이러한 오감에 의한 평가는 나이, 식습관, 건강상태, 생활환경, 기호도 등의 개인의 주관적 요소에 따라 달라질 수 있다. 동일인이 평가를 하더라도 평가 당시의 컨디션이나 평가 장소의 분위기에 따라 결과는 달라질 수 있으므로 평가에는 여러 사람이 참여하여 충분한 대화를 통해 결과를 도출하는 것이 바람직하다.

칵테일은 두 종류 이상의 술을 혼합하여 만드는 맛과 향기와 색채의 예술이다. 따라서 칵테일은 다음의 5가지가 조화를 이루어야 한다.

① 색이 아름다워야 한다.
② 향기가 좋아야 한다.
③ 맛이 뛰어나야 한다.
④ 차게 만들어야 한다.
⑤ 분위기에 어울려야 한다.

핵심예상문제

01 칵테일의 기본 5대 요소와 가장 거리가 먼 것은?

① Decoration ② Method

③ Glass ④ Flavor

 칵테일의 기본 5대 요소로 맛, 향, 색, 잔, 장식을 들 수 있다.

02 조주를 하는 목적과 거리가 가장 먼 것은?

① 술과 술을 섞어서 두 가지 향의 배합으로 색다른 맛을 얻을 수 있다.

② 술과 소프트 드링크 혼합으로 좀 더 부드럽게 마실 수 있다.

③ 술과 기타 부재료를 가미하여 좀 더 독특한 맛과 향을 창출해 낼 수 있다.

④ 원가를 줄여서 이익을 극대화할 수 있다.

 조주는 두 종류 이상의 술을 혼합하여 색과 멋이 다른 새로운 맛의 음료를 만들 수 있다.

03 칵테일에 대한 설명으로 틀린 것은?

① 식욕을 증진시키는 윤활유 역할을 한다.

② 감미를 포함시켜 아주 달게 만들어 마시기 쉬워야 한다.

③ 식욕 증진과 동시에 마음을 자극하여 분위기를 만들어 내야 한다.

④ 제조 시 재료의 넣는 순서에 유의해야 한다.

 식전주, 식중주, 식후주가 있으며 감미가 없는 드라이(Dry)한 칵테일도 있다.

04 칵테일 상품의 특성과 가장 거리가 먼 것은?

① 대량생산이 가능하다.

② 인적 의존도가 높다.

③ 유통과정이 없다.

④ 반품과 재고가 없다.

 칵테일은 고객의 주문에 따라 만들어지므로 대량생산이 되지 못한다.

05 일반적인 칵테일의 특징으로 가장 거리가 먼 것은?

① 부드러운 맛

② 분위기의 증진

③ 색, 맛, 향의 조화

④ 항산화, 소화 증진 효소 함유

 칵테일은 여러 가지 부재료와 얼음을 함께 넣고 차게 만들어 분위기에 맞게 마시는 것을 말한다.

06 칵테일을 만드는 3가지 기본 방법이 아닌 것은?

① Pouring ② Shaking

③ Blending ④ Stirring

 Pouring(푸어링)이란 술을 따르는 것을 의미한다.

07 칵테일의 기법 중 Stirring을 필요로 하는 경우와 가장 관계가 먼 것은?

① 섞는 술의 비중의 차이가 큰 경우

② Shaking하면 만들어진 칵테일이 탁해질 것 같은 경우

정답 01 ② 02 ④ 03 ② 04 ① 05 ④ 06 ① 07 ①

③ Shaking하는 것보다 독특한 맛을 얻고자 할 경우

④ Cocktail의 맛과 향이 없어질 우려가 있을 경우

 술의 비중의 차이가 큰 경우는 주로 플로팅(Floating) 기법을 이용한다.

08 칵테일 기법 중 믹싱 글라스에 얼음과 술을 넣고 바 스푼으로 잘 저어서 잔에 따르는 방법은?

① 직접 넣기(Building)

② 휘젓기(Stirring)

③ 흔들기(Shaking)

④ 띄우기(Float & Layer)

 직접 넣기(Building)는 제공되는 글라스에서 직접 만들기, 흔들기(Shaking)는 셰이커(Shaker)라는 기구 사용, 띄우기(Float & Layer)는 비중의 차이를 이용한다.

09 조주 방법 중 Stirring에 대한 설명으로 옳은 것은?

① 칵테일을 차게 만들기 위해 믹싱 글라스에 얼음을 넣고 바 스푼으로 휘저어 만드는 것

② Shaking으로는 얻을 수 없는 설탕을 첨가한 차가운 칵테일을 만드는 방법

③ 칵테일을 완성시킨 후 향기를 가미시킨 것

④ 글라스에 직접 재료를 넣어 만드는 방법

 믹싱 글라스에 얼음과 술을 넣고 바 스푼으로 잘 저어서 만드는 것이 Stirring(스터링) 기법이다.

10 휘젓기(Stirring) 기법을 할 때 사용하는 칵테일 기구로 가장 적합한 것은?

① Hand Shaker   ② Mixing Glass

③ Squeezer   ④ Jigger

 Hand Shaker(핸드 셰이커)는 흔들어 혼합하는 기구, Squeezer(스퀴저)는 과즙 짜는 기구, Jigger(지거)는 계량용 기구이다.

11 칵테일 조주 시 셰이킹(Shaking) 기법을 사용하는 재료로 가장 거리가 먼 것은?

① 우유나 크림

② 꿀이나 설탕 시럽

③ 증류주와 소다수

④ 증류주와 달걀

 셰이킹(Shaking) 기법에는 소다수 등의 탄산가스가 들어 있는 음료는 사용하지 않는다.

12 셰이킹(Shaking) 기법에 대한 설명으로 틀린 것은?

① 셰이커(Shaker)에 얼음을 충분히 넣어 빠른 시간 안에 잘 섞이고 차게 한다.

② 셰이커(Shaker)에 재료를 넣고 순서대로 Cap을 Strainer에 씌운 다음 Body에 덮는다.

③ 잘 섞이지 않는 재료들을 셰이커(Shaker)에 넣어 세차게 흔들어 섞는 조주 기법이다.

④ 달걀, 우유, 크림, 당분이 많은 리큐어 등으로 칵테일을 만들 때 많이 사용된다.

 셰이커(Shaker)의 보디(Body)에 얼음과 재료를 넣고 스트레이너(Strainer)를 씌운 다음 캡(Cap)을 덮는다.

13 흔들기(Shaking)에 대한 설명 중 틀린 것은?

① 잘 섞이지 않고 비중이 다른 음료를 조주할 때 적합하다.

② 롱 드링크(Long Drink) 조주에 주로 사용한다.

③ 애플 마티니를 조주할 때 이용되는 기법이다.

④ 셰이커를 이용한다.

흔들기(Shaking) 기법은 주로 숏 드링크(Short Drink) 조주에 사용한다.

14 셰이커(Shaker)를 사용한 후 가장 적당한 보관 방법은?

① 사용 후 물에 담가 놓는다.
② 사용할 때 씻어서 사용한다.
③ 사용 후 씻어서 물이 빠지도록 몸통과 스트레이너를 분리하여 엎어 놓는다.
④ 씻어서 뚜껑을 닫아서 보관한다.

 셰이커(Shaker)는 세척 후 보디(Body), 스트레이너(Strainer), 캡(Cap) 순으로 엎어 보관한다.

15 Muddler에 대한 설명으로 옳은 것은?

① 설탕이나 장식 과일 등을 으깨거나 혼합할 때 사용한다.
② 칵테일 장식에 체리나 올리브 등을 찔러 장식할 때 사용한다.
③ 규모가 큰 얼음덩어리를 잘게 부술 때 사용한다.
④ 술의 용량을 측정할 때 사용한다.

 ② 칵테일 픽(Cocktail Pick)
③ 아이스 픽(Ice Pick)
④ 지거(Jigger)

16 다음 조주 기법 중 'Float' 기법이란?

① 재료의 비중을 이용하여 섞이지 않도록 띄우는 방법
② 재료를 믹서로 갈아서 만드는 방법
③ 글라스에 직접 재료를 넣어서 조주
④ 혼합하기 쉬운 술끼리 휘저어서 조주

 Float(플로트) 기법은 재료의 비중을 이용하여 섞지 않고 띄우는 기법이다.

17 Floating의 방법으로 글라스에 직접 제공하여야 할 칵테일은?

① Highball   ② Gin Fizz
③ Pousse Cafe   ④ Flip

 Floating(플로팅) 기법의 대표적인 것이 Pousse Cafe(푸스 카페)이다. Highball(하이볼)과 Gin Fizz(진피즈)는 Stir(스터) 기법, Flip(플립)은 Shake(셰이크) 기법이다.

18 달걀, 우유, 시럽 등의 부재료가 사용되는 칵테일을 만드는 방법은?

① Mix   ② Stir
③ Shake   ④ Float

 달걀, 우유, 시럽 등 혼합이 어려운 내용물의 혼합에는 Shake(셰이크) 기법을 이용한다.

19 칵테일 조주 시 사용되는 다음 방법 중 가장 위생적인 방법은?

① 손으로 얼음을 Glass에 담는다.
② Glass 윗부분(Rim)을 손으로 잡아 움직인다.
③ Garnish는 깨끗한 손으로 Glass에 Setting 한다.
④ 유효기간이 지난 칵테일 부재료를 사용한다.

 스템(Stem)이 있는 글라스는 스템을, 스템이 없는 글라스는 보디(Body)의 아랫부분을 잡는다.

20 잔 주위에 설탕이나 소금 등을 묻혀서 만드는 방법은?

① Shaking   ② Building
③ Floating   ④ Frosting

 잔 주위에 설탕이나 소금을 묻히는 것을 Frosting(프로스팅) 또는 Rimming(리밍)이라고 한다.

정답   14 ③ 15 ① 16 ① 17 ③ 18 ③ 19 ③ 20 ④

21 다음 칵테일(Cocktail) 중 글라스(Glass) 가장자리에 소금으로 프로스트(Frost)하여 내용물을 담는 것은?

① Million Dollar　　② Cuba Libre
③ Grasshopper　　④ Margarita

 Margarita(마가리타) 칵테일은 소금을 프로스트(Frost)하는 대표적 칵테일이다.

22 글라스 가장자리에 설탕을 묻혀 눈송이가 내린 것처럼 장식해서 제공되는 칵테일은?

① 파라다이스　　② 블루 문
③ 톰 콜린스　　④ 키스 오브 파이어

 키스 오브 파이어(Kiss of Fire)는 설탕을 프로스트(Frost)하는 대표적 칵테일이다.

23 프로스팅(Frosting) 기법이 사용되지 않는 칵테일은?

① Margarita　　② Kiss of Fire
③ Harvey Wallbanger④ Irish Coffee

 Harvey Wallbanger(하비 월뱅거)는 하이볼 글라스에 보드카와 오렌지 주스를 넣고 갈리아노를 띄운다. Margarita(마가리타)는 소금, Kiss of Fire(키스 오브 파이어)와 Irish Coffee(아이리시 커피)는 설탕을 Frost(프로스트)한다.

24 마신 알코올 양(mL)을 나타내는 공식은?

① 알코올 양(mL) × 0.8
② 술의 농도(%) × 마시는 양(mL) ÷ 100
③ 술의 농도(%) − 마시는 양(mL)
④ 술의 농도(%) ÷ 마시는 양mL)

 술의 농도(%)×마시는 양(mL)÷100 = 마신 알코올의 양(mL)이 되고 이 수치에 술의 비중 0.8을 곱하면 중량(g)이 된다.

25 숏 드링크(Short Drink)란?

① 만드는 시간이 짧은 음료
② 증류주와 청량음료를 믹스한 음료
③ 시간적인 개념으로 짧은 시간에 마시는 칵테일 음료
④ 증류주와 맥주를 믹스한 음료

 숏 드링크(Short Drink)는 짧은 시간에 마시는 칵테일 음료로 보통 칵테일 글라스에 제공된다.

26 Long Drink에 대한 설명으로 틀린 것은?

① 주로 텀블러 글라스, 하이볼 글라스 등으로 제공한다.
② 톰 콜린스, 진피즈 등이 속한다.
③ 일반적으로 한 종류 이상의 술에 청량음료를 섞는다.
④ 무알코올 음료의 총칭이다.

 Long Drink(롱 드링크)는 4oz 이상의 음료로 보통 한 종류 이상의 청량음료를 섞는다.

27 Whisky 1Ounce(알코올 도수 40%), Cola 4oz(녹는 얼음의 양은 계산하지 않음)를 재료로 만든 Whisky Coke의 알코올 도수는?

① 6%　　② 8%
③ 10%　　④ 12%

 칵테일의 알코올 도수 계산법

$$\frac{(A \times a) + (B \times b) + (C \times c)}{V}$$

여기서, V : 총량
　　　A, B, C : 사용한 술의 양(mL)
　　　a, b, c : 술의 알코올 농도(%)
대입하여 계산하면 다음과 같다.

$$\frac{(30 \times 40)}{150} = 8$$

28 하이볼 글라스에 위스키(40도) 1온스와 맥주(4도) 7온스를 혼합하면 알코올 도수는?

① 약 6.5도　　② 약 7.5도
③ 약 8.5도　　④ 약 9.5도

 칵테일의 알코올 도수 계산법

$$\frac{(A \times a) + (B \times b) + (C \times c)}{V}$$

여기서, V : 총량
　　　A, B, C : 사용한 술의 양(mL)
　　　a, b, c : 술의 알코올 농도(%)
대입하여 계산하면 다음과 같다.

$$\frac{(30 \times 40) + (210 \times 4)}{240} = 8.5$$

29 정찬코스에서 Hors-d'oeuvre 또는 Soup 대신에 마시는 우아하고 자양분이 많은 칵테일은?

① After Dinner Cocktail
② Before Dinner Cocktail
③ Club Cocktail
④ Night Cap Cocktail

 After Dinner Cocktail(애프터 디너 칵테일)은 식후용, Before Dinner Cocktail(비포 디너 칵테일)은 정찬 전에 마시는 칵테일, Night Cap Cocktail(나이트 캡 칵테일)은 취침 전 마시는 칵테일이다.

30 다음 중 After Dinner Cocktail로 가장 적합한 것은?

① Campari Soda　　② Dry Martini
③ Negroni　　④ Pousse Cafe

 After Dinner Cocktail(애프터 디너 칵테일)은 식사 후 입가심을 위한 칵테일로 기본적으로 달콤한 맛을 낸다.

31 칵테일의 분류 중 맛에 따른 분류에 속하지 않는 것은?

① 스위트 칵테일(Sweet Cocktail)
② 사워 칵테일(Sour Cocktail)
③ 드라이 칵테일(Dry Cocktail)
④ 아페리티프 칵테일(Aperitif Cocktail)

 아페리티프 칵테일(Aperitif Cocktail)은 식사 전에 마시는 칵테일로 용도에 의한 분류이다.

32 다음 중 식전주(Aperitif)로 가장 적합하지 않은 것은?

① Campari　　② Dubonnet
③ Cinzano　　④ Sidecar

 Sidecar(사이드카) 칵테일은 브랜디, 레몬주스, 쿠앵트로(또는 트리플 섹)로 만드는데 쿠앵트로(Cointreau)는 단맛이 있는 혼성주이다.

33 다음 중 뜨거운 칵테일은?

① 아이리시 커피　　② 싱가폴 슬링
③ 핑크 레이디　　④ 피나 콜라다

 아이리시 커피(Irish Coffee)는 뜨거운 아이리시 위스키에 뜨거운 블랙커피를 넣어 만든다.

34 칵테일 레시피(Recipe)를 보고 알 수 없는 것은?

① 칵테일의 색깔
② 칵테일의 판매량
③ 칵테일의 분량
④ 칵테일의 성분

 칵테일 레시피(Recipe)에는 술의 종류와 분량, 조주법 등이 쓰여 있다.

35 스트레이트 업(Straight Up)의 의미로 가장 적합한 것은?

① 술이나 재료의 비중을 이용하여 섞이지 않게 마시는 것

② 얼음을 넣지 않은 상태로 마시는 것

③ 얼음만 넣고 그 위에 술을 따른 상태로 마시는 것

④ 글라스 위에 장식하여 마시는 것

 스트레이트 업이란 칵테일을 만든 후 얼음을 걸러서 따라주는 것과 스트레이트(Straight) 잔에 아무것도 섞지 않고 순수하게 술만 따라주는 것을 말한다.

36 다음 중 레몬(Lemon)이나 오렌지 슬라이스(Orange Slice)와 체리(Red Cherry)를 장식하여 제공되는 칵테일은?

① Tom Collins　　② Martini

③ Rusty Nail　　④ Black Russian

 Martini(마티니)는 올리브를 장식하고, Rusty Nail(러스티 네일)과 Black Russian(블랙 러시안)은 장식 과일이 없다.

37 진(Gin)에 다음 어느 것을 혼합해야 Gin Rickey가 되는가?

① 소다수(Soda Water)

② 진저엘(Ginger Ale)

③ 콜라(Cola)

④ 사이다(Cider)

 Gin Rickey(진 리키)는 드라이진에 라임 주스를 넣고 소다수를 채워 만든다.

38 Gin & Tonic에 알맞은 Glass와 장식은?

① Collins Glass – Pineapple Slice

② Cocktail Glass – Olive

③ Cocktail Glass – Orange Slice

④ Highball Glass – Lemon Slice

 Gin & Tonic(진토닉)은 Highball Glass(하이볼 글라스)에 Gin(진)과 Tonic(토닉)을 넣어 만들고 레몬 장식을 한다.

39 칵테일을 만드는 기본기술 중 글라스에서 직접 만들어 손님에게 제공하는 경우가 있다. 다음 칵테일 중 이에 해당되는 것은?

① Bacardi　　② Calvados

③ Honeymoon　　④ Gin Rickey

 글라스에서 직접 만드는 것을 Build(빌드) 기법이라고 하는데, Gin Rickey(진 리키)는 하이볼 글라스에 빌드 기법으로 만든다. Bacardi(바카디)와 Honeymoon(허니문)은 Shake(셰이크) 기법을 이용하며, Calvados(칼바도스)는 프랑스 노르망디의 애플 브랜디이다.

40 다음 중 Highball Glass를 사용하는 칵테일은?

① 마가리타(Margarita)

② 키르 로열(Kir Royal)

③ 시 브리즈(Sea Breeze)

④ 블루 하와이(Blue Hawaii)

 ① 마가리타(Margarita) : 칵테일 글라스
② 키르 로열(Kir Royal) : 화이트 와인 글라스
④ 블루 하와이(Blue Hawaii) : 텀블러 글라스

41 조주기능사에서 싱가폴 슬링(Singapore Sling) 칵테일의 재료로 가장 거리가 먼 것은?

① 드라이진(Dry Gin)

② 체리 브랜디(Cherry Flavored Brandy)

③ 레몬 주스(Lemon Juice)

④ 토닉 워터(Tonic Water)

싱가폴 슬링(Singapore Sling)은 셰이크에 드라이진, 레몬 주스, 설탕을 넣고 셰이킹한 다음 글라스에 따르고 소다수를 채워 빌드(Build)하여 체리브랜디를 플로트(Float)한다.

42 싱가폴 슬링(Singapore Sling) 칵테일의 장식으로 알맞은 것은?

① 시즌 과일(Season Fruits)

② 올리브(Olive)

③ 필 어니언(Peel Onion)

④ 계피(Cinnamon)

 싱가폴 슬링(Singapore Sling) 칵테일은 오렌지, 체리 등 계절과일을 가니시로 사용한다.

43 Daiquiri Frozen의 주재료와 부재료는 어느 것인가?

① Grenadine Syrup과 Lime Juice

② Vodka와 Lime Juice

③ Rum과 Lime Juice

④ Brandy와 Grenadine Syrup

 Daiquiri Frozen(다이키리 프로즌)은 다이키리 칵테일(럼, 라임 주스, 그레나딘 시럽)을 셰이킹하지 않고 크러시드 아이스(Crushed Ice)와 함께 블렌더(Blender)로 잔얼음이 남아 있도록 만든다.

44 Rob Roy를 조주할 때는 일반적으로 어떤 술을 사용하는가?

① Rye Whisky

② Bourbon Whisky

③ Canadian Whisky

④ Scotch Whisky

해설 Rob Roy(로브 로이) 칵테일은 맨해튼(Manhattan) 칵테일에서 버번 위스키 대신 스카치 위스키를 사용하여 만든다.

45 다음 레시피(Recipe)의 칵테일 명으로 올바른 것은?

Dry Gin 1¹/₂oz, Lime Juice 1/2oz, Powder Sugar 1tsp

① Gimlet Cocktail

② Stinger Cocktail

③ Dry Gin

④ Manhattan

 Stinger Cocktail(스팅어 칵테일)은 브랜디와 멘트(화이트), Manhattan(맨해튼)은 버번 위스키, 스위트 베르무트, 앙고스투라 비터스가 재료이다.

46 Pina Colada를 만들 때 필요한 재료로 가장 거리가 먼 것은?

① 럼   ② 파인애플 주스

③ 코코넛 밀크   ④ 레몬 주스

 Pina Colada(피나 콜라다) 칵테일은 라이트 럼(Light Rum), 피나 콜라다 믹스, 파인애플 주스로 만든다. 피나 콜라다 믹스의 주재료는 코코넛 밀크이다.

47 깁슨(Gibson) 칵테일을 제공할 때 사용되는 글라스로 올바른 것은?

① Collins Glass

② Champagne Glass

③ Sour Glass

④ Cocktail Glass

 깁슨(Gibson) 칵테일은 마티니에서 가니시를 올리브 대신 칵테일 어니언으로 바꾼 것이다.

48 Gibson에 대한 설명으로 틀린 것은?

① 알코올 도수는 약 36도에 해당한다.

② 베이스는 Gin이다.

③ 칵테일 어니언(Onion)으로 장식한다.

④ 기법은 Shaking이다.

 Gibson(깁슨) 칵테일은 Stir(스터) 기법으로 만든다.

49 Mixing Glass를 사용하여 Stir 기법으로 만드는 것은?

① Stirrup Cup

② Gin Fizz

③ Martini

④ Singapore Sling

 Gin Fizz(진피즈)는 Shake+Build 기법, Singapore Sling(싱가폴 슬링)은 Shake + Build + Float 기법으로 만든다.

50 다음 중 노 믹싱(No Mixing)의 방법으로 만들어지는 칵테일은?

① Highball　　　② Gin Fizz

③ Royal Cafe　　④ Flip

 Royal Cafe(로열 카페)는 블랙커피에 코냑을 떨어뜨린 것이다.

51 Gin Fizz의 특징이 아닌 것은?

① 하이볼 글라스를 사용한다.

② 기법으로 Shaking과 Building을 병행한다.

③ 레몬의 신맛과 설탕의 단맛이 난다.

④ 칵테일 어니언(Onion)으로 장식한다.

 Gin Fizz(진피즈)는 레몬 슬라이스(Slice of Lemon)를 장식한다.

52 스크루드라이버(Screw Driver) 칵테일의 조주 시 보드카에 혼합해야 하는 것은?

① 토마토 주스　　② 오렌지 주스

③ 콜라　　　　　④ 토닉수

 스크루드라이버(Screw Driver) 칵테일은 하이볼 글라스에서 보드카와 오렌지 주스를 혼합한 것이다.

53 칵테일을 만들 때 흔들거나 섞지 않고 글라스에 직접 얼음과 재료를 넣어 Bar Spoon이나 머들러로 휘저어 만드는 방법으로 적합한 칵테일은?

① 스크루드라이버　　② 스팅어

③ 마가리타　　　　　④ 싱가폴 슬링

 스팅어(Stinger)와 마가리타(Margarita) 칵테일은 셰이킹, 싱가폴 슬링(Singapore Sling)은 Shake + Build + Float 기법을 사용하여 만든다.

54 다음 중 완성 후 Nutmeg를 뿌려 제공하는 것은?

① Egg Nog　　　　② Tom Collins

③ Golden Cadillac　④ Paradise

 Egg Nog(에그 노그) 칵테일은 크리스마스 음료로 달걀, 우유, 크림 등이 들어가므로 특유의 냄새를 없애기 위해 Nutmeg(너트멕)을 뿌린다.

55 다음 중 테킬라(Tequila)를 주재료로 하지 않고 있는 칵테일은?

① Margarita

② Ambassador

③ Long Island Iced Tea

④ Sangria

 Sangria(상그리아)는 와인에 과일, 과일즙, 소다수 등을 넣어 희석시켜 만드는 음료이다.

56 테킬라에 오렌지 주스를 배합한 후 붉은색 시럽을 뿌려서 모양이 마치 일출의 장관을 연출케 하는 환희의 칵테일은?

정답　49 ③　50 ③　51 ④　52 ②　53 ①　54 ①　55 ④　56 ②

① Stinger   ② Tequila Sunrise

③ Screw Driver   ④ Pink Lady

 Tequila Sunrise(테킬라 선라이즈)는 테킬라에 오렌지 주스를 섞고 그레나딘 시럽을 플로트(Float)하여 만드는 칵테일로 그레나딘 시럽이 만들어내는 색이 인상적인 일출을 표현한다.

57 다음 중 가장 많은 재료를 넣어 셰이킹하는 칵테일은?

① Manhattan   ② Apple Martini

③ Gibson   ④ Pink Lady

 ① Manhattan(맨해튼) : 버번 위스키, 스위트 베르무트, 앙고스투라 비터스
② Apple Martini(애플 마티니) : 보드카(Vodka), 애플 퍼커, 라임 주스
③ Gibson(깁슨) : 드라이진, 드라이 베르무트
④ Pink Lady(핑크 레이디) : 드라이진, 달걀 흰자, 그레나딘 시럽, 생크림

58 'Dry Martini'를 만드는 방법은?

① Mix   ② Stir

③ Shake   ④ Float

 Dry Martini(드라이 마티니)는 믹싱 글라스에서 Stir(스터) 기법으로 만든다.

59 Sidecar 칵테일을 만들 때 재료로 적당하지 않은 것은?

① Tequila   ② Brandy

③ White Curacao   ④ Lemon Juice

 Sidecar(사이드카) 칵테일의 기주는 Brandy(브랜디)이다.

60 다음 중 그레나딘(Grenadine) 시럽이 필요한 칵테일은?

① 위스키 사워(Sour)

② 바카디(Bacardi)

③ 카루소(Caruso)

④ 마가리타(Margarita)

 바카디(Bacardi)는 럼, 라임 주스에 그레나딘 시럽 1티스푼을 넣어 만든다.

61 맨해튼(Manhattan) 칵테일을 담아 제공하는 글라스로 가장 적합한 것은?

① 샴페인 글라스(Champagne Glass)

② 칵테일 글라스(Cocktail Glass)

③ 하이볼 글라스(Highball Glass)

④ 온더락 글라스(On the Rocks Glass)

 맨해튼(Manhattan) 칵테일은 스터(Stir) 기법으로 만들어 칵테일 글라스에 따른다.

62 맨해튼 칵테일(Manhattan Cocktail)의 가니시(Garnish)로 옳은 것은?

① Cocktail Olive   ② Pearl Onion

③ Lemon   ④ Cherry

 맨해튼 칵테일에는 체리를 장식한다. Cocktail Olive(칵테일 올리브)는 마티니, Pearl Onion(펄어니언)은 깁슨 칵테일에 가나시로 사용한다.

63 네그로니(Negroni) 칵테일의 조주 시 재료로 가장 적합한 것은?

① Rum 3/4oz, Sweet Vermouth 3/4oz, Campari 3/4oz, Twist of Lemon Peel

② Dry Gin 3/4oz, Sweet Vermouth 3/4oz, Campari 3/4oz, Twist of Lemon Peel

③ Dry Gin 3/4oz, Dry Vermouth 3/4oz, Grenadine Syrup 3/4oz, Twist of Lemon Peel

④ Tequila 3/4oz, Sweet Vermouth 3/4oz,

정답   57 ④   58 ②   59 ①   60 ②   61 ②   62 ④   63 ②

Campari 3/4oz, Twist of Lemon Peel

 네그로니(Negroni) 칵테일은 올드 패션드 글라스에 드라이진, 스위트 베르무트, 캄파리를 넣고 빌드(Build) 기법으로 만들어 레몬 필 트위스트한다.

64 Stinger를 조주할 때 사용되는 술은?

① Brandy

② Creme de Menthe Blue

③ Cacao

④ Sloe Gin

 Stinger(스팅어) 칵테일은 브랜디와 멘트 화이트를 셰이킹하여 칵테일 글라스에 따른다.

65 칵테일 명칭이 아닌 것은?

① Gimlet   ② Kiss of Fire

③ Tequila Sunrise   ④ Drambuie

 Drambuie(드람부이)는 스코틀랜드에서 스카치 위스키에 벌꿀을 넣어 만든 혼성주이다.

66 '핑크 레이디, 밀리언 달러, 마티니, 네그로니'의 기법을 순서대로 나열한 것은?

① Shaking, Stirring, Float & Layer, Building

② Shaking, Shaking, Float & Layer, Building

③ Shaking, Shaking, Stirring, Building

④ Shaking, Float & Layer, Stirring, Building

 • 핑크 레이디 : Shaking
• 밀리언 달러 : Shaking
• 마티니 : Stirring
• 네그로니 : Building

67 다음 중 Angel's Kiss를 만들 때 사용하는 것은?

① Shaker   ② Mixing Glass

③ Blender   ④ Bar Spoon

 Angel's Kiss(엔젤스 키스)는 카카오(Cacao)와 프레시 크림(Fresh Cream)으로 플로트(Float)하는 칵테일이므로 Bar Spoon(바 스푼)이 필요하다.

68 셰이커(Shaker)를 이용하여 만든 칵테일을 짝지은 것으로 올바른 것은?

㉠ Pink Lady	㉡ Olympic
㉢ Stinger	㉣ Sea Breeze
㉤ Bacardi	㉥ Kir

① ㉠, ㉡, ㉤   ② ㉠, ㉣, ㉤

③ ㉡, ㉣, ㉥   ④ ㉠, ㉡, ㉥

 • Pink Lady : Shaking
• Olympic : Shaking
• Stinger : Shaking
• Sea Breeze : Building
• Bacardi : Shaking
• Kir : Building

69 다음 중 셰이커(Shaker)를 사용하여야 하는 칵테일은?

① 브랜디 알렉산더(Brandy Alexander)

② 드라이 마티니(Dry Martini)

③ 올드 패션드(Old Fashioned)

④ 크렘 드 멘트 프라페(Creme de Menthe Frappe)

 드라이 마티니(Dry Martini)는 스터(Stir), 올드 패션드(Old fashioned)는 빌드(Build) 기법으로 만들며, 프라페는 가루얼음을 글라스에 담고 술을 뿌려준다.

70 위스키가 기주로 쓰이지 않는 칵테일은?

① 뉴욕(New York)

② 로브 로이(Rob Roy)

③ 맨해튼(Manhattan)

④ 블랙 러시안(Black Russian)

 블랙 러시안(Black Russian)은 보드카를 기주로 한다.

71 칵테일 Kir Royal의 레시피(Receipe)로 옳은 것은?

① Champagne + Cacao

② Champagne + Kahlua

③ Wine + Cointreau

④ Champagne + Creme de Cassis

 Kir Royal(키르 로열)은 Kir(키르)에서 화이트 와인 대신 샴페인을 사용한다.

72 다음 중 가장 영양분이 많은 칵테일은?

① Brandy Egg Nog ② Gibson

③ Bacardi ④ Olympic

 에그 노그(Egg Nog) 칵테일은 크리스마스 음료로 달걀, 우유, 크림 등이 들어가므로 영양분이 높다.

73 장식으로 라임 혹은 레몬 슬라이스 칵테일로 어울리지 않는 것은?

① 모스코 뮬(Moscow Mule)

② 진토닉(Gin & Tonic)

③ 맨해튼(Manhattan)

④ 쿠바 리브레(Cuba Libre)

 맨해튼(Manhattan)에는 체리를 가니시한다.

74 다음 중에서 Cherry로 장식하지 않는 칵테일은?

① Angel's Kiss ② Manhattan

③ Rob Roy ④ Martini

 Martini(마티니)는 올리브로 장식한다.

75 와인을 주재료(Wine Base)로 한 칵테일이 아닌 것은?

① 키르(Kir)

② 블루 하와이(Blue Hawaii)

③ 스프리처(Spritzer)

④ 미모사(Mimosa)

 블루 하와이(Blue Hawaii)는 보드카 베이스(Vodka Base) 칵테일이다.

76 버번 위스키 1Pint의 용량으로 맨해튼 칵테일 몇 잔을 만들어 낼 수 있는가?

① 약 5잔 ② 약 10잔

③ 약 15잔 ④ 약 20잔

 1Pint(파인트)는 16oz이며, 맨해튼 칵테일에는 버번 위스키 1.5oz를 넣는다.

77 Old Fashioned의 일반적인 장식용 재료는?

① Slice of Lemon

② Wedge of Pineapple and Cherry

③ Lemon Peel Twist

④ Slice of Orange and Cherry

 Old Fashioned(올드 패션드)에는 레몬 슬라이스와 체리를 장식한다.

78 Grasshopper 칵테일의 조주 기법은?

① Float & Layer ② Shaking

③ Stirring ④ Building

 Grasshopper(그래스호퍼)는 멘트(그린), 카카오(화이트), 라이트 크림을 셰이킹한다.

정답 71 ④ 72 ① 73 ③ 74 ④ 75 ② 76 ② 77 ④ 78 ②

79 파인애플 주스가 사용되지 않는 칵테일은?

① Mai-Tai   ② Pina Colada

③ Paradise   ④ Blue Hawaiian

 Paradise(파라다이스) 칵테일은 진, 아프리콧, 오렌지 주스를 셰이킹하여 칵테일 글라스에 따른다.

80 다음 중 브랜디를 베이스로 한 칵테일은?

① Honeymoon   ② New York

③ Old Fashioned   ④ Rusty Nail

 New York(뉴욕)과 Old Fashioned(올드 패션드)는 버번 위스키, Rusty Nail(러스티 네일)은 스카치 위스키가 베이스(Base)이다.

81 Angostura Bitters가 1Dash 정도로 혼합되는 것은?

① Daiquiri   ② Grasshopper

③ Pink Lady   ④ Manhattan

 Angostura Bitters(앙고스투라 비터스)는 칵테일에 향신료로 사용하는 술로, Manhattan(맨해튼) 칵테일은 버번 위스키 1½oz, 스위트 베르무트 3/4oz, 앙고스투라 비터스 1Dash를 넣고 Stir 기법으로 만든다.

82 비터류(Bitters)가 사용되지 않는 칵테일은?

① Manhattan   ② Cosmopolitan

③ Old Fashioned   ④ Negroni

 Cosmopolitan(코스모폴리탄) 칵테일은 보드카, 트리플 섹, 라임 주스, 크랜베리 주스를 셰이킹하여 만든다.

83 다음 중 달걀이 들어가는 칵테일은?

① Millionaire   ② Black Russian

③ Brandy Alexander   ④ Daiquiri

 '백만장자'라는 뜻의 Millionaire(밀리어네어) 칵테일은 버번(라이) 위스키, 큐라소 화이트, 그레나딘 시럽, 달걀 흰자를 셰이킹하여 만든다.

84 다음 칵테일 중 Floating 기법으로 만들지 않는 것은?

① B & B   ② Pousse Cafe

③ B-52   ④ Black Russian

 Black Russian(블랙 러시안)은 빌드(Build) 기법으로 만든다.

85 다음 중 보드카(Vodka)를 주재료로 사용하지 않는 칵테일은?

① Cosmopolitan   ② Kiss of Fire

③ Apple Martini   ④ Margarita

 Margarita(마가리타)는 테킬라(Tequila)가 베이스이다.

86 다음 중 Vodka Base Cocktail은?

① Paradise Cocktail

② Million Cocktail

③ Bronx Cocktail

④ Kiss of Fire

 Kiss of Fire(키스 오브 파이어)는 보드카, 슬로 진, 드라이 베르무트, 레몬 주스를 셰이킹한다.

87 Extra Dry Martini는 Dry Vermouth를 어느 정도 넣어야 하는가?

① 1/4oz   ② 1/3oz

③ 1oz   ④ 2oz

 마티니는 진과 베르무트의 혼합 비율에 따라 이름이 달라지며 Extra Dry Martini(엑스트라 드라이 마티니)는 진과 드라이 베르무트의 비율이 8 : 10이다.

정답   79 ③   80 ①   81 ④   82 ②   83 ①   84 ④   85 ④   86 ④   87 ①

88 Rum 베이스 칵테일이 아닌 것은?

① Daiquiri   ② Cuba Libre

③ Mai-Tai   ④ Stinger

 Stinger(스팅어) 칵테일은 브랜디가 베이스(Base)이다.

89 다음 중 장식이 필요 없는 칵테일은?

① 김렛(Gimlet)

② 시 브리즈(Sea Breeze)

③ 올드 패션드(Old Fashioned)

④ 싱가폴 슬링(Singapore Sling)

 시 브리즈(Sea Breeze)는 라임 또는 레몬 웨지, 올드 패션드(Old Fashioned)는 레몬 슬라이스와 체리, 싱가폴 슬링(Singapore Sling)은 오렌지 슬라이스와 체리로 장식한다.

90 내열성이 강한 유리잔에 제공되는 칵테일은?

① Grasshopper

② Tequila Sunrise

③ New York

④ Irish Coffee

 Irish Coffee(아이리시 커피)는 뜨거운 음료이므로 내열성 잔에 제공해야 한다.

91 뜨거운 물 또는 차가운 물에 설탕과 술을 넣어서 만든 칵테일은?

① Toddy   ② Punch

③ Sour   ④ Sling

 Toddy(토디)는 브랜디나 위스키 등에 뜨거운 물과 설탕, 향료를 넣어 만든다.

92 Hot Drinks Cocktail이 아닌 것은?

① God Father

② Irish Coffee

③ Jamaica Coffee

④ Tom and Jerry

 God Father(갓 파더)는 온더락 글라스에 스카치와 아마레토를 재료로 빌드(Build)한다.

93 June Bug 칵테일의 재료가 아닌 것은?

① Melon Liqueur

② Coconut Flavored Rum

③ Blue Curacao

④ Sweet & Sour Mix

 June Bug(준벅) 칵테일은 Melon Liqueur(멜론 리큐어), Coconut Flavored Rum(코코넛 플레이버드 럼), Babana Liqueur(바나나 리큐어), Pineapple Juice(파인애플 주스), Sweet & Sour Mix(스위트 앤드 사워 믹스)를 셰이킹하여 콜린스 글라스에 따른다.

94 Pousse Cafe를 만드는 재료 중 가장 나중에 따르는 것은?

① Brandy

② Grenadine

③ Creme de Menthe(White)

④ Creme de Cassis

 Brandy(브랜디)는 증류주로 비중이 가볍기 때문에 가장 마지막에 플로트(Float)한다.

95 Honeymoon 칵테일에 필요한 재료는?

① Apple Brandy   ② Dry Gin

③ Old Tom Gin   ④ Vodka

 Honeymoon(허니문) 칵테일은 Apple Brandy(애플 브랜디), Benedictine DOM(베네딕틴 디오엠),

Triple Sec(트리플 섹), Lemon Juice(레몬 주스)를 셰이킹하여 칵테일 글라스에 따른다.

96 블렌드(Blend)의 설명으로 어울리지 않는 것은?

① Blender를 사용하여 혼합하는 조주 방법이다.
② 일명 믹스하는 칵테일 조주 방법이다.
③ 진토닉(Gin Tonic)을 만드는 조주 방법이다.
④ 트로피컬(Tropical) 칵테일을 만들 때 주로 사용한다.

 블렌드(Blend) 기법은 주로 트로피컬(Tropical) 칵테일을 만들 때 사용하는 기법이며, 진토닉은 빌드(Build) 기법으로 만든다.

97 칵테일 용어 중 트위스트(Twist)란?

① 칵테일 내용물이 춤을 추듯 움직임
② 과육을 제거하고 껍질만 짜서 넣음
③ 주류 용량을 잴 때 사용하는 기물
④ 칵테일의 2온스 단위

 과일의 껍질을 비틀어 즙을 짜 넣는 것을 말한다.

CHAPTER **06** 고객 서비스

 SECTION 1 **훈련목표 및 편성내용**

훈련목표	고객영접, 주문, 서비스, 다양한 편익 제공, 환송 등 고객에 대한 서비스를 수행하는 능력을 함양	
수준	3수준	
단원명 (능력단위 요소명)	훈련내용 (수행준거)	
고객 응대하기	1.1	고객의 예약사항을 관리할 수 있다.
	1.2	고객을 영접할 수 있다.
	1.3	고객의 요구사항과 불편사항을 적절하게 처리할 수 있다.
	1.4	고객을 환송할 수 있다.
주문 서비스하기	2.1	음료 영업장의 메뉴를 파악할 수 있다.
	2.2	음료 영업장의 메뉴를 설명하고 주문받을 수 있다.
	2.3	고객의 요구나 취향, 상황을 확인하고 맞춤형 메뉴를 추천할 수 있다.
편익 제공하기	3.1	고객에 필요한 서비스 용품을 제공할 수 있다.
	3.2	고객에 필요한 서비스 시설을 제공할 수 있다.
	3.3	고객 만족을 위하여 이벤트를 수행할 수 있다.

SECTION 2 **고객 응대하기**

1. 서비스의 4대 요소

① **스피드(Speed)** : 신속하게 처리하여 고객을 기다리게 하지 않는다.
② **신서리티(Sincerity)** : 정중한 마음으로 고객의 가치를 높여준다.

③ **애큐르트(Accurate)** : 고객의 말을 정확하게 이해하고 실천한다.
④ **스마일(Smile)** : 밝게 웃는 얼굴로 고객의 방문을 환영한다는 이미지를 심어주어야 한다.

2. 식음료 서비스의 특성

식음료 서비스는 무형의 인적 서비스를 주요 상품으로 판매하기 때문에 다음의 특성이 있다.

① **무형성** : 서비스 상품은 실체를 보거나 만질 수 없고 경쟁사가 쉽게 모방할 수 있다는 단점이 있다.
② **생산과 소비의 동시성** : 서비스는 생산과 소비가 동시에 이루어진다는 속성이 있다.
③ **품질의 비일정** : 서비스 제공은 서비스 요원에 따라 또는 서비스받는 사람에 따라 느끼는 품질의 차이가 발생한다.
④ **소멸성** : 상품은 판매되지 않으면 재고로 보관하였다가 재판매가 가능하지만 서비스는 판매되지 않으면 소멸된다.

3. 서비스 종사원의 기본 요건

식음료 서비스 종사원은 깨끗하고 예의 바르게 서비스 업무를 성실히 수행할 수 있어야 하며, 서비스직의 기본 정신인 봉사성, 청결성, 능률성, 경제성, 정직성, 환대성 등의 일반적 요건을 잘 갖추어야 한다.

1) 서비스 종사원의 용모와 복장

① 머리카락은 깨끗이 정리하고, 긴 머리카락은 날리지 않도록 주의한다.
② 남자의 경우 면도는 매일하여 깨끗한 상태를 유지하고, 여자의 경우 짙은 화장과 향수는 피한다.
③ 손톱은 짧게 깎고, 짙은 매니큐어와 화려한 장신구는 피한다.
④ 유니폼은 구김이 없도록 다림질을 하고, 명찰은 정위치에 착용한다.
⑤ 신발은 굽이 높은 것을 피한다.

2) 인사하기

인사는 고객 서비스의 기본으로 자신의 인격과 교양을 밖으로 표현하는 행위이다. 따라서 고객에게 감사하는 마음으로 정중하며 밝고 명랑하게 해야 한다. 고객이 매장에 들어오거나 나갈 때, 고객과 눈이 마주칠 때, 음료를 주문받거나 서빙할 때 등 고객의 움직임에 따라 인사를 하여야 한다.

(1) 인사의 종류

① **가벼운 인사** : 눈인사에 해당하는 것으로 머리만 굽히지 않도록 주의하고 상체를 약간 구부린다. 인사를 하지 않아도 무방한 장소에서 하는 보편적 인사법이다.

② **보통 인사** : 가장 일반적인 인사법으로 고객을 맞이하거나 환송할 때 적합하다. 상체를 30도 정도 구부려 인사하며, "어서 오십시오.", "안녕하십니까?", "감사합니다.", "안녕히 가십시오." 등의 인사말을 함께 전한다.

③ **정중한 인사** : 진심을 담아 감사함 또는 미안함을 표현할 때나 VIP 고객에게 하는 인사법으로 상체를 45도 정도 구부려 인사한다. "대단히 반갑습니다.", "대단히 고맙습니다.", "대단히 감사합니다.", "대단히 죄송합니다." 등의 인사말을 함께 전하며 정중함을 표현한다.

(2) 인사하는 요령

① 가슴과 등을 펴고 곧은 자세를 취한다.
② 고객의 눈을 보고 밝은 미소를 짓는다.
③ 손은 겨드랑이 선에 맞춰 자연스럽게 내리고, 허리에서 상체를 접듯이 천천히 숙여 시선은 고객의 발끝에 둔다.
④ 상체를 굽힐 때보다 느린 속도로 들고, 시선은 고객의 눈과 마주치며 밝은 미소를 띤다.

(3) 인사하는 마음자세

① "예" 하는 순응의 마음
② "제가 하겠습니다." 하는 봉사의 마음
③ "감사합니다." 하는 감사의 마음
④ "죄송합니다." 하는 반성의 마음
⑤ "덕분입니다." 하는 겸손의 마음

(4) 적절한 인사말

인사를 할 때에는 적절하고 간단한 인사말을 하는 것이 고객에게 친근함을 표시하고 고객과 의사소통을 원활히 하는 첫 단계이다.

① **자주 방문하는 고객** : "어서 오십시오.", "반갑습니다.", "그동안 안녕하셨습니까?"
② **망설이는 고객** : 안녕하십니까? 무엇을 도와드릴까요?
③ **고객에게 사과할 때** : 고객님, 대단히 죄송합니다.
④ **고객에게 반복해서 물을 때** : 죄송합니다만 다시 한 번 말씀해 주시겠습니까?
⑤ **안내할 때** : 이쪽으로 오시겠습니까? 제가 도와드리겠습니다.
⑥ **고객과 부딪혔을 때** : 죄송합니다. 실례했습니다.

3) 대기 및 보행

① 가슴을 펴고 양발은 어깨넓이만큼 벌리며 손은 앞쪽으로 모은다.
② 동료들과 잡담하지 않으며, 뒷짐을 지거나 벽이나 기둥 등에 기대지 않는다.

③ 보행 중에는 발을 끌지 않으며, 업장 내에서는 어떠한 경우에도 뛰지 않는다.

④ 매장 내에서 고객과 서로 지나칠 때에는 고객의 행동반경을 피해서 가볍게 인사를 하고 고객이 먼저 지나가도록 한다.

4) 자리 안내

(1) 좌석 안내

① 고객에게 좌석을 안내하기 위해서는 매장 내의 좌석 상태를 사전에 파악하고 있어야 한다.

② 고객을 좌석으로 안내할 때에는 고객의 우측에서 2~3보 앞에서 이동하면서 손을 펴고 손바닥이 위로 향하게 하여 방향을 표시한다.

③ 고객을 안내할 때에는 다른 고객에게 방해가 되지 않는 동선을 이용하여 안내한다.

④ 만취한 고객 및 매장의 분위기를 흐릴 수 있는 고객은 입장을 거절하는 것이 좋다.

(2) 좌석 배정

① 고객이 매장의 한쪽으로 치우치지 않도록 좌석을 배정하여 안내한다.

② 고객이 희망하는 좌석이 있으면 우선 안내한다.

③ 연인관계인 고객은 벽 쪽의 조용한 좌석으로 안내한다.

④ 혼자인 고객은 전망이 좋은 창가의 좌석으로 안내한다.

⑤ 복장이 화려한 고객은 매장의 중앙 좌석으로 안내한다.

⑥ 노약자 및 신체부자유자는 출입이 용이한 좌석으로 안내한다.

⑦ 어린이나 유아를 동반한 고객은 안쪽의 좌석으로 안내한다.

⑧ 단체손님의 경우 일행의 리더를 이끌어 좌석을 안내한다.

⑨ 사전 예약한 모임의 경우 사전에 좌석을 배치하고 예약석임을 표시한다.

⑩ 나이와 지위를 고려하여 상석으로 안내하고, 여성에게 우선으로 좌석을 안내한다.

(3) 대기 고객

① 좌석이 없을 경우는 고객이 기다려야 할 예상시간을 알려주고 지루하지 않고 편안하게 기다릴 수 있도록 한다.

② 빈 좌석이 나오면 기다리는 고객을 순서대로 안내한다.

③ 고객이 기다릴 수 없다면 다른 영업장으로 안내하는 것이 좋다.

SECTION 3 주문받기

대부분의 고객은 사전에 생각하고 있는 메뉴를 주문하지만 직원의 추천에 의존하는 경우도 많으므로 매출에서 직원의 역할이 크다고 할 수 있다. 메뉴에 대한 주재료, 만드는 법, 소요시간, 맛, 가격 등 전반적 내용을 이해하여 고객의 문의에 적절히 대처할 수 있도록 한다.

① 고객에게 신뢰를 줄 수 있도록 친절하고 예의 바른 자세로 주문을 받아야 한다.
② 고객이 좌석에 착석한 다음 약간의 여유를 두고 주문을 받는다.
③ 고객의 선택을 위해 고객에게 메뉴에 대한 바른 정보를 제공해주어야 한다.
④ 메뉴를 추천할 때에는 먼저 고객의 취향을 파악하여 추천한다.
⑤ 메뉴에 대한 질문에는 상세히 설명한다.
⑥ 고객에게 메뉴를 추천하는 경우 매장의 이익을 고려한 주문이 이루어질 수 있도록 한다.
⑦ 고객이 희망하는 음료를 정확히 주문받고, 주문한 내용은 반드시 복창하고 메모하여 확인한다.
⑧ 시간이 소요되는 메뉴는 그 이유를 고객에게 설명하여 무작정 기다리지 않도록 한다.
⑨ 품절메뉴 등 판매 불가능한 메뉴를 주문하는 경우 그 이유를 설명하고 대체메뉴를 추천한다.
⑩ 고객에게 "잘 모르겠다.", "안 된다." 등의 부정적인 말은 하지 않도록 한다.
⑪ 단골고객은 기호와 특성 등을 파악하고 이를 서비스에 반영할 수 있어야 한다.

SECTION 4 계산하기

① 고객에게 계산서를 내기 전 좌석번호와 제공된 메뉴의 가격과 수량 등이 정확한지 확인한다.
② 밝은 미소로 지불 방법과 할인쿠폰의 사용 여부를 물어본다.
③ 현금 계산 시 거스름돈과 함께 현금영수증을 제공한다.
④ 신용카드 또는 체크카드로 계산하는 경우, 계산서 금액을 정확하게 단말기에 입력하여 계산한 다음 카드영수증과 카드를 고객에게 반환한다.
⑤ 할인쿠폰 등이 있으면 설명과 함께 할인쿠폰을 빠지지 않고 제공한다.
⑥ 포스 시스템(POS System)이 갖추어져 있으면 적극적으로 활용하여 간편하고 신속하게 처리하도록 한다.

음료 영업장 관리

SECTION 1 훈련목표 및 편성내용

훈련목표	음료 영업장 시설을 유지 · 보수하고 기구 · 글라스를 관리하며 음료의 적정 수량과 상태를 관리하는 능력을 함양		
수준	2수준		
단원명 (능력단위 요소명)	훈련내용 (수행준거)		
음료 영업장 시설 관리하기	1.1	음료 영업장 시설물의 안전 상태를 점검할 수 있다.	
	1.2	음료 영업장 시설물의 작동 상태를 점검할 수 있다.	
	1.3	음료 영업장 시설물을 정해진 위치에 배치할 수 있다.	
음료 영업장 기구 · 글라스 관리하기	2.1	음료 영업장 운영에 필요한 조주 기구, 글라스를 안전하게 관리할 수 있다.	
	2.2	음료 영업장 운영에 필요한 조주 기구, 글라스를 정해진 장소에 보관할 수 있다.	
	2.3	음료 영업장 운영에 필요한 조주 기구, 글라스의 정해진 수량을 유지할 수 있다.	
음료 관리하기	3.1	원가 및 재고 관리를 위하여 인벤토리(Inventory)를 작성할 수 있다.	
	3.2	파 스톡(Par Stock)을 통하여 적정재고량을 관리할 수 있다.	
	3.3	음료를 선입선출(FIFO)에 따라 관리할 수 있다.	

SECTION 2 음료 영업장 시설 관리하기

1. 음료 영업장 청결관리

① 해충이 음료 영업장으로 들어오지 못하도록 모든 문과 창문에는 방충망을 설치한다.

② 건조 창고는 직사광선이 차단되어 있고 환기와 통풍이 필수이며, 보관 선반을 설치하여 식재료 보관 시 음료 영업장 바닥과 벽으로부터 15cm 떨어지게 비치한다.

③ 음료 진열장 및 수납공간은 먼지가 없도록 관리한다.

④ 언더 음료 영업장(작업대)의 위아래 장과 수납공간, 선반 등은 세척과 소독하여 관리한다.

⑤ 냉장 · 냉동고는 내부 용적의 70%를 넘지 않게 보관하며 적정 온도가 유지되는지 확인하고 내부 물품을 일렬로 정리하여 관리한다.

⑥ 칼 · 도마 · 행주 및 조주 기물 등은 교차오염 방지를 위해 구분하여 사용하며 철저히 소독하여야 한다.

⑦ 작업장, 음료 영업장 바닥은 물기가 없도록 관리하며, 빗자루와 걸레를 이용하여 청결을 유지한다.

2. 음료 영업장 위생관리

1) 세척과 소독

세척과 소독은 교차오염을 예방하고 미생물을 안전한 수준으로 감소시키기 위하여 반드시 실시하여야 한다.

① 세척제는 씻는 용도에 따라 1~3종 세척제로 구분한다.
- 1종 세척제 : 사람이 그대로 먹을 수 있는 채소 · 과일 등을 씻을 때 사용
- 2종 세척제 : 가공기구, 조리기구 등 식품기구 · 용기를 씻을 때 사용
- 3종 세척제 : 식품의 제조장치, 가공장치 등을 씻을 때 사용

② 1종 세척제로 채소 · 과일 등을 씻은 후에는 반드시 음용에 적합한 물로 씻어야 한다. 이때 흐르는 물을 사용할 때에는 채소 · 과일은 30초 이상, 식기류는 5초 이상 씻어 준다.

③ 2종, 3종 세척제를 사용하는 경우에도 세척제가 잔류하지 않도록 흐르는 물에 잘 헹궈야 한다.

2) 교차오염 방지

① 주방에 시설되어 있는 장비와 기구 및 기물을 안전하게 배치하고 위생적으로 관리해야 한다.

② 반입되는 식품을 검수하고 운반 · 보관하여 조리하는 과정에서 오염이 일어날 수 있으므로 주의한다.

③ 주방 내 교차오염을 방지하기 위해서는 기물 및 도구를 철저하게 관리하고 정해진 위치에 보관하는 것이 중요하다.

④ 도마, 주방바닥, 트렌치, 식재료의 전처리 등에서 교차오염이 발생하기 쉬우므로 매뉴얼에 따라 위생적으로 취급 · 관리한다.

⑤ 사용하는 도마와 칼, 위생장갑 등은 식품과 조리의 종류에 따라 구분하여 사용하고, 사용 후에는 정해진 매뉴얼에 따라 소독한다.

3) 주방시설 및 도구 관리

① 위생해충의 발생지를 제거하고 서식하지 않도록 한다.

② 주방시설 및 도구의 관리기준에 따라 관리한다.

③ 소독제 사용 시 허가된 소독약품을 용도에 맞게 사용해야 한다.

④ 전기를 사용하는 도구와 장비는 반드시 전원을 차단한 후 점검과 소독을 실시한다.

4) 살균 및 소독

(1) 개념

① **소독** : 병원균의 생활력을 파괴하여 감염력을 억제하는 것

② **멸균** : 강한 살균력으로 병원균, 비병원균, 아포 등 모든 미생물을 멸살하는 것

③ **방부** : 미생물의 성장을 억제하여 식품의 부패 및 발효를 억제하는 것

(2) 물리적 살균 및 소독법

① **화염법** : 불꽃 속에 20초 이상 접촉 예 금속류, 도자기류, 유리봉 등

② **소각법** : 재사용할 가치가 없는 물품을 소각 예 붕대, 구토물, 분비물 등

③ **건열멸균법** : 150~160℃에서 30분간 가열 예 유리그릇, 사기그릇 및 금속제품 등

④ **간헐살균법** : 1일 1회 15~30분씩 3일간 가열

⑤ **고압증기멸균법** : 고압솥을 이용하여 2기압(15파운드), 121℃에서 15~20분간 소독
  예 초자기구, 의류, 고무제품, 배지, 시약 등

⑥ **자비살균법** : 100℃의 물에서 15~20분간 자비 예 식기류, 행주, 의류 등

⑦ **자외선 살균** : 살균력은 260nm에서 최대이며 가장 적합한 파장은 253.7nm이다. 투과력이 없어 표면살균에 효과적이며, 단백질 등의 유기물이 존재하는 경우 살균력이 떨어진다. 결핵균은 2~3시간이면 살균효과를 얻을 수 있다.

(3) 화학적 살균 및 소독법

① **소독약품이 갖추어야 할 조건**
  • 살균력이 강하고, 불쾌한 냄새가 없을 것
  • 가격이 저렴하고, 인축에 대한 독성이 적을 것
  • 침투력과 소독력이 강할 것
  • 사용법이 간편하고, 소독대상물에 손상을 주지 않을 것

② **소독작용에 영향을 미치는 조건**
  • 접촉시간이 길수록 효과 증대
  • 온도가 높을수록 효과 증대
  • 농도가 짙을수록 효과 증대
  • 유기물이 있으면 효과 감소

♦♦ 소독약품의 종류와 용도

종류	농도	용도
석탄산	3	기구, 용기, 의류, 오물 등의 소독
크레졸	3	손, 오물 등의 소독
승홍	0.1	피부 소독
알코올	68~70	손, 피부, 기구 등의 소독
과산화수소	2.5~3.5	구내염, 인두염, 입안 세척, 상처 소독
역성비누(양성비누)	0.01~0.1	식품 및 식기 소독, 조리자의 손 소독
요오드	–	피부 소독
생석회	–	화장실 소독
염소	–	음료수, 채소, 과일, 식기류 등의 소독
차아염소산나트륨	–	음료수, 채소, 과일, 식기류 등의 소독
표백분	–	소규모의 물 소독

SECTION 3 조주 기구의 위생관리

1. 조주 기구의 살균소독

수작업 및 식기세척기를 이용하는 방법이 있는데, 업장의 형태 및 규모에 따라 적당한 방법을 선택한다. 수작업으로 세척할 때는 식기세척용 싱크대를 사용해야 하고, 수작업 시에는 애벌세척 → 세척 → 헹굼 → 살균·소독 → 건조·보관의 5단계로 진행하는 것이 바람직하다.

2. 조주 기물 위생관리

1) 은기물류(Silverware)

일반적으로 스테인리스 제품에 은도금한 것을 사용하는데 은도금이 되어 있지 않더라도 식탁에서 사용하는 포크, 나이프, 스푼 등의 집기류를 은기물이라 부르기도 한다. 은기물류는 변색할 가능성이 많으므로 깨끗이 세척 후에는 반드시 마른 수건으로 닦아야 하며, 장기간 보관할 경우에는 비닐이나 밀폐용기에 잘 싸서 보관하면 좋다.

(1) 은기물류 취급 방법

① 운반이나 보관할 때에는 같은 종류의 기물끼리 취급한다.
② 세척이나 세팅 시 지문이 묻지 않도록 한다.
③ 변색되거나 얼룩진 기물은 약물(Distant)에 닦아서 사용한다.
④ 고객 앞에서는 부딪히는 소리가 나지 않도록 주의한다.

(2) 은기물류 세척 방법

① 뜨거운 물을 용기에 따로 준비한다.
② 종류별로 분류된 은기물을 왼손으로 적당량 잡는다.
③ 오른손으로 핸드타월(Hand Towel)을 잡고 뜨거운 물을 사용하여 닦는다.
④ 닦은 기물을 종류별로 정리한다.

2) 도자기류(Chinaware)

도자기류는 운반과 취급 시 매우 세심한 주의가 필요하다. 도자기류는 단순히 식음료를 담고 운반하거나 보관하는 기능 외에도 재질에 따라 식음료의 신선도나 숙성도의 차이를 자아내는 기능 등이 있다. 다양한 성질을 갖는 기물들은 경제적 가치나 비용 면에서도 부담되는 것들이다.

① 음식이 닿는 부분을 손으로 잡거나 만져서는 안 된다.
② 마크(Mark)나 로고(Logo)가 있을 경우 고객 앞으로 바르게 놓이도록 제공한다.
③ 한 번에 들 수 있는 양만큼만 든다.
④ 왼손으로 접시 밑을 받치고, 최대한 몸을 밀착시킨다.
⑤ 오른손으로 접시 윗부분을 잡고 접시의 흔들림을 방지한다.

3) 글라스류(Glassware)

글라스는 음료 영업장의 용도로 사용되는 것이 대부분으로 디자인, 모양, 용도, 용량, 제조사에 의해서도 같은 용도지만 다르게 만들어지며, 동일한 글라스를 다양한 용도로 사용하기도 한다.

① 글라스를 손가락에 끼워서는 안 된다. 스템(Stem)이 있는 글라스는 스템을, 텀블러(Tumber)류 글라스는 하단을 잡아야 한다.
② 사용한 글라스는 종류별로 구분하여 랙(Rack)에 담는다.
③ 글라스류와 은기물류, 도자기류 등을 함께 모아 운반하지 않는다.
④ 트레이(Tray)로 운반 시 글라스가 미끄러지지 않도록 트레이에 매트나 냅킨을 깔고 무게가 한쪽으로 쏠리지 않도록 중심자리부터 글라스를 붙여서 놓는다.
⑤ 내용물이 담긴 글라스를 운반할 때는 조심해서 다루고 주변 사람들과 부딪히지 않도록 주의한다.
⑥ 용기에 뜨거운 물을 준비하여 세척된 글라스를 한 개씩 수증기를 쏘여 깨끗이 닦는다.

⑦ 닦기 전 금이 가거나 깨진 것이 없는지 확인한다.

⑧ 닦을 때에는 냅킨을 펼쳐 잡은 후 한쪽 엄지손가락과 냅킨을 글라스 안쪽에 넣고 나머지 손가락은 글라스 바깥 부분을 쥐며, 다른 한쪽 손은 글라스 밑바닥을 냅킨으로 감싸 쥐고 무리한 힘을 가하지 않도록 글라스를 가볍게 돌려가면서 닦는다.

⑨ 닦는 순서는 윗부분부터 안팎을 닦은 후 손잡이 부분과 밑바닥을 차례대로 물기가 없도록 깨끗하게 닦는다.

⑩ 수증기를 쏘여도 얼룩이나 물자국 등이 닦이지 않을 때에는 뜨거운 물에 담갔다가 닦는다.

⑪ 닦은 후에는 먼지나 얼룩, 물자국 등이 깨끗하게 닦였는지 철저히 점검해야 한다.

♠♦ 기물과 기구에 따른 소독의 종류와 방법

구분	소독의 종류	소독 방법
조주 기물, 행주	열탕 소독	100℃에서 5분간 충분히 삶음
조주 기물	건열 소독	100℃ 이상에서 2시간 이상 충분히 건조
작업대, 도마, 생채소, 과일	화학 소독	• 염소용액 소독 : 채소 및 과일을 100ppm에서 5분간 담근 후 흐르는 물에 3회 이상 충분히 세척한다. • 70% 에틸알코올 : 손 및 용기에 분무한 후 건조될 때까지 문지른다.
칼, 도마, 식기류	자외선 소독	포개거나 뒤집지 말고 자외선이 닿도록 30~60분간 소독

SECTION 4 **음료 영업장 재고관리**

음식물은 상품의 특성상 일정기간 내에 판매되지 않으면 상품으로서의 가치가 없어지게 된다. 따라서 재고관리는 적정량의 식자재를 항상 보유함으로써 연속적인 생산을 촉진시키고 식자재의 유통량이나 가격변동에서 오는 불확실성을 대비하는 데 있다. 만약 재고가 적정량 이하일 때에는 생산지연과 비효율성, 주문과 고객의 상실이라는 비용을 유발하고 적정량 이상인 경우에는 과다한 유지비용을 부담하게 되므로 영업장의 규모에 맞는 재고량을 파악하여 차질 없는 재고관리를 해야 한다.

1. 인벤토리 작성

인벤토리(Inventory)란 재고목록을 뜻하며, 재고조사를 통하여 남은 재고를 파악하여 구매 수준에 영향을 미친다. 인벤토리 작성을 통하여 고객 분석, 공헌메뉴, 이익구조, 사건사고의 책임소재 등을 파악해 향후 매장운영에 필요한 중요자료가 될 수 있도록 세밀하고 정확하게 작성하는 것이 좋다.

1) 음료 인벤토리

음료 인벤토리는 바(Bar) 영업에서 가장 중요한 서류작업의 하나로 인벤토리를 통해 음료의 판매 및 입출고 내역을 한눈에 볼 수 있다. 인벤토리 재고와 실제 재고의 차이를 없애려면 칵테일을 만들 때 레시피를 준수하여 용량에 맞게 지거(Jigger)에 정확히 계량하여야 하며, 서비스로 제공된 음료가 있을 때 또는 특이사항 등을 정확히 기록하여 인벤토리 작성 시 반영하여야 한다. 문제점이 발생하면 그 원인을 찾아 해결함으로써 비용을 절감할 수 있고 고객에게는 일정한 맛의 칵테일과 동일한 양의 음료를 제공할 수 있게 된다.

2) 소모품 인벤토리

바(Bar)에서 사용하는 각종 비품, 사무용품 등을 소모품 목록에 기입하여 실수량과 적정 재고량을 비교한다.

2. 파 스톡(Par Stock)을 통한 적정 재고량 관리

정상적인 영업에 필요한 적정 재고량을 뜻하며, 효율적인 물품관리를 할 수 있다. 적정 재고량은 영업장의 규모, 고객층, 판매주류 등이 달라 정확한 기준을 정할 수 없으므로 영업장의 바텐더, 바 매니저가 영업을 하면서 업장에 맞는 적정 재고량 기준을 정해야 한다. 적정 재고량을 항상 일정하게 유지하기 위해서는 인벤토리가 필요하다.

3. 재고관리

① 먼저 구입한 것을 먼저 출고하는 선입선출법(FIFO)을 원칙으로 하여 오래된 식품이 남아 있지 않도록 한다.
② 계획적인 구입으로 적정 재고량을 유지하여 필요 이상을 보관하지 않도록 한다.
③ 출고 시에는 선도, 품질, 수량 등을 확인한다.
④ 정기적인 재고조사를 실시하여 장부상의 재고와 실제 재고가 일치하도록 한다.

4. 선입선출법

선입선출법(FIFO : First In First Out)이란 먼저 구입한 것을 먼저 출고한다는 뜻으로, 먼저 입고된 것부터 순차적으로 출고되는 것으로 간주하여 출고단가를 결정하는 재료소비가격계산법이다. 주장에서 사용하는 식음료의 경우 부패되기 쉽고 선도가 중요하므로 선입선출에 의해 재고관리를 하는 것이 필요하다.

위스키, 브랜디, 진, 럼, 보드카, 리큐어 등 높은 농도의 알코올 음료는 유통기한이 없으므로 선입선출법에 의한 보관 및 판매를 하고, 맥주, 와인, 청량음료 등의 유통기한이 짧은 상품이 먼저 입고 되는 경우에는 선입선출이 아닌 유통기한을 기준으로 출고하는 것이 좋다.

SECTION 5 음료의 보관

주류는 주종별로 유통기한, 품질 유지기한, 제조연월일 등 표기하는 방법이 각각 달라 제품 구매 시 이를 잘 확인하여야 한다. 품질 유지기한은 식품의 특성에 맞는 적절한 보존 방법이나 기준에 따라 보관할 경우 해당 식품 고유의 품질이 유지될 수 있는 기한이다. 주류는 보관조건에 따라 보관하여야 하고 유통기한이 짧은 술은 기한 내에 소비하는 것이 좋다.

1. 위스키, 브랜디 등의 증류주

위스키, 브랜디 등의 증류주는 유통기한이 따로 설정되어 있지 않으며, 알코올 농도가 40% 이상으로 높아 잘 변질되지 않으므로 밀봉이 잘 된 상태에서 직사광선 및 고온에 노출되지 않도록 하고 실온에 보관한다.

2. 화이트 스피릿

화이트 스피릿(White Spirit)이란 이름에서 알 수 있듯이 무색투명한 숙성하지 않은 증류주를 말하며 대표적으로 진, 럼, 보드카, 테킬라 등이 있다. 럼과 테킬라 중에는 호박색(Amber)을 가진 것도 있는데, 이는 오크 캐스크(Oak Cask)에서 숙성을 거치면서 색을 가지게 된다. 화이트 스피릿은 서늘하고 통풍이 잘 되는 실온에 보관하는 것이 좋으며, 개봉한 것은 3개월 이내에 소비하는 것이 좋다.

3. 맥주 보관

맥주는 보리와 홉이 들어간 발효주로 일광에 노출되면 품질에 영향을 줄 수 있어 맥주병은 유색병을 사용하는 경우가 많다. 맥주의 종류에 따라 적정 온도의 차이는 있으나 여름철에는 4~8℃, 겨울철에는 8~10℃가 적합한 온도로 햇빛을 피해 보관한다.

4. 와인 보관

햇빛이 들지 않는 서늘한 곳에 보관하는 것이 좋으며 레드 와인은 12~18℃, 화이트 와인은 10~12℃, 스파클링 와인은 6~8℃가 적당하다. 코르크 마개로 된 와인은 눕혀서 보관해야 코르크 마개가 팽창되어 밀봉력이 높아지고 코르크 마개가 건조되어 부서지는 것을 방지할 수 있다. 습도가 높으면 곰팡이가 생겨 맛이 변할 수 있으며, 습도가 낮으면 공기가 와인병 속으로 들어가 술을 산화시킬 수 있으므로 습도는 55~75%를 유지해 주는 것이 좋다.

5. 리큐어 보관

리큐어는 종류가 매우 다양하고 제조방식도 각기 달라 제품의 특성에 따라 다르게 보관하며, 밀봉이 잘 된 상태로 실온에 보관한다.

CHAPTER 08 바텐더 외국어 사용

CHAPTER 08

SECTION 1 훈련목표 및 편성내용

훈련목표	기초 외국어, 음료 영업장 전문용어를 숙지하고 사용하는 능력을 함양		
수준	2수준		
단원명 (능력단위 요소명)	훈련내용 (수행준거)		
기초 외국어 구사하기	1.1	기초 외국어 습득을 통하여 외국어로 고객을 응대를 할 수 있다.	
	1.2	기초 외국어 습득을 통하여 고객 응대에 필요한 외국어 문장을 해석할 수 있다.	
	1.3	기초 외국어 습득을 통해서 고객 응대에 필요한 외국어 문장을 작성할 수 있다.	
음료 영업장 전문용어 구사하기	2.1	음료 영업장 시설물과 조주 기구를 외국어로 표현할 수 있다.	
	2.2	다양한 음료를 외국어로 표현할 수 있다.	
	2.3	다양한 조주 기법을 외국어로 표현할 수 있다.	

SECTION 2 기초 외국어 구사하기

바 종사원들은 고객과 직접 접하고 있으므로 고객이 느끼는 만족도에 크게 영향을 미친다. 고객 응대에 필요한 기본적인 표현들을 익힘으로써 바(Bar) 서비스 직무를 원만히 수행하고 고객 만족도를 높일 수 있다.

1. 바(Bar)에서 알아야 하는 필수 용어

영어	한국어
Cocktail	칵테일
Menu	메뉴
Standard Recipe	표준 레시피
Inventory	재고(조사)
Par Stock	영업에 필요한 적정재고량
Bill	계산서
Beverage	음료
Fermented Liquor	발효주
Distilled Liquor	증류주
Compounded Liquor	혼성주
Liqueur	리큐어
Hard Drinks(= Hard Liquor)	도수 높은 술
Alcoholic Drinks	주류
Non-Alcoholic Drinks	알코올분이 없는 음료
Soft Drinks	청량음료
Chaser	독한 술을 마신 다음 마시는 음료
Scotch Whisky	스카치 위스키
Irish Whiskey	아이리시 위스키
Bourbon Whiskey	버번 위스키
Canadian Whisky	캐나디안 위스키
Rum	럼
Vodka	보드카
Gin	진
Brandy	브랜디
Cognac	코냑
Tequila	테킬라

2. 고객 안내

영어	한국어
How are you?	안녕하십니까?
Nice to meet you.	만나서 반갑습니다.
Please come in.	어서 오십시오.
Excuse me.	실례합니다.
Did you make a reservation?	예약을 하셨습니까?
May I have your name, please?	성함이 어떻게 됩니까?
How many in your party?	몇 분이십니까?
I'd like to have a table for 2.	2명입니다.
I'd like to have a table for 2, please?	2명 자리 있을까요?
I'm sorry. Please wait a momentarily.	죄송합니다. 잠시만 기다려 주십시오.
I'm sorry for the wait.	기다리게 해서 죄송합니다.
Thank you for your patience. Come this way, please.	기다려 주셔서 감사합니다. 이쪽으로 오십시오.
Come this way, please.	이쪽으로 오십시오.
Where is the restroom?	화장실은 어디에 있습니까?
The restroom is over here.	화장실은 이쪽에 있습니다.
Is there Wi-Fi available in the bar?	바에서 와이파이를 사용할 수 있습니까?
Is there any place I could charge my phone?	핸드폰 충전할 수 있는 곳이 있나요?
Thank you for the great service!	친절한 서비스에 감사합니다.
Can I sit by the window?	창가에 앉을 수 있을까요?

3. 고객 응대

영어	한국어
Would you like to have a drink before dinner?	식사 전에 음료를 먼저 하시겠습니까?
Would you like to see the menu?	메뉴를 보시겠습니까?
Can I see the menu, please?	메뉴를 볼 수 있을까요?
Here's the menu.	메뉴는 여기 있습니다.

영어	한국어
What would you like?	무엇으로 드시겠습니까?
What's your special menu?	특별한 메뉴는 무엇인가요?
Today's special cocktail is Mai-Tai.	오늘의 스페셜 칵테일은 마이타이입니다.
This is Mai-Tai you ordered.	주문하신 마이타이가 나왔습니다.
I'll take your order.	주문받겠습니다.
Can I have a glass of red(white) Wine?	레드(화이트) 와인 한 잔 주세요.
Can I have a glass of Scotch on the rocks?	스카치 온더락 한 잔 주세요.
I'd like some beer, please.	맥주 좀 주세요.
Would you like another drink?	한 잔 더 드시겠습니까?
Can I get another(one) please.	한 잔 더 주세요.
Do you need anything?	필요하신 것 있습니까?
May I remove the glass?	잔을 치워도 되겠습니까?
Would you like me to remove your glass?	잔을 치워드릴까요?
What time does this bar close?	바 마감은 몇 시에 합니까?
It closes at 10 pm.	저녁 10시에 마감합니다.
We close in an hour.	우리는 1시간 후에 문 닫습니다.
Would you like to pay?	계산하시겠습니까?
Could you bring the bill, please?	계산서 가져다 주실 수 있을까요?
Do you have a preferred payment method?	선호하는 결제 방법이 있으신가요?
Do you accept credit cards?	신용카드 가능한가요?
Can I pay with cash?	현금으로 결제할 수 있을까요?
I'd like to pay with a card.	카드로 결제하고 싶어요.
Separate bills or together?	따로 계산할까요, 함께 계산할까요?
Thank you.	감사합니다.
Goodbye. I'll see you again.	안녕히 가십시오. 또 뵙겠습니다.
Thank you for coming.	방문해 주셔서 감사합니다.
Have a nice day.	좋은 하루 보내세요.

핵심예상문제

01 다음 중 ( ) 안에 알맞은 것은?

( ) is the chemical interaction of grape sugar and yeast cells to produce alcohol, carbon dioxide and heat.

① Distillation　　② Maturation
③ Blending　　④ Fermentation

 Fermentation(발효)은 포도당과 효모세포의 화학적 상호작용으로 알코올, 이산화탄소, 열을 생성한다.

02 다음 ( ) 안에 들어갈 단어로 알맞은 것은?

( ) is the conversion of sugar contained in the mash or must into ethyl alcohol.

① Distillation　　② Fermentation
③ Infusion　　④ Decanting

 Fermentation(발효)은 Mash(매시) 또는 Must(머스트)에 포함된 설탕을 에틸 알코올로 변환하는 것이다.

03 Which of the following is not fermented liquor?

① Aquavit　　② Wine
③ Sake　　④ Toddy

 발효주가 아닌 것은 북유럽의 증류주인 Aquavit(아쿠아비트)이다.

04 Choose a wine that can be served before meal.

① Table Wine　　② Dessert Wine
③ Aperitif Wine　　④ Port Wine

 식사 전에 제공할 수 있는 와인은 Aperitif Wine(아페리티프 와인)이다.

05 What is the juice of the wine grapes called?

① Mustard　　② Must
③ Grapeshot　　④ Grape Sugar

 와인 포도의 주스(즙)는 Must(머스트)라고 부른다.

06 Which is correct to serve wine?

① When pouring, make sure to touch the bottle to the glass.
② Before the host has acknowledged and approved his selection, open the bottle.
③ All white, rose and sparkling wines are chilled. Red wine is served at room temperature.
④ The bottle of wine doesn't need to be presented to the host for verifying the bottle he or she ordered.

 와인의 서브는 화이트, 로제 그리고 스파클링 와인은 차갑게 냉각하고, 레드 와인은 상온에서 제공된다.

정답　　01 ④　02 ②　03 ①　04 ③　05 ②　06 ③

07 There are basic directions of wine service select one that is not belong to them from the following?

① Filling four-fifth of red wine into the glass.

② Serving the red wine with room temperature.

③ Serving the white wine with condition of 8~12℃.

④ Showing the guest the label of wine before service.

 와인 서비스 기본에 대하여 잘못 설명한 것에 대한 질문으로 와인은 잔의 4/5가 아닌 1/2 정도 따른다.

08 다음 밑줄 친 곳에 가장 적합한 것은?

> A : Good evening, Sir.
> B : Could you show me the wine list?
> A : Here you are, Sir. This week is the promotion week of _____.
> B : OK. I'll try it.

① Stout

② Calvados

③ Glenfiddich

④ Beaujolais Nouveau

 와인 리스트를 보여 달라는 이야기이다. Stout(스타우트)는 맥주, Calvados(칼바도스)는 애플 브랜디, Glenfiddich(글렌피딕)은 스카치 위스키이다.

09 Table wine에 대한 설명으로 틀린 것은?

① It is a wine term which is used in two different meanings in different countries : to signify a wine style and as a quality level with on wine classification.

② In the United Stated, it is primarily used as a designation of a wine style, and refers to "ordinary wine", which is neither fortified nor sparkling.

③ In the EU wine regulations, it is used for the higher of two overall quality.

④ It is fairly cheap wine that is drunk with meals.

 유럽연합(EU) 와인 규정에서 테이블 와인은 전체 품질 범주 2개 중 하위 범주이다.

10 "a glossary of basic wine terms"의 연결로 틀린 것은?

① Balance : the portion of the wine's odor derived from the grape variety and fermentation.

② Nose : the total odor of wine composed of aroma, bouquet, and other factors.

③ Body : the weight or fullness of wine on palate.

④ Dry : a tasting term to denote the absence of sweetness in wine.

 와인 용어에서 Balance(밸런스)는 와인의 전체적인 균형감을 뜻한다.

11 Which of the following doesn't belong to the regions of French where wine is produced?

① Bordeaux ② Burgundy

③ Champagne ④ Rheingau

 프랑스 와인 산지가 아닌 곳은 독일의 Rheingau(라인가우)이다.

12 다음에서 설명하는 것은?

It is a denomination that controls the grape quality, cultivation, unit, density, crop, production.

① VDQS   ② Vin de Pays

③ Vin de Table   ④ AOC

 프랑스의 최고등급인 원산지 품질인증등급 와인은 AOC이다.

13 Which is the liquor made by the rind of grape in Italy?

① Marc   ② Grappa

③ Ouzo   ④ Pisco

 이탈리아에서 포도찌꺼기로 증류한 술은 Grappa(그라파)이다.

14 아래는 무엇에 대한 설명인가?

A fortified yellow or brown wine of Spanish origin with a distinctive nutty flavor.

① Sherry   ② Rum

③ Vodka   ④ Blood Mary

 스페인이 원산지인 강화와인은 Sherry Wine(셰리 와인)이다.

15 Which is not the name of sherry?

① Fino   ② Oloroso

③ Tio Pepe   ④ Tawny Port

 Fino(피노), Oloroso(올로로소), Tio Pepe(티오 페페)는 Sherry(셰리)와 관련 있으며, Tawny Port(타우니 포트)는 포르투갈 와인이다.

16 Select one of the dessert wine in the following.

① Rose Wine   ② Red Wine

③ White Wine   ④ Sweet White Wine

 Dessert Wine(디저트 와인)에는 Sweet White Wine(스위트 화이트 와인)이 해당된다.

17 Where is the place not to produce wine in France?

① Bordeaux   ② Bourgogne

③ Alsace   ④ Mosel

 Mosel(모젤)은 프랑스의 와인 산지가 아니라 독일의 와인 산지이다.

18 Which one is the classical French liqueur of aperitifs?

① Dubonnet   ② Sherry

③ Mosell   ④ Campari

 Dubonnet(뒤보네)는 약한 퀴닌 맛을 가진 프랑스산 아페리티프 레드 와인이다.

19 다음 (   ) 안에 들어갈 단어로 가장 적합한 것은?

(   ) goes well with dessert.

① Ice Wine   ② Red Wine

③ Vermouth   ④ Dry Sherry

 Ice Wine(아이스 와인)은 단맛이 있는 와인으로 디저트 와인이다.

---

20 Which is the best wine with a beef steak course at dinner?

① Red Wine   ② Dry Sherry

③ Blush Wine   ④ White Wine

 일반적으로 beef steak(비프 스테이크)와 같은 육류요리에는 레드 와인이 적합하다.

21 다음 밑줄 친 단어의 의미는?

A : This beer is <u>flat</u>. I don't like warm beer.
B : I'll replace it with a cold one.

① 시원함   ② 맛이 좋은

③ 김이 빠진   ④ 너무 독한

 'beer is flat'은 김 빠진 맥주라는 뜻이다.

22 Which is not scotch whisky?

① Bourbon   ② Ballantine

③ Cutty Sark   ④ VAT 69

 스카치 위스키가 아닌 것은 미국에서 옥수수를 원료로 만드는 Bourbon(버번)이다.

23 Which one is the right answer in the blank?

B : Good evening, sir. What would you like?
G : What kind of (　) have you got?
B : We've got our own brand, sir. Or I can give you an rye, a bourbon or a malt.
G : Can I have a glass of bourbon?
B : Certainly, sir. Would you like any water or ice with it?
G : No water, thank you, That spoils it. I'll have just one lump of ice.

① Wine   ② Gin

③ Whiskey   ④ Rum

 고객이 위스키와 얼음을 주문하는 대화 내용이다.

24 Which of the following is not scotch whisky?

① Cutty Sark   ② White Horse

③ John Jameson   ④ Royal Salute

 스카치 위스키 상표가 아닌 것은 John Jameson (존 제임슨)으로 아이리시 위스키 상표이다.

25 다음은 어떤 술에 대한 설명인가?

It was created over 300 years ago by a Dutch chemist named Dr. Franciscus Sylvius.

① Gin   ② Rum

③ Vodka   ④ Tequila

 Gin(진)은 Franciscus Sylvius(프란시스쿠스 실비우스) 박사가 최초로 만들었다.

26 다음 (　) 안에 알맞은 것은?

(　) is mostly made from grain or potatoes but can also be produced using a wide variety of ingredients including beetroot, carrots or even chocolate.

① Gin   ② Rum

③ Vodka   ④ Tequila

 Vodka(보드카)는 주로 곡물이나 감자로 만들지만 비트루트, 당근, 초콜릿을 포함한 다양한 재료를 사용하여 생산할 수도 있다.

정답   20 ①   21 ③   22 ①   23 ③   24 ③   25 ①   26 ③

27 다음 ( ) 안에 알맞은 것은?

( ) is distilled from fermented fruit, sometimes aged in oak casks, and usually bottled at 80proof.

① Vodka   ② Brandy
③ Whisky   ④ Dry Gin

 과일발효주를 증류한 술이 Brandy(브랜디)로 보통 도수는 80proof이다.

28 다음 ( ) 안에 알맞은 것은?

( ) must have juniper berry flavor and can be made either by distillation or re-distillation.

① Whisky   ② Rum
③ Tequila   ④ Gin

 juniper berry(주니퍼 베리)를 원료로 하는 술은 Gin이다.

29 What is the difference between Cognac and Brandy?

① Material
② Region
③ Manufacturing Company
④ Nation

 Cognac(코냑)과 Brandy(브랜디)는 포도주를 증류한 증류주로 코냑은 코냑 지방의 포도주를, 브랜디는 그 외 지역의 포도주를 증류한 술이다. 즉, 생산지역(Region)의 차이이다.

30 Which one is the spirit made from Agave?

① Tequila   ② Rum
③ Vodka   ④ Gin

 Tequila(테킬라)는 Agave(용설란)를 원료로 발효 증류한 술이다.

31 다음 ( ) 안에 알맞은 것은?

( ) is distilled spirit from the fermented juice of sugarcane or other sugarcane by-products.

① Whisky   ② Vodka
③ Gin   ④ Rum

 Rum(럼)은 사탕수수 또는 사탕수수 부산물인 당밀을 발효·증류한 증류주이다.

32 다음 ( ) 안에 알맞은 단어는?

Dry gin merely signifies that the gin lacks ( ).

① Sweetness   ② Sourness
③ Bitterness   ④ Hotness

 'Dry gin'은 Sweetness(단맛)이 부족하다는 것을 의미한다.

33 다음 물음에 가장 적합한 것은?

What kind of bourbon whiskey do you have?

① Ballentine's   ② J & B
③ Jim Beam   ④ Cutty Sark

 ③ Jim Beam(짐 빔)은 Bourbon Whiskey(버번 위스키)이고, ①, ②, ④는 Scotch Whisky(스카치 위스키)이다.

정답   27 ②   28 ④   29 ②   30 ①   31 ④   32 ①   33 ③

34 Which one does not belong to Aperitif?

① Sherry ② Campari

③ Kir ④ Brandy

 Brandy(브랜디)는 Aperitif(식전주)가 아니라 식후
주이다.

35 Straight Bourbon Whiskey의 기준으로 틀린 것은?

① Produced in the USA.

② Distilled at less than 160proof(80% ABV).

③ No additives allowed(except water to reduce proof where necessary).

④ Made of grain mix of at maximum 51%.

 Straight Bourbon Whiskey(스트레이트 버번 위스키)는 51% 이상의 옥수수를 원료로 하여야 한다.

36 When do you usually serve cognac?

① Before the meal ② After meal

③ During the meal ④ With the soup

 코냑(Cognac)은 식사 후에 마신다.

37 다음 (   ) 안에 알맞은 리큐어는?

(   ) is called the queen of liqueur. This is one of the French traditional liqueur and is made from several years aging arger distilling of various herbs added to spirit.

① Chartreuse ② Benedictine

③ Kummel ④ Cointreau

 Chartreuse(샤르트뢰즈)는 리큐어의 여왕이라 불리는 프랑스산 리큐어이다.

38 This is produced in Germany and Switzerland. It's alcohol degree 44% and it is effective for curing hangover and digestion. What is this?

① Unicum ② Orange Bitter

③ Underberg ④ Peach Bitter

 Underberg(언더버그)는 독일산의 허브계 약술로 소화 촉진과 숙취 해소에 좋은 것으로 알려져 있다.

39 다음 (   ) 안에 적당한 단어는?

(   ) is a generic cordial invented in Italy. It is made from apricot pits and herbs, yielding a pleasant almond flavor.

① Anisette ② Amaretto

③ Advocaat ④ Amontillado

 Amaretto(아마레토)는 이탈리아가 원산지이며, 살구씨와 허브류로 만든 혼성주로 아몬드향을 첨가하여 아몬드향이 난다.

40 Which one is the most famous herb liqueur?

① Baileys Irish Cream

② Benedictine DOM

③ Cream de Cacao

④ Akvavit

 가장 유명한 허브 리큐어는 Benedictine DOM(베네딕틴 디오엠)으로 프랑스 수도원의 수도사에 의해 만들어진 프랑스에서 가장 오래된 대표적인 리큐어이다. DOM은 라틴어 Deo Optimo Maximo의 약자로 '최대, 최선의 신에게'라는 뜻이다.

41 Which is the most famous orange flavored cognac liqueur?

① Grand Marnier　　② Drambuie

③ Cherry Heering　　④ Galliano

 Grand Marnier(그랑 마니에)는 코냑에 오렌지를 첨가하여 만든 프랑스산 리큐어이다.

42 Which country does Campari come from?

① Scotland　　　② America

③ France　　　　④ Italy

 Campari(캄파리)는 쓴맛을 가진 이탈리아산 리큐어이다.

43 다음에서 설명하는 혼성주로 옳은 것은?

The elixir of "perfect love" is a sweet, perfumed liqueur with hints of flowers, spices, and fruit, and a mauve color that apparently had great appeal to women in the nineteenth century

① Triple Sec

② Peter Heering

③ Parfait Amour

④ Southern Comfort

 Parfait Amour(파르페 아무르)는 '완전한 사랑'이란 뜻을 가진 프랑스산 리큐어이다.

44 다음에서 설명하는 것은?

It is a liqueur made by orange peel originated from Venezuela.

① Drambuie　　　② Jagermeister

③ Benedictine　　④ Curacao

 베네수엘라에서 유래한 오렌지 껍질로 만든 리큐어는 Curacao(큐라소)이다.

45 Which one is made with vodka and coffee liqueur?

① Black Russian　　② Rusty Nail

③ Cacao Fizz　　　　④ Kiss of Fire

 Black Russian(블랙 러시안) 칵테일은 러시아의 보드카를 베이스로 커피 리큐어인 칼루아를 넣어 만든다.

46 다음에서 설명하는 것은?

An anise-flavored, high-proof liqueur is now banned due to the alleged toxic effects of wormwood, which reputedly turned the brains of heavy users to mush.

① Curacao　　　② Absinthe

③ Calvados　　　④ Benedictine

 Absinthe(압생트)는 프랑스가 원산지로 초록빛의 마주라고도 불리며, 아니스 향이 아주 강하고 환각성과 중독성이 있어 생산 중단 조치가 내려졌다. 현재는 대용품의 압생트가 생산되고 있다.

47 다음에서 설명하는 것은?

A honeydew melon flavored liqueur from the Japanese house of Suntory.

① Midori

② Cointreau

③ Grand Marnier

④ Apricot Brandy

정답　41 ①　42 ④　43 ③　44 ④　45 ①　46 ②　47 ①

일본 산토리사에서 만든 허니듀 멜론맛 리큐어는 Midori(미도리)이다.

48 다음 ( ) 안에 들어갈 알맞은 것은?

( ) is a Caribbean coconut-flavored rum originally from Barbados.

① Malibu

② Sambuca

③ Maraschino

④ Southern Comfort

 Malibu(말리부)는 카리브의 바베이도스에서 럼에 코코넛과 당분을 첨가하여 만들어진다.

49 What is the name of famous liqueur on scotch basis?

① Drambuie   ② Cointreau

③ Grand Marnier   ④ Curacao

 Drambuie(드람부이)는 스카치 위스키를 베이스로 벌꿀과 허브를 첨가하여 만든 스코틀랜드의 리큐어이다.

50 아래의 설명에 해당하는 것은?

This complex, aromatic concoction containing some 56 herbs, roots, and fruits has been popular in germany since its introduction in 1878.

① Kummel   ② Sloe Gin

③ Maraschino   ④ Jagermeister

 Jagermeister(예거마이스터)는 독일의 예거마이스터사 제품으로 허브계 리큐어이다.

51 Which one is not distilled beverage from the following?

① Gin   ② Calvados

③ Tequila   ④ Cointreau

 증류주가 아닌 것은 Cointreau(쿠앵트로)로 프랑스가 원산지인 오렌지계 리큐어이다.

52 Which of the following is a liqueur made by Irish whisky and Irish cream?

① Benedictine   ② Galliano

③ Creme de Cacao   ④ Baileys

 Baileys(베일리스)는 아일랜드가 원산지로 아이리시 위스키와 크림 등으로 만든 리큐어이다.

53 Please select the cocktail-based wine from the following.

① Mai-Tai   ② Mah-Jong

③ Salty-Dog   ④ Sangria

 Sangria(상그리아)는 여러 가지 과일을 넣어 차게 해서 먹는 칵테일의 일종으로 스페인의 여름철 대중적인 음료이다.

54 다음 영문의 ( ) 안에 들어갈 말은?

May I ( ) you cocktail before dinner?

① put   ② service

③ take   ④ bring

 저녁 식사 전에 칵테일을 마시고 싶은지 물어보는 내용이다.

55 다음 (   ) 안에 들어갈 말은?

Dry Gin, Egg White and Grenadine are the main ingredients of (   ).

① Bloody Marry　　② Egg Nog
③ Tom and Jerry　　④ Pink Lady

 드라이진, 에그 화이트, 그레나딘으로 만드는 칵테일은 Pink Lady(핑크 레이디)이다.

56 다음은 어떤 도구에 대한 설명인가?

It looks like a wooden pestle. The flat end of this is used to crush and combine ingredients in a serving glass or mixing glass.

① Shaker　　② Muddler
③ Bar Spoon　　④ Strainer

 나무 절굿공이처럼 보이며 으깨는 데 사용하는 도구는 Muddler(머들러)이다.

57 Which terminology of the following is not related to Cocktail-making?

① Straining　　② Beating
③ Stirring　　④ Shaking

 칵테일 조주 기법이 아닌 것은 Beating(비팅)이다.

58 다음에서 설명하는 것은?

A drinking mug, usually made of earthenware used for serving beer.

① Stein　　② Coaster
③ Decanter　　④ Muddler

 Stein(슈타인)은 머그잔으로 보통 맥주를 대접하는 데 사용되며 토기로 만들어졌다.

59 Which is the Vodka based cocktail in the following?

① Paradise Cocktail　② Millon Dollars
③ Stinger　　④ Kiss of Fire

 보드카가 베이스인 칵테일은 Kiss of Fire(키스 오브 파이어)이다.

60 Which is the correct one as a base of bloody Mary in the following?

① Gin　　② Rum
③ Vodka　　④ Tequila

 Bloody Mary(블러디 메리) 칵테일의 베이스는 Vodka(보드카)이다.

61 Which one is the cocktail containing Bourbon, Lemon and Sugar?

① Whisper of Kiss　② Whiskey Sour
③ Western Rose　　④ Washington

 Bourbon, Lemon and Sugar(버번, 레몬, 설탕)로 만든 칵테일은 Whisky Sour(위스키 사워)이다.

62 Which one is the cocktail to serve not to mix?

① B & B　　② Black Russian
③ Bull Shot　　④ Pink Lady

 섞지 않고 제공되는 칵테일은 B&B로, 베네딕틴과 브랜디를 플로트(Float)한다.

63 Which is the correct one as a base of Port Sangaree in the following?

① Rum   ② Vodka

③ Gin   ④ Wine

 Port Sangaree(포트 생거리)는 포트 와인, 설탕을 셰이킹하여 크러시드 아이스로 채운 텀블러에 따르고 너트멕을 뿌린다.

64 다음은 무엇을 만들기 위한 과정인가?

1. First, take the cocktail shaker and half fill it with ice, then add one ounce of lime juice.
2. After that put one and a half ounce of rum and one tea spoon of powdered sugar in the shaker.
3. Then shake it well and pass it through a strainer into a cocktail glass.

① Bacardi   ② Cuba Libre

③ Blue Hawaiian   ④ Daiquiri

 셰이커에 라임 주스, 럼, 설탕을 넣고 셰이킹하여 만들어 칵테일 글라스에 따르는 것은 Daiquiri(다이키리) 칵테일이다.

65 Which one is made with ginger and sugar?

① Tonic Water   ② Ginger Ale

③ Sprite   ④ Collins Mix

 ginger(생강)와 sugar(설탕)로 만든 음료는 Ginger Ale(진저엘)이다.

66 다음은 커피와 관련한 어떤 과정을 설명한 것인가?

The heating process that releases all the potential flavors locked in green beans.

① Cupping   ② Roasting

③ Grinding   ④ Brewing

 커피 생두인 Green Beans(그린 빈)에 열을 가하는 것을 Roasting(로스팅)이라 한다.

67 Which one is the cocktail containing Creme de Cassis and white wine?

① Kir   ② Kir Royal

③ Kir Imperial   ④ King Alfonso

 Cassis(카시스)와 White Wine(화이트 와인)으로 만든 칵테일은 Kir(키르)이다.

68 다음에서 설명하는 것은?

When making a cocktail, this is the main ingredient in the cocktail and other things are added.

① Base   ② Glass

③ Straw   ④ Decoration

 칵테일을 만들 때의 주재료(main ingredient)를 Base(베이스)라고 한다.

69 Which is the best answer for the blank?

A dry martini served with an (   ).

① Red Cherry   ② Pearl Onion

③ Lemon Slice   ④ Olive

 dry martini(드라이 마티니) 칵테일에는 Olive(올리브)를 장식한다.

70 Which is the best answer for the blank?

Most highballs, Old fashioned, and on-the-rocks drinks call for ( ).

① Shaved ice ② Crushed ice
③ Cubed ice ④ Lumped ice

 Highballs(하이볼), Old Fashioned(올드 패션드), On the Rocks(온더락)을 만들 때는 Cubed Ice(각얼음)를 사용한다.

71 Which one is the cocktail containing beer and tomato juice?

① Red Boy ② Bloody Mary
③ Red Eye ④ Tomcollins

 Beer(맥주)와 Tomato Juice(토마토 주스)로 만드는 칵테일은 Red Eye(레드 아이)이다.

72 Which of the following represents drinks like coffee and tea?

① Nutrition Drinks
② Refreshing Drinks
③ Preference Drinks
④ Non-Carbonated Drinks

 커피와 차와 같은 음료를 Preference Drinks(기호음료)라 한다.

73 Which one is the cocktail name containing Dry Gin, Dry vermouth and orange juice?

① Gimlet
② Golden Cadillac
③ Bronx
④ Bacardi Cocktail

 Dry Gin(드라이진), Dry vermouth(드라이 베르무

트), orange juice(오렌지 주스)로 만드는 칵테일은 Bronx(브롱크스)이다.

74 What is the name of this cocktail?

「Vodka 30 mL & orange Juice 90 mL, build」 Pour vodka and orange juice into a chilled Highball glass with several ice cubes, and stir.

① Blue Hawaii ② Bloody Mary
③ Screwdriver ④ Manhattan

 보드카에 오렌지 주스를 넣고 빌드(Build) 기법으로 만드는 칵테일은 Screwdriver(스크루드라이버)이다.

75 Which one is made with vodka, lime juice, triple sec and cranberry juice?

① Kamikaze ② Godmother
③ Sea Breeze ④ Cosmopolitan

 보드카, 라임 주스, 트리플 섹, 크랜베리 주스로 만드는 칵테일은 Cosmopolitan(코스모폴리탄)이다.

76 다음에서 설명하는 것은?

A kind of drink made of gin, brandy and sweetened with fruit juices, especially lime.

① Ade ② Squash
③ Sling ④ Julep

 진, 브랜디 등으로 만든 음료의 일종으로 과일 주스, 특히 라임으로 맛을 내는 음료를 Sling(슬링)이라고 한다.

77 다음 중 Ice Bucket에 해당되는 것은?

① Ice Pail   ② Ice Tong

③ Ice Pick   ④ Ice Pack

 Ice Bucket(아이스 버킷)과 Ice Pail(아이스 페일)은 얼음을 담는 그릇이다.

78 Which is not an appropriate equipment for stirring method of how to make cocktail?

① Mixing Glass   ② Bar Spoon

③ Shaker   ④ Strainer

 스터링 기법(stirring method)에는 Mixing Glass(믹싱 글라스), Bar Spoon(바 스푼), Strainer(스트레이너)가 필요하다.

79 Which one is not aperitif cocktail?

① Dry Martini   ② Kir

③ Campari Orange   ④ Grasshopper

 aperitif(식전주)가 아닌 것은 Grasshopper(그래스호퍼)로 멘트(그린), 카카오(화이트), 라이트 크림으로 만드는 디저트 음료이다.

80 Which one is made of dry gin and dry vermouth?

① Martini   ② Manhattan

③ Paradise   ④ Gimlet

 드라이진과 드라이 베르무트로 만드는 칵테일은 Martini(마티니)이다.

81 Which is the syrup made by pomegranate?

① Maple Syrup

② Strawberry Syrup

③ Grenadine Syrup

④ Almond Syrup

 pomegranate(석류)로 만드는 것은 Grenadine Syrup(그레나딘 시럽)이다.

82 What is the name of famous Liqueur on Scotch basis?

① Drambuie   ② Cointreau

③ Grand Marnier   ④ Curacao

 Drambuie(드람부이)는 스카치에 벌꿀을 더해 만드는 대표적 리큐어이다.

83 다음과 같은 재료로 만들어지는 드링크(Drink)의 종류는?

Any liquor + soft drink + ice

① Martini   ② Manhattan

③ Sour Cocktail   ④ Highball

 베이스 술에 청량음료와 얼음을 넣어 만드는 것을 Highball(하이볼)이라 한다.

84 What is a Sommelier?

① Bartender   ② Wine Steward

③ Pub Owner   ④ Waiter

 소믈리에란 Wine Steward(와인 스튜어드)이다.

85 다음 (   ) 안에 들어갈 말은?

The post office is (   ) the Hotel.

① close   ② closed by

③ close for   ④ close to

우체국은 호텔 가까이에 있다.
• close to : 가까이에

86 밑줄 친 부분의 가장 알맞은 말은?

> A : I am going to buy drinks tonight.
> B : _____

① What happened?
② What's wrong with you?
③ What's the matter with you?
④ What's the occasion?

 A의 '나는 오늘 밤에 술을 살 것이다.'에 대한 B의 대답이다.

87 다음 문장의 (   ) 안과 같은 뜻은?

> You don't (have to) go so early.

① have not   ② do not
③ need not   ④ can not

 don't have to : ~할 필요가 없다

88 다음 중 의미가 다른 하나는?

① Cheers!   ② Give up!
③ Bottoms up!   ④ Here's to us!

 ①, ③, ④는 건배에 대한 말이고 ②는 포기하라는 말이다.

89 "나는 술이 싫다."의 올바른 표현은?

① I don't like a liquor.
② I don't like the liquor.
③ I don't like liquors.
④ I don't like liquor.

 liquor(리커, 혼성주)를 술 전체를 표현하기 위해 사용하는 경우에는 전치사를 붙이지 않고 단수 형태로 사용한다.

90 다음 (   ) 안에 들어갈 말은?

> I'll come to (   ) you up this evening.

① pick   ② have
③ keep   ④ take

 내가 오늘 저녁에 너를 데리러 갈게.

91 아래의 대화에서 (   ) 안에 가장 알맞은 것은?

> A: Come on, Mary. Hurry up and finish your coffee. We have to catch a taxi to the airport
> B: I can't hurry. This coffee is (A) hot for me (B) drink.

① A : so, B : that
② A : too, B : to
③ A : due, B : to
④ A : would, B : on

 빨리 커피를 마시고 공항까지 택시를 타고 가야 한다는 대화 내용이다.
 • B : 저는 서두를 수가 없어요. 이 커피는 제가 마시기에는 너무 뜨거워요.

92 다음 (   ) 안에 알맞은 것은?

> Our shuttle bus leaves here 10 times (   ).

① in day   ② the day
③ day   ④ a day

 셔틀버스는 여기에서 하루에 10번 출발합니다.

93 "How long have you worked for your hotel?"의 물음에 대한 답으로 적당하지 않은 것은?

---

① For 5 years

② Since 1982

③ 10 years ago

④ Over the last 7 years

 호텔에서 얼마나 오래 일했나요?

94 "실례했습니다."의 표현과 거리가 먼 것은?

① I'm sorry to disturb you.

② I'm sorry to have troubled you.

③ I hope I didn't disturb you.

④ I'm sorry I didn't interrupt you.

 ④ 방해하지 않아서 죄송합니다.

95 다음 중 의미가 다른 하나는?

① It's my treat this time.

② I'll pick up the tab.

③ Let's go Dutch.

④ It's on me.

 ①, ②, ④는 '내가 돈을 내겠다.'라는 의미이고, ③은 '각자 부담합시다.' 라는 의미이다.

96 "우리는 새 블렌더를 가지고 있다."를 가장 잘 표현한 것은?

① We has been a new blender.

② We has a new blender.

③ We had a new blender.

④ We have a new blender.

 ①, ③은 시제가 올바르지 않으며 ②는 주어와 동사의 수일치가 맞지 않다.

97 "This milk has gone bad."의 의미는?

① 이 우유는 상했다.

② 이 우유는 맛이 없다.

③ 이 우유는 신선하다.

④ 우유는 건강에 나쁘다.

 gone bad란 '상했다'라는 뜻이다.

98 "당신은 무엇을 찾고 있습니까?"의 올바른 표현은?

① What are you look for?

② What do you look for?

③ What are you looking for?

④ What is looking for you?

 주어가 you일 때 알맞은 be동사의 현재형은 are 이다.
  • be looking for : 구하다, 찾다

99 "First come first served."의 의미는?

① 선착순　　　　② 시음회

③ 선불제　　　　④ 연장자순

 먼저 온 사람에게 먼저 준다는 말로 선착순의 의미이다.

100 What is an alternative form of "I beg your pardon."?

① Excuse me.　　② Wait for me.

③ I'd like to know.　④ Let me see.

 'I beg your pardon(실례합니다).'의 다른 표현은 'Excuse me.'이다.

101 다음 중 밑줄 친 change가 나머지 셋과 다른 의미로 쓰인 것은?

① Do you have <u>change</u> for a dollar?

② Keep the <u>change</u>.

③ I need some <u>change</u> for the bus.

④ Let's try a new restaurant for a <u>change</u>.

 ①, ②, ③의 change는 돈과 관련되고, ④는 기분 전환을 위해 새로운 식당을 찾아보자는 뜻이다.

102 다음 ( ) 안에 적합한 것은?

Are you interested in (   )?

① make cocktail

② made cocktail

③ making cocktail

④ a making cocktail

 칵테일 만드는 것에 관심 있느냐는 질문이다.

103 다음 ( ) 안에 적합한 것은?

A bartender should be ( ) with the English names of all stores of liquors and mixed drinks.

① familiar   ② warm

③ use   ④ accustom

 바텐더는 매장에서 사용하는 모든 주류 및 혼합 음료 등의 영문 이름에 익숙해야 한다는 뜻이다.

104 다음 B에 가장 적합한 대답은?

A : What do you do for living?

B : _____

① I'm writing a letter to my mother.

② I can't decide.

③ I work for a bank.

④ Yes, thank you.

 '당신은 무슨 일을 하세요?'에 대한 적절한 답변을 찾는다.

105 다음 ( ) 안에 적합한 것은?

A : Do you have a new job?

B : Yes, I ( ) for a wine bar now.

① do   ② take

③ can   ④ work

 • A : 당신은 새로운 직업이 있나요?
• B : 네, 저는 현재 와인 바에서 일합니다.

106 다음 밑줄 친 단어와 바꾸어 쓸 수 있는 것은?

A : Would you <u>like</u> to have some more drinks?

B : No, thanks. I've had enough.

① care in   ② care for

③ care to   ④ care of

 • A : 술 좀 더 드시겠어요?
• B : 사양하겠습니다. 이제 됐습니다.

107 다음 질문에 대한 대답으로 가장 적절한 것은?

How often do you go to the bar?

① For a long time.

② When I am free.

③ Quite often.

④ From yesterday.

 당신은 얼마나 자주 바에 갑니까?

108 다음 ( ) 안에 들어갈 가장 적당한 표현은?

> If you ( ) him, he will help you.

① asked   ② will ask

③ ask   ④ be ask

 네가 그에게 요청하면 그는 너를 도와줄 것이다.

109 다음 밑줄 친 내용의 뜻으로 적합한 것은?

> You must make a reservation in advance.

① 미리   ② 나중에

③ 원래   ④ 당장

 in advance : 미리, 사전에

110 다음 질문의 대답으로 가장 적절한 것은?

> Who's your favorite singer?

① I like jazz the best.

② I guess I'd have to say Elton John.

③ I don't really like to sing.

④ I like opera music.

 '좋아하는 가수가 누구예요?'에 대한 대답을 찾는다.

111 "Can you charge what I've just had to my room number 310?"의 뜻은?

① 내 방 310호로 주문한 것을 배달해 줄 수 있습니까?

② 내 방 310호로 거스름돈을 가져다 줄 수 있습니까?

③ 내 방 310호로 담당자를 보내 주시겠습니까?

④ 내 방 310호로 방금 마신 것의 비용을 달아 놓아 주시겠습니까?

 charge : (값을) 청구하다, (외상으로) 달아 놓다

112 " 먼저 하세요."라고 양보할 때 쓰는 영어 표현은?

① Before you, please.

② Follow me, please.

③ After you!

④ Let's go!

 ① '당신 앞에', 즉 '내가 먼저 하겠다.'라는 의미로 양보하지 않겠다는 뜻이다.
② 저를 따라오세요.
③ 직역하면 '당신 다음에(이후에)'이므로 '먼저 하세요.'의 의미가 된다.
④ 갑시다!

113 "이것으로 주세요." 또는 "이것으로 할게요."라는 의미의 표현으로 가장 적합한 것은?

① I'll have this one.

② Give me one more.

③ I would like to drink something.

④ I already had one.

 ① 저는 이것으로 하겠습니다.
② 하나 더 주세요.
③ 저는 무언가 마시고 싶습니다.
④ 이미 하나 가지고 있어요.

114 다음의 ( ) 안에 들어갈 알맞은 말은?

> I am afraid that you have the ( ) number.

① correct   ② wrong

③ missed   ④ busy

 전화 잘못 거셨습니다.

정답 108 ③ 109 ① 110 ② 111 ④ 112 ③ 113 ① 114 ②

115 "Are you free this evening?"의 의미로 가장 적합한 것은?

① 이것은 무료입니까?

② 오늘밤에 시간 있으십니까?

③ 오늘밤에 만나시겠습니까?

④ 오늘밤에 개점합니까?

 '오늘 저녁에 자유롭습니까?', 즉 '시간 있습니까?'의 의미이다.
- be free : 자유롭다
- this evening : 오늘 저녁

116 다음 (   ) 안에 들어갈 알맞은 것은?

> I don't know what happened at the meeting because I wasn't able to (   ).

① decline   ② apply

③ depart   ④ attend

 회의에 참석하지 못해 회의에서 무슨 일이 있었는지 모르겠어요.

117 아래 문장의 의미는?

> The line is busy, so I can't put you through.

① 통화 중이므로 바꿔 드릴 수 없습니다.

② 고장이므로 바꿔 드릴 수 없습니다.

③ 외출 중이므로 바꿔 드릴 수 없습니다.

④ 아무도 없으므로 바꿔 드릴 수 없습니다.

- line : 전화
- busy : 바쁜(통화 중인)
- can't : cannot의 단축형으로 부정의 의미

118 "어서 앉으세요, 손님"에 알맞은 영어는?

① Sit down.

② Please be seated.

③ Lie down, sir.

④ Here is a seat, sir.

- please : 정중하게 부탁할 때 사용
- be seated : 앉다

119 다음 (   ) 안에 적당한 말은?

> Bring us another (   ) of beer, please.

① around   ② glass

③ circle   ④ serve

 맥주 한 잔 더 주세요.

120 "한 잔 더 주세요."에 가장 적절한 영어 표현은?

① I'd like other drink.

② I'd like to have another drink.

③ I want one more wine.

④ I'd like to have the other drink.

- would like to ~ : ~하고 싶다
- another : 또 하나(의)
- drink : 음료

121 다음 (   ) 안에 적당한 말은?

> As a rule, the sweet wine is served (   ).

① before dinner

② after dinner

③ in the meat course

④ in the fish course

 식사 후에는 일반적으로 달콤한 와인이 제공됩니다.

정답 115 ② 116 ④ 117 ① 118 ② 119 ② 120 ② 121 ②

122 다음 대화에 이어질 말로 알맞은 것은?

A : What would you like for dessert, sir?
B : No, thank you. I don't need any.

① Coffee would be fine.
② That's a good idea.
③ I'm on a diet.
④ Cash or charge?

 • A : 디저트는 뭘로 드시겠습니까?
• B : 아니요, 괜찮아요. 난 아무것도 필요 없어요.
③ 나는 다이어트 중입니다.

123 호텔에서 Check-in 또는 Check-out 시 Customer가 할 수 있는 말로 적합하지 않은 것은?

① Would you fill out this registration form?
② I have a reservation for tonight.
③ I'd like to check out today.
④ Can you hold my luggage until 4 pm?

 ① 이 등록 양식을 작성해 주시겠습니까?
② 오늘 밤에 예약이 되어 있습니다.
③ 오늘 체크아웃하고 싶습니다.
④ 오후 4시까지 짐을 맡아주실 수 있습니까?

124 "Which do you like better, tea or coffee?"의 대답으로 나올 수 있는 문장은?

① Tea.
② Tea and Coffee.
③ Yes, tea.
④ Yes, coffee.

 당신은 차와 커피 중 어느 것을 더 좋아합니까?

125 다음 (   ) 안에 적당한 말은?

You (   ) drink your milk while it's hot.

① will
② should
③ shall
④ have

 우유는 뜨거울 때 마셔야 한다.

126 다음 (   ) 안에 들어갈 말로 적당한 것은?

As a rule, the dry wine is served (   ).

① in the meat course
② in the fish course
③ before dinner
④ after dinner

 일반적으로 식사 전에는 드라이 와인이 제공됩니다.

127 Which of the following is not correct in the blank?

As a barman, you would suggest guest to have one more drink.
Say : (   )

① The same again, sir?
② One for the road?
③ I have another waiting on ice for you.
④ Cheers, sir!

 바텐더로서 손님에게 한 잔 더 마시라고 권유할 때 사용하는 표현이다.

128 다음 (   ) 안에 들어갈 단어로 알맞은 것은?

It is also a part of your job to make polite and friendly small talk with customers to (   ) them feel at home.

① doing
② takes
③ gives
④ make

정답   122 ③   123 ①   124 ①   125 ②   126 ③   127 ④   128 ④

고객이 편안하다고 느낄 수 있도록 정중하고 친절한 대화를 나누는 것도 당신 일의 일부입니다.

 식당에서 식품 또는 식품 관련 장비를 보관하는 작은 공간을 Pantry(팬트리)라고 한다.

129 What is the most proper meaning of a walk-in guest?

① A guest with no reservation.

② Guest on charged instead of reservation guest.

③ By walk-in guest.

④ Guest that checks in through the front desk.

 walk-in guest는 예약을 하지 않고 오는 손님을 말한다.

130 다음 문장의 의미로 가장 적합한 것은?

> Scotch on the rocks, please.

① 스카치 위스키를 마시다.

② 바위 위에 위스키

③ 스카치 온더락 주세요.

④ 얼음에 위스키를 붓는다.

 스카치 온더락 주세요.

131 다음은 어떤 용어에 대한 설명인가?

> A small space or room in some restaurants where food items or food-related equipments are kept.

① Pantry

② Cloakroom

③ Reception Desk

④ Hospitality room

132 "당신은 손님들에게 친절해야 한다."의 표현으로 가장 적합한 것은?

① You should be kind to guest.

② You should kind guest.

③ You'll should be to kind to guest.

④ You should do kind guest.

 ②, ③, ④의 경우 동사와 전치사가 올바르게 사용되지 않았다.

133 바텐더가 손님에게 처음 주문을 받을 때 사용할 수 있는 표현으로 가장 적합한 것은?

① What do you recommend?

② Would you care for a drink?

③ What would you like with that?

④ Do you have a reservation?

 한잔하시겠습니까?

134 "5월 5일에는 이미 예약이 다 되어 있습니다."의 표현은?

① We look forward to seeing you on May 5th.

② We are fully booked on May 5th.

③ We are available on May 5th.

④ I will check availability on May 5th.

 book이 '예약하다'의 의미로 사용되었다.
  • fully : 완전히, 완벽하게
  • May : 5월

135 다음 ( ) 안에 가장 적합한 것은?

W : Good evening Mr. Carr.
How are you this evening?
G : Fine, and you Mr. Kim?
W : Very well, Thank you.
What would you like to try tonight?
G : (   )
W : A whisky, No ice, No water. Am I
correct?
G : Fantastic!

① Just one For my health, please.
② One for the road.
③ I'll stick to my usual.
④ Another one please.

 늘 마시던 것으로 달라는 표현을 찾아야 한다.

136 다음 밑줄 친 곳에 들어갈 말로 가장 적합한 것은?

I'm sorry to have _____ you waiting.

① Kept   ② Made
③ Put   ④ Had

 기다리게 해서 죄송합니다.

137 "What will you have to drink?"의 의미로 가장 적합한 것은?

① 식사는 무엇으로 하시겠습니까?
② 디저트는 무엇으로 하시겠습니까?
③ 그 외에 무엇을 드시겠습니까?
④ 술은 무엇으로 하시겠습니까?

 drink : 마시다, 음주, 음료

138 "Would you care for dessert?"의 올바른 대답은?

① Vanilla icecream, please.
② Ice water, please.
③ Scotch on the rocks.
④ Cocktail, please

 디저트 드시겠어요?

139 "How would you like your steak?"의 대답으로 가장 적합한 것은?

① Yes, I like it.
② I like my steak.
③ Medium rare, please.
④ Filet mignon, please.

 스테이크를 어떻게 해드릴까요?

140 Which of the following is correct in the blank?

W : Good evening, gentleman. Are you
ready to order?
G1 : Sure. A double whisky on the rocks for
me.
G2 : (   )
W : Two whiskies with ice, yes, sir.
G1 : Then I'll have the shellfish cocktail.
G2 : And I'll have the curried prawns.
Not too hot, are they?
W : No. sir. Quite mild, really.

① The same again?
② Make that two.
③ One for the road.
④ Another round of the same.

 "같은 것으로 주세요."의 의미의 표현을 찾아야
한다.

141 다음은 레스토랑에서 종업원과 고객과의 대화이다. (   ) 안에 가장 알맞은 것은?

G : Waitress, May I have our check, please?
W : (   )
G : No, I want it as one bill.

① Do you want separate checks?
② Don't mention it.
③ You are wanted on the phone.
④ Yes, I can.

해설
- G : 계산서 좀 주시겠어요?
- W : 계산서를 나눠서 드릴까요?
- G : 아니요, 한 장으로 주세요.

142 "우리 호텔을 떠나십니까?"의 표현으로 옳은 것은?

① Do you start our hotel?
② Are you leave to our hotel?
③ Are you leaving our hotel?
④ Do you go our hotel?

해설
- be ~ing : 현재진행형
- leave : 떠나다, 출발하다

143 다음 (   ) 안에 적합한 단어는?

A : What would you like to drink?
B : I'd like a (   ).

① Bread
② Sauce
③ Pizza
④ Beer

해설 무엇을 마시겠습니까?

정답 141 ① 142 ③ 143 ④

음료 영업장 마케팅

SECTION 1 훈련목표 및 편성내용

훈련목표	음료 트렌드와 바의 유형별 특성을 분석하여 음료 판매 전략을 수립하는 능력을 함양	
수준	5수준	
단원명 (능력단위 요소명)	훈련내용 (수행준거)	
음료 트렌드 분석하기	1.1	SNS를 활용해서 국내외 음료 소비 성향 분석을 수행할 수 있다.
	1.2	전문 조사 기관의 통계분석 자료를 이용해서 연도별 음료 소비량 분석을 수행할 수 있다.
	1.3	분석 결과를 통해서 음료 트렌드를 예측할 수 있다.
음료 영업장 유형별 특성 분류하기	2.1	음료 영업장 서비스 특성(콘셉트)을 통해서 유형을 분류할 수 있다.
	2.2	음료 영업장의 주요 취급 주종을 통해서 유형을 분류할 수 있다.
	2.3	음료 영업장의 이용고객 성향을 통해서 유형을 분류할 수 있다.
음료 판매전략 수립하기	3.1	음료 트렌드 예측 결과를 통해서 메뉴를 제작할 수 있다.
	3.2	음료 영업장의 유형에 대한 분류를 통해서 주력 음료를 결정할 수 있다.
	3.3	음료 소비 성향 분석을 통해서 판촉 홍보물을 제작할 수 있다.

SECTION 2 음료 트렌드 분석하기

트렌드(Trend)란 일정기간에 걸친 변동내용을 나타내는 경제용어로 성장·정체·감소 등을 알 수 있으며, 과거와 현재의 데이터를 바탕으로 미래를 예측할 수 있다. 또한 소비자의 소비패턴을 분석하면 소비의 트렌드까지도 파악할 수 있으므로 소비자의 심리를 잘 읽어내야 한다. 트렌드 분석 결과를 바탕으로 상품기획, 프로모션, 마케팅을 기획하게 된다.

1. 바의 종류

바(Bar)의 위치는 그 영업의 특징과 성격에 따라 특성이 충분히 표현되는 장소나 손님이 이용하기 편리한 곳에 시설한다. 일반적으로 호텔의 경우 메인 바(Main Bar)는 투숙객이 이용하기 편리한 로비나 주식당(主食堂) 근처에 위치하고 스카이라운지 바는 최상층으로 전망이 좋은 위치에 시설하는 것이 일반적이다.

1) 메인 바(Main Bar)

일반적으로 투숙객 및 식당 이용 고객을 위한 호텔의 대표적인 바를 말하며, 고객을 만족시키기 위하여 다양한 주류와 음료를 준비하여 표준가격으로 판매하는 것이 일반적이다.

2) 스카이라운지 바(Sky Lounge Bar)

주로 전망이 좋은 고층에 위치하여 각종 음료와 주류 및 일품요리 등을 함께 판매하는 영업장으로 편안한 휴식을 위한 레스토랑 바를 혼합한 형태이다.

3) 로비 라운지 바(Lobby Lounge Bar)

호텔의 로비에 위치하여 비즈니스 고객들을 위한 만남의 장소로 이용되며 생음악 연주와 각종 음료 및 칵테일, 간단한 스낵 등이 구비된 휴게 기능의 영업장이다.

4) 펍 바(Pup Bar)

대중적 사교장 기능이 강한 영국식 선술집 형태의 영업장으로 음악과 간단한 오락시설을 갖추어 유흥적 요소를 제공한다.

5) 기타

칵테일 중심의 메뉴로 구성된 칵테일 바(Cocktail Bar), 회원제로 운영되는 멤버스 바(Members Bar), 레스토랑 바(Restaurant Bar), 그릴 바(Grill Bar), 나이트클럽 바(Night Club Bar), 댄스 바(Dance Bar) 등이 있다.

2. 바의 구성

영업장 분위기 연출 등을 위해 바 카운터(Bar Counter)를 다양한 형태로 설치하고 있다. 일반적으로 가족적인 분위기 조성이 가능한 클래식 형과 공간을 경제적으로 활용할 수 있는 엘(L) 형으로 구분할 수 있으며 바텐더가 근무하는 카운트 쪽은 다음과 같다.

1) 카운터 바(Counter Bar)

손님과 바텐더 사이에 가로 놓여 있는 카운터를 말하며 주로 손님들이 이용하는 장소로 프런트 바(Front Bar)라고 한다. 폭 40~50cm, 높이 110~120cm 정도가 적당하다. 카운터 바 위에 슬롯랙(Slotted Rack)을 설치하여 글라스를 장식하기도 한다.

2) 백 바(Back Bar)

보통 바텐더의 작업공간 뒤쪽에 술과 글라스 등의 보관 및 진열을 위한 공간이다.

3) 언더 바(Under Bar)

바텐더가 칵테일을 만들 때 이용하는 작업공간으로 필요한 술과 기물, 개수대 등이 놓이기 때문에 내수성 자재로 만드는 것이 좋다. 높이는 약 80~90cm 정도가 적당하다.

4) 픽업 스테이션(Pick Up Station)

테이블을 이용하는 고객에게 제공하는 칵테일이나 사용한 글라스류를 반납하기도 하고 웨이터들이 고객의 주문서를 주는 곳이기도 하다. 보통 바 한쪽의 구석진 곳에 설치되어 있다.

5) 거터 레일(Gutter Rail)

일반적으로 바텐더의 정면에 설치하고 높이는 고객이 술 붓는 것을 볼 수 있는 곳에 위치한다.

SECTION 4 음료 판매전략 수립하기

1. 메뉴 제작

메뉴는 고객만족을 통한 이익의 극대화를 위한 판매 전략의 출발점으로, 고객과의 상품연결을 실현하게 해주는 중간과정의 역할을 하는 가장 기본적이고 중요한 수단이 된다. 고객이 업장에 들어오면 실질적인 상품을 제시해 놓은 메뉴가 가장 중요한 판매도구가 된다. 따라서 고객이 원하는 메뉴의 형태와 내용들을 구체적으로 구성하여 그에 맞는 메뉴를 개발해야 한다.

2. 판촉 홍보물 제작

판촉 홍보물은 직접적으로 수요를 발생시키는 마케팅 수단으로서 판매를 촉진하기 위해 쓰이는 하나의 수단이다. 바(Bar)의 광고는 상품판매와 정보전달의 특성이 강해 정보전달에만 집중했던 디자인에 설득과 유도의 기능을 보완해야 한다.

음료 영업장 운영

SECTION 1 훈련목표 및 편성내용

훈련목표	음료 영업장 운영은 음료 영업장의 직원관리와 원가분석, 영업실적을 관리하는 능력을 함양	
수준	4수준	
단원명 (능력단위 요소명)	훈련내용 (수행준거)	
음료 트렌드 분석하기	1.1	직원의 개별적인 관리를 통해서 업무 능력을 파악할 수 있다.
	1.2	직원 개개인의 능력에 따라 업무 분담표를 작성할 수 있다.
	1.3	직원의 업무 수행 결과를 통해서 업무능력을 평가할 수 있다.
	1.4	직원의 업무 수행 평가 결과를 통해서 업무 분담을 재배치할 수 있다.
원가 분석하기	2.1	표준 레시피를 통해서 음료에 대한 원가를 계산할 수 있다.
	2.2	재료에 대한 원가 산출을 통해서 음료의 손익분기점을 계산할 수 있다.
	2.3	음료의 판매가 산출을 위해서 손익분기점을 활용할 수 있다.
영업 실적 분석하기	3.1	POS 데이터를 통해서 항목별 매출액을 산출할 수 있다.
	3.2	POS 데이터를 통해서 항목별 손익을 분석할 수 있다.
	3.3	분석된 정보를 통해서 영업 전략을 수립할 수 있다.

SECTION 2 직원 관리하기

규모가 작은 매장은 대표자 1인 또는 관리자(매니저), 바텐더 등 1~2명의 직원으로 움직이는 경우가 대부분으로 이 경우 대표자 또는 관리자 1인이 직원의 채용, 스케줄 관리, 업무 분담 등 모든 업무를 담당한다. 따라서 직원의 효율적 스케줄 관리는 매장의 성공 여부와도 직결될 수 있으므로 직원들의 업무체계를 명확하게 하여 최적의 노동량을 계산하고 스케줄표를 작성한다면 큰 부담이 없으면서 인력자원을 낭비하지 않고 수익률을 높일 수 있으며, 직원들은 좋은 근무환경에서 근무할 수 있을 것이다.

1. 출 · 퇴근 스케줄 관리

1) 출 · 퇴근 스케줄 작성

① 식사시간과 휴식시간, 업무시간을 명확하게 구분하여 정신적 · 육체적 스트레스를 주지 않도록 한다.
② 업무체계를 명확히 하고 최적 노동량을 계산하여 효율적 인원을 배치하고 스케줄 관리를 통해 수익률을 높일 수 있도록 한다.
③ 정해진 스케줄이 변경되는 경우 사전에 공지하고, 직원의 성과에 대하여 적절한 보상이 이루어질 수 있도록 한다.
④ 확정된 스케줄표는 연락망, 업무분담표와 함께 직원들이 쉽게 열람할 수 있도록 한다.

2) 근태관리

근태관리란 출근과 결근을 관리하는 업무로, 근태관리가 제대로 이루어지지 않으면 운영에도 큰 차질이 생기게 되고 업무능력을 과대 또는 과소평가하여 직원의 적정한 임금책정에도 어려움을 겪게 된다.

① 매장의 특성에 따른 기본수칙을 정하고 이를 직원에게 제시하여 성실한 근무풍토가 조성될 수 있도록 한다.
② 근태에 관해서는 사용자와 근로자 모두가 기본적 예의와 책임을 다할 수 있도록 한다.
③ 근태관리를 통해 직원의 업무능력에 따른 적정한 임금이 책정될 수 있도록 한다.

3) 출 · 퇴근 카드 작성

출 · 퇴근 일지 또는 기계를 통해 출근시간과 퇴근시간을 기록하여 업무에 지장이 없도록 한다.

① 출근 시에는 업무 시작 전 업무수행을 위한 사전준비를 하도록 한다.
② 퇴근 시에는 다음 날 영업에 지장을 초래하지 않도록 당일 업무에 대하여 인수인계 및 정리정돈 등을 한다.
③ 지각이나 결근 시에는 전화 등의 방법으로 관리자에게 보고될 수 있도록 한다.
④ 지각이나 결근 시에는 사전에 양해를 얻도록 하고 출 · 퇴근 일지(카드)에 그 사유를 기재하고 증빙서류를 첨부해 보관한다.
⑤ 무단 또는 허위, 증빙서류 미제출 등의 지각이나 결근이 반복되어 업무에 지장을 초래하는 경우 규정에 따라 징계 또는 퇴사시킬 수 있도록 한다.

2. 직원 채용

매장을 경영하기 위해 늘 고민하는 문제가 바로 직원 채용과 관리이다. 매장경영의 성패를 결정하는 여러 요소 가운데 가장 중요한 것이 창업자 자신과 직원, 고객, 파트너 등 사람이다.

1) 채용계획과 채용시점

① 채용인원은 대충 계산해서는 안 된다. 매장의 규모와 층수, 메뉴 등에 따라 달라지므로 직무분석을 하여 필요 인원을 채용하도록 한다.
② 직무분석에 따라 신입 또는 경력직을 결정하고 정규직, 비정규직, 임시직, 파트타이머 등 채용유형과 고용형태를 검토하여야 한다.
③ 사람에 대한 관점과 철학을 가지고 원하는 인재상을 설정하고 가능하면 이전 직장에서의 근무상태를 확인하는 것도 좋다.
④ 수입을 예측하고 이에 따른 인건비를 계산하여 구체적 채용계획을 세우도록 한다.
⑤ 현재 필요 인력만을 채용할지 아니면 미래에 필요한 예비인력까지 채용할지를 정해야 한다.
⑥ 대부분의 매장이 사전계획에 의한 인력채용보다는 직원의 갑작스러운 공석으로 인한 충원을 하다보니 직무에 적합한 인력을 제때 확보하기 어려운 문제점이 있다.
⑦ 신규직원 채용 시 공고문에는 채용예정인원, 자격(나이, 학력, 경력, 우대조건 등), 근무장소, 근무조건(급여, 근무형태, 근무시간, 휴무일, 복리후생 등) 등을 정확하게 명시하여야 한다.

2) 채용관리

① 채용이 확정되면 제출해야 하는 필요서류를 통보하고 제출받은 서류는 「개인정보보호법」에 따라 타인이 접근할 수 없도록 관리하여야 한다.
② 채용이 확정되면 「근로기준법」에 따른 계약기간(정규직의 경우 근무시작일만 기재), 근무장소, 근무시간과 휴게시간, 근무일과 휴일, 임금, 수당, 지급일, 지급 방법, 상여금 및 퇴직금 여부 등이 명시된 근로계약서를 작성하여 사용자와 근로자가 각각 보관하도록 한다.
③ 채용한 신규직원이 새로운 업무에 적응할 수 있도록 교육 및 훈련을 실시하고 적극적으로 도와준다.

3. 직원관리

직원관리도 중요하지만 직원이 롤 모델로 삼을 수 있는 대표자가 될 수 있도록 자신을 관리하는 것도 중요하다. 직원관리에는 성과지향과 관계지향의 두 가지 큰 방향이 있다.

1) 직원관리

① 성과지향은 목표에 대해 명확히 제시하고 성과에 따른 보상을 제공하는 방식(인센티브 등)으로 업무의 효율이 높아지는 효과가 있으나 지나친 성과지향은 직원의 이직을 초래할 수 있다.
② 관계지향은 직원과의 좋은 관계를 형성(회식이나 생일선물 등)하기 위한 대표적인 방법이다.
③ 성과지향과 관계지향 두 가지를 적절히 활용하는 것이 좋으나 쉽지 않으므로 대표자의 리더십이 중요하다.
④ 매출에 문제가 없음을 보여주어야 하고 성장, 발전을 위해 노력하는 모습을 보여주어야 한다.
⑤ 직원관리에서 교육은 필수사항으로 직무, 리더십, 인성 등 다양한 교육을 계획하고 실행한다.
⑥ 직원의 컨디션과 애로사항 등을 점검하고 관리한다.

2) 인사관리

인사관리란 각자의 능력을 최대로 발휘하여 좋은 성과를 거두도록 관리하는 것으로 효율적 인사관리를 위한 인사관리카드(인사기록표)를 작성하는 것이 좋다.

① 인사관리카드는 직원이 자필로 작성하게 하고, 제출된 서류와 일치하는지 확인한다.
② 인사관리카드에는 개인의 신상에 대한 사항과 입사일, 근무장소, 담당업무, 직위, 고용형태 등을 기재하여 「개인정보보호법」에 따라 타인이 접근할 수 없도록 관리하여야 한다.
③ 식품접객업소에 근무하기 위해서는 반드시 보건증이 필요하므로 제출받아 보관한다.

3) 직원 건강관리

① 매장에 종사하는 근무자는 연 1회 정기건강진단을 받아야 하고, 결격사유에 해당하는 질병이 있으면 업무에 종사할 수 없다.
② 매장에 종사하는 근무자는 유효기간 내의 보건증을 소지하여야 하고, 보건증은 반드시 유효기간이 경과하기 전에 발급받도록 한다.
③ 관계기관에서 위생검사를 나오는 경우 보건증을 쉽게 확인할 수 있도록 관리한다.
④ 보건증은 거주지와 관계없이 자치구의 보건소 또는 지정 의료기관에서 발급받는다.
⑤ 4대 보험에 가입하여 직원의 복리후생과 업무와 관련하여 재해를 입는 경우 적절한 치료와 보상을 받을 수 있도록 한다.

SECTION 3 원가 분석하기

1. 원가의 개념

원가란 제품을 생산하는 데 소비한 경제 가치를 화폐액수로 표시한 것으로 특정한 제품의 제조 · 판매 · 서비스의 제공을 위하여 소비된 재료비, 노무비, 경비를 합한 것이다.

2. 원가의 3요소

① **재료비** : 제품의 제조를 위하여 소비된 물품의 가치를 말한다.
② **노무비** : 제품의 제조를 위하여 소비된 노동의 가치를 말하며 임금, 급료, 잡급, 상여금 등으로 구분한다.
③ **경비** : 원가요소에서 재료비와 노무비를 제외한 것으로 수도비, 광열비, 전력비, 보험료, 통신비, 감가상각비 등이 있다.

3. 직접비와 간접비

1) 제조직접비

① **직접재료비(주요 재료비)** : 특정한 제품의 제조를 위한 재료비
② **직접노무비** : 임금 등
③ **직접경비** : 외주 가공비 등

2) 제조간접비

① **간접재료비(보조재료비)** : 여러 종류의 물품 제조에 소비되는 재료비
② **간접노무비** : 급여, 급여수당 등
③ **간접경비** : 감가상각비, 보험료, 여비, 교통비, 전력비, 통신비 등

4. 원가의 종류

① **직접원가** = 직접재료비 + 직접노무비 + 직접경비
② **제조원가** = 직접원가 + 제조간접비
③ **총원가** = 제조원가 + 판매관리비
④ **판매원가** = 총원가 + 이익
⑤ **실제원가** : 제품을 제조한 후에 실제로 소비된 재화 및 용역의 소비량에 대하여 계산된 원가로, 보통 원가라고 하면 이를 의미하며 확정원가 또는 현실원가라고도 한다.

⑥ **예정원가** : 제품의 제조 이전에 제조에 소비될 것으로 예상되는 원가를 산출한 사전원가로 추정원가라고도 한다.

⑦ **표준원가** : 제품을 제조하기 전에 재화 및 용역의 소비량을 과학적으로 예측하여 계산한 미래원가로 실제원가를 통제하는 기능을 가진다. 특히, 표준원가계산은 원가관리를 위한 목적으로 생긴 것이다.

5. 고정비와 변동비

1) 고정비

제품의 제조 및 판매 수량의 증감에 관계없이 고정적으로 발생하는 비용으로 감가상각비, 종업원에게 지급되는 고정급 등이 있다.

2) 변동비

제품의 제조 및 판매 수량의 증감에 따라 비례적으로 증감하는 비용으로 주요 재료비, 임금 등이 있다.

6. 손익분기점

수익과 총비용이 일치하는 점으로 이 점에서는 이익도 손실도 발생하지 않는다.

 영업 실적 분석하기

1. 포스 시스템(POS system)

POS는 Point-Of-Sales의 약자로 POS 시스템은 컴퓨터를 이용하여 판매 시점에 판매 관련 자료를 관리하는 '판매시점 정보관리 시스템'이다. 판매와 동시에 품목 · 가격 · 수량 등의 정보를 시스템에 입력시켜 이 정보를 이용하여 매출 자료를 분석하고 활용하여 판매관리를 할 수 있다.

1) POS 시스템의 특징

① 온라인 시스템으로 데이터를 거래 발생과 동시에 직접 컴퓨터에 전달하므로 수작업이 필요 없다.
② 실시간 시스템으로 모든 거래 및 영업정보를 실시간 파악할 수 있어 정보 변화에 즉시 대응 가능하다.

③ 거래(현금, 신용카드, 외상, 할인, 매입, 매출 등)에 대한 모든 정보(판매시간, 판매상품, 판매가격 등)의 파악이 가능하다.

2) POS 시스템 확인

① 카드 리더기와 영수증 출력기가 장착되어 있어 인터넷 연결은 기본이므로 인터넷 연결 정상 여부를 체크한다.
② POS 시스템은 금전등록기 역할을 하는 '단말기(Terminal)', 단말기에서 발생된 데이터를 메인 서버에 전달하는 통신 부문인 '미들웨어(Middleware)', 전달된 데이터를 수집 · 보관 · 집계 · 분석하는 '메인 서버(Main Server)'의 3요소로 구성되어 있는데, 각 요소의 상태를 점검한다.

3) POS 시스템 지원 기능 및 활용

POS 시스템에서 지원하는 기능은 제품 및 제조회사에 따른 특성이 있어 기능의 차이가 있을 수 있으나 영업장의 일일매출정산 외에도 매출동향, 매출내역, 입출금 관리, 인기상품, 매출부진상품, 재고관리, 기자재 관리, 거래처 관리, 직원관리 및 고객이 선호하는 상품이나 서비스에 대한 집계 등 경영자가 필요한 다양한 정보와 자료를 제공한다. 따라서 POS 시스템을 통해 영업상황이나 영업마감을 신속 정확하게 전달할 수 있으며, 업무진행 속도나 비용절감 차원에서 경영의 효율화를 가져올 수 있다.

핵심예상문제

01 주장의 영업 허가가 되는 근거 법률은?

① 외식업법   ② 음식업법

③ 식품위생법   ④ 주세법

 식품접객업은 「식품위생법」에 근거를 둔다. 휴게음식점과 일반음식점은 신고대상, 단란주점과 유흥음식점은 허가대상이다.

02 바(Bar) 디자인의 중요 점검사항에 포함되지 않는 것은?

① 주류 가격, 병의 크기

② 시간의 영업량, 콘셉트의 크기

③ 음료 종류, 주장의 형태와 크기

④ 서비스 형태, 목표 고객

 주류 가격, 병의 크기는 영업적 측면에서 고려해야 할 사항이다.

03 식품 위해요소중점관리기준이라 불리는 위생관리 시스템은?

① HAPPC   ② HACCP

③ HACPP   ④ HNCPP

 HACCP(Hazard Analysis Critical Control Point)란 식품 원재료의 생산에서 최종 소비자가 섭취할 때까지 전 단계에 걸쳐 위해물질로부터 식품이 오염되는 것을 사전에 방지하기 위하여 위해요소를 규명하고 이를 중점적으로 관리하기 위한 식품위생관리 시스템을 말한다.

04 우리나라에서 개별소비세가 부과되지 않는 영업장은?

① 단란주점   ② 요정

③ 카바레   ④ 나이트클럽

 개별소비세는 사치성이 높은 물품의 소비를 억제하고 세금의 부담을 공정하게 하기 위하여 매기는 세금이다.

05 (A), (B), (C)에 들어갈 말을 순서대로 나열한 것은?

> (A)는 프랑스어의 (B)에서 유래된 말로 고객과 바텐더 사이에 가로질러진 널판을 (C)라고 하던 개념이 현재에 와서는 술을 파는 식당을 총칭하는 의미로 사용되고 있다.

① Flair, Bariere, Bar

② Bar, Bariere, Bar

③ Bar, Bariere, Bartender

④ Flair, Bariere, Bartender

 바(Bar)란 프랑스어의 Bariere(바리에르)에서 유래된 단어로 고객과 바텐더 사이에 가로 놓여 있는 널판을 의미하였다. 지금은 분위기와 시설을 갖추고 술을 판매하는 영업장을 총칭하는 의미로 사용되고 있다.

06 주장의 종류로 가장 거리가 먼 것은?

① Cocktail Bar   ② Members Club Bar

③ Snack Bar   ④ Pub Bar

 Snack Bar(스낵 바)란 샌드위치와 같은 간단한 식사류를 파는 곳을 말한다.

정답   01 ③   02 ①   03 ②   04 ①   05 ②   06 ③

07 바(Bar)의 종류에 의한 분류에 해당하지 않는 것은?

① Jazz Bar   ② Back Bar

③ Western Bar   ④ Wine Bar

 Back Bar(백 바)란 바(Bar) 서비스를 위하여 바텐더(Bartender)의 뒤쪽에 위치하고 있는 저장용 공간으로 주로 술병, 술잔 등을 진열하는 바 시설이다.

08 영업 형태에 따라 분류한 Bar의 종류 중 일반적으로 활기차고 즐거우며 조금은 어둡지만 따뜻하고 조용한 분위기와 가장 거리가 먼 것은?

① Western Bar   ② Classic Bar

③ Modern Bar   ④ Room Bar

 Western Bar(웨스턴 바)는 자유롭게 활기차고 즐겁게 술을 마시는 공간을 말한다.

09 Classic Bar의 특징과 가장 거리가 먼 것은?

① 서비스의 중점을 정중함과 편안함에 둔다.

② 소규모 라이브 음악을 제공한다.

③ 고객에게 화려한 바텐딩 기술을 선보인다.

④ 칵테일 조주 시 정확한 용량과 방법으로 제공한다.

 고객에게 화려한 바텐딩 기술을 선보이는 곳은 Western Bar(웨스턴 바)이다.

10 주로 일품요리를 제공하며 매출을 증대시키고, 고객의 기호와 편의를 도모하기 위해 그 날의 특별요리를 제공하는 레스토랑은?

① 다이닝룸(Dining Room)

② 그릴(Grill)

③ 카페테리아(Cafeteria)

④ 델리카트슨(Delicatessen)

 그릴(Grill)은 호텔 내에서 최고급의 일품요리를 서비스하는 레스토랑을 말한다.

11 바(Bar) 업무능률 향상을 위한 시설물 설치 방법 중 옳지 않은 것은?

① 칵테일 얼음을 바(Bar) 작업대 옆에 보관한다.

② 바(Bar)의 수도시설은 믹싱 스테이션(Mixing Station) 바로 후면에 설치한다.

③ 냉각기(Cooling Cabinet)는 주방에 설치한다.

④ 얼음제빙기는 가능한 한 바(Bar) 내에 설치한다.

 냉각기(Cooling Cabinet)는 바 스테이션(Bar Station) 근처에 설치한다.

12 프런트 바(Front Bar)에 대한 설명으로 옳은 것은?

① 주문과 서브가 이루어지는 고객들의 이용 장소로서 일반적으로 폭 40cm, 높이 120cm가 표준이다.

② 술과 잔을 전시하는 기능을 갖고 있다.

③ 술을 저장하는 창고이다.

④ 주문과 서브가 이루어지는 고객들의 이용 장소로서 일반적으로 폭 80cm, 높이 150cm가 표준이다.

 프런트 바(Front Bar)란 카운터 바(Counter Bar)라고도 부르는데, 바텐더와 고객이 마주보고 서브하고 서빙받는 곳을 말한다.

13 Portable Bar에 포함되지 않는 것은?

① Room Service Bar   ② Banquet Bar

③ Catering Bar   ④ Western Bar

 Portable Bar(포터블 바)란 이동식 바를 말한다. Western Bar(웨스턴 바)는 자유롭게 활기차고 즐겁게 술을 마시는 공간을 말한다.

14 주장(Bar) 경영에서 의미하는 'Happy Hour' 를 올바르게 설명한 것은?

① 가격할인 판매시간

② 연말연시 축하 이벤트 시간

③ 주말의 특별행사 시간

④ 단골고객 사은 행사

 Happy Hour(해피 아워)란 판매촉진을 위한 가격할인 판매시간대를 뜻하며 보통 고객이 붐비지 않는 시간대에 한다.

15 다음 중 주장관리의 의의에 해당되지 않는 것은?

① 원가관리　　　　② 매상관리

③ 재고관리　　　　④ 예약관리

 주장관리는 음료의 재고조사 및 원가관리, 영업 이익을 추구하는 데 목적이 있다.

16 주장(bar)의 핵심점검표 사항 중 영업에 관련한 법규상의 문제와 관계가 가장 먼 것은?

① 소방 및 방화사항

② 예산집행에 관한 사항

③ 면허 및 허가사항

④ 위생 점검 필요사항

해설 예산집행에 관한 사항은 경영의 효율성을 위한 것이다.

17 주장의 시설에 대한 설명으로 잘못된 것은?

① 주장은 크게 프런트 바(Front Bar), 백 바(Back Bar), 언더 바(Under Bar)로 구분된다.

② 프런트 바(Front Bar)는 바텐더와 고객이 마주보고 서브하고 서빙을 받는 바를 말한다.

③ 백 바(Back Bar)는 칵테일용으로 쓰이는 술의 저장 및 전시를 위한 공간이다.

④ 언더 바(Under Bar)는 바텐더 허리 아래의 공간으로 휴지통이나 빈 병 등을 둔다.

 언더 바(Under Bar)는 보통 바의 칸막이를 사이에 두고 손님과 바텐더의 발 아래에 위치한 바(Bar)이다. 바텐더가 직접적으로 칵테일을 만드는 곳으로 칵테일 조주용 베이스 술, 각종 리큐어 등 부재료, 얼음, 싱크대 등이 놓이며 작업에 편리하도록 높이는 약 80~90cm 정도가 좋다.

18 기물의 설치에 대한 내용으로 옳지 않은 것은?

① 바의 수도시설은 Mixing Station 바로 후면에 설치한다.

② 배수구는 바텐더의 바로 앞에, 바의 높이는 고객이 작업을 볼 수 있게 설치한다.

③ 얼음제빙기는 Back Side에 설치하는 것이 가장 적절하다.

④ 냉각기는 표면에 병따개가 부착된 건성형으로 Station 근처에 설치한다.

 얼음제빙기는 가능한 한 언더 바(Under Bar)에 설치한다.

19 바 카운터의 요건으로 가장 거리가 먼 것은?

① 카운터의 높이는 1~1.5m 정도가 적당하며 너무 높아서는 안 된다.

② 카운터는 넓을수록 좋다.

③ 작업대(Working Board)는 카운터 뒤에 수평으로 부착시켜야 한다.

④ 카운터 표면은 잘 닦여지는 재료로 되어 있어야 한다.

 바 카운터는 업소의 유형과 크기, 객석과 주방과의 관계를 고려하여 정하도록 하는데 보통 폭은 500~600mm 정도로 한다.

정답　14 ① 15 ④ 16 ② 17 ④ 18 ③ 19 ②

20 바(Bar) 작업대와 가터 레일(Gutter Rail)의 시설 위치로 옳은 것은?

① Bartender 정면에 시설되게 하고 높이는 술 붓는 것을 고객이 볼 수 있는 위치
② Bartender 후면에 시설되게 하고 높이는 술 붓는 것을 고객이 볼 수 없는 위치
③ Bartender 우측에 시설되게 하고 높이는 술 붓는 것을 고객이 볼 수 있는 위치
④ Bartender 좌측에 시설되게 하고 높이는 술 붓는 것을 고객이 볼 수 있는 위치

 바 가터 레일이란 바텐더가 조주에 사용하는 술 병을 넣어 두는 랙(Rack)을 말한다.

21 Bar 종사원의 올바른 태도가 아닌 것은?

① 영업장 내에서 동료들과 좋은 인간관계를 유지한다.
② 항상 예의 바르고 분명한 언어와 태도로 고객을 대한다.
③ 고객과 정치성이 강한 대화를 주로 나눈다.
④ 손님에게 지나친 주문을 요구하지 않는다.

 Bar(바) 종사원은 정치, 종교, 인종 등에 관한 언급이나 특정인에 대한 가십은 삼간다.

22 식음료 부분의 직무에 대한 내용으로 틀린 것은?

① Assistant Bar Manager는 지배인의 부재 시 업무를 대행하여 행정 및 고객관리의 업무를 수행한다.
② Bar Captain은 접객 서비스의 책임자로서 Head Waiter 또는 Super Visor라고 불리기도 한다.
③ Bus Boy는 각종 기물과 얼음, 비알코올성 음료를 준비하는 책임이 있다.
④ Banquet Manager는 접객원으로부터 그 날

의 영업실적을 보고받고 고객의 식음료비 계산서를 받아 수납 정리한다.

 Banquet Manage(방켓 메니저)는 연회와 관련된 전반적인 업무를 수행한다.

23 다음 중 주장 종사원(Waiter / Waitress)의 주요 임무는?

① 고객이 사용한 기물과 빈 잔을 세척한다.
② 칵테일의 부재료를 준비한다.
③ 창고에서 주장(Bar)에서 필요한 물품을 보급한다.
④ 고객에게 주문을 받고 주문받은 음료를 제공한다.

 웨이터(Waiter)와 웨이트리스(Waitress)는 영업장의 실무적인 일을 수행한다.

24 주장요원의 업무규칙에 부합하지 않는 것은?

① 조주는 규정된 레시피에 의해 만들어져야 한다.
② 요금의 영수 관계를 명확히 하여야 한다.
③ 음료의 필요재고보다 두 배 이상의 재고를 보유하여야 한다.
④ 고객의 음료 보관 시 명확한 표기와 보관을 책임진다.

 필요 이상의 재고를 보유하는 것은 지출이 필요 이상으로 많아지고 재고관리에도 어려움이 따른다.

25 주장(Bar) 영업 종료 후 재고조사표를 작성하는 사람은?

① 식음료 매니저　　② 바 매니저
③ 바 보조　　　　　④ 바텐더

 영업 종료 후에는 그 날 사용한 재료의 양을 조사하는데, 이는 원가계산의 자료가 되며 아울러 다음 날 영업을 위한 준비작업으로 반드시 필요하다.

26 바 웨이터의 역할과 거리가 먼 것은?

① 음료의 주문 그리고 서비스를 담당한다.

② 영업시간 전에 필요한 사항을 준비한다.

③ 고객을 위해서 테이블을 재정비한다.

④ 칵테일을 직접 조주한다.

 칵테일 조주는 바텐더의 업무이다.

27 바텐더가 영업 시작 전 준비하는 업무가 아닌 것은?

① 충분한 얼음을 준비한다.

② 글라스의 청결도를 점검한다.

③ 레드 와인을 냉각시켜 놓는다.

④ 전처리가 필요한 과일 등을 준비해 둔다.

 레드 와인은 차게 하지 않고 실온에 보관한다.

28 바텐더의 준수 규칙이 아닌 것은?

① 칵테일은 수시로 본인 아이디어로 조주한다.

② 취객을 상대할 땐 참을성과 융통성을 발휘한다.

③ 주문에 의하여 신속, 정확하게 제공한다.

④ 조주할 때에는 사용하는 재료의 상표가 고객을 향하도록 한다.

 칵테일은 표준 레시피에 따라 조주해야 한다.

29 바람직한 바텐더(Bartender) 직무가 아닌 것은?

① 바(Bar) 내에 필요한 물품 재고를 항상 파악한다.

② 일일 판매할 주류가 적당한지 확인한다.

③ 바(Bar)의 환경 및 기물 등의 청결을 유지, 관리한다.

④ 칵테일 조주 시 지거(Jigger)를 사용하지 않는다.

 지거(Jigger)는 용량 측정을 위한 계량기구로 일정한 품질 유지를 위하여 지거를 사용하여 정확한 분량을 사용하도록 한다.

30 다음 중 조주사의 규칙사항이 아닌 것은?

① 항상 고객을 응대할 준비를 갖추고 대기한다.

② 고객이 주문한 주문내용을 재확인하고 주문서에 기재한다.

③ 조주 시에는 사용재료의 상표가 조주원을 향하도록 한다.

④ 고객과의 대화에 있어서 정치성을 띤 언급이나 특정인에 대한 가십은 삼간다.

 조주 시에는 사용재료의 상표가 손님을 향하도록 한다.

31 바텐더의 영업 개시 전 준비사항이 아닌 것은?

① 모든 부재료를 점검한다.

② White Wine을 상온에 보관하고 판매한다.

③ Juice 종류는 다양한지 확인한다.

④ 칵테일 냅킨과 코스터를 준비한다.

 White Wine(화이트 와인)은 8~12℃ 정도로 냉각한다.

32 조주보조원이라 일컬으며 칵테일 재료의 준비와 청결 유지를 위한 청소담당 및 업장 보조를 하는 사람은?

① 바 헬퍼(Bar Helper)

② 바텐더(Bartender)

③ 헤드 바텐더(Head Bartender)

④ 바 매니저(Bar Manager)

 조주보조원을 바 헬퍼(Bar Helper)라 한다.

정답 26 ④ 27 ③ 28 ① 29 ④ 30 ③ 31 ② 32 ①

33 Wine Master의 의미로 가장 적합한 것은?

① 와인의 제조 및 저장관리를 책임지는 사람
② 포도나무를 가꾸고, 재배하는 사람
③ 와인을 판매 및 관리하는 사람
④ 와인을 구매하는 사람

 Wine Master(와인 마스터)는 와인에 관한 지식과
시음, 평가 등의 능력을 보유한 사람으로 포도의
재배, 와인 양조, 와인 평가, 와인 교육 등 와인산
업 전반에서 활동한다.

34 보조 웨이터의 설명으로 틀린 것은?

① Assistant Waiter라고도 한다.
② 직무는 캡틴이나 웨이터의 지시에 따른다.
③ 기물의 철거 및 교체, 테이블 정리 · 정돈을
한다.
④ 재고조사(Inventory)를 담당한다.

 재고조사는 바텐더가 실시한다.

35 바텐더가 지켜야 할 바(Bar)에서의 예의로 가장 올바른 것은?

① 정중하게 손님을 환대하며 고객이 기분이 좋
도록 Lip Service를 한다.
② 자주 오시는 손님에게는 오랜 시간 이야기
한다.
③ Second Order를 하도록 적극적으로 강요한다.
④ 고가의 품목을 적극 추천하여 손님의 입장보
다 매출에 많은 신경을 쓴다.

 바는 최상의 서비스를 제공해야 하는 업소이다.

36 바텐더가 음료를 관리하기 위해서 반드시 필요한 것이 아닌 것은?

① Inventory   ② FIFO
③ 유통기한   ④ 매출

 • Inventory(인벤토리) : 재고관리
• FIFO : 선입선출

37 다음 중 소믈리에(Sommelier)의 역할로 틀린 것은?

① 손님의 취향과 음식과의 조화, 예산 등에 따
라 와인을 추천한다.
② 주문한 와인은 먼저 여성에게 우선적으로 와
인 병의 상표를 보여 주며 주문한 와인임을
확인시켜 준다.
③ 시음 후 여성부터 차례로 와인을 따르고 마지
막에 그 날의 호스트에게 와인을 따라준다.
④ 코르크 마개를 열고 주빈에게 코르크 마개를
보여주면서 시큼하고 이상한 냄새가 나지 않
는지, 코르크가 잘 젖어 있는지를 확인시킨다.

 주문한 와인은 먼저 호스트(Host)에게 와인 병의 상
표를 보여 주며 주문한 와인임을 확인시켜 준다.

38 포도주를 관리하고 추천하는 직업이나 그 일을 하는 사람을 뜻하며 와인 마스터(Wine Master)라고도 불리는 사람은?

① 셰프(Chef)
② 소믈리에(Sommelier)
③ 바리스타(Barista)
④ 믹솔로지스트(Mixologist)

 믹솔로지스트란 음료에 관한 전문 지식을 갖추고
새롭고 다양한 칵테일을 만드는 일을 하는 사람
을 뜻한다.

39 다음 중 소믈리에(Sommelier)의 주요 임무는?

① 기물 세척(Utensil Cleaning)
② 주류 저장(Store Keeper)
③ 와인 판매(Wine Steward)
④ 칵테일 조주(Cocktail Mixing)

소믈리에는 와인을 추천하는 일을 전문으로 한다.

40 다음은 바 수익관리에 관련된 용어들이다. 틀리게 설명된 것은?

① 수익-(Revenue Income) - 총수익에서 모든 비용을 빼고 남은 금액
② 비용(Expense) - 상품 등을 생산하는 데 필요한 여러 생산 요소에 지불되는 대가
③ 총수익(Gross Profit) - 전체 음료의 판매수익에서 판매된 음료에 소요된 비용을 제한 것
④ 감가상각비(Depreciation) - 시간의 흐름에 자산의 가치 감소를 회계에 반영하는 것

 수익은 이익을 말하는 것으로 총수입에서 비용을 차감한 금액을 말한다.

41 원가의 종류인 고정비와 관련 없는 것은?

① 임대료　　　　② 광열비
③ 인건비　　　　④ 감가상각비

 고정비란 제품의 제조 및 판매 수량의 증감에 관계없이 고정적으로 발생하는 비용으로 감가상각비, 종업원에게 지급되는 고정급 등이 있다.

42 원가를 변동비와 고정비로 구분할 때 변동비에 해당하는 것은?

① 임차료　　　　② 직접재료비
③ 재산세　　　　④ 보험료

 변동비란 제품의 제조 및 판매 수량의 증감에 따라 비례적으로 증감하는 비용으로 주요 재료비, 임금 등이 있다.

43 식료와 음료를 원가관리 측면에서 비교할 때 음료의 특성에 해당하지 않는 것은?

① 저장 기간이 비교적 길다.

② 가격 변화가 심하다.
③ 재고조사가 용이하다.
④ 공급자가 한정되어 있다.

 음료는 가격 변화가 심하지 않다.

44 다음 중 제품을 생산하기까지 소비된 직접재료비, 직접노무비, 직접경비를 합산한 원가는?

① 제조원가　　　　② 직접원가
③ 총원가　　　　　④ 판매원가

・직접재료비+직접노무비+직접경비=직접원가
・직접원가+제조간접비=제조원가
・제조원가+판매관리비=판매원가
・판매원가+이익=총원가

45 주장관리에서 핵심적인 원가의 3요소는?

① 재료비, 인건비, 주장경비
② 세금, 봉사료, 인건비
③ 인건비, 주세, 재료비
④ 재료비, 세금, 주장경비

 원가의 3요소는 재료비, 노무비, 경비이다.

46 다음의 바의 매출 증대 방안에 대한 설명 중 가장 거리가 먼 것은?

① 고객 만족을 통해 고정 고객을 증가시키고, 방문 빈도를 높인다.
② 고객으로 하여금 자연스러운 추가 주문을 증가시키고, 다양한 세트 메뉴를 개발하여 주문 선택의 폭을 넓혀 준다.
③ 메뉴가격 인상을 통한 매출 증대에만 의존한다.
④ 고객관리카드를 작성하여 고객의 생일이나 기념일 또는 특별한 날에 DM을 발송한다.

 고객만족을 통한 매출 증대를 위해 노력해야 한다.

47 주장 서비스의 부정요소와 직접적인 관계가 먼 것은?

① 개인용 음료 판매 가능
② 칵테일 표준량의 속임
③ 무료서브의 남용
④ 요금 정산의 정확성

 정확한 요금 정산은 부정요소가 되지 않는다.

48 애플 마티니(Apple Martini) 칵테일 원가비율을 20%에 맞추어 판매하고자 할 때, 재료비가 1,500원이라면 판매가는?

① 7,500원
② 8,500원
③ 9,000원
④ 10,000원

 원가비율이 20%이고, 재료비가 1,500원이면 판매가는 7,500원이 된다.

49 주장 경영에 있어서 프라임 코스트(Prime Cost)는?

① 감가상각과 이자율
② 식음료 재료비와 인건비
③ 임대비 등의 부동산 관련 비용
④ 초과근무수당

 프라임 코스트(Prime Cost)란 기초원가로 식재료비와 인건비를 합한 것이다.

50 Dry Martini의 레시피가 'Gin 2oz, Dry Vermouth 1/4oz, Olive 1개'이며 판매가가 10,000원이다. 재료별 가격이 다음과 같을 때 원가율은?

- Dry Gin 20,000원/병(25oz)
- Olive 100원/개당
- Dry Vermouth 10,000원/병(25oz)

① 10%
② 12%
③ 15%
④ 18%

- 드라이진(Dry Gin) 25oz가 20,000원이면 1oz는 800원, 2oz는 1,600원이다.
- 드라이 베르무트(Dry Vermouth) 25oz가 10,000원이면 1oz는 400원, 1/4oz는 100원이다.
- 올리브(Olive) 100원을 합하면 1,800원으로 판매가 10,000원이면 원가율은 18%가 된다.

51 바의 매출액 구성요소 산정 방법 중 옳은 것은?

① 매출액＝고객수÷객단가
② 고객수＝고정고객×일반고객
③ 객단가＝매출액÷고객수
④ 판매가＝기준단가×(재료비/100)

 객단가란 고객 1인당 평균 매출액으로 총매출에서 총고객수를 나눈 값이다.

52 바의 한 달 전체 매출액이 1,000만 원이고 종사원에게 지불된 모든 급료가 300만 원이라면 이 바의 인건비율은?

① 10%
② 20%
③ 30%
④ 40%

 1,000만 원의 매출에서 인건비로 300만 원이 지출되었다면 인건비 비중은 30%이다.

53 고객이 호텔의 음료상품을 이용하지 않고 음료를 가지고 오는 경우, 서비스하고 여기에 필요한 글라스, 얼음, 레몬 등을 제공하여 받는 대가를 무엇이라 하는가?

① Rental Charge
② VAT(Value Added Tax)
③ Corkage Charge
④ Service Charge

Corkage Charge(콜키지 차지)란 고객이 외부에서 구입한 술을 가져와 마실 때 글라스, 얼음 등을 제공하고 받는 서비스 요금을 말한다.

54 와인에 대한 Corkage의 설명으로 가장 거리가 먼 것은?

① 업장의 와인이 아닌 개인이 따로 가져온 와인을 마시고자 할 때 적용된다.

② 와인을 마시기 위해 이용되는 글라스, 직원 서비스 등에 대한 요금이 포함된다.

③ 주로 업소가 보유하고 있지 않은 와인을 시음할 때 많이 작용된다.

④ 코르크로 밀봉되어 있는 와인을 서비스하는 경우에 적용되며, 스크루캡을 사용한 와인은 부과되지 않는다.

 Corkage(콜키지)란 코르크 차지(Cork Charge)의 줄임말이다.

55 Key Box나 Bottle Member 제도에 대한 설명으로 옳은 것은?

① 음료의 판매회전이 촉진된다.

② 고정고객을 확보하기는 어렵다.

③ 후불이기 때문에 회수가 불분명하여 자금운영이 원활하지 못하다.

④ 주문시간이 많이 걸린다.

 Key Box(키 박스)나 Bottle Member(보틀 멤버)는 일종의 회원제인데 술을 병째 구매하여 개인 Key Box에 보관해두고 마시는 것으로 안정적인 고객 확보가 가능하다.

56 주장관리에서 Inventory의 의미는?

① 구매관리   ② 재고관리

③ 검수관리   ④ 판매관리

 Inventory(인벤토리)란 재고관리를 말한다.

57 일반적으로 남은 재료의 파악으로서 구매수준에 영향을 미치는 것을 무엇이라 하는가?

① Inventory   ② FIFO

③ Issuing   ④ Order

 Inventory(인벤토리)란 효율적인 재고관리를 위한 것이다.

58 재고가 과도한 경우의 단점이 아닌 것은?

① 판매기회가 상실된다.

② 식재료의 손실을 초래한다.

③ 필요 이상의 유지관리비가 요구된다.

④ 기회 이익이 상실된다.

 재고가 부족하면 판매기회가 상실된다.

59 영업을 폐점하고 남은 물량을 품목별로 재고 조사하는 것을 무엇이라 하는가?

① Daily Issue

② Par Stock

③ Inventory Management

④ FIFO

 Inventory Management(인벤토리 매니지먼트)는 재고관리를 말한다.

60 재고관리상 쓰이는 'FIFO'란 용어의 뜻은?

① 정기구입   ② 선입선출

③ 임의불출   ④ 후입선출

 FIFO(First In First Out)란 먼저 구입한 것을 먼저 출고하는 선입선출법을 말한다.

61 음료저장관리 방법 중 FIFO의 원칙을 적용하기에 가장 적합한 술은?

① 위스키   ② 맥주

---

③ 브랜디　　　　　④ 진

 위스키, 브랜디, 진 등의 증류주는 유통기한이 없으나 발효주인 맥주는 품질유지기한이 있어 선입선출을 준수하여야 한다.

62 음료를 출고할 때 선입선출(FIFO : First In First Out)의 원칙을 지켜야 하는 이유에 대하여 올바르게 표현한 것은?

① 부패에 의한 손실을 최소화하기 위함이다.
② 정확한 재고조사를 하기 위함이다.
③ 적정재고량(Par Stock)을 저장하기 위함이다.
④ 유효기간을 파악하기 위함이다.

 선입선출이란 먼저 입고된 것을 먼저 출고한다는 뜻으로 빨리 제조된 것이 빨리 입고되는 것은 아니지만 보관 시 품질 변화의 우려가 있는 제품의 경우 선입선출을 지켜야 한다.

63 파 스톡(Par Stock)이란 무엇인가?

① 재고정리　　　　　② 적정매출
③ 적정단가　　　　　④ 적정재고

 파 스톡(Par Stock)이란 정상적인 판매를 목적으로 영업 시작 전에 판매 가능한 양만큼 미리 준비해 두는 적정재고량을 말한다.

64 다음은 무엇에 대한 설명인가?

일정기간 동안 어떤 물품에 대한 정상적인 수요를 충족시키는 데 필요한 재고량

① 기준재고량　　　　② 일일재고량
③ 월말재고량　　　　④ 주단위 재고량

 기준재고량이란 영업에 필요한 적정재고량을 뜻하며 파 스톡(Par Stock)이라고 한다.

65 저장관리원칙과 가장 거리가 먼 것은?

① 저장위치 표시　　　② 분류저장
③ 품질보존　　　　　④ 매상증진

 저장관리원칙
• 저장위치 표시의 원칙
• 분류저장의 원칙
• 품질보존의 원칙
• 선입선출의 원칙
• 공간활용의 원칙

66 구매관리와 관련된 원칙에 대한 설명으로 옳은 것은?

① 나중에 반입된 저장품부터 소비한다.
② 한꺼번에 많이 구매한다.
③ 공급업자와의 유대관계를 고려하여 검수과정은 생략한다.
④ 저장창고의 크기, 호텔의 재무 상태, 음료의 회전을 고려하여 구매한다.

 구매는 적시에 적량을 적정가격에 믿을 수 있는 업자에게 구매하여야 한다.

67 다음에서 주장관리 원칙과 가장 거리가 먼 것은?

① 매출의 극대화
② 청결 유지
③ 분위기 연출
④ 완벽한 영업 준비

 매출의 극대화는 주장관리 원칙에 속하지 않는다.

68 일반적으로 구매 청구서 양식에 포함되는 내용으로 틀린 것은?

① 필요한 아이템 명과 필요한 수량
② 주문한 아이템이 입고되어야 하는 날짜
③ 구매를 요구하는 부서

④ 구분 계산서의 기준

 구매 청구서란 필요한 물품의 세부 정보를 기재하여 공급업체에 구매 의사를 표시하기 위해 작성하는 문서를 말한다. 물품의 품명, 금액, 규격, 단위, 수량 등의 내용을 항목에 따라 빠짐없이 기재해야 한다.

69 물품검수 시 주문내용과 차이가 발견될 때 반품하기 위하여 작성하는 서류는?

① 송장(Invoice)

② 견적서(Price Quotation Sheet)

③ 크레디트 메모(Credit Memorandum)

④ 검수보고서(Receiving Sheet)

 크레디트 메모(Credit Memorandum)란 검수과정에서 차이가 발견되었을 경우 반품은 않더라도 이를 시인시켜 차후의 신용유지를 관리할 목적으로 작성한다.

70 구매명세서(Standard Purchase Specification)를 사용부서에서 작성할 때 필요사항이 아닌 것은?

① 요구되는 품질요건   ② 품목의 규격

③ 무게 또는 수량   ④ 거래처의 상호

 구매명세서란 물품을 구입한 후 구입한 물품과 수량, 금액 등을 기록하여 사용하는 양식으로 품목별로 수량과 금액, 구입일자를 정확하게 기입하도록 한다.

71 다음은 무엇에 대한 설명인가?

매매계약 조건을 정당하게 이행하였음을 밝히는 것으로 판매자가 구매자에게 보내는 서류를 말한다.

① 송장(Invoice)

② 출고전표

③ 인벤토리 시트(Inventory Sheet)

④ 빈 카드(Bin Card)

 송장(Invoice)이란 매매계약 조건을 정당하게 이행하였음을 밝히는 서류로 판매자가 매매계약 이행 사실을 기재하여 구매자에게 보내는 문서이다.

72 구매부서의 기능이 아닌 것은?

① 검수   ② 저장

③ 불출   ④ 판매

 구매부서에서는 조직에서 원하는 품질의 물품을 최적 가격으로, 최적 시기에 구입하여 공급하는 기능을 한다.

73 Store Room에서 쓰이는 Bin Card의 용도는?

① 품목별 불출입 재고 기록

② 품목별 상품 특성 및 용도 기록

③ 품목별 수입가 판매가 기록

④ 품목별 생산지와 빈티지 기록

 Store Room(스토어 룸)이란 물품을 보관하는 저장고를 뜻하며, Bin Card(빈 카드)란 음료 입고와 출고에 따른 재고 기록카드로서 품목의 내력이 기록되어 있다.

정답   69 ③   70 ④   71 ①   72 ④   73 ①

주류학

CHAPTER 01 양조주(발효주)

양조주(발효주)는 효모의 당분 분해 작용에 의해 만들어지는 술로 곡물을 원료로 하는 맥주와 과일을 원료로 하는 와인이 대표적이다.

SECTION 1 와인(Wine)

와인이란 과실이나 열매 등을 발효한 술로서 포도주가 가장 많이 생산되며, 일반적으로 와인이란 포도주를 의미하고 그 외의 과실주는 과실의 이름을 붙인다. 와인은 포도를 수확한 직후에 발효시켜 만들지 않으면 좋은 술이 되지 않으며, 더구나 원료인 포도는 수확이 연 1회이고 기상조건에 따라 포도의 품질과 수확량이 달라지므로 항상 일정한 품질의 포도를 구하는 일이 어렵다. 또한 포도가 재배되는 토질, 품종, 제조법, 숙성기간 등에 따라서도 품질이 달라진다. 이런 점 때문에 와인은 생산지역, 생산자, 생산 연도 등이 중요시되며 종류도 다양하고 가격에도 큰 차이가 있다.

1. 와인의 분류

1) 색에 의한 분류

레드 와인과 화이트 와인으로 분류하는 것이 일반적이지만 중간색인 로제 와인(Rose Wine), 옐로 와인(Yellow Wine)으로 세분화하기도 한다.

① **레드 와인(Red Wine)** : 적포도를 껍질째 발효한다.
② **화이트 와인(White Wine)** : 껍질은 제거하고 알맹이만 발효한다.

2) 맛에 의한 분류

와인은 포도가 가지고 있는 포도당을 발효시켜서 만드는데, 포도당의 발효 정도에 따라 스위트 또는 드라이가 된다.

① 드라이 와인(Dry Wine) : 당분을 완전히 발효시켜 단맛을 느낄 수 없을 정도의 와인으로 그 정도에 따라 세미(Semi), 미디엄(Medium) 등으로 세분화한다.

② 스위트 와인(Sweet Wine) : 발효과정에서 당분을 완전히 발효시키지 않아 단맛이 있는 와인으로 그 정도에 따라 세미(Semi), 미디엄(Medium) 등으로 세분화한다.

3) 용도에 의한 분류

① 아페리티프 와인(Aperitif Wine) : 식사 전 입맛을 돋우기 위해 전채요리와 함께 가볍게 마시는 와인으로 알코올 농도가 낮고 산뜻한 맛의 와인이 적당하다.

② 테이블 와인(Table Wine) : 식사와 함께 즐기는 와인으로 메인요리에 적당한 것을 선택한다.

③ 디저트 와인(Dessert Wine) : 달콤한 디저트와 함께 마시는 와인으로 식사 후 소화를 돕고 입안을 개운하게 하는 역할을 하며, 스위트 와인이 적당하다.

4) 가스(Gas) 유무에 의한 분류

① 스파클링 와인(Sparkling Wine) : 발효 도중에 탄산가스가 와인에 녹아들게 하거나 인위적으로 탄산가스를 첨가하여 만드는 가스가 함유된 와인으로 프랑스의 샴페인이 대표적이다.

② 스틸 와인(Still Wine) : 가스가 포함되지 않은 보통의 와인을 말한다.

5) 알코올 농도에 의한 분류

① 포티파이드 와인(Fortified Wine) : 와인의 저장성을 높이기 위해 발효 중 또는 발효가 끝난 후에 주정이나 브랜디를 첨가하여 알코올 농도를 높여 만드는 주정 강화 와인을 말한다.

② 언포티파이드 와인(Unfortified Wine) : 주정을 첨가하지 않고 순수한 포도만을 발효시켜 만든 보통의 와인을 말한다.

2. 라벨의 기재 내용

와인 라벨의 표시는 국제적 기준이 아닌 나라와 생산지역에 따라 반드시 기재해야 하는 항목과 임의로 기재하는 항목이 있어 다소 혼란스러울 수 있다. 와인 라벨 읽기는 나라와 지역에 따라 차이가 있으며, 기본적으로 제품명, 빈티지(Vintage, 수확 연도), 품종, 등급, 생산회사, 용량, 알코올 농도 등을 표시한다.

보르도 와인 라벨 읽기

❶ 제조포도원명(샤토 탈보)
❷ 생산지역명(상테줄리앙)
❸ 등급(보르도 상테줄리앙 지역
   에서 만든 AOC 등급의 와인)
❹ 빈티지(포도 수확 연도)
❺ 포도원 소재지

3. 와인의 냉각온도

기본적으로 온도를 단정할 수 없으나 일반적으로 레드 와인(Red Wine)은 실온, 화이트 와인 (White Wine)과 샴페인(Champagne), 로제 와인(Rose Wine)은 7~10℃, 스위트 와인(Sweet Wine)은 13~15℃ 정도로 냉각한다.

와인은 온도에 따라 맛과 향이 달라지는데, 과도하게 냉각하면 향이 제대로 살지 않고, 적정하게 냉각하지 않으면 산성이 강해져 쓸쓸한 맛이 나기도 한다. 이처럼 와인은 마실 때의 온도가 중요하므로 냉동실 등에서의 갑작스러운 냉각은 피하고 냉장실이나 와인 쿨러(Wine Cooler)를 이용해서 천천히 냉각하도록 한다.

4. 와인을 즐기는 법

와인의 서빙은 손님의 오른쪽에서 오른손으로 하여야 하며, 코르크 마개를 열고 마시기 전까지는 반드시 기울여 보관한다. 트위스트 캡(Twisted Cap)은 기울여 보관하지 않아도 된다.

① 호스트(Host) 또는 호스티스(Hostess)에게 라벨(Label)을 확인시킨다.
② 코르크 스크루(Cork Screw)를 사용하여 마개를 연 후 호스트에게 건네 주어 코르크 마개를 확인시킨다.
③ 호스트 또는 호스티스에게 소량 따라 주어 맛을 보도록 한다.
④ 호스트(호스티스)의 좋다는 사인이 나면 상석의 여성에게 먼저 따른 후 시계 방향으로 여성에게 따르고, 상석의 남성에게 그리고 같은 방향으로 남성에게 따른 후 마지막에 호스트(호스티스)에게 따른다.
⑤ 글라스의 1/2 정도를 따른다. 와인은 따를 때 글라스를 잡거나 기울이지 않는다. 연장자가 와인

을 따르는 경우 얌전히 있기에 불편할 수 있으므로 이때는 손가락 두 개를 잔 받침에 가볍게 대고 있으면 예를 표하는 것이 된다.

⑥ 마실 때에는 잔의 스템(Stem) 부분을 잡고 한 잔을 3~4회 정도로 나누어 마신다. 먼저 눈으로 마신 다음 코로 마시고, 입으로 맛과 향을 음미하며 마신다.

⑦ 와인의 종류에 따라 글라스가 다르며, 보통 항아리 형태의 긴 손잡이가 있는 것을 사용한다.

5. 나라별 와인

1) 프랑스 와인(Vin)

프랑스의 유명한 와인 산지로는 보르도(Bordeaux)와 부르고뉴(Bourgogne)가 있으며, 「원산지 호칭 통제법」에 의해 엄격한 기준을 적용하여 산지, 포도나무의 관리 상태, 품종, 숙성법 등을 기준으로 산지등급을 매겨 와인의 품질을 통제하고 있다.

(1) 등급 분류

프랑스는 와인의 등급을 다음과 같이 4단계로 나누고 있다.

① AOC(Vins a Appellation d'Origine Controlee)

「원산지 호칭 통제법」에 의한 최상급의 원산지관리증명와인으로 AOC 와인은 프랑스에서 생산되는 전체 와인의 약 30% 정도를 차지하고 있다. AOC 와인은 생산지역, 포도 품종, 재배 방법, 최대 수확량, 양조 방법, 최저 알코올 농도 등의 분석 검사와 최종적으로 사람의 시음에 의한 관능검사에 합격해야만 한다. 라벨에서 AOC는 'Appellation 원산지명 Controlee'로 기재되어 있다. 예 Appellation Bordeaux Controlee : 보르도 지역산의 포도로 만든 AOC 와인

② AO VDQS(Vin Delimite de Qualite Superieure)

AOC급보다 한 단계 아래에 해당하는 상급 와인으로, 원산지명칭 품질지정와인이라고 하며 프랑스 전체 생산량의 1~2% 정도를 차지하므로 우리나라에서 구하기는 어렵다.

③ 뱅 드 페이(Vin de Pays)

VDQS보다 한 단계 낮은 등급으로, 프랑스 전체 생산량의 14% 정도를 차지하고 라벨에 Vin de Pays라고 기재되어 있다. 가격은 저렴하지만 품질이 좋은 와인도 존재하기 때문에 기호에 맞으면 부담 없이 즐기기에 좋은 와인이다.

④ 뱅 드 타블(Vin de Table)

일상적으로 마시는 와인이라고 할 수 있으며, 프랑스 전체 생산량의 약 40%를 차지하는 와인이다. 프랑스산 포도로만 만들어졌을 경우에는 프랑스산이라고 산지 표시를 할 수 있으나, 이탈리아에서 수입한 벌크와인(Bulk Wine)과 블렌딩한 경우에는 프랑스산이라고 기재하지 못하고, 라벨에 뱅 드 타블(Vin de Table)이라 기재되어 있다.

(2) 유명 산지

① 보르도(Bordeaux)

전 지역에서 골고루 레드 와인을 생산하고 있으며 클라레(Claret)라 부르는 레드 와인이 유명하다. 선홍색을 띠고 약간 떫은맛과 신맛이 조화된 섬세한 맛과 향은 레드 와인의 여왕으로 불리는 여성적인 타입이다. 보르도에서도 메독(Medoc), 그라브(Graves), 생떼밀리옹(St-Emilion), 포메롤(Pomerol) 지구가 유명하며, 화이트 와인으로는 소테른(Sauternes)이 유명하다.

② 부르고뉴(Bourgogne)

프랑스 동부지역으로 영어로는 버건디(Burgundy)라고 한다. 부르고뉴의 와인은 그 종류는 다양하지만 레드 와인은 피노 누아(Pinot Noir), 화이트 와인은 샤르도네(Chardonnay)만의 단일 품종을 사용하여 품질이 일정한 와인을 생산하고 있다. 부르고뉴의 유명한 와인 산지로는 코트도르(Cote d'Or), 샤블리(Chablis), 마코네(Maconnais), 보졸레(Beaujolais) 등이 있다. 코트 도르 지역은 코트 드 뉘(Cote de Nuits), 코트 드 본(Cote de Beaune)으로 다시 나누는데, 코트드 뉘에서는 세계에서 가장 비싼 와인의 하나로 알려진 로마네 콩티(Romanee Conti)를 생산하고 있다.

③ 보졸레 누보(Beaujolais Nouveau)

프랑스 부르고뉴 지방의 남쪽인 보졸레 지방에서 '가메이' 품종으로 만들어지며 9월 초에 수확한 포도를 4~6주 숙성시켜 생산하는 와인이다. 6개월 이상 숙성시키는 일반 와인과는 달리 발효 즉시 출고하는 것으로 11월 셋째 주 목요일부터 전 세계에서 동시에 판매된다. 보졸레 누보는 11월 셋째 주 목요일 0시라는 출고시점을 미리 정해 놓은 마케팅 기법 덕분에 유명해졌다고 한다.

④ 기타

그 외 코트 뒤 론(Cotes du Rhone), 알자스(Alsace), 루아르(Loire), 프로방스(Provence) 지역이 널리 알려져 있다.

2) 독일 와인(Wein)

라인(Rhein)과 모젤(Mosel) 지역이 대표적으로, 리슬링(Riesling) 품종의 화이트 와인이 유명하다. 독일은 와인의 등급을 원료 포도의 수확 시 당분 함량에 따라 결정하는데, 수확 연도 및 지구명, 포도 재배자명을 정확히 기재하도록 「원산지 호칭 통제법」을 시행하고 있다.

(1) 등급 분류

① QmP(Qualitatswein mit Pradikat)

독일 최고급의 와인으로 프레디카츠바인(Pradikatswein)이라 칭한다. 수확 시 포도의 당도 등에 따라 다시 6단계로 세분하고 라벨에 해당하는 표시가 기재되어 있다. 독일 전체 와인 생산량의 32% 정도를 차지한다.

- 카비네트(Kabinett) : 당도가 낮은 포도를 원료로 하여 짧은 기간의 숙성을 거친 알코올 농도가 가장 약한 와인으로 섬세한 맛을 지닌다.
- 슈패트레제(Spatlese) : 당도를 높이기 위해 보통 수확기보다 늦게 수확한 포도를 원료로 만들어지는 고품질 와인으로 드라이하면서 감미가 있으며 중후한 맛을 지닌다.
- 아우스레제(Auslese) : 잘 익은 포도송이를 수확하여 원료로 사용하는 고품질 와인으로 감미로운 단맛이 있고 풍미가 좋다.
- 베렌아우스레제(Beerenauslese) : 수확기가 조금 지난 잘 익은 포도 알을 골라 만드는 진한 단맛을 지닌 식후용 와인이다.
- 아이스바인(Eiswein) : 영하 7℃ 정도의 한파(寒波)에 의해 얼어버린 베렌아우스레제와 같은 등급의 포도를 녹지 않게 수확하여 과즙을 짜서 포도 속의 얼지 않은 약간의 당분을 발효하여 만든다. 생산량은 극히 적지만 감미와 그 풍미는 매우 뛰어난 보통의 스위트한 와인이다.
- TBA(Trokenbeerenauslese) : 초완숙으로 보트리티스 시네레아균(Botrytis Cinerea, 포도가 익을 때 포도 껍질에 생기는 곰팡이)의 작용에 의해 귀부병(貴腐病, Noble Rot)에 걸린 건조 상태의 포도 알을 골라 원료로 만드는 단맛이 매우 강한 와인으로 향과 당도가 높다. 반드시 귀부병에 걸린 포도 알만을 사용하여 만들기 때문에 매우 귀한 고가의 와인이다.

② QbA(Qualitatswein bestimmter Anbaugebiet)

QmP보다 한 단계 아래 등급의 와인으로 독일 와인 중에서 생산량이 가장 많은 등급의 와인이다. 재배지역은 법률로 정해진 13지역에 한정되고 동일 지역의 포도만으로 생산하며 라벨에는 통상 Qualitatswein만 표시하고 있다. 독일 전체 와인 생산량의 65% 정도를 차지한다.

③ 도이치 란트바인(Deutscher Landwein)

법률로 정해진 20개 재배지역에서 만들어진 와인으로 지역명을 표시하게 되어 있다.

④ 도이치 타펠바인(Deutscher Tafelwein)

테이블 와인에 해당하는 100% 독일산의 포도를 사용한 와인으로 지방명(5지방)을 표시하는 경우와 지역명(8지역)을 표시하는 경우가 있다. 독일 전체 와인 생산량의 3% 정도를 차지한다.

(2) 유명 산지

① 라인가우(Rheingau)

프랑스의 보르도에 버금가는 독일 최고의 포도주를 생산하는 지역으로 화이트 와인이 압도적으로 많다. 대부분의 라인가우 지역에서는 80% 이상이 리스링을 재배하며, 호크하임(Hochheim) 지역산이 유명하다.

② 라인헤센(Rheinhessen)

독일 포도 재배면적의 약 1/4 가까이를 차지하는 가장 큰 규모의 라인헤센 와인은 온화한 산미와 달콤함으로 부드러워 와인을 처음으로 접하는 사람들이 마시기에 좋다.

③ 모젤-자르-루버(Mosel-Saar-Ruwer)

독일에서도 뛰어난 화이트 와인을 생산하는 지역으로 뛰어난 방향과 상쾌한 산미의 와인이 생산되고 있다. 독일 와인 중에서 녹색의 병에 담긴 것이 모젤 와인으로 상표에 Mosel-Saar-Ruwer라고 기재되어 있다.

3) 이탈리아 와인(Vino)

이탈리아 전역에서 포도를 재배하고 있으며 「원산지 호칭 통제법」에 의해 4개 등급으로 분류하고 있다.

(1) 등급 분류

① DOCG(Vino di Denominazione di Origine Controllata e Garantita)

통제보증원산지호칭이라고 하는데 산지, 포도 품종, 숙성기간, 풍미, 최저 알코올 농도 등을 엄격히 규제하는 이탈리아 최고급의 와인군이다. DOCG를 인정받기 위한 엄격한 조건을 법률로 정하고 있어 포도의 품종, 재배 방법에서 품질 평가까지 이 기준을 충족시키지 않으면 안 되므로, DOCG 등급의 와인은 일정 이상의 품질이 보증되고 있다고 볼 수 있다.

② DOC(Vino di Denominazione di Origine Controllata)

DOCG보다 한 단계 낮은 등급의 와인으로, 전체 생산량의 12% 정도를 차지하고 있다.

③ VdT IGT(Vino da Tavola Indicazione Geografica Tipico)

지역 표시 와인으로 프랑스의 Vin de Pay(뱅 드 페이)에 해당하며 현재 100여 지구가 지정되어 있다.

④ VdT(Vino da Tavola)

프랑스의 Vin de Table(테이블 와인)에 해당하는 것으로, 일반적인 와인이 많지만 이 등급에 속하면서 고품질의 와인을 생산하는 생산자도 있어 고가인 것도 있다. 이러한 와인에 대해서는 등급설정 표시로 판단하기 어렵다.

(2) 유명 산지

① 피에몬테(Pieminte)

바로로(Barolo), 바르바레스코(Barbaresco) 등이 유명하며, 그 외에 베르베스코(Verbesco)라는 공동 명칭으로 가벼운 촉감의 화이트 와인을 생산하고 있다. 그리고 발포성 와인인 중간 단맛의 아스티 스푸만테(Asti Spumante)가 유명하다.

② 토스카나(Toscana)

토스카나에서는 키안티(Chanti)를 비롯한 레드 와인과 화이트 와인을 생산하고 있다. 키안티는 와인을 섞어 양조한 레드 와인으로, 보통의 키안티와 상급의 키안티 클라시코(Chanti Classico)가 있다.

③ 베네토(Veneto)

레드 와인으로 알코올 농도와 감칠맛이 중간 정도인 발폴리첼라(Valpolicella), 감촉이 산뜻하고 일찍 숙성되는 바르돌리노(Bardolino)가 잘 알려져 있고, 화이트 와인으로는 뒷맛이 개운한 쓴맛 타입의 소아베(Soave)가 유명하다.

4) 스페인 와인(Vino)

테이블 와인으로 리오하 와인(Rioja Wine), 아페리티프 와인으로 셰리 와인(Sherry Wine) 등이 있으며, 「원산지 호칭법」에 따라 5개 등급으로 나누는데 다른 나라와 다른 점은 숙성기간을 표시한다는 점이다.

(1) 등급 분류

① VdP(Vino de Pago)

가장 높은 등급으로 지정구역의 단일 포도원에 대해 지정한다.

② DOCa(Denominacion de Origen Calificada)

「원산지 호칭법」에 따른 최상급품 와인이다.

③ DO(Denominacion de Origen)

고품질 와인 생산지역품이다.

※ VCIG(Vino de Calidad con Indicacion Geografica) : DO 한 단계 아래 와인이다.

④ VdlT(Vino de la Tierra)

스페인의 지방산으로 지역명을 표기한다.

⑤ VdM(Vino de Mesa)

여러 지역의 포도를 혼합하여 만든 테이블 와인이다.

◆◆ 숙성기간 표시

구분	내용
Joven(호벤)	숙성기간을 갖지 않고 병입
Sin Crianza(신 크리안자)	1년 정도 스테인리스 통에서 숙성한 후 병입하여 6개월 동안 숙성
Crianza(크리안자)	2년 정도 스테인리스 통에서 숙성한 후 최소 6개월 오크통에서 숙성한 후 병입
Reserva(레제르바)	최소 1년의 오크통 숙성기간을 포함하여 3년 숙성
Grand Reserva(그랑 레제르바)	최소 2년의 오크통 숙성을 포함하여 3년간 숙성을 한 후 병입 후에도 3년을 숙성

(2) 유명 산지

① 셰리 와인(Sherry Wine)

스페인 남부의 헤레스 데 라 프론테라(Jerez de la Frontera) 지역의 유명 와인으로 발효가 끝난 와인에 브랜디를 첨가하여 알코올 도수를 높인 강화 와인(Fotified Wine)이다. 비교적 드라이하여 주로 식전주(Aperitif Wine)로 이용된다.

셰리(Sherry)라는 명칭은 헤레스(Jerez)가 프랑스식으로 세레스(Xeres)로 변하고 이것이 영어식으로 변형되면서 생긴 이름으로 헤레스-세레스-셰리(Jerez-Xeres-Sherry)와 쌉쌀한 맛의 만자닐라(Manzanilla)로 한정된다.

셰리 와인은 제조 방법에 따라 다음과 같이 구분된다.

◆◆ 셰리 와인 제조 방법

구분	내용
Fino(피노)	발효 중에 일종의 백곰팡이를 피게 하여 양조한 후 솔레라(Solera) 시스템으로 숙성
Amontillado(아몬티야도)	좋은 피노를 다시 7년 정도 숙성시킨 쓴맛의 셰리
Oloroso(올로로소)	피노의 백곰팡이가 생기지 않은 것으로 다갈색에 가깝고 풍미가 짙음

② 리오하(Rioja)

스페인 최고의 레드 와인 생산지로 알려져 있으며, 리오하 알타(Rioja Alta), 리오하 바하(Rioja Baja), 리오하 알라베사(Rioja Alavesa)의 세 지구로 나뉜다. 리오하 와인의 가장 큰 특징은 다른 나라에 비해 전통적으로 장기간 숙성 후 출고된다는 점이다.

5) 포르투갈 와인(Vinho)

포르투갈의 대표적인 와인으로 강화 와인(Fotified Wine)인 포트 와인(Port Wine)과 식전 와인으로 유명한 마데이라 와인(Madeira Wine)이 있다. 포르투갈 와인은 대부분 여러 품종을 섞어 사용하며 각 지역의 고유 품종이 있다. 포르투갈 전역에서 와인이 생산되지만 포트 와인의 산지로 유명한 도우로(Douro) 지역이 유명하다.

(1) 포트 와인(Port Wine)

포르투갈 북부 도우로(Douro) 강 상류지대에서 생산되는 포트 와인은 발효 중 또는 발효 후에 브랜디를 첨가하여 발효를 중단시킴으로써 알코올 농도와 당도가 높고 오래 보관이 가능하다. 포르투갈 도우로 강 하구의 '오포르토(Oporto) 항구'에서 와인을 선적했기 때문에 포르토(Porto) 와인이라 부르게 되었는데, 17세기 후반 영국에 의해 전 세계에 알려졌기 때문에 영국식 발음인 포트로 불리고 있다.

(2) 마데이라 와인(Madeira Wine)

포트 와인과 달리 주로 화이트 와인용 품종으로 다양한 종류의 와인이 만들어지며, 다른 지역의 강화 와인과 다른 점이 마데이라 와인은 3~6개월간 가열 숙성을 통해 누른 냄새 같은 특유의 아로마가 형성되고, 이후 여러 해에 만든 와인을 블렌딩하는 솔레라(Solera) 시스템의 숙성과정을 거쳐 상품화된다.

6. 발포성 와인(Sparkling Wine)

1) 샴페인(Champagne)

샴페인은 프랑스 상파뉴 지방에서 생산되는 발포성 포도주로, 17세기 중반 프랑스 상파뉴(Champagne) 지방의 베네딕(Benedic) 수도원의 돔 페리뇽(Dom Perignon) 수도사에 의해 탄생되었다고 한다. 프랑스의 「원산지 호칭 통제법」에 따라 상파뉴산이 아니면 샴페인이란 이름을 사용할 수 없다.

샴페인은 화이트 와인을 만드는 방법과 유사하다. 1차 발효가 끝난 다음 당분을 보충하여 2차 발효를 할 때 주기적으로 병의 위치를 돌려 병을 거꾸로 놓게 한다. 그렇게 효모 등의 침전물을 병입구로 모이게 한 다음 병 입구를 순간적으로 얼려 침전물을 제거하고 그 양만큼 다른 샴페인이나 당분을 보충한 후 밀봉한다. 이때 첨가하는 양에 따라 단맛의 차이가 나며, 단맛의 정도에 따라 다음과 같이 표시한다.

① **브뤼(Brut)** : 1%, 매우 드라이한 맛(12g 이하/1L)
② **엑스트라 섹(Extra Sec)** : 1~3%, 중간 정도의 드라이한 맛(12~20g/1L)
③ **섹(Sec)** : 4~6%, 드라이한 맛으로 약간의 감미가 있다(17~35g 이상/1L).
④ **드미 섹(Demi Sec)** : 6~8%, 달콤한 맛(35~50g/1L)
⑤ **두(Doux)** : 8% 이상, 매우 달콤한 맛(50g 이상/1L)

(2) 종류

① **뱅 무스(Vin Mousseux)**
무스(Mousseux)란 거품이라는 뜻으로, 프랑스에서는 상파뉴 이외의 지역에서 만들어지는 발포성 와인은 샴페인이란 이름을 붙일 수 없으므로 뱅 무스(Vin Mousseux)라 한다.
② **샤움바인(Schaumwein)**
독일에서는 발포성 와인을 전반적으로 샤움바인(Schaumwein)이라 부르며, 젝트(Sekt)는 천연의 발포성 와인으로 독일의 대표적 발포성 와인이다.
③ **스푸만테(Spumante)**
이탈리아 발포성 와인 중에서도 마스카트종의 포도로만 만드는 아스티 스푸만테(Asti Spumante)가 유명하다.

④ 에스푸모소(Espumoso)

스페인 지중해의 카탈루냐 지방에서 만들어진다. 천연의 것 외에 인공적으로 탄산가스를 주입한 것도 있다. 달콤한 타입에서 드라이 타입까지 여러 가지가 있다.

⑤ 스파클링 와인(Sparkling Wine)

대부분의 나라에서는 가스를 함유한 발포성 와인을 스파클링 와인이라 한다.

7. 아이스 와인(Ice Wine)

포도원에서 수확기에 수확하지 않고 이슬이 내릴 때까지 방치하면 수분 함량은 줄어들고 당도는 높아진다. 이렇게 당분이 농축된 포도를 언 상태로 압착한 즙을 이용해 만드는 와인으로 매우 달콤한 디저트 와인으로 유명하다.

독일어로 아이스바인(Eiswein)이라고 하는 아이스 와인은 독일에서 탄생했다. 독일의 한 포도원에서 갑자기 닥친 한파에 포도 알이 모두 얼어버려 쓸모없게 되었는데, 즙을 내어 맛을 보니 매우 달았다고 한다. 이렇게 우연한 계기로 아이스 와인이 만들어졌다.

일반적인 와인의 당도는 10brix 정도인 데 비하여 아이스 와인은 나라마다 차이가 있으나 25(독일, 오스트리아)~35brix(캐나다) 이상 되어야 한다.

독일에서는 주로 리슬링(Riesling) 품종을, 캐나다에서는 비달(Vidal) 품종을 사용한다. 당도와 산도가 높고, 과일향이 풍부하기 때문에 7~10℃로 냉각하여 작은 화이트 와인 글라스를 사용하여 제공하는 것이 가장 좋다. 미국과 호주에서는 포도를 수확한 후 인공적으로 냉동시켜 인공 아이스 와인을 만드는데, 독일이나 캐나다산과 비교하여 향이 부족하지만 가격이 저렴하다.

SECTION 2 **맥주(Beer)**

BC 7,000년경 메소포타미아에서 보리가 재배되면서 빵이 만들어졌고, 그 과정에서 생겨난 빵부스러기를 모아 맥주가 만들어졌다는 설과 BC 4,000년경에 수메르(Sumer)인에 의해 맥주가 최초로 만들어졌다는 설 등 여러 이야기가 전해지고 있다. 그러다가 10세기를 전후하여 독일에서 맥주 제조에 처음으로 홉(Hop)을 사용하면서 맥주 특유의 풍미를 지니게 되었다.

1. 맥주의 분류

1) 원료에 의한 분류

① **몰트 맥주(Malt Beer)** : 100% 맥아(麥芽)로만 만든 맥주이다.
② **밀 맥주(Wheat Beer)** : 밀을 원료로 만드는 맥주이다.

③ **진저비어(Ginger Beer)** : 진저엘(Ginger Ale)을 진저비어라 부르기도 하는데, 진저엘과는 차이가 있다. 진저비어는 발효에 의해 탄산가스가 생성된다.

④ **루트비어(Root Beer)** : 비어(Beer)라는 이름으로 인해 맥주로 생각하기 쉬우나 탄산음료이다.

⑤ **기타** : 쌀, 옥수수, 전분, 과일, 약초, 향료 등의 부원료를 첨가한 맥주이다.

2) 효모에 의한 분류

(1) 상면(표면)발효맥주

발효가 끝날 무렵 효모가 표면으로 떠오르는 표면발효효모를 사용하여 만든 맥주로 보통 영국식 맥주라 부른다. 상온에서 발효시키고 숙성기간이 짧아 향이 풍부하고 쓴맛이 강하다. 대표적으로 영국의 에일 맥주(Ale Beer), 스타우트 맥주(Stout Beer), 포터 맥주(Porter Beer) 등이 있으며 알코올 도수도 4~11%로 다양하고 맛이 진하다.

(2) 하면(저면)발효맥주

발효온도 8℃가 적온으로 발효가 끝날 무렵 효모가 아래로 가라앉는 하면발효효모를 사용하여 만든 맥주로 독일식 맥주라 부른다. 낮은 온도에서 일정기간 숙성하는 맥주로, 우리나라를 비롯한 전 세계적으로 하면발효맥주가 대부분을 차지하며, 상면발효맥주에 비해 마시기 편하고 목 넘김이 부드러운 편이다.

3) 살균 유무에 의한 구분

(1) 라거 비어(Lager Beer)

하면발효로 살균과정을 거쳐 만드는 맥주를 지칭하는 말로 현재 지구상에서 가장 많이 생산되고 소비되는 맥주이다. 병맥주, 캔맥주 등을 말하며 열처리로 살균하므로 생맥주에 비해 청량감이 부족하다.

(2) 드래프트 비어(Draft Beer)

'Draught Beer(드라웃 비어)'라고도 하며, 살균과정을 거치지 않는 비살균맥주로 생맥주를 말한다.

4) 색에 의한 분류

맥아의 건조 조건에 따라 낮은 온도에서 건조하면 맥아의 색깔이 옅어지고, 높은 온도에서 건조하면 맥아의 색깔이 진해진다. 맥아의 색에 따라 맥주의 색이 결정되며, 보통 옅은 색의 맥주를 담색맥주, 진한 색의 맥주를 농색맥주라 부른다.

① **담색맥주** : 통상의 옅은 색 맥주를 말한다.
② **농색맥주** : 담색맥주에 비하여 깊고 풍부한 맛이 있다.

③ **흑맥주** : 맥아를 까맣게 태우거나 색소를 사용하여 만든 암갈색의 맥주로, 담색맥주에 비해 맛이 강하다.

2. 원료

1) 보리

전분질이 풍부하며 단백질 함량이 낮은 것이 좋다. 우리나라에서 맥주보리라고 하면 일반적으로 2조 겉보리를 말하고, 가을보리에 속하는 2조종인 골덴메론(Golden Melon)종이 많이 쓰인다. 우리나라에서는 남해안의 농촌에서 많이 재배하고 있으나 많은 양을 수입하고 있다.

2) 홉(Hop)

작은 솔방울 모양으로 암수가 따로 된 다년생의 넝쿨식물로 원산지는 유럽이고 체코의 사츠(Saaz)지방이 유명하다. 맥주 제조에는 수분되지 않은 순수한 암꽃을 사용하는데, 암꽃의 안벽에 있는 황금색의 꽃가루인 루풀린(Lupulin) 성분 때문으로, 맥주 특유의 향기와 쓴맛을 나게 하고, 맥아즙 중의 단백질을 침전시켜 제품의 혼탁을 방지하여 맥주를 맑게 한다. 또한 잡균의 번식을 억제하여 맥주의 저장성을 높이고 맥주의 거품을 보다 좋게 한다.

3) 효모(Yeast)

술의 제조에는 반드시 효모가 필요하며, 맥주효모는 순수 배양효모를 사용하고 상면발효효모와 하면발효효모가 있다. 자연효모를 이용한 맥주[벨기에 람빅(Lambic) 맥주]도 있다.

4) 물

맥주는 90% 이상이 물로 구성되어 있어 맥주의 양조 용수는 맥주의 품질에 큰 영향을 미친다.

🧑 맥주를 즐기는 법

- 맥주병은 자외선의 영향으로 맥주가 변질되는 것을 방지하기 위해 갈색이나 녹색병을 사용하는 것이 일반적이다.
- 맥주는 직사광선을 피하여 보관하고, 충격을 주지 않는다.
- 맥주잔은 청결하게 세척한 것을 차갑게 하여 사용한다.
- 맥주를 따를 때에는 잔은 기울이지 않는 것이 좋으며, 적당히 거품이 일게 따른다.
- 맥주의 적당한 냉각온도는 여름 7~8℃, 겨울 10~12℃이다.

핵심예상문제

01 나라별 와인을 지칭하는 용어가 틀린 것은?

① 영어 – Wine

② 포르투갈어 – Vinho

③ 불어 – Vin

④ 이탈리아어 – Wein

 Wein(바인)은 독일의 표기법이고, 이탈리아어로는 Vino(비노)이다.

02 각 국가별 부르는 적포도주로 틀린 것은?

① 프랑스 – Vin Rouge

② 이탈리아 – Vino Rosso

③ 스페인 – Vino Rosado

④ 독일 – Rotwein

 스페인어로는 적포도주를 Vino Tinto(비노 틴토), Pink Wine(핑크 와인)을 Vino Rosado(비노 로자도)라 한다.

03 포도주(Wine)의 용도별 분류가 바르게 된 것은?

① 백포도주(White Wine), 적포도주(Red Wine), 녹색포도주(Green Wine)

② 감미포도주(Sweet Wine), 산미포도주(Dry Wine)

③ 식전 포도주(Aperitif Wine), 식탁포도주(Table Wine), 식후 포도주(Dessert Wine)

④ 발포성 포도주(Sparkling Wine), 비발포성 포도주(Still Wine)

 ① 색에 의한 분류
② 맛에 의한 분류
④ 가스 유무에 의한 분류

04 와인을 분류하는 방법의 연결이 틀린 것은?

① 스파클링 와인 – 알코올 유무

② 드라이 와인 – 맛

③ 아페리티프 와인 – 식사 용도

④ 로제 와인 – 색깔

 스파클링 와인(Sparkling Wine)은 가스가 들어 있는 발포성 포도주를 말한다.

05 로제 와인(Rose Wine)에 대한 설명으로 틀린 것은?

① 대체로 붉은 포도로 만든다.

② 제조 시 포도껍질은 같이 넣고 발효시킨다.

③ 오래 숙성시키지 않고 마시는 것이 좋다.

④ 일반적으로 상온(17~18℃) 정도로 해서 마신다.

 로제 와인은 보존기한이 짧아 오래 숙성시키지 않으며, 화이트 와인처럼 차게 마신다.

06 주정 강화 와인(Fortified Wine)의 종류가 아닌 것은?

① 이탈리아의 아마로네(Amarone)

② 프랑스의 뱅 드 리퀘르(Vin doux Liquere)

③ 포르투갈의 포트 와인(Port Wine)

④ 스페인의 셰리 와인(Sherry Wine)

📖 정답 01 ④ 02 ③ 03 ③ 04 ① 05 ④ 06 ①

주정 강화 와인(Fortified Wine)이란 주정이나 브랜디를 첨가하여 와인의 알코올 농도를 18~20% 정도로 높인 것으로 대표적으로 포르투갈의 포트 와인과 스페인의 셰리 와인이 있다. 이탈리아의 아마로네(Amarone)는 레드 스위트(Red Sweet)로 알코올 도수가 15% 내외이다.

07 다음 중 Fortified Wine이 아닌 것은?

① Sherry Wine ② Vermouth
③ Port Wine   ④ Blush Wine

 Blush Wine(블러시 와인)은 미국에서 엷은 핑크빛의 와인을 뜻한다. Vermouth(베르무트)는 와인에 약초로 풍미를 낸 강화 와인이나 일반적으로 혼성주로 분류한다.

08 탄산가스를 함유하지 않은 일반적인 와인을 의미하는 것은?

① Sparkling Wine ② Fortified Wine
③ Aromatic Wine ④ Still Wine

 탄산가스 유무에 따라 Sparkling Wine(발포성 와인)과 Still Wine(비발포성 와인)으로 나눈다.

09 다음 중 각국 와인의 설명이 잘못된 것은?

① 모든 와인생산 국가는 의무적으로 와인의 등급을 표기해야 한다.
② 프랑스는 와인의 Terroir를 강조한다.
③ 스페인과 포르투갈에서는 강화 와인도 생산한다.
④ 독일은 기후의 영향으로 White Wine의 생산량이 Red Wine보다 많다.

와인의 등급표시는 나라마다 차이가 있으며, 의무사항은 아니다.

10 Dry Wine의 당분이 거의 남아 있지 않은 상태가 되는 주된 이유는?

① 발효 중에 생성되는 호박산, 젖산 등의 산성분 때문
② 포도 속의 천연 포도당을 거의 완전히 발효시키기 때문
③ 페노릭 성분의 함량이 많기 때문
④ 설탕을 넣는 가당 공정을 거치지 않기 때문

 발효란 효모에 의해 당분을 분해하는 과정으로 완전히 발효를 하면 당분이 거의 분해되어 드라이한 맛의 와인이 만들어진다.

11 감미 와인(Sweet Wine)을 만드는 방법이 아닌 것은?

① 귀부포도(Noble Rot Grape)를 사용하는 방법
② 발효 도중 알코올을 강화하는 방법
③ 발효 시 설탕을 첨가하는 방법
④ 햇빛에 말린 포도를 사용하는 방법

 발효 시 설탕을 첨가(Chaptalization, 샤프탈리제이션)하는 것은 와인의 알코올 함량을 높이기 위한 방법의 하나이다.

12 일반적으로 Dessert Wine으로 적합하지 않은 것은?

① Beerenauslese ② Barolo
③ Sauternes   ④ Ice Wine

 Barolo(바로로)는 이탈리아 북서부 피에몬테에 속하는 와인 산지이다.

13 포도 품종의 그린 수확(Green Harvest)에 대한 설명으로 옳은 것은?

① 수확량을 제한하기 위한 수확
② 청포도 품종 수확
③ 완숙한 최고의 포도 수확
④ 포도원의 잡초 제거

그린 수확(Green Harvest)이란 포도송이가 익기 전에 포도송이 일부를 솎아줌으로써 전체적인 생산량은 감소하지만 남아 있는 포도의 품질과 농도를 향상시켜 주는 재배 방식을 말한다.

14 와인 병 바닥의 요철 모양으로 오목하게 들어간 부분은?

① 펀트(Punt)

② 밸런스(Balance)

③ 포트(Port)

④ 노블 롯(Noble Rot)

 와인 병 바닥에 오목하게 들어간 부분을 펀트(Punt)라 한다. 노블 롯(Noble Rot)은 포도가 익을 무렵 포도껍질에 발생하는 곰팡이인데 귀부와인 제조에 이용된다.

15 와인생산지역 중 나머지 셋과 기후가 다른 지역은?

ⓖ 지중해 지역

ⓛ 캘리포니아 지역

ⓒ 남아프리카공화국 남서부 지역

ⓔ 아르헨티나 멘도자(Mendoza) 지역

① ⓖ   ② ⓛ

③ ⓒ   ④ ⓔ

 ⓖ, ⓛ, ⓒ은 지중해성 기후지역이고 ⓔ은 사막 같은 대륙성 기후지역이다.

16 다음 중 와인의 정화(Fining)에 사용되지 않는 것은?

① 규조토   ② 달걀의 흰자

③ 카제인   ④ 아황산용액

 와인의 불필요한 구성요소를 없애기 위해 정화하는 것으로 주로 달걀 흰자, 규조토, 카제인 등을 이용하여 정제한다.

17 와인 제조 시 이산화황(SO₂)을 사용하는 이유가 아닌 것은?

① 항산화제 역할   ② 부패균 생성 방지

③ 갈변 방지   ④ 효모 분리

 이산화황은 산화방지, 살균작용 등을 통해 부패와 변질을 방지하여 와인의 발효를 돕고 보존기간을 늘린다.

18 Terroir의 의미를 가장 잘 설명한 것은?

① 포도재배에 있어서 영향을 미치는 자연적인 환경요소

② 영양분이 풍부한 땅

③ 와인을 저장할 때 영향을 미치는 온도, 습도, 시간의 변화

④ 물이 빠지는 토양

 Terroir(테루아)란 와인의 원료가 되는 포도를 생산하는 데 영향을 주는 환경조건을 총칭하는 용어이다.

19 와인 제조과정 중 말로락틱 발효(Malolactic Fermentation)란?

① 알코올 발효   ② 1차 발효

③ 젖산 발효   ④ 탄닌 발효

 말로락틱 발효(Malolactic Fermentation)란 젖산 발효라고도 하며 와인을 저장하는 동안 2차 발효를 통해 당을 무산소적으로 분해하여 사과산을 부드러운 맛을 내는 젖산으로 생성하는 현상을 말한다.

🖎 정답   **14** ①   **15** ④   **16** ④   **17** ④   **18** ①   **19** ③

20 와인의 발효 중 젖산발효에 대한 설명으로 가장 거리가 먼 것은?

① 보다 좋은 알코올을 얻기 위해서 한다.
② 말로락틱 발효(Malolactic Fermentation)라고도 한다.
③ 신맛을 줄여 와인을 부드럽게 한다.
④ 모든 와인에 필요한 것이 아니라 선택적으로 한다.

 젖산발효는 신맛을 줄이고 부드러운 맛을 얻기 위해 한다.

21 와인의 숙성 시 사용되는 오크통에 관한 설명으로 가장 거리가 먼 것은?

① 오크 캐스크(Cask)가 작은 것일수록 와인에 뚜렷한 영향을 준다.
② 보르도 타입 오크통의 표준 용량은 225리터이다.
③ 캐스크가 오래될수록 와인에 영향을 많이 주게 된다.
④ 캐스트에 숙성시킬 경우에 정기적으로 래킹(Racking)을 한다.

 래킹(Racking)이란 와인을 오랜 기간 숙성시키면 탄닌 등이 뭉쳐 침전물이 생기는데, 위의 맑은 술을 거르는 과정을 말한다. 와인은 가장 적절한 용기에 보관해야 품질이 좋아진다.

22 와인 제조용 포도 재배 시 일조량이 부족한 경우의 해결책은?

① 알코올분 제거
② 황산구리 살포
③ 물 첨가하기
④ 발효 시 포도즙에 설탕을 첨가

 일조량이 부족한 경우 당도가 낮아 알코올 도수도 낮게 되므로 설탕을 첨가하여 당도를 조절하여 발효시킨다.

23 와인 양조 시 1%의 알코올을 만들기 위해 약 몇 그램의 당분이 필요한가?

① 1g/L
② 10g/L
③ 16.5g/L
④ 20.5g/L

 약 17.5g/L의 당분이 발효되면 알코올 농도가 1% 증가한다.

24 와인에 관한 용어 설명 중 틀린 것은?

① 탄닌(Tannin) : 포도의 껍질, 씨와 줄기, 오크통에서 우러나오는 성분
② 아로마(Aroma) : 포도의 품종에 따라 맡을 수 있는 와인의 첫 번째 냄새 또는 향기
③ 부케(Bouquet) : 와인의 발효과정이나 숙성과정 중에 형성되는 복잡하고 다양한 향기
④ 빈티지(Vintage) : 포도주 제조 연도

 빈티지(Vintage)란 원료 포도의 수확 연도를 말한다.

25 용어의 설명이 틀린 것은?

① Clos : 최상급의 원산지 관리 증명 와인
② Vintage : 포도의 수확 연도
③ Fortified Wine : 브랜디를 첨가하여 알코올 농도를 강화한 와인
④ Riserva : 최저 숙성기간을 초과한 이탈리아 와인

 Clos(끌로)는 프랑스 부르고뉴(Bourgogne) 지방의 담으로 둘러싸인 포도밭을 뜻한다. 프랑스의 최상급의 원산지 관리 증명 와인은 AOC이다.

26 와인(Wine)의 빈티지(Vintage) 설명을 올바르게 한 것은?

① 포도의 수확 연도를 가리키는 것으로 병의 라벨에 표기되어 있다.
② 와인의 숙성 기간을 의미하고 병의 라벨에 표기되어 있다.

정답 20 ① 21 ③ 22 ④ 23 ③ 24 ④ 25 ① 26 ①

③ 와인을 발효시키는 기간과 첨가물을 의미한다.

④ 와인의 향과 맛을 나타내는 것으로 병의 라벨에 표기되어 있다.

 빈티지(Vintage)란 포도의 수확 연도를 뜻하며 라벨에 표기되어 있다.

27 와인의 블렌딩은 언제 하게 되는가?

① 마시기 전에 소믈리에가 한다.

② 양조과정 중 다른 포도 품종을 섞는다.

③ 젖산 발효를 갖기에 앞서 한다.

④ 오크통 숙성을 마친 후 한다.

 와인의 블렌딩이란 2가지 이상의 포도 품종을 혼합하는 것을 말한다.

28 아로마(Aroma)에 대한 설명 중 틀린 것은?

① 포도의 품종에 따라 맡을 수 있는 와인의 첫 번째 냄새 또는 향기이다.

② 와인의 발효과정이나 숙성과정 중에 형성되는 여러 가지 복잡 다양한 향기를 말한다.

③ 원료 자체에서 우러나오는 향기이다.

④ 같은 포도 품종이라도 토양의 성분, 기후, 재배조건에 따라 차이가 있다.

 숙성과정에서 형성되는 향기는 부케(Bouquet)라 한다.

29 다음 중 와인의 품질을 결정하는 요소로 가장 거리가 먼 것은?

① 환경요소　　　　② 양조기술

③ 포도 품종　　　　④ 부케(Bouquet)

 부케(Bouquet)란 숙성과정에서 생기는 복합적인 향기를 뜻한다. 와인의 품질을 결정하는 요소로 일조량, 기온, 강수량, 포도 품종, 양조기술 등을 들 수 있다.

30 와인 테이스팅의 표현으로 가장 부적합한 것은?

① Moldy(몰디) : 곰팡이가 낀 과일이나 나무 냄새

② Raisiny(레이즈니) : 건포도나 과숙한 포도 냄새

③ Woody(우디) : 마른 풀이나 꽃 냄새

④ Corky(코르키) : 곰팡이 낀 코르크 냄새

 Woody(우디)란 나무의 향과 맛이 강할 때 표현하는 테이스팅 용어로 오키(Oaky)로도 표현한다.

31 와인을 막고 있는 코르크가 곰팡이에 오염되어 와인의 맛이 변하는 것으로 와인에서 종이박스 향취, 곰팡이 냄새 등이 나는 것을 의미하는 현상은?

① 네고시앙(Negociant)

② 부쇼네(Bouchonne)

③ 귀부병(Noble Rot)

④ 부케(Bouquet)

 ① 와인을 사거나 파는 해운업자를 가리키는 프랑스어이다.
③ 곰팡이균이 포도껍질에 기생하면서 포도를 건포도처럼 말라버리게 만드는 병이다.
④ 숙성과정에서 생기는 향기이다.

32 와인의 용량 중 1.5L 사이즈는?

① 발따자르(Balthazer)

② 드미(Demi)

③ 매그넘(Magnum)

④ 제로보암(Jeroboam)

 매그넘(Magnum)은 750mL 용량인 일반 와인 병보다 두 배 큰 1.5L 와인병을 말한다. 제로보암은 3.0L 와인병을 말한다.

33 카브(Cave)의 의미는?

① 화이트
② 지하 저장고
③ 포도원
④ 오래된 포도나무

 카브(Cave)란 와인 저장고란 뜻의 프랑스어로 발효가 끝난 와인을 배양, 숙성시키기 위해 보통 지하에 만든 장소를 말한다.

34 다음은 어떤 포도 품종에 관하여 설명한 것인가?

> 작은 포도알, 깊은 적갈색, 두꺼운 껍질, 많은 씨앗이 특징이며 씨앗은 탄닌 함량을 풍부하게 하고, 두꺼운 껍질은 색깔을 깊이 있게 나타낸다. 블랙커런트, 체리, 자두 향을 지니고 있으며, 대표적인 생산지역은 프랑스 보르도 지방이다.

① 메를로(Merlot)
② 피노 누아(Pinot Noir)
③ 카베르네 소비뇽(Cabernet Sauvignon)
④ 샤르도네(Chardonnay)

 카베르네 소비뇽(Cabernet Sauvignon)은 카베르네 프랑(Cabernet Franc)과 소비뇽 블랑(Sauvignon Blanc)의 접합종으로 모든 와인생산국에서 재배되는 레드 품종이다. 메를로(Merlot)는 프랑스 레드 품종, 피노 누아(Pinot Noir)는 프랑스 부르고뉴 대표 레드 품종, 샤르도네(Chardonnay)는 피노 누아(Pinot Noir)와 구애 블랑(Gouais Blanc)의 접합종이다.

35 포도 품종에 대한 설명으로 틀린 것은?

① Syrah : 최근 호주의 대표품종으로 자리 잡고 있으며, 호주에서는 Shiraz라고 부른다.
② Gamay : 주로 레드 와인으로 사용되며 과일 향이 풍부한 와인이 된다.

③ Merlot : 보르도, 캘리포니아, 칠레 등에서 재배되며, 부드러운 맛이 난다.
④ Pinot Noir : 보졸레에서 이 품종으로 정상급 레드 와인을 만들고 있으며, 보졸레 누보에 사용된다.

 Pinot Noir(피노 누아)는 부르고뉴 대표 레드 품종이다. 보졸레 누보에는 가메이(Gamey) 품종이 사용된다.

36 Red Wine의 품종이 아닌 것은?

① Malbec
② Cabernet Saubignon
③ Riesling
④ Cabernet Franc

 Riesling(리슬링)은 독일의 화이트 와인 품종이다.

37 다음 중 Red Wine용 포도 품종은?

① Cabernet Sauvignon
② Chardonnay
③ Pinot Blanc
④ Sauvignon Blanc

 Chardonnay(샤르도네), Pinot Blanc(피노 블랑), Sauvignon Blanc(소비뇽 블랑)은 화이트 와인의 품종이다.

38 카베르네 소비뇽에 관한 설명 중 틀린 것은?

① 레드 와인 제조에 가장 대표적인 포도 품종이다.
② 프랑스 남부 지방, 호주, 칠레, 미국, 남아프리카에서 재배한다.
③ 부르고뉴 지방의 대표적인 적포도 품종이다.
④ 포도송이가 작고 둥글고 포도 알은 많으며 껍질은 두껍다.

카베르네 소비뇽(Cabernet Sauvignon)은 프랑스 보르도가 원산지이나 와인을 생산하는 거의 모든 나라에서 재배되는 레드 품종이다. 부르고뉴 지방의 대표적인 적포도 품종은 피노 누아(Pinot Noir)이다.

39 다음 중 White Wine 품종은?

① Sangiovese
② Nebbiolo
③ Barbera
④ Muscadelle

 Muscadelle(뮈스카델)은 프랑스 화이트 와인 품종이고 Sangiovese(산지오베제), Nebbiolo(네비올로), Barbera(바르베라)는 이탈리아 레드 와인 품종이다.

40 화이트 와인 품종이 아닌 것은?

① 샤르도네(Chardonnay)
② 말벡(Malbec)
③ 리슬링(Riesling)
④ 뮈스카(Muscat)

 말벡(Malbec)은 아르헨티나의 대표 레드 와인 품종이다.

41 화이트 포도 품종인 샤르도네만을 사용하여 만드는 샴페인은?

① Blanc de Noirs
② Blanc de Blanc
③ Asti Spumante
④ Beaujolais

 샴페인은 Pinot Noir(피노 누아), Pinot Meunier(피노 뮈니에) 그리고 청포도인 Chardonnay(샤르도네) 등의 3가지 품종을 주로 사용하는데, 대부분은 3개 품종을 서로 배합(Blending)하여 생산한다. 일부 제품은 흑포도 또는 청포도로만 만드는데 흑포도로 만든 화이트 와인이라는 뜻에서 Blanc de Noir(블랑 드 누아), 청포도로 만든 화이트 와인이라는 뜻에서 Blanc de Blanc(블랑 드 블랑)이라 부른다.

42 화이트 와인용 포도 품종이 아닌 것은?

① 샤르도네
② 시라
③ 소비뇽 블랑
④ 피노 블랑

 시라(Syrah)는 프랑스 남부지역의 레드 와인 품종으로 호주에서는 쉬라즈(Shiraz)로 부른다.

43 포도주의 저장온도로 틀린 것은?

① 5℃
② 15℃
③ 18℃
④ 20℃

 포도주의 저장온도는 10~20℃로 한다.

44 White Wine을 차게 마시는 이유는?

① 유기산은 온도가 낮으면 단맛이 강해지기 때문이다.
② 사과산은 온도가 차가울 때 더욱 Fruity하기 때문이다.
③ Tannin의 맛은 차가울수록 부드러워지기 때문이다.
④ Polyphenol은 차가울 때 인체에 더욱 이롭기 때문이다.

 화이트 와인은 보통 8~12℃로 차게 해서 마셔야 사과산 등으로 인해 과일향이 강해진다. 레드 와인은 차게 마시면 탄닌으로 인해 쓴맛이 나므로 15~19℃로 마신다.

45 Red Bordeaux Wine의 Service 온도로 가장 적합한 것은?

① 3~5℃
② 6~7℃
③ 7~11℃
④ 16~18℃

 Red Bordeaux Wine(레드 보르도 와인)과 같은 풀 바디(Full Body) 레드 와인은 17~18℃의 온도로 서빙한다.

46 빈(Bin)이 의미하는 것으로 가장 적합한 것은?

① 프랑스산 적포도주

② 주류 저장소에 술병을 넣어 놓는 장소

③ 칵테일 조주 시 가장 기본이 되는 주재료

④ 글라스를 세척하여 담아 놓는 기구

 빈(Bin)이란 창고 내에 와인이 저장되는 장소를 말한다.

47 다음 중 프랑스의 주요 와인 산지가 아닌 곳은?

① 보르도(Bordeaux)

② 토스카나(Toscana)

③ 루아르(Loire)

④ 론(Rhone)

 토스카나(Toscana)는 이탈리아 와인 산지이다.

48 프랑스의 포도주 생산지가 아닌 것은?

① 보르도   ② 보르고뉴

③ 보졸레   ④ 키안티

 키안티(Chianti)는 이탈리아 토스카나 키안티 지방에서 생산되는 와인을 말한다.

49 프랑스의 위니 블랑을 이탈리아에서는 무엇이라 일컫는가?

① 트레비아노   ② 산조베제

③ 바르베라   ④ 네비올로

 위니 블랑(Ugni Blanc)은 프랑스의 화이트 와인 품종으로 이탈리아에서는 트레비아노(Trebbiano)라 부른다. 산조베제(Sangiovese), 바르베라(Barbera), 네비올로(Nebbiolo)는 이탈리아의 레드 와인 품종이다.

50 프랑스 와인의 원산지 통제 증명법으로 가장 엄격한 기준은?

① DOC   ② AOC

③ VDQS   ④ QMP

 프랑스의 와인 등급은 Vin De Table → Vin De Pay → VDQS → AOC(원산지관리증명와인)로 구분한다. DOC는 이탈리아, QMP는 독일의 와인 등급이다.

51 보르도 지역의 와인이 아닌 것은?

① 샤블리   ② 메독

③ 마고   ④ 그라브

 샤블리(Chablis)는 프랑스 부르고뉴의 최북단에 위치한 와인 산지이다.

52 보르도(Bordeaux) 지역에서 재배되는 레드 와인용 품종이 아닌 것은?

① 메를로(Merlot)

② 뮈스카델(Muscadelle)

③ 카베르네 소비뇽(Cabernet Sauvignon)

④ 카베르네 프랑(Cabernet Franc)

 뮈스카델(Muscadelle)은 프랑스 화이트 와인 품종이다.

53 프랑스 보르도(Bordeaux) 지방의 와인이 아닌 것은?

① 보졸레(Beaujolais), 론(Rhone)

② 메독(Medoc), 그라브(Grave)

③ 포므롤(Pomerol), 소테른(Sauternes)

④ 생떼밀리옹(Saint-Emilion), 바르삭(Barsac)

 보졸레(Beaujolais)와 론(Rhone)은 부르고뉴 남쪽에 위치한 지방이다.

54 다음 중 보르도(Bordeaux) 지역에 속하며, 고급 와인이 많이 생산되는 곳은?

① 콜마(Colmar)

② 샤블리(Chablis)

③ 보졸레(Beaujolais)

④ 포므롤(Pomerol)

 해설 콜마(Colmar), 샤블리(Chablis), 보졸레(Beaujolais)는 보르도와는 다른 지역이다.

55 부르고뉴 지역의 주요 포도 품종은?

① 가메이와 메를로

② 샤르도네와 피노 누아

③ 리슬링과 산지오베제

④ 진판델과 카베르네 소비뇽

 해설 가메이(Gamay) – 보졸레, 메를로(Merlot) – 보르도, 리슬링 – 독일, 산지오베제(Sangiovese) – 이탈리아 토스카나, 진판델(Zinfandel) – 미국, 카베르네 소비뇽(Cabernet Sauvignon)은 대부분의 와인생산국에서 재배되는 레드 품종이다.

56 보졸레 누보 양조과정의 특징이 아닌 것은?

① 기계 수확을 한다.

② 열매를 분리하지 않고 송이째 밀폐된 탱크에 집어넣는다.

③ 발효 중 CO_2의 영향을 받아 산도가 낮은 와인이 만들어진다.

④ 오랜 숙성 기간 없이 출하한다.

 해설 보졸레 누보(Beaujolais Nouveau)는 손으로 수확하며 그 해에 수확한 포도로 매년 11월 3째 주 목요일 자정을 기해 전 세계 동시 판매하는 것으로 유명하다.

57 독일의 QmP 와인등급 6단계에 속하지 않는 것은?

① 라트바인

② 카비네트

③ 슈패트레제

④ 아우스레제

 해설 QmP 와인등급 6단계
카비넷(Kabinett) → 슈패트레제(Spatlese) → 아우스레제(Auslese) → 베렌아우스레제(BA, Beerenauslese) → 아이스바인(Eiswein) → 트로켄베렌아우스레제(TBA, Trockenbeereenauslese)

※ 라트바인(Rotwein)은 독일어로 레드 와인을 말한다.

58 독일 와인의 분류 중 가장 고급 와인의 등급 표시는?

① QbA

② Tafelwein

③ Landwein

④ QmP

 해설 독일의 와인 등급 분류
Tafelwein → Landwein → QbA → QmP

59 독일의 와인에 대한 설명 중 틀린 것은?

① 라인(Rhein)과 모젤(Msel) 지역이 대표적이다.

② 리슬링(Riesling) 품종의 백포도주가 유명하다.

③ 와인의 등급을 포도 수확 시의 당분 함량에 따라 결정한다.

④ 1935년 「원산지 호칭 통제법」을 제정하여 오늘날까지 시행하고 있다.

 해설 1935년 「원산지 호칭 통제법」 제정은 프랑스에서 이루어졌다.

60 독일 와인에 대한 설명 중 틀린 것은?

① 아이스바인(Eiswein)은 대표적인 레드 와인이다.

② Prädikatswein 등급은 포도의 수확 상태에 따라서 여섯 등급으로 나눈다.

③ 레드 와인보다 화이트 와인의 제조가 월등히 많다.
④ 아우스레제(Auslese)는 완전히 익은 포도를 선별해서 만든다.

 아이스바인(Eiswein)은 화이트 와인이다.

61 독일의 리슬링(Riesling) 와인에 대한 설명으로 틀린 것은?

① 독일의 대표적 와인이다.
② 살구향, 사과향 등의 과실향이 주로 난다.
③ 대부분 무감미 와인(Dry Wine)이다.
④ 다른 나라 와인에 비해 비교적 알코올 도수가 낮다.

 리슬링(Riesling) 와인은 드라이부터 스위트까지 다양하다.

62 다음 중 호크 와인(Hock Wine)이란?

① 독일 라인산 화이트 와인
② 프랑스 버건디산 화이트 와인
③ 스페인 호크하임엘산 레드 와인
④ 이탈리아 피에몬테산 레드 와인

 호크 와인(Hock Wine)이란 독일 라인산의 화이트 와인을 말한다. 독일의 대표적인 4대 와인 산지로 모젤(Mosel), 라인가우(Rheingau), 라인헤센(Rheinhessen), 팔츠(Pfalz)를 들 수 있다.

63 Sherry Wine의 원산지는?

① Bordeaux 지방
② Xeres 지방
③ Rhine 지방
④ Hockheim 지방

 Sherry Wine(셰리 와인)은 스페인의 남부 헤레스 데 라 프론테라(Jerez de la Frontera) 지역의 유명 와인이다. 셰리(Sherry)라는 명칭은 헤레스

(Jerez)가 프랑스식으로 세레스(Xeres)로 변하고 이것이 영어식으로 변형되면서 생긴 이름이다.

64 다음 중 Aperitif Wine으로 가장 적합한 것은?

① Dry Sherry Wine
② White Wine
③ Red Wine
④ Port Wine

 Dry Sherry Wine(드라이 셰리 와인)은 발효가 끝난 와인에 브랜디를 첨가하여 알코올 도수를 높인 강화 와인(Fotified Wine)으로 비교적 드라이하여 주로 식전주(Aperitif Wine)로 이용된다.

65 연회용 메뉴 계획 시 애피타이저 코스에 술을 권유하려 할 때 다음 중 가장 적합한 것은?

① 리큐어(Liqueur)
② 크림 셰리(Cream Sherry)
③ 드라이 셰리(Dry Sherry)
④ 포트 와인(Port Wine)

 애피타이저(Appetizer)란 서양요리에서 식사하기 전에 식욕을 돋우기 위해서 마시는 술, 즉 식전주를 말한다.

66 Table Wine으로 적합하지 않은 것은?

① White Wine
② Red Wine
③ Rose Wine
④ Cream Sherry

 Cream Sherry(크림 셰리)는 드라이한 셰리에 단맛이 있는 셰리를 섞어 만들어 달콤한 맛이 있다.

67 식사 중 생선(Fish) 코스에 주로 곁들여지는 술은?

① 크림 셰리(Cream Sherry)
② 레드 와인(Red Wine)
③ 포트 와인(Port wine)
④ 화이트 와인(White wine)

보통 육류에는 레드 와인(Red Wine), 어패류에는 화이트 와인(White wine), 조류에는 샴페인(Champagne)을 마신다.

68 다음 보기들과 가장 관련되는 것은?

- 만사니아(Manzanilla)
- 몬틸라(Montilla)
- 올로로소(Oloroso)
- 아몬틸라도(Amontillado)

① 이탈리아산 포도주
② 스페인산 백포도주
③ 프랑스산 샴페인
④ 독일산 포도주

 셰리 와인은 만드는 방법에 따라 만사니아(Manzanilla), 몬틸라(Montilla), 올로로소(Oloroso), 아몬틸라도(Amontillado) 등으로 구분한다.

69 솔레라 시스템을 사용하여 만드는 스페인의 대표적인 주정 강화 와인은?

① 포트 와인   ② 셰리 와인
③ 보졸레 와인   ④ 보르도 와인

 솔레라 시스템(Solera System)은 같은 크기의 통들을 피라미드 모양으로 층층이 쌓아올려 맨 꼭대기층 오크통에 새 와인을 채우고 맨 아래층에서 숙성 끝난 와인을 그만큼 빼내어 병에 담는 방식의 셰리 와인을 만드는 방법이다.

70 다음 중 셰리를 숙성하기에 가장 적합한 곳은?

① 솔레라(Solera)   ② 보데가(Bodega)
③ 까브(Cave)   ④ 플로(Flor)

 보데가(Bodega)란 와인을 생산 저장하는 곳, 까브(Cave)는 와인을 지하에 저장하는 창고, 플로(Flor)는 바닥이다.

71 셰리의 숙성 중 솔레라(Solera) 시스템에 대한 설명으로 옳은 것은?

① 소량씩의 반자동 블렌딩 방식이다.
② 영(Young)한 와인보다 숙성된 와인을 채워 주는 방식이다.
③ 빈티지 셰리를 만들 때 사용한다.
④ 주정을 채워 주는 방식이다.

 솔레라 시스템은 같은 크기의 통들을 숙성 연수별로 피라미드 모양으로 층을 쌓은 다음, 통들을 파이프로 수평수직으로 연결하여 가장 아래 층의 가장 오래 숙성된 술통에서 일정한 양만을 빼서 병에 담는 방법의 셰리 와인을 만드는 방식이다.

72 스페인 와인의 대표적 토착 품종으로 숙성이 충분히 이루어지지 않을 때는 짙은 향과 풍미가 다소 거칠게 느껴질 수 있지만 오랜 숙성을 통해 부드러움이 갖추어져 매혹적인 스타일이 만들어지는 것은?

① Gamay
② Pinot Noir
③ Tempranillo
④ Cabernet Sauvignon

 Tempranillo(템프라니오)는 스페인에서 가장 중요한 포도 품종이다.

73 포트 와인(Port Wine)을 가장 잘 설명한 것은?

① 붉은 포도주를 총칭한다.
② 포르투갈의 도우로(Douro) 지방 포도주를 말한다.
③ 항구에서 노역을 일삼는 서민들의 포도주를 일컫는다.
④ 백포도주로서 식사 전에 흔히 마신다.

포트 와인은 포르투갈 북부 도우로(Douro) 강 상류지대에서 생산되는 와인을 말한다.

74 Port Wine을 가장 옳게 표현한 것은?

① 항구에서 막노동을 하는 선원들이 즐겨 찾던 적포도주
② 적포도주의 총칭
③ 스페인에서 생산되는 식탁용 드라이(Dry) 포도주
④ 포르투갈에서 생산되는 감미(Sweet) 포도주

 Port Wine(포트 와인)은 발효 중에 브랜디를 첨가하여 발효를 중단시킴으로써 당이 남게 되어 단맛의 강화 와인이 만들어진다.

75 후식용 포도주로 유명한 포르투갈산 적포도주는?

① Sherry Wine   ② Port Wine
③ Sweet Vermouth   ④ Dry Vermouth

 Port Wine(포트 와인)은 감미(Sweet) 포도주로 식후주(Dessert Wine)이다.

76 포트 와인 양조 시 전통적으로 포도의 색과 탄닌을 빨리 추출하기 위해 포도를 넣고 발로 밟는 화강암 통은?

① 라가르(Lagar)
② 마세라시옹(Maceration)
③ 찹탈리제이션(Chaptalisation)
④ 캐스크(Cask)

 라가르(Lagar)란 돌로 만든 발효조를 말한다. 마세라시옹(Maceration)은 프랑스에서 포도껍질과 씨를 함께 넣고 발효하는 과정이고, 찹탈리제이션(Chaptalisation)이란 발효하기 전에 알코올 도수를 높이기 위해서 설탕을 넣는 것을 말한다.

77 이탈리아 와인에 대한 설명으로 틀린 것은?

① 거의 전 지역에서 와인이 생산된다.
② 지명도가 높은 와인 산지로는 피에몬테, 토스카나, 베네토 등이 있다.
③ 이탈리아 와인 등급체계는 5등급이다.
④ 네비올로, 산지오베제, 바르베라, 돌체토 포도 품종은 레드 와인용으로 사용된다.

 이탈리아 와인 등급체계는 VDT → IGT → DOC → DOCG의 4등급이다.

78 다음 중 이탈리아 와인 등급 표시로 맞는 것은?

① AOC   ② DO
③ DOCG   ④ QbA

 AOC 프랑스, DO 스페인, QbA 독일의 등급 표시이다.

79 이탈리아 IGT 등급은 프랑스의 어느 등급에 해당되는가?

① VDQS   ② Vin de Pays
③ Vin de Table ④ AOC

 이탈리아 IGT는 지역 표시 와인으로 프랑스의 Vin de Pay(뱅 드 페이)에 해당한다.

80 이탈리아 와인 중 지명이 아닌 것은?

① 키안티   ② 바르바레스코
③ 바롤로   ④ 바르베라

 바르베라(Barbera)는 이탈리아에서 세 번째로 많이 재배되는 적포도 품종이다.

81 이탈리아 와인의 주요 생산지가 아닌 것은?

① 토스카나(Toscana)
② 리오하(Rioja)

③ 베네토(Veneto)

④ 피에몬테(Piemonte)

 리오하(Rioja)는 스페인의 와인 산지이다.

82 다음 중에서 이탈리아 와인 키안티 클라시코(Chianti Classico)와 관계가 가장 먼 것은?

① Gallo Nero   ② Piasco

③ Raffia   ④ Barbaresco

 Barbaresco(바르바레스코)는 이탈리아 피에몬테 지방 와인 중의 하나이다. Gallo Nero(갈로 네로)는 이탈리어로 검은 수탉으로 키안티 클라시코에 붙는 마크이며, Piasco(피아스코)는 둥근 와인 병의 아랫부분이 짚으로 감싸인 것으로 키안티 와인의 상징이었다. 여기서 병을 감싸고 있는 짚을 Raffia(라피아)라 한다.

83 주정 강화로 제조된 시칠리아산 와인은?

① Champagne   ② Grappa

③ Marsala   ④ Absente

 Marsala(마르살라)는 시칠리아(Sicily) 섬 서부에 있는 마르살라산의 화이트 와인이다. Champagne(샴페인)은 스파클링 와인, Grappa(그라파)는 포도 찌꺼기를 증류한 브랜디. Absente(압생트)는 향쑥이 원료인 혼성주이다.

84 칠레에서 주로 재배되는 포도 품종이 아닌 것은?

① 말벡(Malbec)

② 진판델(Zinfandel)

③ 메를로(Merlot)

④ 카베르네 소비뇽(Cabernet Sauvignon)

 진판델(Zinfandel)은 미국에서 주로 재배된다.

85 다음 중 스타일이 다른 맛의 와인이 만들어지는 것은?

① Late Harvest   ② Noble Rot

③ Ice Wine   ④ Vin Mousseux

 Vin Mousseux(뱅 무스)는 스파클링 와인이고, Late Harvest(레이트 하비스트), Noble Rot(노블 롯), Ice Wine(아이스 와인)은 스틸 와인이다.

86 사과로 만들어진 양조주는?

① Camus Napoleon   ② Cider

③ Kirschwasser   ④ Anisette

 Camus Napoleon(카뮤 나폴레옹)은 코냑, Kirschwasser(키르시 바서)는 버찌로 만든 증류주, Anisette(아니제)는 혼성주이다.

87 샴페인의 발명자는?

① Bordeaux   ② Champagne

③ St. Emilion   ④ Dom Perignon

 샴페인은 17세기 중반 프랑스 상파뉴(Champagne) 지방의 베네딕(Benedic) 수도원의 Dom Perignon(돔 페리뇽) 수도사에 의해 탄생되었다.

88 샴페인에 관한 설명 중 틀린 것은?

① 샴페인은 포말성(Sparkling) 와인의 일종이다.

② 샴페인 원료는 피노 누아, 피노 뫼니에, 샤르도네이다.

③ 돔 페리뇽(Dom Perignon)에 의해 만들어졌다.

④ 샴페인 산지인 상파뉴 지방은 이탈리아 북부에 위치하고 있다.

 상파뉴 지방은 프랑스 북동부에 위치하고 있다.

정답 82 ④ 83 ③ 84 ② 85 ④ 86 ② 87 ④ 88 ④

89 샴페인 제조과정 중 바르게 설명된 것은?

① 2차 발효 : 2차 발효는 포도에서 나온 당과 효모를 이용한다.

② 르뮈아주(Remuage) : 찌꺼기를 병목에 모으는 작업이다.

③ 데고르주망(Degorgement) : 찌꺼기를 제거하기 위하여 영하 10℃ 정도에 병목을 얼린다.

④ 도자주(Dosage) : 코르크로 병을 막는다.

 2차 발효로 가장 잘 알려진 전통적인 방법은 베이스 와인과 당분 및 효모를 추가로 혼합하는 것이다. 데고르주망(Degorgement)은 찌꺼기를 제거하기 위하여 영하 30℃ 정도에 병목을 얼린다. 도자주(Dosage)란 와인과 당분을 첨가하는 공정이다.

90 샴페인 포도 품종이 아닌 것은?

① 피노 누아(Pinot Noir)

② 피노 뮈니에(Pinot Meunier)

③ 샤르도네(Chardonnay)

④ 세미옹(Semillon)

 샴페인의 포도 품종에는 3가지가 정해져 있다. 적포도로 피노 누아(Pinot Noir), 피노 뮈니에(Pinot Mequnier), 백포도로 샤르도네(Chardonnay)가 있다.

91 다음의 제조 방법에 해당되는 것은?

삼각형, 받침대 모양의 틀에 와인을 꽂고 약 4개월 동안 침전물을 병입구로 모은 후, 순간냉동으로 병목을 얼려서 코르크 마개를 열면 순간적으로 자체 압력에 의해 응고되었던 침전물이 병 밖으로 빠져 나온다. 침전물의 방출로 인한 양적 손실은 도자주(Dosage)로 채워진다.

① 레드 와인(Red Wine)

② 로제 와인(Rose Wine)

③ 샴페인(Champagne)

④ 화이트 와인(White Wine)

 샴페인 제조에 대한 설명이다.

92 스파클링 와인에 해당되지 않는 것은?

① Champagne

② Cremant

③ Vin doux Naturel

④ Spumante

 Vin doux Naturel(뱅 두 나튀렐)은 프랑스의 주정 강화 스위트 와인이다.
Cremant(크레망트)는 보르고뉴 스파클링 와인, Spumante(스푸만테)는 이탈리아 스파클링 와인을 말한다.

93 발포성 와인의 이름이 잘못 연결된 것은?

① 스페인 – 카바(Cava)

② 독일 – 젝트(Sekt)

③ 이탈리아 – 스푸만테(Spumante)

④ 포르투갈 – 도세(Doce)

 도세(Doce)란 영어의 'Sweet'에 해당하는 포르투갈 와인 용어이다. 포르투갈의 발포성 와인은 에스푸만테(Espumante)이며, 카바(Cava)는 스페인 전통 스파클링 와인이다.

94 샹파뉴 지방의 당분 함량 표기에서 'Very Dry'한 표기로 알맞은 것은?

① Brut

② Sec

③ Doux

④ Demi Sec

 Very Dry(베리 드라이)는 단맛이 없는 와인이란 뜻으로 Brut(브뤼)에 해당한다.

95 샴페인의 'Extra Dry'라는 문구는 잔여 당분의 함량을 가리키는 표현이다. 이 문구를 삽입하고자 할 때 병에 함유된 잔여 당분의 정도는?

① 0~6g/L
② 6~12g/L
③ 12~20g/L
④ 20~50g/L

 브뤼(Brut) 0~15g/L, 엑스트라 섹(Extra Sec/Extra Dry) 12~20g/L, 섹(Sec) 17~35g/L, 드미 섹(Demi Sec) 33~50g/L, 두(Doux) 50g/L 이상이다.

96 '단맛'이라는 의미의 프랑스어는?

① Trocken
② Blanc
③ Cru
④ Doux

 Trocken(트로켄)은 Dry(드라이)라는 의미의 독일어, Blanc(블랑)은 White(화이트)에 해당하는 프랑스어, Cru(크뤼)는 프랑스 부르고뉴의 포도원을 뜻한다.

97 다음 중 의미가 다른 것은?

① 섹(Sec)
② 두(Doux)
③ 둘체(Dulce)
④ 스위트(Sweet)

 섹(Sec)은 단맛이 없다는 뜻이며, 두(Doux), 둘체(Dulce), 스위트(Sweet)는 단맛의 의미이다.

98 맥주의 원료로 알맞지 않은 것은?

① 물
② 피트
③ 보리
④ 호프

 피트(Peat)는 스카치 위스키 제조에서 몰트(Malt)를 건조할 때 사용한다.

99 맥주(Beer) 양조용 보리로 가장 거리가 먼 것은?

① 껍질이 얇고, 담황색을 하고 윤택이 있는 것
② 알맹이가 고르고 95% 이상의 발아율이 있는 것
③ 수분 함유량은 10% 내외로 잘 건조된 것
④ 단백질이 많은 것

 맥주 원료 보리는 단백질 함량은 낮고 전분 함량은 높은 것이 좋다.

100 맥주 재료인 홉(Hop)의 설명으로 옳지 않은 것은?

① 자웅이주 식물로서 수꽃인 솔방울 모양의 열매를 사용한다.
② 맥주의 쓴맛과 향을 낸다.
③ 단백질을 침전 · 제거하여 맥주를 맑고 투명하게 한다.
④ 거품의 지속성 및 항균성을 부여한다.

 맥주 제조에는 수분되지 않은 순수한 암꽃을 사용한다. 이는 암꽃의 안벽에 있는 황금색 꽃가루인 루풀린(Lupulin) 성분 때문으로, 맥주 특유의 향기와 쓴맛을 나게 하고, 맥아즙 중의 단백질을 침전시켜 제품의 혼탁을 방지하여 맥주를 맑게 한다. 또한 잡균의 번식을 억제하여 맥주의 저장성을 높이고 맥주의 거품을 보다 좋게 한다.

101 맥주의 효과와 가장 거리가 먼 것은?

① 향균 작용
② 이뇨 억제 작용
③ 식욕 증진 및 소화 촉진 작용
④ 신경 진정 및 수면 촉진 작용

 맥주는 이뇨 작용을 촉진한다.

102 에일(Ale)은 어느 종류에 속하는가?

① 와인(Wine)
② 럼(Rum)
③ 리큐어(Liqueur)
④ 맥주(Beer)

 에일(Ale)은 영국의 전통적인 맥주 타입이다.

정답 95 ③ 96 ④ 97 ① 98 ② 99 ④ 100 ① 101 ② 102 ④

CHAPTER 01 양조주(발효주) **153**

103 상면발효맥주 중 벨기에서 전통적인 발효법을 이용해 만드는 맥주로, 발효시키기 전에 뜨거운 맥즙을 공기 중에 직접 노출시켜 자연에 존재하는 야생효모와 미생물이 자연스럽게 맥즙에 섞여 발효하게 만든 맥주는?

① 스타우트(Stout)

② 도르트문트(Dortmund)

③ 에일(Ale)

④ 람빅(Lambics)

 스타우트(Stout)와 에일(Ale)은 영국, 도르트문트(Dortmund)는 독일 맥주이다.

104 하면발효맥주가 아닌 것은?

① Lager Beer　　② Porter Beer

③ Pilsen Beer　　④ Munchen Beer

 영국 이외의 대부분의 나라에서는 하면발효맥주를 생산하고 있다. Porter Beer(포터 비어)는 영국의 상면발효맥주이다.

105 저온 살균되어 저장 가능한 맥주는?

① Draught Beer

② Unpasteurized Beer

③ Draft Beer

④ Lager Beer

 Lager Beer(라거 비어)는 하면발효로 제조한 살균맥주를 말하며, 비살균 맥주인 생맥주를 Draught Beer(드래프트 비어) 또는 Draft Beer(드래프트 비어)라 한다. Unpasteurized Beer(언패스터라이즈드 비어)란 살균되지 않은 맥주라는 뜻이다.

106 Draft Beer의 특징으로 가장 잘 설명한 것은?

① 맥주 효모가 살아 있어 맥주의 고유한 맛을 유지한다.

② 병맥주보다 오래 저장할 수 있다.

③ 살균처리를 하여 생맥주 맛이 더 좋다.

④ 효모를 미세한 필터로 여과하여 생맥주 맛이 더 좋다.

 Draft Beer(드래프트 비어)는 열처리를 하지 않은 비살균 맥주로 맥주 특유의 맛과 청량감을 얻을 수 있으나 장기저장이 어렵다.

107 흑맥주가 아닌 것은?

① Stout Beer

② Munchener Beer

③ Kolsch Beer

④ Porter Beer

 Munchener Beer(뮌헤너 비어)는 독일의 대표적인 농색 흑맥주이고 Stout Beer(스타우드 비어)와 Porter Beer(포터 비어)는 영국의 흑맥주이다. Kolsch Beer(쾰쉬 비어)는 독일의 쾰른 지방에서 양조하는 맥주이다.

108 다음 중 맥주의 종류가 아닌 것은?

① Ale　　　　② Porter

③ Hock　　　④ Bock

 Hock(호크)는 독일 라인산의 화이트 와인이다.

109 맥주의 제조과정 중 발효가 끝난 후 숙성시킬 때의 온도로 가장 적합한 것은?

① −1~3℃　　　② 8~10℃

③ 12~14℃　　　④ 16~20℃

 이미와 이취를 제거하여 풍미 향상 등을 위해 −1~3℃의 온도에서 숙성한다.

110 'Bock Beer'에 대한 설명으로 옳은 것은?

① 알코올 도수가 높은 흑맥주

② 알코올 도수가 낮은 담색 맥주

③ 이탈리아산 고급 흑맥주

④ 제조 12시간 내의 생맥주

 Bock Beer(보크 비어)는 짙은 맥아즙을 사용하여 알코올 농도가 높은 독일산의 흑맥주이다.

111 네덜란드 맥주가 아닌 것은?

① 그롤쉬   ② 하이네켄

③ 암스텔   ④ 디벨스

 디벨스(Diebels)는 독일 뒤셀도르프(Dusseldorf)에서 생산되는 지역맥주이다.

112 밀(Wheat)을 주원료로 만든 맥주는?

① 산미구엘(San Miguel)

② 호가든(Hoegaarden)

③ 람빅(Lambic)

④ 포스터스(Foster's)

 밀맥주는 보리의 엿기름이 아닌 밀 엿기름을 사용하여 제조하는데, 호가든(Hoegaarden)은 벨기에 스타일의 대표적인 밀맥주이다.

113 각국을 대표하는 맥주를 바르게 연결한 것은?

① 미국 – 밀러, 버드와이저

② 독일 – 하이네켄, 뢰벤브로이

③ 영국 – 칼스버그, 기네스

④ 체코 – 필스너, 벡스

 나라별 대표 맥주
- 네덜란드 : 하이네켄(Heineken)
- 독일 : 뢰벤브로이(Löwenbräu)
- 덴마크 : 칼스버그(Carlsberg)
- 아일랜드 : 기네스(Guinness)
- 체코 : 필스너(Pilsner)
- 독일 : 벡스(Beck's)

정답   111 ④   112 ②   113 ①

증류주

효모의 당분 분해 작용으로 만든 발효액의 알코올과 물의 비등점의 차이를 이용하여 만드는 농도 높은 알코올을 함유한 술을 증류주라 하며 위스키, 브랜디, 진, 럼, 보드카, 테킬라 등이 있다. 증류에 사용하는 증류기에는 단식 증류기(Pot Still)와 연속식 증류기(Patent Still)가 있으며, 저장기간을 갖는 증류주와 저장기간을 갖지 않는 증류주가 있다.

🍂 증류기의 종류

단식 증류(Pot Still)	연속식 증류(Patent Still)
단식 증류	복식(연속식) 증류
비생산적, 비능률적	생산적, 능률적(대량생산체제)
2회 이상 증류	1회 증류
중후한 맛	경쾌한 맛
숙성기간을 갖는다.	일반적으로 숙성기간을 갖지 않는다.

SECTION 1 위스키(Whisky, Whiskey)

위스키는 곡물을 당화 · 발효시켜 얻어지는 발효액을 증류한 후 숙성시켜 만든 술로서 나라에 따라 원료, 제법, 숙성기간 등의 차이가 있다. 미국과 아일랜드는 영문 표기를 'Whiskey'로 하고 그 외의 나라에서는 'Whisky'로 한다.

1. 역사

1) 기원

위스키의 정확한 기원은 알려져 있지 않으며 중세기 연금술의 도움을 받아 아일랜드에서 탄생한 것이라 전해지고 있다. 1171년 영국의 헨리(Henry) 2세가 아일랜드를 침공했을 때 원주민들이 보리로 만든 증류주를 마시고 있었다고 한다. 그러나 이것이 일반인의 손에 들어오게 된 것은 16세기의 일이고 널리 알려진 것은 19세기에 들어와서이다.

2) 어원

라틴어 '생명의 물'이란 뜻인 '아쿠아 비테(Aqua Vitae)'가 게일어로 '우스게 바어(Uisge Beatha)'로 변하고 이것이 '우스케 보오(Usque Baugh)' – '우스키(Usky)' – '위스키(Whisky, Whiskey)'로 변하였는데, 위스키란 말은 18세기에 들어서 사용하였다.

2. 분류

산지에 따라 스카치 위스키(Scotch Whisky), 아이리시 위스키(Irish Whiskey), 아메리칸 위스키(American Whiskey), 캐나디언 위스키(Canadian Whisky)가 있으며, 이를 4대 위스키라고 한다. 근래에 들어서는 일본 위스키(Japanese Whisky)를 포함하여 5대 위스키로 나누기도 한다.

1) 스카치 위스키(Scotch Whisky)

1171년 영국의 헨리 2세가 아일랜드를 정복했을 때 원주민들이 보리로 만든 증류주를 마시고 있었다고 하며, 아일랜드의 위스키 제조법이 스코틀랜드에 전해지면서 탄생·발전하였다. 스카치 위스키는 스코틀랜드의 특산물로서 영국의 「주세법」에서는 영국 정부가 인정하는 스코틀랜드 지역에서 대맥의 맥아를 디아스타제(Diastase)로 당화하고, 동일 지역 내에서 증류과정을 거쳐 동일 지역 내의 저장고에서 3년 이상 저장하여 정부의 출고허가와 매도증서를 받은 술에 한해 스카치 위스키라는 명칭을 허용한다고 규정하고 있다. 스카치 위스키는 제조법에 따라 다음의 5가지로 분류하고 있다.

(1) 분류

① 싱글 몰트 스카치 위스키(Single Malt Scotch Whisky)

단일 증류소에서 피트(Peat)를 사용하여 건조한 대맥의 맥아만을 원료로 하여 단식 증류기로 2회 증류한 다음 오크통에서 비교적 장기간 숙성시킨다. 피트(Peat)향과 오크(Oak)향이 배인 독특한 풍미가 있는 위스키로 증류소에 따라 풍미에 차이가 있다.

② 블렌디드 몰트 스카치 위스키(Malt Blended Scotch Whisky)

여러 증류소의 싱글 몰트 위스키들을 섞은 것으로, 그레인 위스키가 전혀 들어가지 않는다.

③ 싱글 그레인 위스키(Single Grain Whisky)

단일 증류소에서 주로 밀, 호밀, 옥수수 등 맥아 이외의 다른 곡물(Grain)을 연속식 증류기로 증류한 중성 주정에 해당하는 위스키로, 피트향이 없는 소프트하고 마일드한 풍미가 특징이다. 단독으로 상품화하기보다는 몰트 위스키의 강한 맛을 부드럽게 하기 위한 블렌딩용으로 주로 사용한다.

④ 블렌디드 그레인 위스키(Blended Grain Whisky)

그레인 위스키들을 섞은 위스키이다.

⑤ 블렌디드 스카치 위스키(Blended Scotch Whisky)

몰트 위스키와 그레인 위스키를 적당한 비율로 혼합한 위스키로, 우리가 마시고 있는 대부분의
스카치 위스키가 블렌디드 위스키이다.

(2) 스카치 위스키 생산지역

증류소가 위치한 곳을 중심으로 크게 다섯 개 지역으로 나눈다.

① 하이랜드(Highland)

스코틀랜드의 북쪽 고지대 지역으로, 다양한 풍미를 지닌 싱글 몰트 위스키가 생산된다.

② 로랜드(Lowland)

스코틀랜드의 저지대 지역으로, 스코틀랜드에서 사람이 많이 거주하는 글래스고와 에든버러가
속해 있다. 가벼운 풍미가 특징인 위스키를 생산한다.

③ 아일레이(Islay)

스코틀랜드 서해안의 섬으로 현지에서는 '아일라'라 부른다. 이곳에서 생산되는 위스키는 독특
한 풍미와 스모키한 향, 특유의 강한 피트향을 지녀 호불호가 명확히 갈리기도 한다.

④ 캠벨타운(Campbeltown)

하이랜드 서부 해안지역으로 1920년대까지만 해도 위스키의 수도라 불릴 만큼 위스키 산업이
번성했던 곳이다. 아일레이와는 다른 강한 피트향의 위스키를 생산한다.

⑤ 스페이사이드(Speyside)

스코틀랜드 북동부 스페이강 주변의 스카치 위스키 증류소가 밀집된 지역이다. 이곳의 몰트 위
스키는 주로 블렌딩용으로 사용하기 때문에 과일향이 강하고 꽃향과 달콤하고 부드러운 보디감
을 지닌 위스키를 생산한다.

(3) 저장

오크 캐스크(Oak Cask) 또는 셰리 오크 캐스크(Sherry Oak Cask), 버번 오크 캐스크(Bourbon
Oak Cask)에서 3년 이상 숙성을 하는데, 저장 전에는 무색투명하지만 오크통에 저장함으로써 호
박색(Amber)을 띠게 된다.

(4) 알코올 도수

알코올 도수는 80~100Proof(40~50%)이다.

(5) 브랜드별 종류

스카치 위스키 브랜드

1. 100 PIPERS
2. ABERLOUR(SPEYSIDE)
3. BALLANTINE'S 7
4. BALLANTINE'S 30
5. BLACK & WHITE
6. BOWMORE(ISLAY)
7. CHIVAS REGAL
8. CHIVAS REGAL
9. DALMORE(HIGHLAND)
10. GLENFIDDICH
11. GLENLIVET(AMERICAN OAK)
12. GLENMORANGIE
13. GRANT'S
14. JOHNNIE WALKER DIMPLE
15. JOHNNIE WALKER, RED
16. JOHNNIE WALKER, BLUE
17. JOHNNIE WALKER SWING
18. LAGAVULIN(ISLAY)
19. NAKED(SHERRY CASK)
20. ROYAL SLUTE 21
21. ROYAL SLUTE 21
22. ROYAL SLUTE BEACH POLO EDITION
23. SCOTCH BLUE
24. SINGLETON(AMERICAN OAK CASK)
25. SPEYBURN(SPEYSIDE)
26. SPEYBURN(SPEYSIDE)
27. TALISMAN

① 몰트 스카치 위스키(Malt Scotch Whisky) 브랜드

㉠ 오헨토션(Auchentoshan)

로랜드산의 싱글 몰트 위스키로 게일어로 '들판의 한 구석'이란 뜻이다. 3회 증류하여 숙성하며, 라이트 타입의 몰트 위스키의 대표적인 상표이다.

㉡ 보모어(Bowmore)

아일레이(Islay)산의 싱글 몰트 위스키로 1779년 창업 이후 보모어 집안에서 제조하고 있다. 피트향이 그다지 강하지 않으며 중후한 풍미가 특징이다.

㉢ 글렌둘란(Glendullan)

하이랜드산의 싱글 몰트 위스키로 증류소가 스페이 강으로 흘러 들어가는 작은 강 둘란천가에 있기 때문에 이 이름이 붙었다. 개성이 순한 소프트한 몰트 위스키이다.

㉣ 글렌피딕(Glenfidich)

상표명 '글렌피딕'은 게일어로 '사슴이 있는 골짜기'라는 뜻이며, 라벨에 사슴이 그려져 있다. 하이랜드산의 싱글 몰트 위스키로서 산뜻한 풍미의 드라이 타입으로 남성적인 풍미가 강하다. 몰트 스카치 위스키 중에서 세계적인 베스트셀러 상표이다.

㉤ 더 글렌리벳(The Glenlivet)

1824년 '조지 스미스(George Smith)'는 최초로 정부의 허가를 받아 위스키를 생산하기 시작하였는데, 이때 증류소와 제품 이름을 '리벳강의 계곡'이란 뜻인 '더 글렌리벳(The Glenlivet)'으로 정하였다. 하이랜드산으로서 풍미의 밸런스가 뛰어난 12년 숙성의 싱글 몰트 위스키이다.

② 그레인 위스키(Grain Whisky) 브랜드
- 올드 스코시아 15(Old Scotia 15)

스카치의 블렌더용 원주를 병입한 그레인 위스키로 피트향이 없고 경쾌한 풍미를 지니고 있다.

③ 블렌디드 스카치 위스키(Blended Scotch Whisky) 브랜드

㉠ 발렌타인(Ballantine's)

상표명 '발렌타인'은 회사의 설립자인 '조지 발렌타인(Grorge Ballantine's)'의 이름에서 유래하였다. 농부였던 조지 발렌타인이 1827년 애딘버러(Edinburgh)에서 식료품점을 창업한 것이 발렌타인 사의 출발점으로, 19세기 말 그의 아들이 위스키를 취급하기 시작했고 1919년 발렌타인 사를 인수한 맥킨리가 독자적인 위스키 블렌딩 사업을 시작하였다. 그 후 1937년 이 회사는 캐나다의 거대 주류 기업 하이램 워커 사로 넘어가 자회사가 되었다. '영원한 사랑의 속삭임'이라는 제품 이미지를 가지고 있는 발렌타인은 시리즈로 출고되는 제품이다.

㉡ 블랙 & 화이트(Black & White)

'제임스 부캐넌(James Buchanan)'에 의해 1879년 글래스고우(Glasgow)에서 탄생한 위스키로, '더 부캐넌 블렌드(The Buchanan Blend)'라는 상표명으로 검은색의 병에 흰 라벨을 붙여 발매하였다. 그래서 차츰 사람들로부터 '블랙 & 화이트'라 불리게 되었고, 1904년에 이 통칭을 정식 명칭으로 채택하였다. 부캐넌은 대단한 애견가였는데 '애버딘 테리어(Aberdeen Terrier)'의 검은 강아지와 '웨스트 하이랜드 테리어(West Highland Whtie Terrier)'의 흰 강아지 두 마리를 심벌마크로 사용하고 있다.

㉢ 시바스 리갈(Chivas Regal)

1801년 창립한 '시바스 브라더' 사 제품이다. '시바스 집안의 왕자'란 뜻의 '시바스 리갈'이라는 이름은 1843년 스코틀랜드에 많은 애정을 보인 빅토리아 여왕(Victoria Queen)을 위해 최고급 제품을 왕실에 진상하면서 '국왕의 시바스'라고 명명한 데서 비롯된 것이다. '시바스 리갈'의 상표에는 두 개의 칼과 방패가 그려져 있는데 이는 위스키의 왕자라는 위엄과 자부심을 나타내는 것으로 12년 숙성의 디럭스 위스키이다.

㉣ 커티 삭(Cutty Sark)

'커티 삭'은 게일어로 '짧은 속옷'이라는 뜻으로 그만큼 부드러운 술이라는 의미이다. 1869년 마스터가 3개 달린 시속 31.4km의 범선이 스코틀랜드에서 진수되어 동양 항로에 취항하여 빠르기로 이름을 날렸는데 바로 그 범선이 '커티 삭'이었다. 상표명은 이 이름을 따서 1923년에 탄생하였으며, 병의 모양은 등대의 모양을 본뜬 것이다.

㉤ 헤이그(Haig)

헤이그 집안은 1627년부터 위스키를 증류하였는데 부드럽고 짙은 맛의 '헤이그(Haig)', '헤이그 5 스타(Haig 5 Star)', 12년 숙성의 몰트를 사용한 '딤플(Dimple)' 등이 있다. 술병 모양이 개성 있어 보조개를 뜻하는 애칭으로 불렸는데 그것이 상표명 '딤플'이 되었다.

ⓗ 제이 & 비(J & B)

'J & B'라는 상표명은 제조원인 '저스테리니 & 브룩스(Justerini & Brooks)' 사의 이니셜이다. 1749년 '자코모 저스테리니'라는 이탈리아 청년이 사랑하는 오페라 가수인 애인을 따라 런던으로 가면서 이탈리아에서 익힌 증류기술을 바탕으로 사뮤엘 존슨이라는 무용단의 단장과 합작하여 '존슨 앤 저스테리니'라는 주류회사를 차렸고, 조지(George) 3세 때 왕실에 납품하면서 유명해졌다. 1831년에 '알프레드 브룩스'가 이 회사를 인수하여 회사명을 '저스테리니 & 브룩스'라 바꾸었고, 이후 미국을 비롯하여 전 세계에서 사랑받는 위스키로 명성을 얻었다.

ⓢ 조니 워커(Johnnie Walker's)

제조원인 'John Walker & Son's' 사는 1820년부터 위스키를 발매하기 시작했다. '존 워커'는 1820년 스코틀랜드 킬마녹(Kilmarnock)에서 작은 식료품 가게를 하면서 가양주(家釀酒)였던 몰트 위스키를 팔기 시작하였다. '조니 워커'라는 상표가 태어난 것은 1908년의 일로서 이때의 경영자는 존의 손자인 알렉산더였는데, 그는 창업자로서 조부의 업적을 기리기 위하여 신발매 제품에 조부의 애칭을 붙였다. 1908년 블렌디드 위스키로 발매할 때 화가 톰 브라운이 실크햇(Silk Hat)에 외눈 안경을 낀 창업주 조니 워커의 그림을 그려 넣어 위스키를 발매하였고, 위스키 시장에서 명성을 얻고 있다.

ⓞ 올드 파(Old Parr)

'올드 파'라는 이름은 1483년에 태어나 152세까지 장수한 쉴 로프셔의 농부인 '토마스 파(Thomas Parr)'의 이름을 딴 것이다. '올드 파'의 네모난 병은 그가 술을 마실 때 항상 네모난 그릇에 따라 마셨는데 그 그릇 모양에서 유래했다고 한다. 병에는 152년 9개월을 살았던 그의 피부 주름을 묘사하여 전체적으로 주름 무늬가 새겨져 있으며, 백 라벨에는 화가 루벤스가 그린 그의 초상화가 그려져 있다.

ⓩ 패스포트(Passport)

'여권'이라는 뜻의 이 브랜드는 시그램 산하의 '윌리엄 롱모어(William Longmore)' 사가 1968년에 출시하였다. 위스키의 맛을 알기 위해 위스키 세계로 들어가는 여권이라는 자부심의 표현으로, 상표에 새겨진 문양은 고대 로마시대 당시 통행증에 새겨져 있던 문양이다.

ⓩ 로열 설루트(Royal Salute)

'왕의 예포'란 뜻으로 영국 해군에서는 귀빈을 맞을 때 공포를 쏘아 환영의 뜻을 표한다. 국왕의 경우는 21발의 예포를 쏘게 되는데 이것을 '로열 설루트'라 부른다. 이 위스키는 1931년 시바스 브라더스에서 당시 기술로 만들 수 있는 최고의 위스키를 만들어 오크통에서 21년간 숙성하여 만들어졌다. 그리고 1952년 엘리자베스 2세의 대관식이 되자 21발의 예포와 함께 '로열 설루트'라는 이름으로 헌정되었고, 이로써 최고급 위스키 '로열 설루트'가 탄생되었다.

ⓒ 뱃 69(Vat 69)

'69번째의 통'이라는 뜻으로 위스키 품평가인 '윌리엄 샌더슨(William Sanderson)'이 1882년 처음으로 자신의 위스키를 발매하게 되었을 때 100여 종에 가까운 제품을 만들어 관계자들에게 평가를 부탁했는데 전원이 69번째의 통을 선택하였고 통 번호 그대로 발매하였다.

ⓔ 화이트 호스(White Horse)

화이트 호스의 상표명은 에딘버러(Edinburgh)에 있는 오래된 여관의 이름을 딴 것이다. 엑스트라 파인(Extra Fine)은 몰트 함유율이 높은 수출용의 고급주이며, '로간(Logan)'은 창업자의 이름을 붙인 디럭스품으로 약간 드라이한 맛이다.

2) 아이리시 위스키(Irish Whiskey)

아일랜드에서 만들어지는 위스키의 총칭으로 스코틀랜드의 스카치 위스키보다 더 오랜 역사를 가지고 있으나 스카치 위스키에 비해 명성은 못하다. 아일랜드는 위스키의 원조라는 자부심으로 위스키의 영문 표기를 'Whiskey'로 하고 있다. 스카치 위스키는 100% 맥아만으로 만드는 데 비해 아이리시 위스키는 맥아 이외에 보리, 호밀, 밀 등을 사용하고 대형 단식 증류기로 3회 증류한다. 또 맥아를 건조할 때 피트가 아닌 석탄을 사용하므로 스카치 위스키와 같이 피트탄에서 나오는 스모키한 향은 없다.

(1) 역사

정확한 것은 알려져 있지 않으며, 1171년 영국의 헨리 2세가 아일랜드를 침략했을 때 '아스키보(생명수라는 뜻)'라는 강렬한 술을 마시고 있었다는 기록이 남아 있는데 위스키에 관한 최고의 기록으로 전한다.

(2) 분류

① 몰트 위스키(Malt Whiskey)

대맥의 맥아에 발아하지 않은 대맥, 라이맥, 그 밖의 맥류, 옥수수 등을 원료로 발효하여 대형 단식 증류기로 3회 증류하여 고농도의 위스키를 만들어 숙성한 후 제품화한다. 피트향은 없으나 대맥에서 오는 강한 향미가 있으며 아일랜드 현지인이 마시는 것은 주로 이 타입의 위스키이다.

② 블렌디드 위스키(Blended Whiskey)

주원료인 옥수수, 밀 등을 연속식 증류기로 증류하여 경쾌한 맛의 위스키를 만들어 몰트 위스키와 블렌딩한 것이다. 몰트 위스키에 비하여 가벼운 맛을 지니고 있으나 라이트한 맛을 좋아하는 현대인에게는 인기를 얻고 있다. 1970년대부터 대량생산되기 시작하여 수출되는 것은 거의가 이 타입이다.

(3) 브랜드별 종류

아이리시 위스키 브랜드

1. BUSHMILLS BLACK
2. BUSHMILLS
3. IRISHMAN
4. JAMESON
5. SILKIE
6. WEST CORK

① Irish Whiskey 브랜드

㉠ 올드 부시밀스(Old Bushmills)

영국령 북아일랜드 주에서 생산되는 유일한 브랜드로 현존하는 아이리시 위스키 중 가장 오랜 역사를 가지고 있다. 상표명 '부시밀'은 북아일랜드의 도시 이름으로 '숲속의 물레방앗간'이라는 뜻을 가지고 있다.

㉡ 존 제임슨(John Jameson)

1780년 더블린(Dublin)에서 '존 제임슨'이 설립한 회사로 오랫동안 아이리시의 고전적인 증류법으로 전통적인 중후한 맛의 위스키를 만들었으나 1974년 소프트한 풍미의 위스키를 개발하여 호평을 얻고 있다.

㉢ 털러모어 듀(Tullamore Dew)

'털러모어의 이슬'이란 뜻으로 아일랜드 중심부에 있는 아름다운 거리의 이름이다. 라벨에 '라이트 앤드 스무스(LIght and Smooth)'라고 표시되어 있는데, 매우 가볍고 매끄러운 맛이 특징이다.

3) 아메리칸 위스키(American Whiskey)

미국에서 생산되는 위스키의 총칭으로, 미국에서는 위스키 영문 표기를 'Whiskey'로 하고 있다. 미국의 위스키는 '곡물을 원료로 하여 알코올 95% 이하로 증류한 후 오크통(Oak Cask)에서 숙성하여 알코올 농도 40% 이상으로 병입한 것 또는 그와 같은 것에 다른 주정을 섞은 것'이라 정의하고 있다. 미국에서의 위스키는 신대륙에 이주한 영국계 이민에 의해 시작되었을 것으로 추측할 뿐 초기의 역사는 알려져 있지 않다. 미국 위스키에 관한 최고의 기록은 1770년의 것으로 '피츠버그에서 곡물로 증류주를 만들었다'는 내용이 전해진다.

미국에서 생산되는 위스키로는 버번 위스키, 테네시 위스키, 라이 위스키, 콘 위스키 등이 있는데, 켄터키 주 버번(Bourbon) 지역에서 옥수수를 주원료로 만든 버번 위스키가 가장 유명하다.

(1) 분류

① 스트레이트 위스키(Straight Whiskey)

옥수수, 호밀, 밀, 대맥 등의 원료를 51% 이상 사용하여 만든 주정을 다른 곡물주정(Natural Grain Sprits)이나 위스키를 혼합하지 않고, 그을린 오크통에 2년 이상 숙성하면 스트레이트(Straight)라는 수식어를 붙여 부른다. 버번 위스키, 테네시 위스키, 콘 위스키, 라이 위스키 등이 있다.

② 블렌디드 위스키(Blended Whiskey)

한 가지 이상의 스트레이트 위스키에 중성곡물주정을 혼합하여 병입한 것으로 배합비율은 스트레이트 위스키 20% 이상에 중성곡물주정 80% 미만으로 한다.

③ 콘 위스키(Corn Whiskey)

옥수수를 80% 이상 사용하고 통에 의한 숙성을 하지 않거나 숙성을 하더라도 헌 통을 사용한 것이다.

(2) 종류

① 켄터키 스트레이트 버번 위스키(Kentucky Straight Bourbon Whiskey)

버번 위스키는 옥수수를 51% 이상 사용하고 다른 곡물을 섞어 당화 발효 증류하여 내부를 태운 오크통(Oak Cask)에 넣어 2년 이상 숙성하며, 보통 4년 숙성 후 제품화한다. 이때 오크통에서 나는 스모키향이 독특한 풍미를 준다. 그리고 2년 이상 통에서 숙성하면 명칭에 스트레이트(Straight)라는 수식어를 붙여 부른다. 버번 위스키의 원산지인 켄터키 주에서 증류 생산된 것을 켄터키 스트레이트 버번 위스키(Kentucky Straight Bourbon Whiskey)라고 하며 일리노이, 인디애나, 미조리 등 여러 주에서도 생산하고 있다. 1789년 켄터키 주 스코트군의 목사 '엘리자 크라이그(Elijah Craig)'가 옥수수로 증류주를 만든 것이 버번의 시초로 알려져 있다. 그후 켄터키 주 버번군이 옥수수로 만든 위스키의 주산지가 되었는데, 프랑스에서 건너온 이민자들이 고국의 '부르봉(Bourbon)' 왕조를 기려 이름 붙인 지명에서 명칭이 유래되었다.

② 테네시 위스키(Tennessee Whiskey)

원료 및 제조법은 버번 위스키와 같지만 증류 후 테네시 주의 사탕단풍나무 숯으로 여과하여 매끈한 맛을 내는 것이 특징으로 버번 위스키의 일종이지만 상거래 습관상 버번 위스키와 구분하는 테네시 주의 특산물이다.

③ 아메리칸 블렌디드 위스키(American Blended Whiskey)

라이(Rye)맥 51% 이상을 주원료로 '라이 위스키(Rye Whiskey)'를 만들어 이것을 20% 이상 블렌딩하여 만든 위스키를 말한다. 나머지 80% 미만은 어떤 종류의 위스키라도 무방하며, 천연 곡물 주정이라도 관계없다. 이렇게 만들어진 위스키는 부드러운 것이 많으며 미국인들에게 인기가 높다.

> **금주법**
>
> 미국에서 1920년부터 1933년까지 시행되었다. 그 이전에도 일부 주에서 시행되었으나 미국 연방헌법의 수정으로 이 기간 동안 의료 목적의 주류와 교회에서 사용하는 포도주 등만 허용되었고, 그 이외에 주류를 개인이 소지하거나 소비하는 행위는 연방 법률로 불법화되었다. 금주법이 시행되게 된 배경에는 여러 가지 이야기가 전해지고 있으며 이 기간 동안 정치적으로 부패하고 마피아 같은 지하조직이 생겨나고 밀조주 산업이 번성하였다. 이 시기를 가리켜 광란의 20년대, 암흑의 20년대라고 부르는 이유이다.

(3) 브랜드별 종류

아메리칸 위스키 브랜드

• 버번 위스키

1. ELIJAH CRAIG	6. MAKER'S MARK
2. EVAN WILLIAMS	7. RABBIT HOLE
3. JIM BEAM BLACK	8. RUSSELL'S
4. JIM BEAM	9. WILD TURKEY
5. KENTUCKY GENTLEMAN	

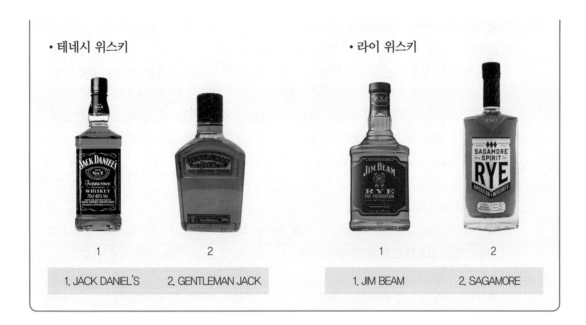

• 테네시 위스키

1

2

1. JACK DANIEL'S   2. GENTLEMAN JACK

• 라이 위스키

1

2

1. JIM BEAM   2. SAGAMORE

① 버번 위스키(Bourbon Whiskey) 브랜드

　㉠ 엔시엔트 에이지(Ancient Age)

　　'고대의 좋은 시절'이라는 의미로 머릿자를 따서 'A & A'라고도 부른다. 이 회사는 제품에 대한 강한 자부심으로 '만약 이보다 나은 버번이 있다면 그것을 선택하십시오.'라는 캐치프레이즈를 쓰고 있다.

　㉡ 벤치 마크(Bench Mark)

　　상표명 '벤치 마크'란 '원점'이라는 기술 수준을 말하는 측량 용어로, '버번의 원점'이라는 의미가 있다.

　㉢ 얼리 타임스(Early Times)

　　'개척시대'라는 의미를 지닌 이 브랜드는 버번 위스키의 탄생지인 켄터키 주 버번군에서 링컨(Lincoln) 대통령이 취임한 1861년에 탄생한 버번의 정통파로 전통적인 풍미와 부드러운 감촉이 호평을 받고 있다.

　㉣ 포 로즈(Four Roses)

　　'장미 네 송이'라는 이름으로 시그램의 버번 가운데 가장 널리 알려진 상표이다. 6년간 저장하였으며 마일드한 맛이 특징이다.

　㉤ I.W 하퍼(I.W. Happer)

　　1877년 탄생한 상표로 상표명은 두 사람의 공동 창업자인 증류 전문가 '아이작 울프 번하임(Isaac Wolf Bernheim)'과 뛰어난 세일즈맨 '버나드 하퍼(Bernhord Happer)'의 이름을 합쳐 만들었다. 창업 이래 높은 품질로 정평이 나있고 감칠맛과 품격 있는 풍미는 많은 애음가를 확보하고 있다.

ⓗ 짐 빔(Jim Beam)

이 회사의 역사는 1795년 '제이콥 빔(Jacob Beam)'이 버번군에 위스키 증류소를 세웠을 때부터 시작된다. 현존하는 미국의 증류회사 중 가장 오랜 전통을 가지고 있으며, 창업 이래 200여 년이 지난 현재에도 빔 집안이 경영하고 있다. 4년 숙성의 '화이트 라벨(White Label)'은 맛이 아주 부드러워 소프트 버번의 대표적 존재가 되었으며, '초이스 그린(Choice Green)'은 통 숙성 후 차콜 필터로 여과한 디럭스품으로 감칠맛 있는 풍미로 알려져 있다. '블랙 라벨(Black Label)'은 라벨에 101개월 숙성이라 기재되어 있는데 장기 숙성에 의한 마일드함이 특징이다.

ⓢ J.W 던트(J.W. Dant)

1863년 'J.W. Dant'가 만든 브랜드로, 현재 뛰어난 버번은 대개 사워 매시(Sour Mash) 방식으로 만들고 있는데 던트가 발명하였다.

ⓞ 올드 크로우(Old Crow)

'늙은 까마귀'란 뜻으로 라벨에도 까마귀 그림이 그려져 있는데 창업주인 '제임스 크로우(James Crow)'에서 유래한다. 이 술이 탄생한 것은 1835년으로 창업 이래 미국 내 매출액 상위에 속하는 브랜드로 마일드하고 부드러운 풍미가 특징이다.

ⓩ 올드 그랜드 대드(Old Grand Dad)

상표명 '올드 그랜드 대드(할아버지)'란 이 회사의 창업자인 '하이든(R.B Hiden)'의 애칭으로 창업은 1769년인데 버번은 1882년부터 생산하였다. 처음에는 알코올 농도 50%의 것을 생산하였으나 1958년 알코올 43% 버번을 생산하면서 급속히 시장을 확대하여 유명 브랜드가 되었다.

ⓩ 텐 하이(Ten High)

미국의 거대 주류기업인 하이램 워커 사 제품으로 상표명 '텐 하이'는 포커 게임의 최고인 '로열 스트레이트 플러시(Royal Straight Flush)'에서 딴 것으로 더 이상의 버번은 없다는 자부심에서 이 이름을 붙였다고 한다.

ⓚ 와일드 터키(Wild Turkey)

켄터키 주에 있는 '오스틴 니콜스(Austin Nichols)' 사 제품으로 알코올 농도 101Proof의 '와일드 터키'는 매년 사우스 캐롤라이나 주(South Carolina State)에서 열리는 야생 칠면조 사냥에 모이는 사람들을 위해 만든 데서 유래하였다.

② 테네시 위스키(Tennessee Whiskey) 브랜드

㉠ 조지 디켈(George Dickel)

1870년 테네시 주 탈라호마에서 '조지 디켈'이 창립하였으며 마일드한 풍미가 특징이다. 이 지역은 석회석의 층을 지닌 물과 사탕단풍나무를 쉽게 얻을 수 있어 위스키 제조에 적합한 지역이라고 한다.

ⓛ 잭 다니엘(Jack Daniel's)

미국을 대표하는 고급 위스키로 1846년 테네시 주의 링컨 카운티(Lincoln County)에서 '잭 다니엘'이 창업하여 '벨 오브 링컨'이라는 상표로 발매하였으며 자신의 이름을 붙인 것은 1887년부터이다. 그는 우연한 기회에 사탕단풍나무 숯으로 여과한 위스키의 맛이 매우 뛰어 나다는 사실을 발견하고 사탕단풍나무 숯으로 위스키를 여과하는 과정을 도입하게 되었으 며, 이것은 버번 위스키와 테네시 위스키를 구분하는 방법이 되었다. 1992년 국내에서 개봉 된 영화 '여인의 향기'에서 주인공이 마시면서 국내에서도 유명해졌다. '블랙(Black)'과 '그린 (Green)'의 두 종류가 있다.

③ 아메리칸 블렌디드 위스키(American Blended Whiskey) 브랜드

㉠ 시그램스 7 크라운(Seagram's 7 Crown)

금주법이 해제된 1934년에 발매된 이래 미국의 톱 위스키 자리를 계속 유지하고 있다. 발매 하기 전 사내에서 10여 종의 블렌더를 시음한 결과 7번째가 선택되었기 때문에 7과 왕의 상 징 크라운을 붙여 상표명으로 정하였다.

㉡ 센리 리저브(Schenley Reserve)

버번 위스키의 명문인 센리 사가 내놓고 있는 블렌디드 위스키로 소프트한 감촉과 매끄러운 풍미가 일품이다.

4) 캐나디안 위스키(Canadian Whisky)

캐나디안 위스키는 전체적으로 가벼운 스타일로, 순한 위스키를 선호하는 현대인들의 취향에 맞아 최근 세계 시장에서 인기가 높아지고 있다. 캐나다의 위스키 산업이 번창한 것은 1920년부터 13 년간 시행된 미국의 금주법의 영향 때문이다. 미국의 금주법 기간 동안 술을 찾아 캐나다로 여행하 는 미국인을 상대로 매출을 늘렸으며 미국에서 금주법이 해제된 후 미국시장에 진출하여 미국 애 주가들을 매료시켰다. 캐나다의 위스키는 라이(Rye)맥을 주로 사용하기 때문에 라이 위스키(Rye Whisky)로 부르기도 하는 블렌디드 위스키(Blended Whisky)로 라이맥 51%에 대맥 맥아와 옥수 수 등을 혼용하며, 라이맥 90%에 대맥 맥아 10%를 혼용하기도 한다. 라이맥을 주제로 비교적 향 미가 있는 위스키를 만들고 다음에 옥수수를 주제로 한 풍미가 부드러운 위스키를 만들어 모두를 3년 이상 숙성하여 최종적으로 블렌딩한다. 이렇게 만들어진 위스키는 라이트한 것이 특징으로, 라이 위스키 원주를 51% 이상 혼합한 것은 상표에 '라이 위스키(Rye Whisky)'라 표시한다.

1. CANADIAN CLUB
2. CANADIAN MIST

3. CROWN ROYAL
4. SEAGEAM'S V.O.

(1) 캐나디안 위스키(Canadian Whisky) 브랜드

① 앨버타(Alberta)

라이 위스키 원주를 51% 이상 사용하여 만든 '라이 위스키'로 5년 숙성의 라이트한 타입의 '앨버타 프리미엄(Alberta Premium)'과 10년 숙성의 고급품인 '앨버타 스프링스(Alberta Springs)'가 있다.

② 블랙 벨벳(Black Velvet)

'검은 비로도'란 뜻으로 옥수수와 호밀을 주원료로 만든 술로서 캐나디언 위스키의 전형적인 보드카의 맛에 가까운 위스키이다. 1970년 미국에 첫 수출된 이후 큰 인기를 얻고 있다.

③ 캐나디안 클럽(Canadian Club)

캐나디안 클럽의 창시자인 하이램 워커는 자신의 위스키를 애호했던 소비자들이 상류사회 클럽을 이용하는 신사들이었다는 데서 힌트를 얻고, 위스키에 '클럽 위스키(Club Whisky)'라는 이름을 붙여 전 세계로 퍼져나가는 성공을 거두게 되었다. 하이램 워커가 1882년에 '클럽 위스키'를 미국 시장에 선보이자 인기가 치솟아 미국 내 증류소들의 위스키 사업에 큰 타격을 입을 정도가 되었다. 이에 미국의 증류업자들은 미국 정부를 압박하여 원산지를 표시하게 하는 법안을 만들게 되었고, 이 때문에 '클럽 위스키'에 '캐나다'라는 원산지가 더해져서 '캐나디안 클럽'이라는 브랜드가 탄생하게 되었다. 1898년에는 영국 왕실에서 최고의 제품에만 수여하는 '로열 워런트(Royal Warrant)'를 북미에서 생산된 위스키로서는 처음으로 수상하게 되었다.

④ 시그램 VO(Seagram's VO)

양주 메이커로 세계 최대 규모를 자랑하는 시그램의 주력 제품이며 최저 6년 숙성의 원주를 블렌딩한 라이트한 풍미의 위스키이다.

⑤ 크라운 로열(Crown Royal)

왕관 모양을 본 뜬 병으로 1939년 영국 왕 조지 6세가 캐나다를 방문했을 때 시그램 사가 심혈을 기울여 만든 진상품으로 그 후 '크라운 로열'은 엘리자베스와 에든버러공의 결혼식과 엘리자베스 2세의 대관식에 진상되었다. '크라운 로열'은 캐나디안 위스키의 전형적 특징인 가벼움을 지니면서도 과일향이 은은하게 풍기는 비단결 같은 부드러운 맛을 낸다.

⑥ 맥기네스(Mc Guinness)

이 회사의 위스키는 대개가 라이트한 타입으로 독특한 디자인의 병에 발매되는 것으로 유명하다.

SECTION 2 브랜디(Brandy)

브랜디란 과실의 발효액을 증류한 알코올이 강한 술로서, 단순히 브랜디라고 하면 포도주를 증류한 것을 말하며, 그 외의 과실주를 증류한 것은 과실의 이름을 붙인다.

1. 역사

1)기원

남유럽의 연금술사인 아노드 빌르누브(Arnaud Villeneuve)가 13세기 초 와인을 증류하여 '생명의 물(Aqua Vitae)'을 만들었다는 기록이 가장 오래된 것으로 전해진다. 본격적인 상업화는 17세기 후반 코냑 지방에서 시작되었는데 17세기 코냑 지방은 종교개혁을 둘러싼 유그노(Huguenot) 전쟁의 무대가 되어 포도밭은 완전히 황폐화되었고 전쟁이 끝난 후 밭을 일구어 와인을 생산했지만 와인의 품질이 좋지 않았다. 그래서 당시 이곳에 있던 네덜란드 무역상들의 권유를 받아 와인을 증류하여 브랜디를 만들게 되었다.

2) 어원

네덜란드 무역상들은 와인을 증류한 술로 불태운 포도주라는 뜻으로 '브란데 웨인(Brande Wijn)'이라 이름을 붙여 영국을 비롯한 북유럽의 여러 나라에 팔았는데, 영국인들이 '브란데 웨인'을 줄여 '브랜디(Brandy)'라 불렀다.

2. 분류

프랑스는 세계 최고의 브랜디를 생산하고 있는데 특히 코냑(Cognac)과 알마냑(Armagnac) 지방이 세계적으로 품질을 인정받고 있다. 1909년 프랑스 국내법으로 생산지역, 포도 품종, 증류법 등을 엄격하게 규제하여 그 규격에 맞지 않으면 '코냑' 또는 '알마냑'이라는 이름으로 판매할 수 없도록 하고 있다.

1) 코냑(Cognac)

최고의 브랜디로 평가되는 코냑의 프랑스 정식명칭은 '오 드 비 드 뱅 드 코냑(Eau-de-Vie de vin de Cognac)'이다. 코냑 지방은 고대 로마시대 때부터 와인을 제조하였는데, 이 지방의 와인은 다른 지방의 와인에 비해 당도가 낮아 알코올 농도가 낮고 산도는 높아 좋지 않은 품질로 인해 판로가 줄고 과잉 생산되는 문제가 있었다. 17세기 무렵 네덜란드 무역상들이 프랑스의 와인을 유럽의 여러 나라에 팔았는데 운송 도중의 품질 변화를 막고 부피를 줄이기 위하여 와인을 증류한 결과 오히려 결점이 장점으로 변화되었다. 와인의 산은 브랜디의 방향 성분으로 변화되었고, 알코올 농도가 낮은 와인으로 브랜디를 만들기 위해서 많은 양의 와인을 증류하게 되었는데, 그 때문에 산 이외의 포도에서 유래되는 향기가 훨씬 더 농축된 형태로 브랜디에 이행되어 뛰어난 코냑이 만들어지게 되었다. 이후 코냑에 매료된 영국인들과 교역이 활발하게 진행되고, 세계적으로 널리 알려져 브랜디의 대명사로 자리 잡게 되었다. 포도를 수확한 이듬해 3월 31일 자정까지 증류를 끝내도록 정하고 있다. 단식 증류기로 2회 증류하여 화이트 오크 캐스크(White Oak Cask)에서 숙성하며, 포도재배지구를 6개로 구분하여 100% 그 지역 산출의 포도로 만든 코냑에 한해 지구명을 표시하여 판매하는 것을 허용하고 있다.

- 그랑드 상파뉴(Grande Champagne) : 섬세한 맛의 브랜디가 산출되는 데 숙성에 긴 세월이 필요하다.
- 프티트 상파뉴(Petite Champagne) : 개성이 약간 순하고 숙성이 조금 빠르다.
- 보르더리(Borderies) : 숙성이 빠르며 짙고 발랄한 맛의 술이다.
- 팡 부아(Fins Bois) : 특징이 약하고 블렌딩용이다.
- 봉 부아(Bons Bois) : 가벼운 맛의 블렌딩용으로 유명 브랜드의 고급품에는 사용하지 않는다.
- 보어 조르디네르(Bois Ordinaires) : 대중용으로 사용된다.
※ 핀 상파뉴(Fine Champagne) : 그랑드 상파뉴산 50% 이상에 프티트 상파뉴산만을 블렌딩한 것이다.

2) 알마냑(Armagnac)

'코냑'과 쌍벽을 이루는 명주인 '알마냑'은 보르도의 남서쪽에 위치한 지방으로 '알마냑' 브랜디의 역사는 코냑 지방보다 훨씬 오래되어 15세기 무렵부터 브랜디를 제조하였으나 큰 관심을 끌지는 못하였으며, 2차 대전 이후 미군들에 의해 알려지기 시작하였다. 반연속식 증류기로 1회 증류하는 것이 일반적이며 블랙 오크 캐스크(Black Oak Cask)에서 신선한 향미의 브랜디로 숙성된다.

3) 프렌치 브랜디(French Brandy)

코냑과 알마냑 이외의 지역에서 만들어지는 것으로 대개는 연속식 증류기로 가벼운 풍미의 브랜디를 생산한다.

4) 칼바도스(Calvados)

칼바도스는 사과 발효주를 증류한 '애플 브랜디(Apple Brandy)'로 프랑스 북부 노르망디 지방의 특산주이며 칼바도스 지역에서 나오는 애플 브랜디의 통칭이다. 이 지방은 겨울철 추위가 혹독하여 포도재배에는 적당하지 않고 한냉에 강한 사과가 풍부하여 사과주(Cidre, Cider)와 애플 브랜디의 특산지가 되었다. 알코올 도수는 40~45%이며 농축된 사과향이 나는 것이 특징으로 쌉쌀한 맛이 있다.

① 분류

　ⓐ 칼바도스(Calvados)

　　칼바도스 지역 외의 법정지역에서도 만들며, 엄격한 규정이 적용되지 않아 사과 외에 배를 섞을 수도 있고, 대부분 연속식 증류기로 생산하고 있다.

　ⓑ 칼바도스 동프롱테(Calvados Domfrontais)

　　노르망디의 동프롱(Domfront) 지역에서 사과 외에 반드시 배를 30% 이상 사용하여 만들어지는 칼바도스이다.

　ⓒ 칼바도스 페이도주(Calvados Pays d'Auge)

　　가장 고급의 칼바도스로 노르망디 내에서도 칼바도스 지역에서만 만들 수 있으며, 단식 증류기로 증류해야 한다. 다른 칼바도스와 마찬가지로 배를 섞을 수도 있지만 최대 30%까지만 가능하다.

② 등급

　ⓐ VS(Very Special), Fine de Calvados 등 : 가장 낮은 등급으로, 최소 2년 숙성된 제품이다.

　ⓑ Reserve, Old : 최소 3년 숙성된 제품이다. 동프롱테(Domfrontais)의 경우 이 등급부터 시작한다.

　ⓒ VO(Very Old), VSOP, Vieille Rèserve : 최소 4년 숙성된 제품이다.

　ⓓ XO, Hors d'age, Très Vieille Rèserve, Très Vieux 등 : 최소 6년 이상 숙성된 제품이다. 코냑과 알마냑은 2018년 규정을 개정하며 최소 10년 이상 숙성된 제품만 XO 등급을 붙이게 되었지만 칼바도스는 여전히 최소 6년 이상 숙성할 것을 규정하고 있다. 오다주(Hors d'age)는 XO와는 구분해 더 고급 제품으로 판매하기도 한다. 이 등급 이상부터는 등급명 대신 10년, 15년, 20년 하는 식으로 숙성 연수를 명시하기도 한다.

> **애플잭(Applejack)**
>
> 미국에서 사과주를 증류하여 만들며, 칼바도스보다 강한 풍미를 가지고 있다.

3. 브랜디의 품질표시 및 저장부호

브랜디는 저장연수를 부호로 표시하여 판매하는 경우가 많으며, 그 부호가 나타내는 저장기간은 제조회사에 따라 약간의 차이가 있다. 이러한 부호 표시는 1865년 헤네시(Hennessy) 사에서 최초로 사용하였다. 저장기간의 표시는 법률로 정해진 것은 아니며 생산업자가 임의로 표시한다.

♦♦ 브랜디의 숙성 연도 표시

부호 및 표시	저장기간	부호 및 표시	저장기간
☆	2~3년	VO	10~15년
☆☆	4~5년	VSO	15~20년
☆☆☆	6~7년	VSOP	25~30년
☆☆☆☆☆	10~12년	XO	45~50년
		EXTRA	70년

※ • V : Very　　• S : Superior　　• O : Old
　 • P : Pale　　• X : Extra　　• N : Napoleon

> **브랜디 스트레이트법**
>
> ① 반드시 브랜디 글라스(Brandy Glass, Cognac Glass, Snifter Glass)를 사용한다.
> ② 글라스를 예열하여 사용한다.
> ③ 글라스를 수평으로 눕혀 글라스의 크기에 관계없이 1온스만 따른다.
> ④ 두 손으로 글라스를 감싸 쥐고 상온에서 조금씩 천천히 마신다.
> ⑤ 식후에 마신다.

4. 브랜드별 종류

브랜디 브랜드

• 코냑

| 1 | 2 | 3 | 4 | 5 | 6 |

1. ALEXANDER
2. CAMUS
3. HORSE SUN

4. MARTELL
5. OTARD
6. REMY MARTIN

• 알마냑

| 1 | 2 | 3 |

1. BLANCHE
2. JANNEAU
3. CHABOT

• 프렌치 브랜디

| 1 | 2 |

1. ANOT
2. GEO ROLAND BRANDY

• 칼바도스

1. BUSNEL   2. CHRISTIAN DROUIN

1) 코냑 브랜디(Cognac Brandy) 브랜드

① 비스키(Bisquit)

5대 코냑 브랜드의 하나로 꼽히고 있으며 라이트한 풍미를 지닌다. '☆☆☆'부터 만들고 있는데 VSOP 이상은 모두 핀 상파뉴(Fine Champagne) 규격품이다. 'VSOP'는 통의 향기를 느낄 수 있고 '나폴레옹(Napoleon)'은 원료의 향기가 녹아들어 마일드한 풍미이다. 'XO'는 크리스털 디캔터병으로 장기 숙성의 매력을 맛볼 수 있는 균형 잡힌 코냑이다.

② 카뮈(Camus)

카뮈 제품의 85% 이상은 세계 각지의 면세점에서 팔리고 있다. 'VSOP'는 '쁘띠뜨 상파뉴(Petite Champagne)'와 '보르더리(Borderies)'의 원주를 중심으로 네 지역의 것을 블렌딩한 것으로 마일드한 풍미를 지닌다. '나폴레옹(Napoleon)'은 '그랑드 상파뉴(Grande Champagne)'와 '보르더리(Borderies)'의 원주를 사용하는데 부드러우면서도 감칠맛이 있다. '나폴레옹 XO(Napoleon XO)'는 자가 포도원에서 만든 20~30년 숙성의 원주를 중심으로 블렌딩한 것으로 약간 드라이한 맛을 지니고 있다.

③ 쿠르보아제(Courvoisier)

1790년 파리의 와인 전문상인이었던 '엠마누엘 쿠르보아제(Emanuel Courvoisier)'가 1835년 창업한 회사로 마르텔, 헤네시와 함께 코냑 업계 3대 브랜드의 하나이다. '쿠르보아제'는 나폴레옹의 팬이었으므로 그의 입상을 '쿠르보아제'의 심벌마크로 했다. 마아텔 제품이 약간 쌉쌀한 맛의 산뜻한 감칠맛을 추구하고 헤네시 사의 제품이 통 숙성을 충분히 한 약간 중후한 풍미로 마무리되어 있는 데 비해 '쿠르보아제' 제품은 그 중간 타입이라 할 수 있다. '☆☆☆'은 쿠르보아제의 주력 제품으로 생산량의 80%를 차지하며 약간 달콤한 맛이 감추어진 미디엄 타입이다. 'VSOP'는 '핀 상파뉴' 규격의 디럭스품으로 미디엄 타입이다.

④ **크로아제(Croizet)**

'크로아제(Croizet)' 사는 창업자가 나폴레옹 황제에 얽힌 에피소드를 가지고 있다는 데 강한 자부심을 가지고 있다. 1805년 나폴레옹은 '아우스터리츠(Austerlitz)'의 싸움에서 오스트리아 군대를 격파하였다. 전승의 여운을 되씹으며 나폴레옹이 숙영지를 순시하고 있을 때 근위 보병연대의 저격수인 '크로아제'가 수통에 담은 술을 전우들에게 따라주고 있었다. 나폴레옹이 물어본즉 그것은 '크로아제' 집안의 자가 브랜디로서 자신의 집안에서는 그것에 나폴레옹이라는 이름을 붙여 놓고 있다고 하였다. 나폴레옹이 한 모금 마셔 보고는 나폴레옹이라는 이름에 부끄럽지 않은 술이라는 찬사를 하게 되었고, 이때부터 '크로아제' 집안에서는 브랜디 사업에 나설 것을 결심하고 1805년을 창업의 해로 삼았다.

⑤ **헤네시(Hennessy)**

창업자인 '리차드 헤네시(Richard Hennessy)'는 루이 14세의 근위대에 속한 아일랜드 출신의 병사로 1765년 군에서 제대한 '헤네시'는 귀국하지 않고 코냑 지방에 자리 잡고 브랜디 사업을 시작하였다. 그 후 '헤네시'의 후손들이 회사를 조직적으로 발전시켜 창업 1세기 후 '헤네시' 사는 코냑 업계 최초로 병을 사용하여 판매하기 시작했다. '헤네시'의 마크가 금으로 된 도끼를 들고 있는 무사의 팔인 데서 '금도끼'라고도 불린다. '헤네시' 상표의 코냑은 대규모 유명 브랜드 중에서도 중후한 풍미가 특징으로 되어 있다. 1865년에는 숙성기간을 보증한다는 뜻으로 최초로 상표에 '☆☆☆'을 표시하여 '헤네시'는 좋은 품질의 브랜디라는 인식을 소비자에게 심어주게 되었다.

⑥ **하인(Hine)**

영국 귀족 출신인 '토마스 하인(Thomas Hine)'이 설립한 회사로 상표의 중앙에 있는 숫사슴 도안은 하인 집안의 문장에서 딴 트레이드 마크이다. 영국 왕실 납품업체이기도 하며 병에는 그 마크가 새겨져 있다. 거의 모든 코냑을 가장 품질이 좋은 그랑드 상파뉴(Grande Champagne) 지역의 브랜디를 사용하여 만들고 있다.

⑦ **라센(Larsen)**

이 회사는 범선을 심벌마크로 하고 있는데 1880년 이 회사를 창업한 '라센(Larsen)'이 북유럽 출신이었기 때문에 조상인 바이킹의 영광을 심벌화한 것이다. '그랑드 핀 상파뉴'는 '그랑드 상파뉴'와 '쁘띠뜨 상파뉴'산의 원주를 정선하여 블렌딩한 것이며, '그랑드 상파뉴'는 최고의 포도 원산지 '그랑드 상파뉴'의 원주만을 사용한 것으로 우아한 향기가 일품이다. '범선 보틀' 4종은 이 회사의 심벌마크이다. 이 회사의 '골든 리모주(Golden Rimoges)'는 전면이 황금색으로 빛나는 디럭스한 제품으로 모두 병마개를 연 후에는 작은 깃발 모양의 병마개로 바꾸도록 되어 있다.

⑧ **마르텔(Martell)**

'장 마르텔(Jean Martell)'이 1751년 코냑 지방에서 브랜디를 제조하기 시작한 이래 '마르텔'가는 8대에 걸쳐 가업을 전승했다. 역사, 규모, 신뢰도, 수출량 등에서 코냑의 NO. 1으로 꼽히는 '마르텔'은 전량 리무진 오크통(Limousine Oak Cask)에서 숙성시킨다. 오크 목재는 5년 이상 자연 상태에서 건조시킨 후 사용한다. 이 회사의 코냑은 우아하고 화려한 숙성 향기가 특징이며, 드라이 타입으로 '☆☆☆'은 그 특징을 전형적으로 갖춘 베스트셀러 상품이다.

⑨ 레미 마르탱(Remy Martin)

이 회사는 '☆☆☆'급의 상품은 만들지 않고 전 제품이 'VSOP' 이상이라는 것으로 유명하다. '그랑드 상파뉴' 지역과 '쁘띠뜨 상파뉴' 지역 이외의 것은 블렌딩하지 않으며 이 회사의 모든 상품이 '핀 상파뉴'의 호칭을 갖는 것도 특징이다. 'VSOP'는 통이 주는 영향을 균형 있게 살린 마일드한 제품이며, 이보다 한 단계 높은 제품에는 '센토(Cento)'라는 이름이 붙는데 이것은 그리스 신화에 나오는 반인반마신(半人半馬神) '켄타우로스(Centaurus)'를 가리키며 '레미 마르탱' 사가 200년 전부터 심벌 마크로 사용하고 있는 것으로 국제적으로 등록되어 있다.

2) 알마냑 브랜디(Armagnac Brandy) 브랜드

① 카르보네(Carbonel)

보통의 알마냑은 한 번의 증류로 만드는데, 이 제품은 2회 증류로 만들므로 라이트한 풍미를 지니고 있다.

② 샤보(Chabot)

알마냑 가운데 수출 면에서 톱을 차지하는 브랜드이다. '샤보(Chabot)'는 창업자의 성으로 16세기 '프랑소와(Francois) 1세' 때 프랑스 최초의 해군원수인 '필립 드 샤보(Philippe de Chabot)' 장군은 자기 선단에 적재하는 와인이 긴 항해기간 동안에 변질되는 일이 잦아 골머리를 앓았는데 오랜 항해에도 변질되지 않도록 증류하여 배에 신도록 하였다. 그렇게 하면 맛이 나빠지지 않을 뿐만 아니라 통 속에서 세월이 경과할수록 풍미가 뛰어나게 된다는 사실을 발견하여 숙성의 신비를 알게 된 것이다. 전통적인 증류기로 1회 증류하여 블랙 오크통(Black Oak Cask)에서 숙성하므로 원주는 중후하지만 숙성을 거쳐 마일드한 풍미를 지니게 된다.

③ 자노(Janneau)

1851년 창립한 '자노 필스(Janneau Fils)' 사 제품으로 후손에게 가업을 계승하여 현재에 이르고 있다. 중후한 감칠맛과 높은 향기가 특징으로 알마냑 가운데 가장 많이 수출되고 있다.

3) 프렌치 브랜디(French Brandy) 브랜드

① 카통(Caton)

코냑 지방의 자르낙에 본사를 둔 제마코 사의 제품이다. 코냑 브랜디 외에 코냑 지방 주변의 포도로 만든 가벼운 타입의 브랜디를 블렌딩하여 보급품으로 시장에 내놓는 상품이며, 약간 달콤한 편으로 칵테일에 알맞다.

② 쿠리에르(Courriere)

'궁정에서 보낸 급사가 탄 마차'라는 뜻으로, 오타르 사의 코냑 20%를 베이스로 코냑 지방 및 그 주변 지역의 와인을 연속 증류하여 블렌딩한 것이다. '나폴레옹'은 코냑의 풍미를 살린 달콤함이 있는 상품이며, '엑스트라'는 숙성을 더 오래하여 마일드한 풍미를 지니고, 'XO'는 창사 80주년 기념의 한정품으로 화려한 병이 특징이다.

③ 듀코(Ducauze)

코냑의 법정 지역산 이외의 브랜디를 블렌딩하여 비교적 부담 없는 가격의 제품을 공급하는 것을 방침으로 삼고 있다.

④ 마르탱 장(Martin Jeune)

코냑 브랜드인 '요제프 제르망'의 관련 회사로 그 코냑을 블렌딩하여 만들고 있다.

SECTION 3 드라이진(Dry Gin)

1. 역사

네덜란드에서 내과의사인 '프란시스쿠스 실비우스(Franciscus Sylvius)' 박사가 1660년 이뇨 · 건위의 약용 목적으로 만들었던 것이 시초이다. 이뇨에 효과가 있는 두송실(Juniper Berry) 오일을 환자에게 쉽게 투여하는 방법을 연구한 끝에 주정에 주니퍼 오일(Juniper Oil)을 섞어 마시는 방법을 생각하였다. 이것을 주니퍼의 프랑스어인 주니에부르(Genievre)에서 '주네버(Genever)'란 이름으로 이뇨 · 해열 · 건위의 약용으로서 처음에는 약국에서만 판매하도록 하였다. 이것이 애주가의 호평을 얻어 술로서 음용되게 되었다. 이때의 '주네버(Genever)'는 단식 증류기를 사용하였기 때문에 불순물이 많고 거칠었으나, 영국에서 연속식 증류기가 개발되면서 독자적인 타입의 '런던 드라이진(London Dry Gin)'이 보급되게 되었다. 이후 영국의 진 생산량이 본고장인 네덜란드를 능가하고 이것이 미국으로 건너가 칵테일의 베이스로 널리 사용됨으로써 전 세계적으로 사랑받게 되었다. 그래서 '진'을 가리켜 네덜란드인들이 만들고, 영국인들이 세련되게 하였고, 미국인들이 영광을 주었다고 하며 오늘날에 이르고 있다.

2. 분류

1) 주네버 진(Genever Gin)

네덜란드산의 전통적인 타입으로 옥수수, 호밀, 대맥 등의 곡물을 엿기름으로 당화하고 발효한 것을 단식 증류기로 증류하고 여기에 두송실 등의 원료를 넣어 재차 단식 증류기로 증류하여 만든다.

'쉐담 진(Schiedam Gin)'이라고도 부르며, '런던 드라이진'에 비해 맥아(Malt)의 사용량이 많아 맥아의 풍미가 진한 것이 특징으로 암스테르담(Amsterdam)과 쉐담 지방에서 많이 생산된다.

2) 런던 드라이진(London Dry Gin)

옥수수, 호밀, 대맥 등의 곡물을 당화하고 발효한 다음 연속식 증류기로 증류하여 주정을 만든다. 곡물 주정을 재차 증류시키는데 이때 특별히 고안된 '진 헤드(Gin Head)'에 두송실(Jupiter Berry)을 비롯한 향료식물을 넣고 증류되어 나오는 알코올의 증기가 여기를 통과할 때 향미성분이 묻어 나오게 하여 만들어 풍미가 부드러운 것이 특징이다. 오늘날 세계적으로 생산되는 대부분은 이 타입으로 상표에 런던 드라이진이라는 표시가 있다.

3) 기타

당분을 더해 단맛이 나게 한 것을 '올드 톰 진(Old Tom Gin)', 두송실 대신 다른 열매의 향으로 바꿔 만든 '진'을 '플레이버드 진(Flavored Gin)'이라고 한다.

① **골든 진(Golden Gin)** : 드라이진과 같은 것이나 단기간 저장하므로 옅은 황금빛을 띤다.
② **올드 톰 진(Old Tom Gin)** : 영국에서 생산하는 드라이진에 2% 정도의 당분을 첨가하여 감미가 있다.
③ **슬로 진(Sloe Gin)** : 진에 야생자두(Sloe Berry)를 원료로 혼합하여 만들며 선명한 붉은색과 달콤함이 특징으로 야생자두의 향이 부드럽기 때문에 여성들이 즐겨 마시는데 리큐어(Liqueur)이다.
④ **플레이버드 진(Flavored Gin)** : 두송실 대신 여러 가지 과일과 향초류 등으로 향을 내어 만드는 것으로 오렌지, 레몬, 박하, 생강 등을 원료로 배합하여 감미가 풍부하고 배합된 원료의 맛과 향이 강하다. 리큐어에 가까운 플레이버드 진의 달콤함과 향기는 스트레이트로 마시기 좋다.
⑤ **아메리칸 진(American Gin)** : 제조법은 다른 진과 같으나 중성 알코올에 향료를 넣어 만든 합성 진이다.

4) 알코올 농도 및 저장

80~100Proof(40~50%)로 저장하지 않으므로 무색투명하다.

3. 브랜드별 종류

드라이진 브랜드

1. BEEFEATER(영국)
2. BOMBAY SAPPHIRE(영국)
3. BULLDOG(영국)
4. DAMRAK(네덜란드)
5. GILBEY'S(영국)
6. GORDON'S(영국)
7. HENDRICK'S(스코틀랜드)
8. TANQUERAY(영국)
9. JUNIPER(한국/단종)

1) 드라이진(Dry Gin) 브랜드

① 비피터(Beefeater)

가장 유명한 런던 드라이진의 상표로 '비피터(Beefeater)'란 런던탑에 주재하는 근위병을 뜻하는데, '비프 이터(쇠고기를 먹는 사람)'에서 유래되었다는 이야기도 있다. 1820년 런던에 설립된 '제임스 버로우(James Burrough)' 사 제품으로 세계의 유명 바텐더는 '마티니(Martini)' 칵테일의 베이스에는 반드시 이 상표의 진을 사용하는 것이 상식화되어 있다고 할 정도로 유명 브랜드이다.

② 볼스(Bols)

'볼스(Bols)'는 1575년에 창업한 네덜란드의 주류기업으로 현존하는 증류회사 중 세계에서 가장 오래되었다. 리큐어 브랜드로서도 알려져 있어 다양한 제품을 판매하고 있다.

③ 봄베이(Bombay)

런던산으로 순수한 런던 진의 하나이다. 1781년 창업한 브랜드로 지금도 그 전통을 이어 받은 제법으로 만들어지며 드라이한 풍미가 특징이다. 현재와 같이 프리미어 진으로서 부활한 것은 1950년 무렵으로 상쾌하고 드라이한 허브의 높은 향기가 미국에서 호평을 받았다. '봄베이(Bombay)'와 '봄베이 사파이어(Bombay Sapphire)'가 있다.

④ 길비(Gilbey's)

길비의 진은 네모난 병으로 유명한데 이 병의 디자인은 주요 수출국인 미국에서 금주법 시대에 가짜가 많이 나돌았으므로 위조하지 못하도록 연구한 것이라고 한다. 레드 라벨 37%, 그린 라벨 47.5%로 제조하고 있다.

⑤ 고든스(Gordon's)

유명 브랜드의 하나로 1769년 창업한 정통 런던 타입이다. 1898년에는 당시 진 브랜드로서 유명한 '텐커레이(Tanqueray)'와 합병하여 '고든스'와 '텐커레이'의 2대 유명 브랜드를 가지는 진 브랜드로서 발전하여 현재에 이르고 있다.

⑥ 하이램 워커(Hiram Walker's)

캐나다의 거대 주류기업인 하이램 워커 사 제품으로 '블랙 라벨(Back Label)'에는 향료로 수마트라산의 '카시아', 이탈리아산의 '주니퍼', 발칸산의 '고수나물', 스페인 등 카리브해의 '발렌사 오렌지 껍질' 등의 사용을 명기하고 있다.

⑦ 슈리히테 슈타인헤거(Schlichte Steinhager)

'슈타인헤이가'는 런던 진보다 마일드한 맛을 가지는 독일 특산의 진으로 독일에서는 맥주를 마시기 전에 1~2잔 마시는 습관이 있다고 한다. 독일 서부의 베스트파렌(Westfalen) 주의 슈타인하겐(Steinhagen)이라는 마을이 이 술의 특산지였다고 하는데, 현재는 다른 주에서도 만들고 있다. 이것은 1863년 창업한 슈리히테 사의 제품으로 동사 브랜드는 슈타인헤이가 중에서 가장 유명하다. 보리를 단식 증류기로 2회 증류하여 두송실을 비롯한 향료식물을 사용하며 1776년의 레시피를 충실히 따라서 만들어지고 있다.

⑧ 시그램 엑스트라 드라이(Seagram's Extra Dry)

미국 톱 브랜드 진으로 시그램 사는 1939년에 발매하여 지금까지의 진보다 감귤계의 향기를 두드러지게 만들었다.

⑨ 텐커레이(Tanqueray)

1830년에 창업하여 1898년에는 '고든스'와 합병한 이후 미국시장 수출에 전념하여 판매와 수출을 상호 협력하고 있다. 병 디자인은 18세기 무렵 런던시의 소화전(消火栓)을 디자인한 것으로 미국 케네디 대통령과 가수 프랭크 시나트라가 즐겨 마셨다고 한다. 동사의 '텐커레이 넘버 10(Tanqueray No.10)'은 2000년도에 처음 만들어진 슈퍼 프리미엄급의 진으로 최고 성능의 제10번 증류기에서 증류한 원주만을 보틀링하여 붙여진 이름으로 프레시 허브(Fresh Herbs)를 사용하여 만들어 허브의 신선한 풍미를 즐길 수 있는 일품의 진으로 정평이 나 있다.

SECTION 4 보드카(Vodka, Wodka)

1. 역사

1) 기원

보드카가 언제부터 만들어졌는지 정확한 것은 알 수 없으며 북유럽의 여러 나라에서 추위를 이기기 위해 만들었다고 한다. 그 기원을 놓고 약간의 논쟁이 있기는 하지만 대부분의 역사학자들은 '보드카'라는 이름의 술이 러시아 수도원에서 처음 제조되기 시작하였을 것으로 추정한다.

보드카는 러시아의 마지막 3대에 걸친 황제들이 애용하던 술로서 제조법을 비밀에 부쳐 외부 세계에 알려지지 않았으나 1917년 러시아 혁명이 일어나면서 해외로 망명한 러시아인들을 통해 보드카의 제조법이 여러 나라로 전해지게 되었고, 현재 미국과 러시아에서 가장 많은 보드카를 생산하고 있다.

2)어원

보드카라는 이름은 생명의 물이란 뜻인 '즈이즈네니야 보다(Zhizennia Voda)'에서 물이란 뜻의 '보다(Voda)'가 애칭형인 '보드카'로 변한 것이라 하며, 문헌상으로 '보드카'라는 말은 16세기부터 사용하기 시작하였다고 한다.

2. 원료 및 제조

1) 원료

밀 · 보리 · 호밀 등의 곡물 외에도 감자나 옥수수 등을 원료로 하여 당화시킨 후 발효하고 증류한 다음 증류액을 희석하여 자작나무 숯으로 만든 활성탄으로 여과해서 정제하면 무색 · 무미 · 무취의 보드카가 만들어진다. 활성탄은 잡다한 맛과 냄새, 나쁜 성분을 제거하여 물처럼 깨끗한 보드카를 탄생시킨다. 여과하는 횟수가 많을수록 좋은 보드카가 만들어지며 고급의 보드카는 활성탄 여과의 목탄 냄새를 없애기 위해 마지막에 모래로 된 여과기를 통과시켜 목탄의 냄새까지 제거한다.

2) 알코올 농도 및 저장

80~100Proof(40~50%)이며, 저장하지 않으므로 무색투명하다.

3. 분류

대부분의 보드카는 무색 · 무미 · 무취이지만 약초 등을 첨가하여 색이나 향기가 있는 것도 있다.

1) 플레이버드 보드카(Flavored Vodka)

보드카에 과실향을 배합한 것으로 감미가 풍부하여 맛과 향이 짙어 칵테일보다 스트레이트로 마시기 좋으며 향을 내는 원료로는 오렌지, 레몬, 민트 등 여러 종류가 있다.

2) 주브로브카(Zubrowka)

보드카에 관목의 잎을 첨가하여 얇은 갈색과 소박한 맛을 곁들인 화주(火酒)이다. 그 관목은 미국의 중부 평원에서 볼 수 있는 초목의 일종인 버팔로 그라스(Buffalo Grass)와 흡사한 것이라고 한다. 러시아 및 체코산이 유명하다.

4. 브랜드별 종류

보드카 브랜드

1
2
3
4
5
6

1. ABSOLUT(스웨덴)
2. DANZKA(덴마크)
3. GILBEY'S(영국)
4. GZHELKA(러시아)
5. SMIRNOFF(미국)
6. WYBOROWA(폴란드)

1) 보드카(Vodka) 브랜드

① 앱솔루트(Absolut)

북유럽의 대부분의 나라에서 보드카를 생산하고 있는데 '앱솔루트(Absolut)'란 '절대적인', '순수의'란 뜻으로 스웨덴에서는 '앱솔루트(Absolut)', 핀란드에서는 '핀란디아(Finlandia)'가 대표적이다.

② 볼스카야(Bolskaya)

네덜란드의 가장 오래된 주류 브랜드인 'Bols(볼스)' 사가 제조하는 보드카로 상표명 '볼스카야(Bolskaya)'는 회사명을 러시아식으로 표기한 것이다.

③ 엑스트라 지트니아(Extra Zytnia)

미국의 '스미노프(Smirnoff)', 폴란드의 '비보로와(Wyborowa)', 스웨덴의 '앱솔루트(Absolut)' 등과 판매량을 겨루는 베스트셀러 보드카이다. 호밀을 원료로 하여 곡물의 묘미를 살린 향미와 드라이한 예리함이 특징으로 그레인 보드카(Grain Vodka)의 대표격이다.

④ 플라이슈만스 로열(Fleischmann's Royal)

미국산의 보드카로 깨끗함과 물처럼 상쾌한 촉감이 미국 보드카의 특징인데 이것은 그 전형적인 타입으로 100% 곡물로만 만들어진다.

⑤ 길비(Gilbey's)

1857년 창업한 런던 '길비(Gilbey's)' 사 제품으로 현재 일본을 비롯한 여러 나라의 현지 공장에서 생산하고 있다. 제2차 세계대전 이후 본격적으로 보드카를 생산하고 있다.

⑥ 쿠반스카야(Kubanskaya)

러시아산 리큐어 타입의 보드카로 러시아의 쿠반(Kuban) 지방에서 '생명의 이슬'이라고도 불렀던 비장의 명주이다. 라벨의 기사(騎士)는 당시의 위병(Kazak, 코사크)을 나타내고 있다. 레몬과 오렌지 과피에서 얻은 방향 성분과 소량의 설탕을 첨가하여 숙성한 것으로 오렌지의 과피 성분이 혀를 자극하여 식욕 증진과 기분 전환에 좋다.

⑦ 리모나야(Limonnaya)

예부터 '승리의 술'이라고도 불려온 상쾌함과 섬세한 맛의 러시아산 보드카이다. 레몬의 향미와 설탕을 첨가하여 리큐어 타입으로 만든 보드카로서 약간 단맛이 있어 식전이나 식후에 디저트 용으로도 마신다. 온더락 또는 주스에 넣어 옅은 레몬의 향기를 감돌게 하여 마시기도 한다.

⑧ 모스코프스카야(Moskovskaya)

러시아의 3대 우량 브랜드로 '스톨리치나야(Stolichinaya)', '스톨로바야(Stolovaya)', '모스코프스카야(Moskovskaya)'가 있는데, 그중에서 가장 드라이한 타입이다.

⑨ 니콜라이(Nikolai)

'시그램(Seagram's)' 사의 제품으로 산뜻한 감촉이 특징이며, 알코올 농도는 '블랙 라벨(Black Label)' 40%, '레드 라벨(Red Label)' 50%로 제조되고 있다.

⑩ 사모바르(Samovar)

상표명 '사모바르(Samovar)'란 러시아인의 가정에 있는 구리로 만든 차 끓이는 주전자를 뜻하며, 약 20여 개국에서 현지 생산을 하고 있다.

⑪ 스미노프(Smirnoff)

미국의 '피에르 스미노프(Pierre Smirnoff)' 사 제품으로 보드카로는 세계 제일의 베스트 브랜드로 알려져 있다. '스미노프(Smirnoff)'의 기원은 모스크바로 1818년 피에르 스미노프가 보드카 증류를 시작하였는데, 1917년 러시아 혁명으로 그의 자손 우라디미르 스미노프가 파리로 망명하여 망명 러시아인을 상대로 보드카 생산을 재개하였다고 한다. 1933년 미국에서 금주법이 해제되자 미국인 크네트가 미국과 캐나다에서의 판매권을 사들여 미국에서도 생산되게 되었다.

⑫ 스톨리치나야(Stolichinaya)

러시아어로 '수도(Capital)'라는 뜻으로 상표명 그대로 러시아의 수도 모스크바에 있는 크리스털 보드카 공장에서 생산된다. 매우 소프트하고 섬세한 풍미로 병째로 차게 하여 캐비어를 곁들여 마시면 최고라고 일컬어진다.

⑬ 스톨로바야(Stolovaya)

러시아어로 '식탁의'라는 뜻으로 세계 제일의 투명도를 자랑하는 바이칼(Baikal) 호수 부근에서 만들고 있다. 테이블용으로 알맞도록 소량의 오렌지와 레몬향을 첨가했으며 맑은 풍미가 일품이다.

SECTION 5 **럼(Rum, Rhum, Ron)**

영광스러운 영국 해군의 술이라 불리는 럼은 주로 지중해 연안의 해적들이나 카리브해의 선원들이 애음한 술이다.

1. 역사

1) 기원

럼은 카리브해의 서인도제도가 원산지로 16세기경에 이미 제조되었고 18세기에는 유럽의 상선에 의해 세계 각국으로 보급되었다. 럼의 원료인 사탕수수는 열대지방에서 널리 재배되어 그 지역마다 럼을 만들고 있으며, 지역에 따라 증류법, 숙성법, 블렌딩법에 차이가 있어 증류주 가운데 가장 다양성이 풍부한 술이다. 주 생산지로 쿠바, 자메이카, 푸에르토리코, 도미니카, 브라질 등이 있다. 식민지 전쟁에 뛰어든 영국은 오랜 항해기간 동안 수병들의 사기진작과 괴혈병의 고통, 식수문제를 해결하기 위해 맥주를 마시게 했는데, 항해 중에 맥주 맛이 변하게 되자 항해 중에도 맛이 변하지 않는 럼을 마시도록 하였다. 그러나 수병들이 지나치게 많이 마셔 부작용이 생기자 1743년경 영국 해군제독 '에드워드 버논(Edward Vernon)'은 럼의 배급량을 줄이고 반드시 물에 타서 묽게 하여 마시도록 하였다. 버논 제독은 성글게 짠 교직물의 일종인 그로그램(Grogram)이라는 천으로 만든 망토를 즐겨 두르고 있었기에 부하들은 그를 그로그 영감님(Old Grog)이라는 애칭으로 불렀다. 병사들은 그로그 제독이 럼에 물을 섞어 마시게 한다고 하여 그것을 '그로그(Grog)'라 불렀다. 그러나 이 '그로그'를 마시고도 취하여 비틀거리는 병사들이 있었고 '그로그'를 마시고 취한다 하여 '그로기(Groggy)'라고 하였다. 권투 용어 그로기가 여기에서 유래한 말로, 술에 취한 사람처럼 비틀거리는 모습을 표현한 것이다.

럼을 가리켜 '넬슨의 피(Nelson's Blood)'라고도 부르는데 영국 해군제독인 넬슨(Horatio Nelson)이 트라팔가 해전에서 전사하자 넬슨 제독의 시신이 부패하지 않도록 배에 실려 있던 럼 통에 넬슨 제독의 시신을 담아 본국으로 운구하였는데, 항해 중 병사들이 넬슨 제독의 시신이 담겨 있는 통에 작은 구멍을 내어 럼을 마셨다고 한다. 넬슨 제독의 유해가 영국에 도착하였을 때 오크통에 담겨 있던 럼은 사라지고 넬슨 제독의 시신만 있었다고 한다. 이후 럼 특히 '다크 럼(Dark Rum)'을 '넬슨의 피(Nelson's Blood)'라 부르게 되었다고 한다.

2) 어원

럼은 Rum(영어), Rhum(불어), Ron(스페인어)이라 한다. 1651년 서인도 제도에서 원주민들이 사탕수수로 술을 만들어 소동, 흥분이라는 뜻의 럼블리언(Rumbullion)이라고 불렀는데 여기에서 유래했다는 설과 럼의 원료인 사탕수수의 라틴어 사카럼(Saccharum)의 어미 Rum에서 시작되었다고 하는 설이 있다.

2. 원료 및 제조

1) 원료

사탕수수(Sugar Cane) 또는 당밀(Melasse)을 원료로 하는데 일반적으로 사탕수수를 짠 즙에서 사탕의 결정을 분리하고 나머지 당밀을 이용하여 만든다. 사탕수수를 재배하는 대부분의 지역에서 생산하고 있으며, 특히 서인도제도에 위치한 여러 나라들이 주산지이다.

2) 알코올 농도

알코올 농도는 80~151Proof(40~75.5%)이다.

3. 분류

1) 헤비 럼(Heavy rum) – 다크 럼(Dark Rum)

짙은 호박색으로 풍미가 가장 진하며, 오크통에서 숙성한다.

2) 미디엄 럼(Medium Rum) – 골드 럼(Gold Rum)

중간 타입의 럼으로 위스키의 색에 가까운 호박색을 지니고 있다. 오크통에서 일정기간 숙성한다.

3) 라이트 럼(Light Rum) – 화이트(실버) 럼[White(Silver) Rum]

무색투명한 가벼운 타입의 럼으로 상쾌한 맛이 특징이며, 칵테일에 주로 사용된다.

◆◆ 럼의 분류

맛	색	특징
헤비 럼(Heavy Rum)	다크 럼(Dark Rum)	짙은 호박색으로 풍미가 진함
미디엄 럼(Medium Rum)	골드 럼(Gold Rum)	중간 타입의 럼
라이트 럼(Light Rum)	화이트(실버) 럼[White(Silver) Rum]	무색투명한 가벼운 타입

4. 브랜드별 종류

럼 브랜드

1. BACARDI LIGHT(푸에르토리코)
2. BACARDI MEDIUM(푸에르토리코)
3. CAPTAIN MORGAN SPICE(미국)
4. MIRROR'S(스페인)
5. PLANTATION DARK(미국)
6. GOLD OF MAURITIUS DARK RUM(모리셔스)

1) 럼(Rum) 브랜드

① 바카디(Bacardi)

세계적으로 지명도가 높은 럼으로 최초로 라이트 럼을 생산한 브랜드이다. 당시의 럼은 자극적이고 거친 풍미를 가지고 있었는데 '바카디'는 차콜 필터로 여과하여 불순물을 제거한 소프트 타입의 무색인 '라이트 럼'을 만드는 데 성공하여 라이트 럼의 대명사가 되었다. 라이트 럼인 '화이트(White)'는 샤프한 풍미 속에 마일드한 맛을 감추고 있으며, '골드(Gold)'는 마일드한 풍미, '아네호(Anejo)'는 6년 숙성의 디럭스 타입으로 감칠맛 있는 풍미가 특징이다. '바카디 151(Bacardi 151)'은 알코올 농도 151Proof(75.5도)의 강렬한 럼으로, 라벨에는 '화기 주의'라는 문구가 적혀 있고, 심벌마크인 박쥐가 그려져 있다.

② 하바나 클럽(Havana Club)

1878년 쿠바에서 창업한 '하바나 클럽'사 제품으로 100년 이상의 역사를 가진 브랜드이다. 라벨에 그려져 있는 여인상(女人像)은 하바나항 입구의 마을에 실제로 있는 브론즈상으로, 여인은 영원한 젊음을 찾아 남편 곁을 떠나 여행을 떠났고 수병인 남편은 이 여인을 기다렸다고 하는 이야기가 주제가 되어 있다. '화이트'는 상표에 '라이트 드라이(Light Dry)'라 쓰여 있으며 3년간 오크통에서 숙성한 후 여과와 탈색 처리를 거쳐 화이트 컬러를 지니며 경쾌한 감촉과 드라이한 맛을 지니고 있다. '골드'는 '올드 골드 드라이(Old Gold Dry)'라 표기되어 있으며 5년간 오크통에서 숙성한 중후한 맛을 느낄 수 있다. 7년 숙성의 '엑스트라'는 '엑스트라 에이지드 드라이(Extra Aged Dry)'라 표시되어 있다.

③ 마이어스(Myer's)

1879년 자메이카의 설탕 농장주인 '프레드 마이어스(Fred L. Myers)'가 창업한 '마이어스'사에서 제조하여 오크통에 담아 영국의 리버풀로 보내어 그곳에서 8년 숙성 후 보틀링하는 헤비 타입의 럼으로 향기로운 향기와 화려한 풍미를 가진다. 이것은 온난한 영국 기후가 럼의 숙성에 좋은 영향을 주기 때문이라고 한다. '마이어스 레전드 10(Myer's Legend 10)'은 단식 증류기로 증류한 원주 중에서 10년 이상 숙성시킨 것을 엄선하여 보틀링한 제품으로 우아한 뒷맛이 뛰어나다.

④ 론리코(Ronrico)

푸에르토리코산으로 이 섬에는 럼 메이커 수십여 개소가 있는데 이 중 미국의 금주법이 제정되기 이전부터 조업한 곳은 1860년 창업한 이 회사뿐으로 금주법이 시행될 당시 미국령이었던 푸에르토리코에서 유일하게 알코올 제조가 허가된 업자이기도 하였다. '화이트'는 부드럽고 산뜻한 풍미, '골드'는 오크통 숙성에 의한 순한 맛이 특징이며 '151'은 알코올 농도 151Proof의 강렬한 럼으로 헤비 타입이다. 상표명 '론리코'는 럼의 스페인어인 '론(Ron)'과 리치(Rich, 부자)를 의미하는 '리코(Rico)'를 합성한 것이라 한다.

SECTION 6 테킬라(Tequila)

1. 역사

1519년 스페인 군대가 멕시코의 아즈텍(Aztec)을 침략했을 때 원주민들이 마시고 있던 용설란(Agave) 발효주인 '풀케(Pulque)'를 증류한 것이 시초라고 한다.

2. 원료 및 제조

1) 원료

용설란을 수확하여 잎을 제거하고 압착하여 수액을 발효시키면 하얗고 걸쭉한 형태의 발효주인 풀케가 만들어지며, 이 '풀케'를 증류한 것을 '메즈칼(Mezcal)'이라고 한다. 멕시코 각지에서 만들어지는 '메즈칼' 가운데 블루 아가베(Agave Azul, Agave Tequilana), 혹은 테킬라 아가베로 불리는 용설란만으로 할리스코(Jalisco)주 과달라하라(Guadalajara)시의 테킬라 마을에서 만들어지는 것만을 '테킬라'라고 부른다.

2) 알코올 농도

테킬라의 알코올 농도는 80~90Proof(40~45%)이다. 테킬라는 부재료로서 설탕을 30% 이하 첨가할 수 있고, 제품의 알코올 도수는 38도 이상, 55도 이하로 규정되어 있다.

3. 분류

1) 블랑코(Blanco)

실버 또는 화이트라고도 부르며 풀케의 향이 그대로 옮겨와 향미가 대단히 거칠어 주로 칵테일에 사용한다. 메즈칼은 호벤(Joven)이라 부른다.

2) 레포사도(Reposado)

골드 컬러로 2개월에서 1년 정도 숙성한다.

3) 아네호(Añejo)

짙은 호박색(Dark Amber)으로 1년 이상 숙성하며, 3년 이상 숙성한 것은 엑스트라 아네호(Extra añejo)라 한다.

> **테킬라 스트레이트법**
>
> 멕시코에서는 대부분 테킬라를 스트레이트로 마신다. 멕시코에서 전통적인 스트레이트 방법은 손등에 소금을 올려놓고 레몬이나 라임을 절반으로 잘라 엄지와 검지 사이로 자른 것을 잡고 소금을 혀로 핥아가면서 레몬을 빨아 가며 차게 한 테킬라를 마신다.

4. 브랜드별 종류

테킬라 브랜드

1. 1800 ANEJO
2. DONJULIO
3. DURANGO
4. EL TORO
5. HOSE CUERVO(REPOSADO)
6. SIERRA

1) 테킬라(Tequila) 브랜드

① 쿠에르보(Cuervo)

하리스코주 테킬라 마을에서 1795년 '호세 마리아 그다르페 쿠에르보'가 창업하였다. '쿠에르보(Cuervo)'는 까마귀를 의미하는데, 라벨의 심벌마크에 사용하고 있다. '쿠에르보 화이트(Cuervo White)'는 숙성하지 않은 것으로 뒤 라벨에 깨끗한 일러스트로 테킬라의 전통적 제법이 해설되어 있다. '쿠에르보 아네호(Cuervo Anejo)'는 장기 숙성의 원주 중에서 엄선된 것을 보틀링한 것으로 황금색의 감칠맛 있는 제품이다.

② 엘 토로(El Toro)

미국의 증류회사인 '아메리칸 디스틸러 스피릿' 사가 멕시코에 진출하여 만들고 있는 제품으로 상표명 '엘 토로(El Toro)'는 투우라는 뜻으로 상표에도 투우 모습이 그려져 있다. 풍미는 비교적 마일드하다.

③ 올메카(Olmeca)

상표명 '올메카(Olmeca)'는 멕시코 최고의 고대 문명인 올메카 문명에 연관된 것으로 라벨에는 올메카 문명의 상징이었던 거대한 석상이 그려져 있다. '아네호 엑스트라 에이지드(Anejo Extra Aged)'는 올메카의 프리미엄급 신발매품으로 하리스코에서 수확한 엄선된 양질의 블루

아가베를 100% 사용하여 단식 증류기로 증류한 후 버번 오크통에 장기 숙성하여 풍부한 향기와 순한 입맛을 즐길 수 있다.

④ **판초빌라(Pancho Villa)**

멕시코와 미국의 일부 테킬라 애주가 사이에 높이 평가받고 있는 상표로 테킬라 본래의 샤프한 향미를 느낄 수 있는 제품이다.

⑤ **사우자(Sauza)**

테킬라 생산의 중심지 '하리스코'주에 본사를 두고 있으며 테킬라 브랜드 중 가장 규모가 크다. 1875년 창업으로 오늘날까지 '사우자' 집안의 전통을 지키면서 생산하여 국내 판매에 주력하고 있다. '사우자 실버(Sauza Silver)'는 신선한 향미를 지닌 테킬라로 멕시코에서 가장 많이 팔리고 있다. '사우자 엑스트라(Sauza Extra)'는 통 향을 알맞게 배이게 하고 풍미는 미디엄 드라이 타입이다.

 SECTION 7 **아쿠아비트(Aquavit, Akvavit, Akevitt)**

북유럽의 여러 나라에서 만드는 증류주로서 일반적으로 덴마크산은 라이트(Light) 타입이고, 노르웨이산은 헤비(Heavy) 타입이며 스웨덴산은 미디엄(Medium) 타입이다. 감자를 맥아로 당화시켜 발효하고 연속식 증류기로 증류하여 주정을 얻은 다음 캐러웨이(Caraway), 애니스(Anise) 등의 향초를 넣어 풍미를 내어 만든다. 일반적으로 저장하지 않으나 오크통에서 숙성한 것도 있다.

1. 알코올 농도

일반적으로 저장하지 않으므로 무색투명하고, 알코올 농도는 40~45%이다.

2. 마시는 방법

병째로 잘 냉각하여 스트레이트로 마시는 것이 일반적이지만 온더락(On the Rocks) 또는 소다수(Plain Soda)나 물을 섞어 마시기도 하며, 맥주를 체이서(Chaser)로 하여 마시기도 하고, 통후추(Black Pepper)를 한 알 넣어 마시기도 한다.

3. 브랜드별 종류

1) 아쿠아비트(Aquavit) 브랜드

① 올보(Aalborg)

덴마크 북부의 올보 마을에서 1846년 창업한 덴마크 아쿠아비트의 대표적 브랜드로 현재 세계에서 가장 많이 소비하는 아쿠아비트의 하나가 되었다. '올보 타펠(Aalborg Taffel)'은 많은 나라에 수출되어 덴마크 제품 가운데 가장 지명도가 높은 상표로 향기의 주체는 '캐러웨이(Caraway, 회향초)'의 종자이며 해산물과 잘 어울리는 매운맛의 술이다. '올보 주빌리움스(Aalborg Jubiloeums)'는 '축전'이라는 뜻으로 창사 100주년 기념으로 선보였는데 '딜(Dill, 미나릿과에 속하는 향초)'의 향기로 특징을 준 것으로 희미한 호박색을 띠며 매운맛이면서도 감칠맛 있는 드라이 타입이다.

② 보멀룬더(Bommerlunder)

독일산으로 마일드한 풍미가 특징이며 '회향초'와 '애니스'로 풍미를 내고 묵은 통에서 숙성한 후 상품화된다. '보멀룬더'란 덴마크 남부의 지명으로 1760년에 이곳에서 생산을 시작한 데서 유래하였다.

③ 스코네(Skane)

스웨덴의 아쿠아비트 가운데 톱 브랜드로 소프트한 풍미가 특징이다.

④ 스키퍼(Skipper)

'선장'이란 뜻으로 다른 아쿠아비트에 비해 알코올 농도가 낮아 마시기에 순한 것이 특징이다.

⑤ 스와르트 빈바르스 브렌 빈(Svart Vinbars Brann Vin)

스웨덴 특산의 증류주로 원료는 아쿠아비트와 같은 감자지만 단맛을 느끼게 하지 않는 매운맛의 향료인 '회향초', '펜넬(Fennel)'로 풍미를 낸다.

핵심예상문제

01 증류주에 대한 설명으로 옳은 것은?

① 과실이나 곡류 등을 발효시킨 후 열을 가하여 분리한 것이다.
② 과실의 향료를 혼합하여 향기와 감미를 첨가한 것이다.
③ 주로 맥주, 와인, 양주 등을 말한다.
④ 탄산성 음료는 증류주에 속한다.

 증류주란 과실이나 곡류 등을 발효한 후 물과 알코올의 비등점 차이를 이용하여 알코올 도수를 높인 술을 말한다.

02 증류주에 대한 설명으로 틀린 것은?

① Gin은 곡물을 발효, 증류한 주정에 두송나무 열매를 첨가한 것이다.
② Tequila는 멕시코 원주민들이 즐겨 마시는 풀케(Pulque)를 증류한 것이다.
③ Vodka는 슬라브 민족의 국민주로 캐비어를 곁들여 마시기도 한다.
④ Rum의 주원료는 서인도제도에서 생산되는 자몽(Grapefruit)이다.

 Rum(럼)의 주 생산지는 서인도제도이고 사탕수수 또는 당밀을 원료로 한다.

03 증류주에 관한 설명 중 틀린 것은?

① 단식 증류기와 연속식 증류기를 사용한다.
② 높은 알코올 농도를 얻기 위해 과실이나 곡물을 이용하여 만든 양조주를 증류해서 만든다.
③ 양조주를 가열하면서 알코올을 기화시켜 이를 다시 냉각시킨 후 높은 알코올을 얻은 것이다.
④ 연속 증류기를 사용하면 시설비가 저렴하고 맛과 향의 파괴가 적다.

 연속식 증류기(Patent Still)는 방향물질이 적어 깊은 향미는 부족하다.

04 단식 증류법(Pot Still)의 장점이 아닌 것은?

① 대량생산이 가능하다.
② 원료의 맛을 잘 살릴 수 있다.
③ 좋은 향을 잘 살릴 수 있다.
④ 시설비가 적게 든다.

 단식 증류기는 증류기 1개로 되어 있어 반복증류를 하게 되므로 대량생산 체계가 되지 못한다.

05 다음 중 증류주가 아닌 것은?

① 보드카(Vodka)
② 샴페인(Champagne)
③ 진(Gin)
④ 럼(Rum)

 샴페인(Champagne)은 발효주이다.

06 다음 중 저장 숙성(Aging)시키지 않는 증류주는?

① Scotch Whisky
② Brandy

정답   01 ①   02 ④   03 ④   04 ①   05 ②   06 ③

③ Vodka

④ Bourbon Whiskey

 Vodka(보드카)는 저장 숙성하지 않는 무색·무미·무취의 증류주이다.

07 주류의 주정도수가 높은 것부터 낮은 순서대로 나열된 것으로 옳은 것은?

① Vermouth > Brandy > Fortified Wine > Kahlua

② Fortified Wine > Vermouth > Brandy > Beer

③ Fortified Wine > Brandy > Beer Kahlua

④ Brandy > Galliano > Fortified Wine > Beer

 주류의 주정도수는 Brandy(브랜디) 40~60%, Galliano(갈리아노) 30%, Fortified Wine(강화 와인) 18~20%, Kahlua(칼루아) 16%, Vermouth(베르무트) 14~20%, 맥주(Beer) 4~10%이다.

08 위스키의 원료에 따른 분류가 아닌 것은?

① 몰트 위스키 ② 그레인 위스키

③ 포트 스틸 위스키 ④ 블렌디드 위스키

 위스키는 증류 방법에 따라 포트 스틸 위스키(Pot Still Whisky, 단식 증류)와 파텐트 스틸 위스키(Patent Still Whisky, 연속식 증류)로 나눈다.

09 다음 중 연속식 증류(Patent Still Whisky)법으로 증류하는 위스키는?

① Irish Whiskey

② Blended Whisky

③ Malt Whisky

④ Grain Whisky

 Grain Whisky(그레인 위스키)는 블렌딩용으로 주로 쓰이며 연속식 증류를 통해 가벼운 맛을 얻는다.

10 Whisky의 유래가 된 어원은?

① Usque Baugh ② Aqua Vitae

③ Eau-de-Vie ④ Voda

 라틴어 '생명의 물'이란 뜻인 'Aqua Vitae(아쿠아 비테)'가 게일어로 'Uisge Beatha(우스게 바어)'로 변하고 이것이 'Usque Baugh(우스케 보오)' – 'Usky(우스키)' – 'Whisky(위스키, Whiskey)'로 변하였다. Eau-de-Vie(오드비)는 프랑스어로 생명의 물이라는 뜻으로 브랜디 등을 지칭한다. Voda(보다)는 생명의 물이라는 뜻으로 보드카의 어원이다.

11 Whisky의 재료가 아닌 것은?

① 맥아 ② 보리

③ 호밀 ④ 감자

 감자는 보드카의 원료이다.

12 세계 4대 위스키에 속하지 않는 것은?

① Scotch Whisky

② American Whiskey

③ Canadian Whisky

④ Japanese Whisky

 위스키는 산지에 따라 Scotch Whisky(스카치 위스키), Irish Whiskey(아이리시 위스키), American Whiskey(아메리칸 위스키), Canadian Whisky(캐나디언 위스키)가 있으며 이를 4대 위스키라고 한다.

13 위스키(Whisky)를 만드는 과정이 맞게 배열된 것은?

① Mashing – Fermentation – Distillation – Aging

② Fermentation – Mashing – Distillation – Aging

③ Aging – Fermentation – Distillation – Mashing

④ Distillation - Fermentation - Mashing - Aging

 위스키의 제조과정
Mashing(당화) - Fermentation(발효) - Distillation(증류) - Aging(저장)

14 Malt Whisky 제조순서를 올바르게 나열한 것은?

1. 보리(2조 보리)	4. 분쇄	7. 증류(단식증류)
2. 침맥	5. 당화	8. 숙성
3. 건조(피트)	6. 발효	9. 병입

① 1-2-3-4-5-6-7-8-9
② 1-3-2-4-5-6-7-8-9
③ 1-3-2-4-6-5-7-8-9
④ 1-2-3-4-6-5-7-8-9

 침맥이란 발아를 위해 보리를 물에 담가 수분을 흡수시키는 공정이다.

15 Grain Whisky에 대한 설명으로 옳은 것은?
① Silent Spirit이라고도 불린다.
② 발아시킨 보리를 원료로 해서 만든다.
③ 향이 강하다.
④ Andrew Usher에 의해 개발되었다.

 Grain Whisky(그레인 위스키)란 곡물로 만든 위스키라는 뜻으로 주로 옥수수, 보리와 엿기름으로 당화 발효하여 연속식 증류기로 만들어 풍미가 가볍기 때문에 Silent Spirit(사일런트 스피릿)이라고도 한다.

16 다음 Whisky의 설명 중 틀린 것은?
① 어원은 Aqua Vitae가 변한 말로 생명의 물이란 뜻이다.
② 등급은 VO, VSOP, XO 등으로 나누어진다.

③ Canadian Whisky에는 Canadian Club, Seagram's VO, Crown Royal 등이 있다.
④ 증류 방법은 Pot Still과 Patent Sill이다.

 VO, VSOP, XO 등의 숙성 연도 표시는 코냑에 한다.

17 Malt Whisky를 바르게 설명한 것은?
① 대량의 양조주를 연속식으로 증류해서 만든 위스키
② 단식 증류기를 사용하여 2회의 증류과정을 거쳐 만든 위스키
③ 피트탄(Peat, 석탄)으로 건조한 맥아의 당액을 발효해서 증류한 피트향과 통의 향이 배인 독특한 맛의 위스키
④ 옥수수를 원료로 대맥의 맥아를 사용하여 당화시켜 개량솥으로 증류한 고농도 알코올의 위스키

 Malt whisky(몰트 위스키)는 맥아(Malt)를 주원료로 생산한 위스키의 한 종류로 위스키 원액을 한 곳의 증류소에서만 생산한 것은 싱글 몰트 위스키(Single Malt Whisky)라고 한다.

18 Scotch Whisky에 대한 설명으로 옳지 않은 것은?
① Malt Whisky는 대부분 Pot Still을 사용하여 증류한다.
② Blended Whisky는 Malt Whisky와 Grain Whisky를 혼합한 것이다.
③ 주원료인 보리는 이탄(Peat)의 연기로 건조시킨다.
④ Malt Whisky는 원료의 향이 소실되지 않도록 반드시 1회만 증류한다.

 Malt Whisky(몰트 위스키)는 단식 증류기로 2회 이상 증류한다.

정답   14 ①   15 ①   16 ②   17 ③   18 ④

19 맥아(Malt)를 주원료로 건조 시 이탄(Peat)을 사용하여 만드는 Whisky는?

① Scotch Whisky

② Canadian Whisky

③ Bourbon Whiskey

④ Irish Whiskey

 Scotch Whisky(스카치 위스키)의 독특한 풍미는 이탄의 맥아건조에서 유래한다.

20 스카치 위스키의 5가지 법적 분류에 해당하지 않는 것은?

① 싱글 몰트 스카치 위스키

② 블렌디드 스카치 위스키

③ 블렌디드 그레인 스카치 위스키

④ 라이 위스키

 스카치 위스키는 주원료와 증류소별 위스키의 혼합 여부에 따라 5가지로 분류하고 있다.

- 싱글 몰트 스카치 위스키(Single Malt Scotch Whisky)
- 싱글 그레인 스카치 위스키(Single Grain Scotch Whisky)
- 블렌디드 몰트 스카치 위스키(Blended Malt Scotch Whisky)
- 블렌디드 그레인 스카치 위스키(Blended Grain Scotch Whisky)
- 블렌디드 스카치 위스키(Blended Scotch Whisky)

21 스카치 위스키(Scotch Whisky)와 가장 거리가 먼 것은?

① Malt

② Peat

③ Used Sherry Cask

④ Used Limousin Oak Cask

 Limousin Oak Cask(리무진 오크 캐스크)는 일반적으로 프랑스에서 코냑 저장에 사용한다.

22 다음 중에서 Scotch Whisky는 어느 것인가?

① John Jameson

② Wild Turkey

③ J&B

④ Canadian Club

 John Jameson(존 제임슨)은 아이리시 위스키, Wild Turkey(와일드 터키)는 버번 위스키, Canadian Club(캐나디안 클럽)은 캐나디안 위스키 상표이다.

23 스카치 위스키(Scotch Whisky)의 유명상표와 거리가 먼 것은?

① 발렌타인(Ballantine's)

② 커티 삭(Cutty Sark)

③ 올드 파(Old Parr)

④ 크라운 로열(Crown Royal)

 크라운 로열(Crown Royal)은 캐나디안 위스키 상표이다.

24 다음 중 싱글 몰트 위스키로 옳은 것은?

① Johnnie Walker

② Ballantine's

③ Glenfiddich

④ Bell's Special

 Johnnie Walker(조니 워커), Ballantine's(발렌타인), Bell's Special(벨즈 스페셜)은 블렌디드 스카치 위스키(Blended Scotch Whisky)이다.

25 다음 중 싱글 몰트 위스키가 아닌 것은?

① 글렌모렌지(Glenmorangie)

② 더 글렌리벳(The Glenlivet)

③ 글렌피딕(Glenfiddich)

④ 시그램 브이오(Seagram's VO)

 시그램 브이오(Seagram's VO)는 캐나디안 위스키 상표이다.

26 다음 중 몰트 위스키가 아닌 것은?

① A'bunadh   ② Macallan

③ Crown Royal   ④ Glenlivet

 A'bunadh(아부나흐), Macallan(맥켈란), Glenlivet(글렌리벳)은 싱글 몰트 스카치 위스키이며, Crown Royal(크라운 로열)은 캐나디안 위스키 상표이다.

27 블렌디드(Blended) 위스키가 아닌 것은?

① Chivas Regal 18년

② Glenfiddich 15년

③ Royal Salute 21년

④ Dimple 12년

 Glenfiddich(글렌피딕)은 싱글 몰트 스카치 위스키이다.

28 스카치 위스키(Scotch Whisky)가 아닌 것은?

① 시바스 리갈(Chivas Regal)

② 글렌피딕(Glenfiddich)

③ 존 제임슨(John Jameson)

④ 커티 삭(Cutty Sark)

 존 제임슨(John Jameson)은 아이리시 위스키 상표이다.

29 오크통에서 증류주를 보관할 때의 설명으로 틀린 것은?

① 원액의 개성을 결정해 준다.

② 천사의 몫(Angel's Share) 현상이 나타난다.

③ 색상이 호박색으로 변한다.

④ 변화 없이 증류한 상태 그대로 보관된다.

 위스키를 오크통에 숙성하는 동안 알코올이 증발하여 양이 줄어들게 되는데, 이를 천사의 몫(Angel's Share)이라 한다.

30 Irish Whiskey에 대한 설명으로 틀린 것은?

① 깊고 진한 맛과 향을 지닌 몰트 위스키도 포함된다.

② 피트훈연을 하지 않아 향이 깨끗하고 맛이 부드럽다.

③ 스카치 위스키와 제조과정이 동일하다.

④ John Jameson, Old Bushmills가 대표적이다.

 Irish Whiskey(아이리시 위스키)는 맥아 외에 발아하지 않은 보리, 귀리 등을 함께 원료로 사용하며, 단식 증류기로 3회 증류한다.

31 다음 중 아이리시 위스키(Irish Whiskey)는?

① John Jameson   ② Old Forester

③ Old Parr   ④ Imperial

 Old Forester(올드 포레스터)는 버번 위스키, Old Parr(올드 파)와 Imperial(임페리얼)은 스카치 위스키 상표이다.

32 Straight Whisky에 대한 설명으로 틀린 것은?

① 스코틀랜드에서 생산되는 위스키이다.

② 버번 위스키, 콘 위스키 등이 이에 속한다.

③ 원료곡물 중 한 가지를 51% 이상 사용해야 한다.

④ 오크통에서 2년 이상 숙성시켜야 한다.

 스트레이트 위스키는 미국에서 생산하며 옥수수, 호밀, 밀, 대맥 등의 원료를 51% 이상 사용하여 만든 주정을 다른 곡물주정(Natural Grain Sprits)이나 위스키를 혼합하지 않고 그을린 오크통에 2년 이상 숙성시킨 것으로, 2년 이상 통에서 숙성하면 명칭에 스트레이트(Straight)라는 수식어를 붙여 부른다.

33 다음 중 버번 위스키(Bourbon Whiskey)는?

① Ballantine's ② IW Harper
③ Lord Calvert ④ Old Bushmills

 Ballantine's(발렌타인)은 스카치 위스키, Lord Calvert(로드 칼버트)는 캐나디안 위스키, Old Bushmills(올드 부시밀)은 아이리시 위스키 상표이다.

34 다음 중 Bourbon Whiskey는?

① Jim Beam ② Ballantine's
③ Old Bushmills ④ Cutty Sark

 Ballantine's(발렌타인)은 스카치 위스키, Old Bushmills(올드 부시밀)은 아이리시 위스키, Cutty Sark(커티 삭)은 스카치 위스키 상표이다.

35 다음 중 아메리칸 위스키(American Whiskey)가 아닌 것은?

① Jim Beam ② Wild Whisky
③ John Jameson ④ Jack Daniel

 John Jameson(존 제임슨)은 아이리시 위스키 상표이다.

36 버번 위스키(Bourbon Whiskey)는 Corn 재료를 약 몇 % 이상 사용하는가?

① Corn 0.1% ② Corn 12%
③ Corn 20% ④ Corn 51%

 버번 위스키(Bourbon Whiskey)는 옥수수를 51% 이상 사용하여 만드는 스트레이트(Straight) 위스키이다.

37 옥수수를 51% 이상 사용하고 연속식 증류기로 알코올 농도 40% 이상 80% 미만으로 증류하는 위스키는?

① Scotch Whisky
② Bourbon Whiskey
③ Irish Whiskey
④ Canadian Whisky

 Scotch Whisky(스카치 위스키)와 Irish Whiskey(아이리시 위스키)는 보리, Canadian Whisky(캐나디안 위스키)는 호밀을 원료로 한다.

38 콘 위스키(Corn Whiskey)란?

① 원료의 50% 이상 옥수수를 사용한 것
② 원료에 옥수수 50%, 호밀 50%가 섞인 것
③ 원료의 80% 이상 옥수수를 사용한 것
④ 원료의 40% 이상 옥수수를 사용한 것

 콘 위스키(Corn Whiskey)란 옥수수 80% 이상을 원료로 한 위스키이다.

39 잭 다니엘(Jack Daniel)과 버번 위스키(Bourbon Whiskey)의 차이점은?

① 옥수수 사용 여부
② 단풍나무 숯을 이용한 여과 과정의 유무
③ 내부를 불로 그을린 오크통에서 숙성시키는지의 여부
④ 미국에서 생산되는지의 여부

 잭 다니엘(Jack Daniel)은 테네시 위스키(Tennessee Whisky)의 상표로 버번 위스키(Bourbon Whiskey)와 같은 방법으로 제조한 다음 단풍나무 활성탄으로 여과하는 것이 특징이다.

40 오드 비(Eau-de-Vie)와 관련 있는 것은?

① Tequila ② Grappa
③ Gin ④ Brandy

 오드 비(Eau-de-Vie)는 프랑스어로 생명의 물이라는 뜻으로 브랜디를 지칭하는 단어이다.

정답　33 ②　34 ①　35 ③　36 ④　37 ②　38 ③　39 ②　40 ④

41 다음 중 오드비(Eau-de-Vie)가 아닌 것은?

① Kirsch   ② Apricots

③ Framboise   ④ Amaretto

 Amaretto(아마레토)는 살구씨와 몇 종류의 향초 추출액, 스피릿과 혼합하여 만드는 이탈리아가 원산지인 혼성주이다.

42 브랜디의 설명으로 틀린 것은?

① 브랜딩하여 제조한다.

② 향미가 좋아 식전주로 주로 마신다.

③ 유명산지는 코냑과 알마냑이다.

④ 과실을 주원료로 사용하는 모든 증류주에 이 명칭을 사용한다.

 브랜디란 과일발효주를 증류한 술로 대표적인 것이 포도주를 증류한 것으로 통상 브랜디라고 하면 포도주를 증류한 술을 말하며, 그 외의 과일주를 증류한 술은 과일의 이름을 붙인다. 브랜디는 식후주이다.

43 브랜디의 제조순서로 옳은 것은?

① 양조작업 – 저장 – 혼합 – 증류 – 숙성 – 병입

② 양조작업 – 증류 – 저장 – 혼합 – 숙성 – 병입

③ 양조작업 – 숙성 – 저장 – 혼합 – 증류 – 병입

④ 양조작업 – 증류 – 숙성 – 저장 – 혼합 – 병입

 브랜디는 과일주를 증류한 술을 말한다.

44 브랜디에 대한 설명으로 가장 거리가 먼 것은?

① 포도 또는 과실을 발효하여 증류한 술이다.

② 코냑 브랜디에 처음으로 별표의 기호를 도입한 것은 1865년 헤네시(Hennessy) 사에 의해서이다.

③ Brandy는 저장기간을 부호로 표시하며 그 부호가 나타내는 저장기간은 법적으로 정해져 있다.

④ 브랜디의 증류는 와인을 2~3회 단식 증류기(Pot Still)로 증류한다.

 브랜디의 저장기간 부호는 법적으로 정해진 것이 아니고 임의로 표시하는 것이다.

45 브랜디(Brandy)와 코냑(Cognac)에 대한 설명으로 옳은 것은?

① 브랜디와 코냑은 재료의 성질에 차이가 있다.

② 코냑은 프랑스의 코냑 지방에서 만들었다.

③ 코냑은 브랜디를 보관 연도별로 구분한 것이다.

④ 브랜디와 코냑은 내용물의 알코올 함량에 차이가 크다.

 코냑은 프랑스 코냑 지방에서 만든 브랜디를 말한다.

46 위스키(Whisky)와 브랜디(Brandy)에 대한 설명이 틀린 것은?

① 위스키는 곡물을 발효시켜 증류한 술이다.

② 캐나디안 위스키(Canadian Whisky)는 캐나다산 위스키의 총칭이다.

③ 브랜디는 과실을 발효 · 증류해서 만든다.

④ 코냑(Cognac)은 위스키의 대표적인 술이다.

 코냑(Cognac)은 프랑스 코냑 지방에서 만든 브랜디를 말한다.

47 브랜디의 제조공정에서 증류한 브랜디를 열탕소독한 White Oak Barrel에 담기 전에 무엇을 채워 유해한 색소나 이물질을 제거하는가?

① Beer   ② Gin

③ Red Wine   ④ White Wine

 Barrel(배럴)은 오크통의 크기가 200리터 내외인 것으로 White Wine(화이트 와인)을 가득 채워 유해색소 및 이물질을 제거한다.

48 다음 중 코냑(Cognac)의 증류가 끝나도록 규정되어진 때는?

① 12월 31일   ② 2월 1일

③ 3월 31일   ④ 5월 1일

 코냑(Cognac)의 증류는 포도 수확 다음 해 3월 31일 자정까지 끝내도록 규정하고 있다.

49 브랜디 글라스(Brandy Glass)에 대한 설명으로 틀린 것은?

① 코냑 등을 마실 때 사용하는 튤립형의 글라스이다.

② 향을 잘 느낄 수 있도록 만들어졌다.

③ 기둥이 긴 것으로 윗부분이 넓다.

④ 스니프터(Snifter)라고도 하며 밑이 넓고 위는 좁다.

 브랜디 글라스는 코냑 글라스(Cognac Glass), 스니프터 글라스(Snifter Glass)라고도 한다. 브랜디는 향을 즐기는 술이므로 향을 즐기기에 적당한 형태로 되어 있으며 기둥(Stem)이 짧다.

50 다음 중 코냑이 아닌 것은?

① Courvoisier   ② Camus

③ Mouton Cadet   ④ Remy Martin

 Mouton Cadet(무통 까데)는 대중적인 프랑스 보르도의 화이트 와인이다.

51 다음 중 Cognac 지방의 Brandy가 아닌 것은?

① Remy Martin   ② Hennessy

③ Chabot   ④ Hine

 Chabot(샤보)는 알마냑 브랜디(Armagnac Brandy) 상표이다.

52 그랑드 상파뉴 지역의 와인 증류원액을 50% 이상 함유한 코냑을 일컫는 말은?

① 상파뉴 블랑   ② 쁘띠뜨 상파뉴

③ 핀 상파뉴   ④ 상파뉴 아르덴

 코냑 생산지역을 토질에 따라 6개 지역으로 구분하고 있으며, 이 중 그랑드 상파뉴(Grande Champagne)가 가장 상급이고, 핀 상파뉴(Fine Champagne)는 그랑드 상파뉴 50% 이상에 쁘띠뜨 상파뉴(Petite Champagne)를 블렌딩한 것이다.

53 헤네시(Henney) 사에서 브랜디 등급을 처음 사용한 때는?

① 1763년   ② 1765년

③ 1863년   ④ 1865년

 브랜디 등급은 헤네시(Henney) 사에서 1865년 처음으로 사용하였다. 이러한 표시는 법적인 것이 아니고 임의로 사용하는 것이다.

54 헤네시의 등급 규정으로 틀린 것은?

① EXTRA : 15~25년   ② VO : 15년

③ XO : 45년 이상   ④ VSOP : 20~30년

 EXTRA는 70년이다.

55 동일 회사에서 생산된 코냑(Cognac) 중 숙성 연도가 가장 오래된 것은?

① VSOP   ② Napoleon

③ Extra Old   ④ 3 Star

 Extra Old는 XO 표시하고 있으며 45~50년을 의미한다.

정답   48 ③   49 ③   50 ③   51 ③   52 ③   53 ④   54 ①   55 ③

56 프랑스에서 생산되는 칼바도스(Calvados)는 어느 종류에 속하는가?

① Brandy   ② Gin

③ Wine   ④ Whisky

 칼바도스는 사과 발효주를 증류한 Apple Brandy(애플 브랜디)이다. 프랑스 북부 노르망디 지방의 특산주로 칼바도스 지역에서 나오는 애플 브랜디의 통칭이다.

57 칼바도스(Calvados)는 보관온도상 다음 품목 중 어떤 것과 같이 두어도 좋은가?

① 백포도주   ② 샴페인

③ 생맥주   ④ 코냑

 칼바도스(Calvados)는 애플 브랜디이므로 코냑(Cognac)과 함께 보관하는 것이 적당하다.

58 포도즙을 내고 남은 찌꺼기에 약초 등을 배합하여 증류해 만든 이탈리아 술은?

① 삼부카   ② 버머스

③ 그라파   ④ 캄파리

 그라파(Grappa)는 브랜디의 일종으로 이탈리아에서 포도주를 짜낸 찌꺼기에 약초 등을 배합하여 증류하여 만든다.

59 다음 중 나머지 셋과 성격이 다른 것은?

A. Cherry Brandy	B. Peach Brandy
C. Hennessy Brandy	D. Apricot Brandy

① A   ② B

③ C   ④ D

 Hennessy Brandy(헤네시 브랜디)는 코냑의 상표이다. Cherry Brandy(체리 브랜디), Peach Brandy(피치 브랜디), Apricot Brandy(아프리콧 브랜디)는 혼성주이다.

60 진(Gin)의 설명으로 틀린 것은?

① 진의 원산지는 네덜란드다.

② 진은 프란시스쿠스 실비우스에 의해 만들어졌다.

③ 진의 원료는 과일에다 Juniper Berry를 혼합하여 만들었다.

④ 소나무향이 나는 것이 특징이다.

 진(Gin)은 네덜란드의 내과의사인 프란시스쿠스 실비우스(Sylvius)가 주정에 Juniper Berry(두송실)을 넣어 이뇨, 해열, 건위에 효과가 있는 의약품으로 만든 것으로 알려져 있다.

61 다음 중 발명자가 알려져 있는 것은?

① Vodka   ② Calvados

③ Gin   ④ Irish Whiskey

 Gin(진)은 네덜란드의 내과의사인 프란시스쿠스 실비우스(Sylvius)에 의해 1660년 탄생하였다. 이후 영국으로 전해져 영국인의 기호에 맞게 Dry Gin(드라이진)이 만들어졌다.

62 곡물(Grain)을 원료로 만든 무색투명한 증류주에 두송자(Juniper Berry)의 향을 착향시킨 술은?

① Tequila   ② Rum

③ Vodka   ④ Gin

 Tequila(테킬라)는 용설란(Agave), Rum(럼)은 사탕수수, Vodka(보드카)는 감자가 원료이다.

63 '생명의 물'이라고 지칭되었던 유래가 없는 술은?

① 위스키   ② 브랜디

③ 보드카   ④ 진

 네덜란드에서 탄생한 진(Gin)의 어원은 원료인 주니퍼(Juniper Berry)의 프랑스어인 주니에부르

정답   56 ①   57 ④   58 ③   59 ③   60 ③   61 ③   62 ④   63 ④

(Genievre)에서 '주네버(Genever)'로 변하고 이 것이 영국에서 영어식 진(Gin)으로 되었다.

64 저먼 진(German Gin)이라고 일컬어지는 Spirit은?

① 아쿠아비트(Aquavit)

② 슈타인헤거(Steinhager)

③ 키르슈(Kirsch)

④ 프랑부아즈(Framboise)

 부드러운 맛을 특징으로 하는 독일의 슈타인헤거 는 원료인 주니퍼 베리를 발효시킨 후 증류하기 때문에 향이 부드럽다.

65 진(Gin)의 상표로 틀린 것은?

① Bombay Sapphire   ② Gordon's

③ Smirnoff   ④ Beefeater

 Smirnoff(스미노프)는 보드카 상표이다. Bombay Sapphire(봄베이 사파이어), Gordon's(고든스), Beefeater(비피터)는 런던 진 상표이다.

66 다음 중 럼에 대한 설명이 아닌 것은?

① 럼의 주재료는 사탕수수이다.

② 럼은 서인도제도를 통치하는 유럽의 식민정 책 중 삼각무역에 사용되었다.

③ 럼은 사탕을 첨가하여 만든 리큐어이다.

④ 럼의 향, 맛에 따라 라이트 럼, 미디엄 럼, 헤 비 럼으로 분류된다.

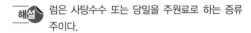 럼은 사탕수수 또는 당밀을 주원료로 하는 증류 주이다.

67 증류주에 대한 설명으로 틀린 것은?

① Gin은 곡물을 발효, 증류한 주정에 두송나무 열매를 첨가한 것이다.

② Tequila는 멕시코 원주민들이 즐겨 마시는 풀케(Pulque)를 증류한 것이다.

③ Vodka는 슬라브 민족의 국민주로 캐비어를 곁들여 마시기도 한다.

④ Rum의 주원료는 서인도제도에서 생산되는 자몽(Grapefruit)이다.

 Rum(럼)은 사탕수수 또는 당밀을 주원료로 하는 증류주이다.

68 다음 중 Rum의 원산지는?

① 러시아

② 카리브해 서인도제도

③ 북미 지역

④ 아프리카 지역

 Rum(럼)은 원료인 사탕수수가 많이 재배되는 카 리브해 서인도제도가 주산지이다.

69 럼(Rum)의 주원료는?

① 대맥(Rye)과 보리(Barley)

② 사탕수수(Sugar Cane)와 당밀(Molasses)

③ 꿀(Honey)

④ 쌀(Rice)과 옥수수(Corn)

 럼은 사탕수수 또는 당밀을 주원료로 하는 증류 주이다.

70 다음 증류주 중에서 곡류의 전분을 원료로 하지 않는 것은?

① 진(Gin)   ② 럼(Rum)

③ 보드카(Vodka)   ④ 위스키(Whisky)

 럼은 사탕수수 또는 당밀을 주원료로 한다.

정답   64 ②   65 ③   66 ③   67 ④   68 ②   69 ②   70 ②

71 일반적으로 단식 증류기(Pot Still)로 증류하는 것은?

① Kentucky Straight Bourbon Whiskey

② Grain Whisky

③ Dark Rum

④ Aquavit

 Dark Rum(다크 럼)은 Heavy Rum(헤비 럼)이라고도 하며, 진한 색깔에 풍미가 풍부한 타입으로, 자메이카(Jamaica)산이 유명하다. 일반적으로 단식 증류기(Pot Still)로 증류하여 일정기간 숙성한다.

72 럼(Rum)의 분류 중 틀린 것은?

① Light Rum ② Soft Rum

③ Heavy Rum ④ Medium Rum

 럼은 다음과 같이 분류한다.

맛	색	특징
Heavy Rum (헤비 럼)	Dark Rum (다크 럼)	짙은 호박색으로 풍미가 진함
Medium Rum (미디엄 럼)	Gold Rum (골드 럼)	중간 타입의 럼
Light Rum (라이트 럼)	White Rum (화이트 럼)	무색투명한 가벼운 타입

73 담색 또는 무색으로 칵테일의 기본주로 사용되는 Rum은?

① Heavy Rum ② Medium Rum

③ Light Rum ④ Jamaica Rum

 칵테일의 기본주로 사용하는 럼은 Light Rum(라이트 럼)으로 White Rum(화이트 럼)이라고도 한다.

74 보드카의 설명으로 옳지 않은 것은?

① 슬라브 민족의 국민주로 애음되고 있다.

② 보드카는 러시아에서만 생산된다.

③ 보드카의 원료는 주로 보리, 밀, 호밀, 옥수수, 감자 등이 사용된다.

④ 보드카에 향을 입힌 보드카를 플레이버 보드카라 칭한다.

 보드카(Vodka)는 러시아의 술로 증류한 주정을 자작나무 활성탄과 모래를 통과시켜 여과하여 무색 · 무미 · 무취의 특징을 가진 술로 여러 나라에서 생산되고 있다.

75 알코올성 음료 중 성질이 다른 하나는?

① Kahlua ② Tia Maria

③ Vodka ④ Anisette

 Vodka(보드카)는 증류주이고, Kahlua(칼루아), Tia Maria(티아 마리아), Anisette(아니제)는 혼성주이다.

76 테킬라에 대한 설명으로 맞게 연결된 것은?

> 최초의 원산지는 (㉠)로서 이 나라의 특산주이다. 원료는 백합과의 (㉡)인데 이 식물에는 (㉢)이라는 전분과 비슷한 물질이 함유되어 있다.

① ㉠ 멕시코, ㉡ 풀케(Pulque), ㉢ 루플린

② ㉠ 멕시코, ㉡ 아가베(Agave), ㉢ 이눌린

③ ㉠ 스페인, ㉡ 아가베(Agave), ㉢ 루플린

④ ㉠ 스페인, ㉡ 풀케(Pulque), ㉢ 이눌린

 테킬라(Tequila)는 멕시코의 술로 용설란(Agave, 아가베)을 압착하여 얻은 수액을 발효하면 용설란 발효주인 풀케(Pulque)가 만들어지고, 이것을 증류하면 메즈칼(Mezcal)이 된다. 메즈칼 중에서 블루 아가베(Agave Azul, Agave Tequilana), 혹은 테킬라 아가베로 불리는 용설란만을 재료로 사용하여 할리스코(Jalisco)주의 과달라하라(Guadalajara) 테킬라 지역에서 만들어지는 것만 테킬라라고 부른다.

77 Tequila에 대한 설명으로 틀린 것은?

① Agave Tequiliana 종으로 만든다.
② Tequila는 멕시코 전 지역에서 생산된다.
③ Reposado는 1년 이하 숙성시킨 것이다.
④ Anejo는 1년 이상 숙성시킨 것이다.

 멕시코에서 만들어지는 메즈칼(Mezcal) 가운데 테킬라 마을에서 생산되는 메즈칼만을 테킬라라 한다.

78 Tequila에 대한 설명으로 틀린 것은?

① Tequila 지역을 중심으로 지정된 지역에서만 생산된다.
② Tequila를 주원료로 만든 혼성주는 Mezcal 이다.
③ Tequila는 한 품종의 Agave만 사용된다.
④ Tequila는 발효 시 옥수수당이나 설탕을 첨가할 수도 있다.

 테킬라는 용설란 발효주인 풀케(Pulque)를 증류한 증류주이다.

79 Agave의 수액을 발효한 후 증류하여 만든 술은?

① Tequila   ② Aquavit
③ Grappa   ④ Rum

 Agave(아가베)를 발효한 것이 Pulque(풀케)이고, 이것을 증류한 것이 Tequia(테킬라)이다.

80 테킬라의 구분이 아닌 것은?

① 블랑코   ② 그라파
③ 레포사도   ④ 아네호

 테킬라의 품질 저장표시
· 블랑코(Blanco) : 실버 또는 화이트라고도 부르며 저장 숙성하지 않는다. 칵테일에 주로 사용한다. 메즈칼은 호벤(Joven)이라 부른다.

· 레포사도(Reposado) : 골드 컬러로 2개월에서 1년 정도 숙성한다.
· 아네호(Añejo) : 짙은 호박색(Dark Amber)으로 1년 이상 숙성하며, 3년 이상 숙성한 것은 엑스트라 아네호(Extra añejo)라 한다.

81 다음 중 테킬라(Tequila)가 아닌 것은?

① Cuervo   ② El Toro
③ Sambuca   ④ Sauza

 Sambuca(삼부카)는 Anise(아니스) 등의 향초를 원료로 한 이탈리아 혼성주이다.

82 아쿠아비트(Aquavit)에 대한 설명 중 틀린 것은?

① 감자를 당화시켜 연속 증류법으로 증류한다.
② 혼성주의 한 종류로 식후주에 적합하다.
③ 맥주와 곁들여 마시기도 한다.
④ 진(Gin)의 제조 방법과 비슷하다.

 아쿠아비트(Aquavit)는 북유럽의 여러 나라에서 만드는 증류주이다.

83 다음에서 설명하는 것은?

· 북유럽 스칸디나비아 지방의 특산주로 어원은 '생명의 물'이라는 라틴어에서 온 말이다.
· 제조과정은 먼저 감자를 익혀서 으깬 감자와 맥아를 당화, 발효시켜 증류시킨다.
· 연속증류기로 95%의 고농도 알코올을 얻은 다음 물로 희석하고 회향초 씨나, 박하, 오렌지 껍질 등 여러 가지 종류의 허브로 향기를 착향시킨 술이다.

① 보드카(Vodka)   ② 럼(Rum)
③ 아쿠아비트(Aquavit)   ④ 브랜디(Brandy)

 아쿠아비트(Aquavit)는 감자를 맥아로 당화시켜 발효하고 연속식 증류기로 증류하여 주정을 얻은

다음 캐러웨이(Caraway), 아니스(Anise) 등의 향
초를 넣어 풍미를 내어 만든다. 일반적으로 저장
하지 않으나 오크통에서 숙성한 것도 있다.

84 Aquavit에 대한 설명으로 틀린 것은?

① 감자를 맥아로 당화시켜 발효하여 만든다.

② 알코올 농도는 40~45%이다.

③ 엷은 노란색을 띠는 것을 Taffel이라고 한다.

④ 북유럽에서 만드는 증류주이다.

 Aquavit(아쿠아비트)는 보통 엷은 노란색을 띠고
있으며 저장기간에 따라 색의 차이가 있다. 투명
한 아쿠아비트는 Taffel(타펠)이라고 부른다.

CHAPTER 03 혼성주(Liqueur)

주정(Spirit)에 초(草)·근(根)·목(木)·피(皮), 향미약초, 향료, 색소 등을 넣어 색·맛·향을 내고 설탕이나 벌꿀 등의 감미료를 더해 단맛을 내어 만든 술로 일반적으로 식물계의 향미성분이 더해 지지만 동물계의 젖이나 알을 이용한 것도 있다.

SECTION 1 리큐어의 어원과 역사

1. 리큐어의 어원

리큐어(Liqueur)란 '녹아들게 했다'라는 뜻의 라틴어 리케파세레(Liquerfacere)에서 유래한 프랑스 어이다.

2. 리큐어의 역사

리큐어의 발명자는 고대 그리스의 의사인 '히포크라테스'라고 한다. 그는 쇠약한 환자에게 힘을 주 기 위하여 와인에 약초를 녹여서 일종의 물약을 만들었다고 한다. 이것이 리큐어의 기원이라고 하 는데 현대의 리큐어는 브랜디의 발명이 시초가 되었고, 중세 이후에는 상류사회 부인들의 의상의 색에 맞춰 어울리는 리큐어가 유행하면서 색채의 아름다움과 향미를 강조하면서 여성의 술로 발전 하여 오늘에 이르게 되었다.

SECTION 2 제법

리큐어는 원료에 따라 그 종류는 다양하지만 제조법은 크게 3가지가 있으며, 대부분 한 가지 방식 으로 만드는 경우는 드물고 두 가지 이상을 혼용해서 만든다.

1) 증류법

일정시간 주정에 원료를 담가 향미가 추출되게 한 다음 증류한다. 열을 가하므로 핫(Hot) 방식이라고도 하며 주로 향초류, 감귤류의 마른 껍질 등을 주재료로 한다.

2) 침출법

가정에서 과실주를 담그는 방법과 유사한 방식으로, 일정시간 주정에 원료를 담가 색·맛·향이 우러나게 한 다음 여과한다. 증류하면 변질할 우려가 있는 과실류에 응용하며 열을 가하지 않으므로 콜드(Cold) 방식이라고도 한다.

3) 에센스(Essence)법

주정에 천연 또는 합성향료를 넣고 감미와 색을 넣는 방식이다.

SECTION 3 등급

프랑스의 리큐어 제조가들은 리큐어를 Ordinaire(오디네르/보통급), Demi Fine(드미 핀/중급), Fine(핀/상급), Sur Fine(슈르 핀/최상급)의 4계급으로 나누었으나 현재 이 등급은 거의 사용하지 않는다. 리큐어의 상표에 Creme De Cacao, Creme De Menthe 등의 '크렘 드(Creme De)'라는 수식어가 붙어 있는 것을 볼 수 있는데, 크렘 드(Creme De)는 최고품이라는 뜻으로, 프랑스에서는 알코올 15% 이상, 당분 20% 이상인 것을 리큐어라 하며, 당분이 40% 이상인 것에 '크렘 드(Creme De)'라는 수식어를 사용한다.

SECTION 4 종류

1. 감미가 없는 혼성주

1) 비터(Bitters)

비터계의 술은 쓴맛이 있어 주로 식사 전 식욕 증진을 위해 마신다.

| 1. 앙고스투라 비터스 | 2. 오렌지 비터스 | 3. 캄파리 |

(1) 앙고스투라 비터스(Angostura Bitters)

남미 베네수엘라의 옛 도시 이름으로 1824년 앙고스투라 육군병원의 군의관인 '시커트(J.G.B Siegert)' 박사가 말라리아 치료약으로 주정(酒精)에 퀴닌 껍질 등 여러 가지 약초를 넣어 만들었다. 건위 · 강장 · 해열 및 말라리아 예방에 좋다고 하며, 칵테일에 향기를 내기 위해 소량 사용한다. 알코올 농도는 44.7%로 검붉은색이다.

(2) 오렌지 비터스(Orange Bitters)

건위 · 강장 · 식욕 증진에 효과가 있다.

(3) 캄파리(Campari)

1860년 이탈리아에서 탄생한 것으로 오렌지 과피, 회향초 등을 주원료로 하여 만들었다. 알코올 농도는 24%이고, 붉은색을 띤다.

(4) 아메르 피콘(Amer Picon)

프랑스산으로 건위 · 강장 · 해열에 효과가 있다.

2) 베르무트(Vermouth)

베르무트, 버머스라고도 부르는데 국어사전에는 베르무트로 나와 있다. 포도주를 바탕으로 각종 약초를 넣어 만들어, 포도주 종류의 하나로 분류하기도 하지만 약초류가 들어가므로 혼성주로 분류하기도 한다. 이탈리아와 프랑스산이 유명하고 많은 나라에서 만들고 있으며, 대표적인 식전주임과 동시에 마티니를 비롯한 여러 클래식한 칵테일의 재료로 사용하고 있다.

1. Vermouth(Dry)/베르무트(드라이)/이탈리아/신자노
2. Vermouth(Sweet)/베르무트(스위트)/이탈리아/신자노
3. Vermouth(Dry)/베르무트(드라이)/이탈리아/마티니
4. Vermouth(Sweet)/베르무트(스위트)/이탈리아/마티니

※ 이탈리아산의 Vermouth(Sweet)는 영어의 Red에 해당하는 Resso로 표기되어 있다.

(1) 스위트 베르무트(Sweet Vermouth)

이탈리아에서 처음 만들어 이탈리안 베르무트(Italian Vermouth)라고도 하며, 감미가 있는 레드 와인(Sweet Red Wine)을 바탕으로 하여 만든다.

(2) 드라이 베르무트(Dry Vermouth)

프랑스에서 처음 만들어 프렌치 베르무트(French Vermouth)라고도 하며, 드라이 화이트 와인(Dry White Wine)을 바탕으로 하여 만든다.

2. 일반적인 혼성주

1. 아니제(마리에 브리자드)	4. 베네딕틴 DOM	7. 갈리아노
2. 샤르트뢰즈 베르	5. 페퍼민트 화이트(볼스)	8. 드람부이
3. 샤르트뢰즈 조느	6. 크렘 드 멘트 그린(드 카이퍼)	9. 쿠앵트로

10   11   12   13   14   15   16   17   18

19   20   21   22   23   24   25   26   27

28   29   30   31   32   33   34   35

10. 큐라소 블루(마리에 브리자드)	19. 피치 브랜디(볼스)	28. 멜론 리큐어(볼스)
11. 트리플 섹(드카이퍼)	20. 사우즌 컴포트	29. 애플퍼커
12. 트리플 섹(볼스)	21. 슬로 진(미스터 보스턴)	30. 사워 애플(볼스)
13. 그랑 마니에	22. 아마레토(마리에 브리자드)	31. 말리부
14. 체리 브랜디(볼스)	23. 크렘 드 카카오 브라운(볼스)	32. 바나나 리큐어(볼스)
15. 키르시워셔(산토리)	24. 크렘 드 카카오 화이트(드 카이퍼)	33. 예거 마이스터
16. 크렘 드 카시스(마리에 브리자드)	25. 칼루아	34. 피치트리
17. 크렘 드 카시스(모린)	26. 베일리스	35. 모차르트
18. 아프리콧 브랜디(드 카이퍼)	27. 미도리	

1) 약초, 향초류(Herbs & Spices)

(1) 압생트(Absinthe)

아브상으로도 부르며, 원산지는 프랑스로 주정에 애니스(Anise), 안젤리카(Angelica) 등의 향쑥을 넣어 만들며 물을 가하면 탁해지고, 햇빛을 받으면 일곱 색으로 변하여 '초록빛의 마주'라고도 한다. 이 술은 중독성이 있어 정신장애와 허약 체질의 원인이 되기 때문에 프랑스 정부는 1915년 제조와 판매를 금지하였다. 압생트 중독에 의한 화가 '로트렉(Lautrec)'의 비참한 최후는 널리 알려져 있다. 현재는 중독성이 강한 물질을 제외하고 만든 대용품이 판매되고 있다. 스트레이트로 마시기에는 알코올 농도가 너무 강하므로 보통 4~5배의 물을 타서 묽게 해서 마시며, 압생트로 만든 유명한 칵테일로 녹아웃(Knock-Out)이 있다. 알코올 농도는 감미가 있는 45%와 감미가 없는 68%의 두 가지가 있다.

(2) 페르노(Pernod)

압생트 메이커인 프랑스 페르노사가 아브상 금지령 이후 아브상 중의 일부 중독성분이 강한 것을 바꾸어 발매한 제품으로 알코올 농도는 41%이다.

(3) 아니제(Anisette)

원산지는 프랑스로 현재 여러 나라에서 만들고 있다. 알코올 농도는 25%이고 애니스(Anise), 너트멕(Nutmeg), 캐러웨이(Caraway) 등을 넣어 만든다.

(4) 샤르트뢰즈(Chartreuse)

리큐어의 여왕이라 불리는 것으로, 18세기 중반 프랑스의 '라 그랑드 샤르트뢰즈 수도원(La Grande Chartreuse Monastery)'에서 처음 만들어졌으나 현재는 수도원의 감독하에 민간기업에서 제조하고 있다. 여러 가지 약초를 원료로 강한 향초의 향이 스며 있다.

① **샤르트뢰즈 베르(Chartreuse Verte)** : 알코올 농도 55%, 그린 컬러로 통상 샤르트뢰즈라고 하면 이 술을 뜻한다.
② **샤르트뢰즈 베르 VEP(Chartreuse Verte VEP)** : 알코올 농도 54%, 샤르트뢰즈 베르를 15년 이상 숙성한 고급품으로 한정 생산되어 가격이 매우 비싸다.
③ **샤르트뢰즈 조느(Chartreuse Jaune)** : 알코올 농도 43%, 노란색으로 베르와 처방은 비슷하지만 향미는 보다 순하다.
④ **샤르트뢰즈 조느 VEP(Chartreuse Jaune VEP)** : 알코올 농도 42%, 샤르트뢰즈 존을 15년 이상 숙성한 고급품이다.

(5) 베네딕틴 DOM(Benedictine DOM)

1510년 프랑스 북부 페에칸에 있는 베네딕트 수도원에서 만들어졌으나 현재의 제품은 1863년 사기업이 발매한 것이다. 27종의 약초류와 향초류를 사용하며 알코올 농도 43%로 피로회복에 좋다고 한다. DOM은 라틴어 'Deo Optimo Maximo'의 약어로 '최대, 최선의 신에게'라는 뜻이다. 'Benedictine B & B'는 베네딕틴 60%와 브랜디 40%를 혼합한 것으로 알코올 농도 43%이다.

(6) 페퍼민트(Peppermint)

상쾌한 향미가 캔디와 비슷한 느낌을 주는 박하술로 그린(Green)과 화이트(White)의 두 가지가 있으며, 많은 나라에서 생산하고 있다.

(7) 크렘 드 멘트(Creme de Menthe)

페퍼민트와 같은 종류의 술이다.

(8) 갈리아노(Galliano)

이탈리아산으로 미국에서 인기가 높으며 칵테일에 널리 사용된다. 에티오피아 전쟁의 명장 '갈리아노' 장군의 이름을 상표명으로 삼고 있으며 아니스, 바닐라, 약초 등 30여 종의 약초류를 사용한다. 알코올 농도는 35%이며, 노란색을 띤다.

(9) 삼부카(Sambuca)

이탈리아에서 생산하는 애니스향의 리큐어로 알코올 농도 42%, 보통은 화이트 컬러(White Color)이지만 블루(Blue), 레드(Red)도 있다.

(10) 드람부이(Drambuie)

원산지는 영국으로 상표명 '드람부이'란 게일어로 '만족할 만한 음료'라는 뜻이다. 드람부이의 기업화는 1906년부터인데 왕위쟁탈전에서 패한 스튜어트(Stuart) 왕가의 왕자 '찰스 에드워드(Charles Edward)'가 신세를 진 '맥키넌(Mackinnon)' 가문에 왕가의 비주 '드람부이'의 처방을 전해준 데서 비롯되었다. 각종 식물의 향기와 벌꿀을 배합한 것으로 알코올 농도는 40%이다.

(11) 아이리시 미스트(Irish Mist)

7년생의 아이리시 위스키에 오렌지 껍질, 향초 추출액, 벌꿀을 혼합하여 3개월간 숙성한 것으로 아일랜드 고대의 술 '헤더 와인(Header Wine)'을 모델로 만들어진 제품이다. 알코올 농도는 40%이다.

(12) 파르페 아무르(Parfait Amour)

네덜란드산으로 프랑스 타입의 '바이올렛 리큐어(Violet Liqueur)'의 보급품이다. 알코올 농도는 29%이다.

2) 과실류(Fruits)

(1) 큐라소(Curacao)

'큐라소'는 섬 이름으로 큐라소 섬에서 생산되던 오렌지의 껍질을 건조시켜 술을 만든 것이 시초라고 하며, 큐라소섬이 네덜란드령이어서 네덜란드어 발음으로 큐라소라고 한다. 큐라소산의 오렌지 껍질을 건조하여 만들며, 색소를 첨가하여 만들기도 한다. 대표적인 오렌지 리큐어로 화이트 (White), 오렌지(Orange), 블루(Blue), 레드(Red), 그린(Green)이 있다. 알코올 농도는 30~40% 이다.

(2) 쿠앵트로(Cointreau)

1849년 프랑스의 '로와르(Loire)'에서 탄생한 술로서 처음에는 'Cointreau Triple Sec'이라 불렀으나 후에 'Cointreau'가 되었다. 화이트 큐라소(White Curacao) 계열의 술로서 알코올 농도는 40% 이다.

(3) 트리플 섹(Triple Sec)

술 이름 '트리플 섹'은 '3배가 더 독하다'라는 뜻인데 현재의 '트리플 섹'은 그다지 드라이 타입이 아니다. 알코올 농도는 20~40%이다.

(4) 트리플 오(Triple Or)

오렌지 과피를 코냑에 담근 제품으로 당분을 억제한 드라이 타입의 리큐어이다. 알코올 농도는 20~40%이다.

(5) 그랑 마니에(Grand Marnier)

1827년 탄생한 대표적인 오렌지 큐라소로서 코냑에 오렌지 껍질을 배합하여 오크통에서 숙성한 술로 알코올 농도는 40%이다.

(6) 만다린(Mandarin)

'만다린'이란 이름의 리큐어가 많은데, 이것은 모두 만다린 오렌지 및 탄제린 오렌지를 원료로 한 것으로 모두가 'Mandarin'이란 이름으로 상품화한다. 알코올 농도는 20~40%이다.

(7) 오렌지 진(Orange Gin)

진의 원료용 스피릿에 오렌지 껍질을 배합하고 단맛을 첨가한 것으로 알코올 농도는 34%이다.

(8) 림보(Limbo)

독일산의 레몬 리큐어로 병째로 차갑게 하여 마시든지 온더락(On The Rocks)으로 마시면 레몬의 신선한 향미를 맛볼 수 있다. 알코올 농도는 32%이다.

(9) 레몬 진(Lemon Gin)

진의 원료용 스피릿에 레몬 껍질의 향미를 첨가하여 순한 단맛을 첨가한 것으로 알코올 농도는 24%이다.

(10) 피터 히어링(Peter Heering)

네덜란드산의 체리를 풍미로 한 리큐어로 알코올 농도 24%이다.

(11) 마라스키노(Maraschino)

이탈리아와 유고의 국경지대에서 많이 재배되는 마라스카종의 체리를 으깨어 발효하고 3회 증류하여 3년간 숙성한 후 물과 시럽을 첨가하여 단기간 다시 숙성하여 무색으로 제품화된다. 알코올 농도는 30~32%이다.

(12) 체리 플레이버드 브랜디(Cherry Flavored Brandy)

칵테일 및 제과용으로 널리 이용되며 향기가 뛰어나다. 알코올 농도는 24~30%이다.

(13) 키르시(Kirsh)

과일 브랜디를 리큐어화한 것으로 제과용으로 널리 쓰이며 병째로 차게 해서 마시면 풍미를 즐길 수 있다. 알코올 농도는 40~45%이다.

(14) 크렘 드 카시스(Creme de Cassis)

주정에 블랙베리(Black Berry)계인 카시스 열매와 설탕을 첨가하여 숙성한 후 여과한다. 농후하면서도 신선한 향미를 지니는데 장기보존은 어렵다. 알코올 농도는 15~25%이다.

(15) 힘베어(Himbeer)

'힘베어'란 독일어로 라즈베리(Raspberry)를 말한다. 라즈베리를 주정에 담갔다가 증류하여 소량의 설탕을 첨가한 것이다. 알코올 농도는 45%이다.

(16) 프래즈(Fraise)

라즈베리(Raspberry)를 주정에 담갔다가 리큐어화한 것이다. 알코올 농도는 20~25%이다.

(17) 프랑부아즈(Framboise)

라즈베리(Raspberry)가 주원료로 알코올 농도는 20~30%이다.

(18) 아프리콧 플레이버드 브랜디(Apricot Flavored Brandy)

살구향을 가미한 리큐어로 알코올 농도는 23~30%이다.

(19) 포와르 윌리엄스(Poire Williams)

윌리엄스(Williams) 품종의 배를 원료로 한 것으로 여러 주류기업에서 생산하고 있으며 약간의 차이가 있다. 알코올 농도는 25~30%이다.

(20) 페어 윌리엄스(Peer Williams)

윌리엄스(Williams) 품종의 배를 원료로 한 것으로 프랑스 '마리에 브리자드' 사 제품이며, 알코올 농도는 30%이다.

(21) 피치 플레이버드 브랜디(Peach Flavored Brandy)

주정에 복숭아를 담가 숙성하여 시럽을 가하고 여과한 것으로 알코올 농도는 30~35%이다.

(22) 사우즌 컴포트(Southern Comport)

미국을 대표하는 리큐어로 숙성한 버번 위스키에 복숭아 및 여러 종류의 과실향을 첨가한 것으로 알코올 농도는 43%이다.

(23) 슬로진(Sloe Gin)

서유럽에 자생하는 일종의 오얏열매로 만든 술로서 많은 나라에서 생산하고 있으며 알코올 농도 20~35%이다.

3) 종자류(Beans & Kernels)

리큐어 중에서 과실의 종자에 함유된 방향 성분 또는 커피, 카카오 등을 주제로 만든 독특한 맛의 리큐어로 주로 식후용으로 애음되고 있다.

(1) 아마레토(Amaretto)

이탈리아산의 아마레토는 향기 때문에 아몬드 리큐어라 불리고 있으나 아몬드로 만드는 것은 아니다. 살구씨를 물과 함께 증류하여 몇 종류의 향초 추출액, 스피릿과 혼합하여 숙성 후 아몬드향을 첨가하여 만든다. 알코올 농도는 28%이다.

(2) 크렘 드 카카오(Creme de Cacao)

초콜릿을 술로 만든 것 같은 느낌의 술이다. 브라운(Brown)과 화이트(White)가 있으며 알코올 농도는 25~30%이다.

(3) 바닐라 리큐어(Vanila Liqueur)

바닐라 콩을 알코올과 함께 증류한 것으로 제과용으로도 널리 쓰인다. 다양한 제품이 있다.

(4) 크렘 드 카페(Creme de Cafe), 리큐어 드 카페(Liqueur de Cafe)

프렌치 커피의 맛을 살린 커피 리큐어로 알코올 농도는 25~30%이다.

(5) 라 돈나 커피 리큐어(La Donna Coffee Liqueur)

자메이카산으로 럼에 블루마운틴 커피를 배합하여 만든다. 알코올 농도는 31%이다.

(6) 칼립소 커피 리큐어(Calypso Coffee Liqueur)

프랑스산의 커피 리큐어로 알코올 농도는 27%이다.

(7) 칼루아(Kahlua)

멕시코 고원의 커피에 바닐라향을 배합하여 만든 커피 리큐어로, 알코올 농도는 26%이다.

(8) 티아 마리아(Tia Maria)

'마리아 아줌마'라는 뜻으로 자메이카산이며 블루마운틴 커피로 만든다. 알코올 농도는 31~32%이다.

(9) 아이리시 벨벳(Irish Velvet)

아이리시 위스키에 커피의 풍미를 더한 것으로 뜨거운 물에 조금 섞으면 아이리시 커피의 맛을 즐길 수 있다. 알코올 농도는 19%이다.

4) 기타

(1) 베일리스 오리지널 아이리시 크림(Baileys Original Irish Creme)

아일랜드 더블린산으로 아이리시 위스키, 크림, 카카오를 배합하여 만들며 알코올 농도는 17%이다. 1970년대 아이리시 위스키는 스카치 위스키에 밀려 숙성된 원액이 남아돌았고, 아일랜드 농가에서는 우유가 과잉 생산되었다. 이러한 문제를 해결하기 위해 아일랜드의 유명한 주류기업인 길비스(Gilbeys) 사는 4년간의 연구 끝에 우유의 크림과 아이리시 위스키를 섞은 베일리스를 개발하여 1974년에 첫선을 보였다. 옅은 베이지 색의 현탁액으로 베일리스를 마시면 먼저 단맛이 느껴지면서 위스키의 향이 짙게 퍼지고 목에서 미끄러지듯이 부드럽게 넘어간다.

베일리스를 베이스로 한 대표적 칵테일로 B-52가 있으며, 작은 잔에 베일리스를 3분의 2 정도 붓고 그 위에 3분의 1 정도의 위스키를 따른 후 불을 붙이면 옅은 청색의 불꽃 고리가 생긴다. 이 재미있는 칵테일은 딱 한 잔만 마신다는 불문율이 있다.

(2) 아드보카트(Advockaat)

'변호사'라는 뜻의 네덜란드어로 평소 말이 없는 사람도 술을 마시면 청산유수가 되기 때문에 이 이름이 붙었다고 한다. 우유를 혼합하면 에그 노그(Egg Nog)의 맛을 즐길 수 있으며, 브랜디에 달걀 노른자, 양념, 당분을 넣고 숙성한 리큐어이다.

핵심예상문제

01 혼성주에 대한 설명으로 틀린 것은?

① 중세의 연금술사들이 증류주를 만드는 기법을 터득하는 과정에서 우연히 탄생되었다.

② 증류주에 당분과 과즙, 꽃, 약초 등 초근목피의 침출물로 향미를 더했다.

③ 프랑스에서는 알코올 30% 이상, 당분 30% 이상을 함유하고 향신료가 첨가된 술을 리큐어라 정의한다.

④ 코디알(Cordial)이라고도 부른다.

 혼성주는 리큐어(Liqueur)라 부르며, 미국에서는 코디알(Cordial)이라고도 부른다. 프랑스는 알코올분 15% 이상, 당분 20% 이상으로 향신료가 첨가된 술을 리큐어라 하고, 미국에서는 주정(Spirit)에 당분 2.5% 이상을 함유하고 천연향(과실, 약초, 과즙 등)을 첨가한 술을 리큐어라고 한다.

02 혼성주(Compounded Liquor)를 나타내는 것은?

① 과일 중에 함유된 과당의 효모를 작용시켜서 발효하여 만든 술

② 곡류 중에 함유된 전분을 전분당화효소로 당질화시킨 후 효모를 작용시켜 발효하여 만든 술

③ 각기 다른 물질의 다른 기화점을 이용하여 양조주를 가열하여 얻어낸 농도 짙은 술

④ 증류주 혹은 양조주에 초근목피, 향료, 과즙, 당분을 첨가하여 만든 술

 혼성주란 주정(Spirit)에 초(草)·근(根)·목(木)·피(皮), 향미약초, 향료, 색소 등을 넣어 색·맛·향을 내고 감미료를 더해 단맛을 내어 만든 술을 말한다.

03 혼성주의 특징으로 옳은 것은?

① 사람들의 식욕 부진이나 원기 회복을 위해 제조되었다.

② 과일 중에 함유되어 있는 당분이나 전분을 발효시켰다.

③ 과일이나 향료, 약초 등 초근목피의 침전물로 향미를 더하여 만든 것으로, 현재는 식후주로 많이 애음된다.

④ 저온 살균하여 영양분을 섭취할 수 있다.

 대부분의 혼성주는 감미제가 들어가 단맛이 있어 식후주로 이용된다.

04 혼성주 특유의 향과 맛을 이루는 재료가 아닌 것은?

① 과일　　　　　　② 꽃

③ 천연향료　　　　④ 곡물

 혼성주는 초(草)·근(根)·목(木)·피(皮), 향미약초, 향료, 색소 등을 넣어 색·맛·향을 낸다.

05 혼성주(Compounded Liquor) 종류에 대한 설명이 틀린 것은?

① 아드보가트(Advocaat)는 브랜디에 달걀 노른자와 설탕을 혼합하여 만들었다.

② 드람부이(Drambuie)는 '사람을 만족시키는 음료'라는 뜻을 가지고 있다.

③ 알마냑(Armagnac)은 체리향을 혼합하여 만든 술이다.

정답　01 ③　02 ④　03 ③　04 ④　05 ③

④ 칼루아(Khalua)는 증류주에 커피를 혼합하여 만든 술이다.

 알마냑(Armagnac)은 프랑스 알마냑(Armagnac) 지방에서 만드는 브랜디이다.

06 혼성주의 제법이 아닌 것은?

① 증류법   ② 침출법
③ 에센스법   ④ 압착법

 혼성주의 제조법은 크게 증류법, 침출법, 에센스법의 3가지가 있다.

07 증류하면 변질될 수 있는 과일이나 약초, 향료에 증류주를 가해 향미성을 용해시키는 방법으로 열을 가하지 않는 리큐어 제조법으로 가장 적합한 것은?

① 증류법   ② 침출법
③ 여과법   ④ 에센스법

 침출법은 가정에서 과실주를 담그는 방법과 유사한 방식으로, 증류하면 변질될 우려가 있는 과실류에 응용하며 열을 가하지 않으므로 콜드(Cold) 방식이라고도 한다.

08 원료인 포도주에 브랜디나 당분을 섞고 향료나 약초를 넣어 향미를 내어 만들며 이탈리아산이 유명한 것은?

① Manzanilla   ② Vermouth
③ Stout   ④ Hock

 Vermouth(베르무트)는 포도주를 바탕으로 각종 약초를 넣어 만들어 포도주 종류의 하나로 분류하기도 하지만 약초류가 들어가므로 혼성주로 분류하기도 한다. Manzanilla(만자닐라)와 Hock(호크)는 와인, Stout(스타우트)는 맥주이다.

09 다음 중 오드비(Eau-De-Vie)가 아닌 것은?

① Kirsch   ② Apricots
③ Framboise   ④ Amaretto

 오드비(Eau-de-vie)는 불어로 '생명의 물'이란 뜻이며 과일 발효주를 증류한 브랜디를 뜻한다. Amaretto(아마레토)는 살구씨를 주원료로 하는 혼성주이다.

10 다음 중 비터(Bitters)의 설명으로 옳은 것은?

① 쓴맛이 강한 혼성주로 칵테일에는 소량을 첨가하여 향료 또는 고미제로 사용
② 야생체리로 착색한 무색의 투명한 술
③ 박하냄새가 나는 녹색의 색소
④ 초콜릿 맛이 나는 시럽

 비터계의 술은 쓴맛이 있어 주로 식사 전 식욕 증진주에 소량 첨가한다.

11 다음 중 Bitter가 아닌 것은?

① Angostura   ② Campari
③ Galliano   ④ Amer Picon

 Galliano(갈리아노)는 아니스, 바닐라, 약초 등 30여 종의 약초류를 사용하여 만드는 이탈리아산의 혼성주이다. Amer Picon(아메르 피콘)은 쓴맛과 오렌지향을 가지고 있는 진한 갈색의 프랑스산 술로 알코올 도수는 27도이다.

12 오렌지 과피, 회향초 등을 주원료로 만들며 알코올 농도가 24% 정도가 되는 붉은색의 혼성주는?

① Beer   ② Drambuie
③ Campari   ④ Cognac

 Campari(캄파리)는 1860년 이탈리아에서 탄생한 것으로 오렌지 과피, 회향초 등을 주원료로 하여 만들었다. 알코올 농도는 24%이고, 붉은색을 띤다.

13 다음 중 식전주로 가장 적합한 것은?

① 맥주(Beer)

② 드람부이(Drambuie)

③ 캄파리(Campari)

④ 코냑(Cognac)

 캄파리(Campari)는 쌉쌀한 맛을 가지고 있어 식전주로 적합하다. 드람부이와 코냑은 식후에 마신다.

14 일반적으로 식사 전의 음료로 적합한 술은?

① Red Wine

② Cognac

③ Liqueur

④ Italian Vermouth

 Sweet Vermouth(스위트 베르무트)는 이탈리아에서 처음 만들어져 Italian Vermouth(이탈리안 베르무트)라고도 하며, 쌉쌀한 풍미가 입맛을 돋우어 식전주로 사용한다.

15 프랑스에서 가장 오래된 혼성주 중의 하나로 호박색을 띠고 '최대, 최선의 신에게'라는 뜻을 가지고 있는 것은?

① 압생트(Absente)

② 아쿠아비트(Aquavit)

③ 캄파리(Campari)

④ 베네딕틴 디오엠(Benedictine DOM)

 베네딕틴 DOM은 1510년 프랑스 북부 페에칸에 있는 베네딕트 수도원에서 만들어졌다.

16 Liqueur병에 적혀 있는 DOM의 의미는?

① 이탈리아어의 약자로 최고의 리큐어라는 뜻이다.

② 라틴어로 베네딕틴 술을 말하며, '최대, 최선의 신에게'라는 뜻이다.

③ 15년 이상 숙성된 약술을 의미한다.

④ 프랑스 상파뉴 지방에서 생산된 리큐어를 의미한다.

 DOM은 라틴어 'Deo Optimo Maximo'의 약어로 '최대, 최선의 신에게'라는 뜻이다.

17 Benedictine의 설명 중 틀린 것은?

① B-52 칵테일을 조주할 때 사용한다.

② 병에 적힌 DOM은 '최대, 최선의 신에게'라는 뜻이다.

③ 프랑스 수도원 제품이며 품질이 우수하다.

④ 허니문(Honeymoon) 칵테일을 조주할 때 사용한다.

 B-52 칵테일은 칼루아(Kahlua), 베일리스(Bailey's), 그랑 마니에(Grand Marnier) 각 1/3part로 플로트(Float)한다.

18 다음 술 종류 중 코디얼(Cordial)에 해당하는 것은?

① 베네딕틴(Benedictine)

② 고든스 런던 드라이진(Gordon's London Dry Gin)

③ 커티 삭(Cutty Sark)

④ 올드 그랜드 대드(Old Grand Dad)

 코디얼(Cordial)은 혼성주를 말하며, 고든스 런던 드라이진은 드라이진, 커티 삭은 스카치 위스키, 올드 그랜드 대드는 버번 위스키 상표이다.

19 리큐어(Liqueur)의 여왕이라고 불리며 프랑스 수도원의 이름을 가지고 있는 것은?

① 드람부이(Drambuie)

② 샤르트뢰즈(Chartreuse)

③ 베네딕틴(Benedictine)

④ 체리 브랜디(Cherry Brandy)

리큐어의 여왕이라 불리는 샤르트뢰즈(Chartreuse)는 18세기 중반 프랑스의 '그랑드 샤르트뢰즈 수도원(Grande Chartreuse Monastery)'에서 처음 만들어졌다.

20 주류와 그에 대한 설명으로 옳은 것은?

① Absinthe – 노르망디 지방의 프랑스산 사과 브랜디
② Campari – 주정에 향쑥을 넣어 만드는 프랑스산 리큐어
③ Calvados – 이탈리아 밀라노에서 생산되는 와인
④ Chartreuse – 승원(수도원)이라는 뜻을 가진 리큐어

 ① Absinthe(압생트) : 아브상으로도 부르며, 원산지는 프랑스로 주정에 아니스(Anise), 안젤리카(Angelica) 등의 향쑥을 넣어 만들며 물을 가하면 탁해지고, 햇빛을 받으면 일곱 색으로 변하여 '초록빛의 마주'라고도 한다.
② Campari(캄파리)는 이탈리아에서 오렌지 과피, 회향초 등을 주원료로 하여 만들었다.
③ Calvados(칼바도스)는 프랑스 노르망디 지방의 사과 브랜디이다.

21 다음 리큐어(Liqueur) 중 그 용도가 다른 하나는?

① 드람부이(Drambuie)
② 갈리아노(Gllaiano)
③ 시나(Cynar)
④ 쿠앵트로(Cointreau)

 시나(Cynar)는 포도주에 아티초크(Artichoke)를 배합한 리큐어로 약간 진한 커피색이다. 식전주로서 온더락(On the Rocks)으로 많이 즐긴다.

22 와인에 국화과의 아티초크(Artichoke)와 약초의 엑기스를 배합한 이탈리아산 리큐어는?

① Absinthe
② Dubonnet
③ Amer picon
④ Cynar

 Dubonnet(두보네)는 퀴닌 맛이 있는 적색의 프랑스산 아페리티프 와인, Amer Picon(아메르 피콘)은 알코올 도수 27°로 쓴맛과 오렌지향의 진갈색의 프랑스산 리큐어이다.

23 아티초크를 원료로 사용한 혼성주는?

① 언더버그(Underberg)
② 시나(Cynar)
③ 아메르 피콘(Amer Picon)
④ 사브라(Sabra)

 언더버그(Underberg)는 독일의 소화제용인 약술 리큐어, 사브라(Sabra)는 초콜릿 맛의 이스라엘산 오렌지 리큐어이다.

24 커피 리큐어가 아닌 것은?

① 카모라(Kamora)
② 티아 마리아(Tia Maria)
③ 쿰멜(Kummel)
④ 칼루아(Kahlua)

 쿰멜은 주재료인 캐러웨이(Caraway)의 독일어인 쿰멜(Kummel)로 맛을 낸 달콤한 무색의 리큐어이다. 카모라(Kamora)와 칼루아(Kahlua)는 멕시코산의 커피술, 티아 마리아(Tia Maria)는 자메이카산의 커피술이다.

25 다음 리큐어(Liqueur) 중 베일리스가 생산되는 곳은?

① 스코틀랜드
② 아일랜드
③ 잉글랜드
④ 뉴질랜드

베일리스(Baileys)는 아일랜드에서 아이리시 위스키, 크림, 카카오를 배합하여 만든 것으로 알코올 농도는 17%이다.

26 스카치 위스키에 히스꽃에서 딴 봉밀과 그 밖에 허브를 넣어 만든 감미 짙은 리큐어로 러스티 네일을 만들 때 사용되는 리큐어는?

① Cointreau　　② Galliano

③ Chartreuse　　④ Drambuie

 Drambuie(드람부이)는 스카치 위스키에 벌꿀을 더해 만든 리큐어이다.

27 다음 중 주재료가 나머지 셋과 다른 것은?

① Grand Marnier　　② Drambuie

③ Triple Sec　　④ Cointreau

 Drambuie(드람부이)는 스카치 위스키에 벌꿀을 더해 만든 리큐어이다. Grand Marnier(그랑 마니에), Triple Sec(트리플 섹), Cointreau(쿠앵트로)는 오렌지계 리큐어이다.

28 이탈리아 밀라노 지방에서 생산되며, 오렌지와 바닐라 향이 강하고 길쭉한 병에 담긴 리큐어는?

① Galliano　　② Kummel

③ Kahlua　　④ Drambuie

 Galliano(갈리아노)는 이탈리아산으로 아니스, 바닐라, 약초 등 30여 종의 약초류를 사용하여 만들며 알코올 농도는 35%이고 노란색을 띤다.

29 다음 중 오렌지향의 리큐어가 아닌 것은?

① 그랑 마니에(Grand Marnier)

② 트리플 섹(Triple Sec)

③ 쿠앵트로(Cointreau)

④ 무스(Mousseux)

 무스(Mousseux)는 거품이란 뜻의 프랑스어로 프랑스 샹파뉴(Champagne) 외의 지역에서 만드는 발포성 와인을 말한다.

30 다음 중 원료가 다른 술은?

① 트리플 섹　　② 마라스퀸

③ 쿠앵트로　　④ 블루 큐라소

 마라스퀸(Marasquin)은 체리로 만든 리큐어이다. 트리플 섹, 쿠앵트로, 블루 큐라소는 오렌지 계열의 리큐어이다.

31 다음 중 종자류 계열이 아닌 혼성주는?

① 티아 마리아　　② 아마레토

③ 쇼콜라 스위스　　④ 갈리아노

 갈리아노(Galliano)는 이탈리아산으로 아니스, 바닐라, 약초 등 30여 종의 약초류가 주원료이다. 티아 마리아는 커피, 아마레토는 살구씨, 쇼콜라 스위스는 카카오를 원료로 한다.

32 오렌지를 주원료로 만든 술이 아닌 것은?

① Triple Sec　　② Tequila

③ Cointreau　　④ Grand Marnier

 Tequila(테킬라)는 용설란(Agave)을 발효 증류한 멕시코의 증류주이다.

33 다음 리큐어 중 부드러운 민트향을 가진 것은?

① Absente

② Curacao

③ Chartreuse

④ Creme de Menthe

 Creme de Menthe(크렘 드 멘트)는 박하술로 그린과 화이트 두 가지가 있으며, 페퍼민트(Peppermint)와 같은 종류의 술이다.

34 이탈리아가 자랑하는 3대 리큐어(Liqueur) 중 하나로 살구씨를 기본으로 여러 가지 재료를 넣어 만든 아몬드향의 리큐어로 옳은 것은?

① 아드보카트(Advocaat)

② 베네딕틴(Benedictine)

③ 아마레토(Amaretto)

④ 그랑 마니에(Grand Marnier)

 아마레토(Amaretto)는 살구씨를 주원료로 하는 이탈리아산의 혼성주이다.

35 슬로 진(Sloe Gin)의 설명 중 옳은 것은?

① 증류주의 일종이며, 진(Gin)의 종류이다.

② 보드카(Vodka)에 그레나딘 시럽을 첨가한 것이다.

③ 아주 천천히 분위기 있게 먹는 칵테일이다.

④ 진(Gin)에 야생자두(Sloe Berry)의 성분을 첨가한 것이다.

 슬로 진은 야생자두를 첨가하여 만드는 리큐어이다.

36 다음 중 미국을 대표하는 리큐어(Liqueur)는?

① 슬로 진(Sloe Gin)

② 리카르드(Ricard)

③ 사우던 컴포트(Southern Comfort)

④ 크렘 드 카카오(Creme de Cacao)

 사우던 컴포트(Southern Comfort)는 버번 위스키에 복숭아, 살구 등의 과일과 허브류를 첨가하여 만든 미국을 대표하는 리큐어이다. 리카르드(Ricard)는 프랑스가 원산지인 아니스(Anise)계 리큐어이다.

37 다음의 설명에 해당하는 혼성주를 옳게 연결한 것은?

> ㉠ 멕시코산 커피를 주원료로 하여 Cocoa, Vanilla 향을 첨가해서 만든 혼성주이다.
> ㉡ 야생오얏을 진에 첨가해서 만든 빨간색의 혼성주이다.
> ㉢ 이탈리아의 국민주로 제조법은 각종 식물의 뿌리, 씨, 향초, 껍질 등 70여 가지의 재료로 만들어지며 제조 기간은 45일이 걸린다.

① ㉠ 샤르트뢰즈(Chartreuse), ㉡ 시나(Cynar), ㉢ 캄파리(Campari)

② ㉠ 파샤(Pasha), ㉡ 슬로 진(Sloe Gin), ㉢ 캄파리(Campari)

③ ㉠ 칼루아(Kahlua), ㉡ 시나(Cynar), ㉢ 캄파리(Campari)

④ ㉠ 칼루아(Kahlua), ㉡ 슬로 진(Sloe Gin), ㉢ 캄파리(Campari)

 ㉠은 칼루아(Kahlua), ㉡는 슬로 진(Sloe Gin), ㉢은 캄파리(Campari)에 대한 설명이다.

38 다음 중 리큐어(Liqueur)는 어느 것인가?

① 버건디(Burgundy)

② 드라이 셰리(Dry Sherry)

③ 쿠앵트로(Cointreau)

④ 베르무트(Vermouth)

 버건디(Burgundy)와 드라이 셰리(Dry Sherry)는 와인, 베르무트(Vermouth)는 와인에 허브를 더해 만들어 와인으로 분류하기도 하고 리큐어로 분류하기도 한다. 쿠앵트로는 오렌지 계열의 리큐어이다.

39 다음 중 혼성주가 아닌 것은?

① Apricot Brandy ② Amaretto

③ Rusty Nail ④ Anisette

 Rusty Nail(러스티 네일)은 '녹슨 못'이란 뜻으로 스카치 위스키에 드람부이를 넣어 만드는 칵테일이다.

정답 34 ③ 35 ④ 36 ③ 37 ④ 38 ③ 39 ③

40 약초, 향초류의 혼성주는?

① 트리플 섹　　　　② 크렘 드 카시스

③ 칼루아　　　　　　④ 쿰멜

 쿰멜은 주재료인 캐러웨이(Caraway)의 독일어인 쿰멜(Kummel)로 맛을 낸 달콤한 무색의 리큐어이다. 트리플 섹(Triple Sec)은 오렌지, 크렘 드 카시스(Creme De Cassis)는 블랙베리(Black Berry)계인 카시스 열매, 칼루아(Kahlua)는 커피가 주원료이다.

41 혼성주에 해당하는 것은?

① Armagnac

② Corn Whisky

③ Cointreau

④ Jamaican Rum

 Armagnac(알마냑)은 프랑스 알마냑의 브랜디, Corn Whisky(콘 위스키)는 옥수수 80% 이상을 원료로 한 위스키이다. 럼에는 라이트 럼, 미디엄 럼, 헤비 럼의 3종류가 있으며 이 중 대표적인 헤비 럼이 Jamaican Rum(자메이칸 럼)이다.

42 리큐어(Liqueur)가 아닌 것은?

① Benedictine　　　② Anisette

③ Augier　　　　　④ Absinthe

 Augier(오지에)는 코냑의 상표이다. Curacao(큐라소)는 큐라소 섬의 오렌지, Kahlua(칼루아)는 멕시코의 커피, Drambuie(드람부이)는 스카치 위스키에 벌꿀을 더해 만드는 리큐어이다.

바(Bar)
일반사항

CHAPTER 01 칵테일 기구

① **지거(Jigger)** : 용량 측정용 계량기구로 메저컵(Measure Cup)이라고도 하며, 표준형은 30mL 와 45mL를 계량할 수 있다.

② **믹싱 글라스(Mixing Glass)** : 혼합이 용이한 재료의 혼합용 기구로 내용물을 차게 하기 위하여 얼음을 넣고 바 스푼으로 저어(Stir) 혼합한다.

③ **셰이커(Shaker)** : 잘 섞이지 않는 재료를 잘 섞이게 하고 동시에 차갑게 하는 기구로 캡(Cap / Top), 스트레이너(Strainer), 보디(Body)의 세 부분으로 구성되어 있다.

④ **바 스푼(Bar Spoon)** : 길이가 길어 롱 스푼(Long Spoon)이라고도 하며, 주로 믹싱 글라스 및 텀블러 글라스 등에 얼음과 재료를 넣고 혼합할 때 사용한다. 저을 때 부드럽게 회전할 수 있도록 바 스푼의 중간 부분이 나선형으로 되어 있으며, 반대쪽은 포크 모양으로 되어 있다.

⑤ **스트레이너(Strainer)** : 믹싱 글라스의 얼음이 빠져 나오는 것을 방지하기 위해 믹싱 글라스에 끼워 사용한다.

⑥ **블렌더(Blender)** : 전기를 이용하는 혼합용 기구로 재료와 얼음을 함께 넣고 블렌더에서 갈아 만드는 프로즌 스타일(Frozen Style)의 칵테일을 만들 때 주로 사용한다.

⑦ **코스터(Coaster)** : 글라스 받침대로 글라스 아래에 깔아 글라스가 미끄러지는 것을 방지하고 글라스를 내려놓을 때 잡음을 줄일 수 있다.

⑧ **스퀴저(Squeezer)** : 레몬이나 오렌지 등의 생과일 즙을 짤 때 사용하는 기구이다.

⑨ **머들러(Muddler)** : 허브잎이나 과일 등의 가니시(Garnish)를 글라스 안에서 으깨는 데 사용하는 기구로, 하이볼 등의 칵테일에 장식용으로 사용하기도 한다.

⑩ **스토퍼(Stopper)** : 남은 탄산음료의 보관을 위해 사용하는 보조 병마개이다.

⑪ **푸어러(Pourer)** : 술을 따를 때 편리하도록 병에 끼워 사용한다.

⑫ **디캔터(Decanter)** : 와인을 옮겨 담는 유리병으로 주로 레드 와인을 서빙할 때 사용한다.

⑬ **패니어(Pannier)** : 와인병 하나를 눕혀 놓을 수 있는 바구니로 와인을 따를 때 앙금이 생기지 않도록 하기 위한 도구이다.

⑭ **와인 쿨러(Wine Cooler)** : 와인 및 샴페인의 냉각용 기구이다.

⑮ **더스터(Duster)** : 세척한 글라스를 닦을 때 사용하는 마포수건을 말한다.

⑯ **패티 나이프(Petit Knife)** : 장식 과일을 자를 때 사용하는 칼날 길이 12cm 정도의 소형 과도를 말한다.

⑱ **아이스 그라인더(Ice Grinder)** : 고운 가루얼음을 만들 때 사용한다.

⑲ **아이스 크러셔(Ice Crusher)** : 얼음 분쇄기이며 작은 콩알얼음을 만들 때 사용한다.

⑳ **아이스 버킷(Ice Bucket)**, **아이스 페일(Ice Pail)** : 얼음을 담는 그릇이다.

㉑ **아이스 텅스(Ice Tongs)** : 얼음집게이다.

㉒ **아이스 스쿱(Ice Scoop)** : 작은 부삽 모양으로 많은 양의 얼음을 담을 때 사용한다.

㉓ **바 레일(Bar Rail)** : 바에서 자주 사용하는 음료 및 술병 등을 꽂아두는 랙(Rack)을 말한다.

◆◆ 칵테일 기구

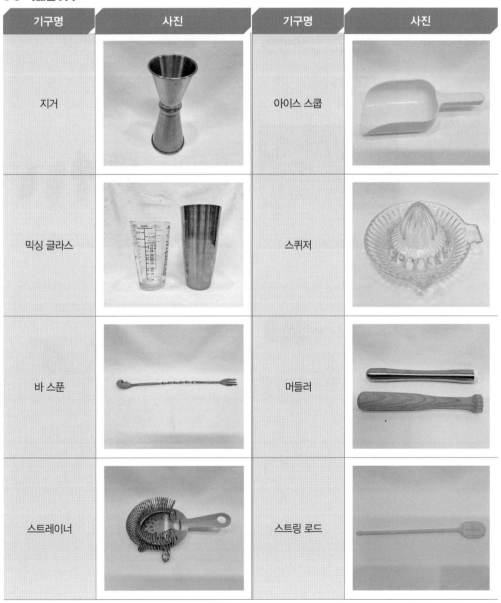

기구명	사진	기구명	사진
지거		아이스 스쿱	
믹싱 글라스		스퀴저	
바 스푼		머들러	
스트레이너		스트링 로드	

기구명	사진	기구명	사진
셰이커		코스터	
아이스 텅스		칵테일 픽 (칵테일 핀)	
아이스 페일, 아이스 버킷		푸어러	
아이스 픽		스토퍼	

CHAPTER 02 글라스

SECTION 1 글라스의 부분별 명칭

스템(Stem)이 있는 글라스에는 얼음이 들어가지 않으므로 별도로 글라스를 냉각하여 사용하며 반드시 글라스의 스템을 잡는다. 스템이 없는 글라스에는 얼음이 들어가며 보디(Body)의 1/2 아랫부분을 잡는다.

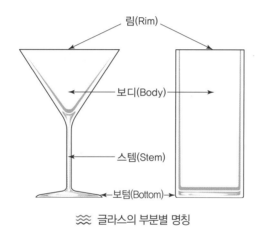

림(Rim)

보디(Body)

스템(Stem)

보텀(Bottom)

〰 글라스의 부분별 명칭

SECTION 2 글라스의 취급법

① 글라스는 세척한 후 깨끗이 건조하여 손님에게 제공하도록 한다.
② 특히 여성이 사용한 경우는 립스틱이 묻어 있을 수 있으므로 손으로 깨끗이 씻은 후 '글라스 워셔(Glass Washer)'에 넣도록 한다.
③ 글라스는 유리로 만들어져 투명하므로 깨끗이 세척하여 손자국 등의 불순물이 남지 않도록 보관한다.
④ 글라스를 손님에게 낼 때는 손님의 오른쪽에서 코스터를 깔고 그 위에 글라스를 놓는다.

⑤ 스템이 있는 글라스는 스템을 잡으며, 스템이 없는 글라스는 보디(Body)의 1/2 부분을 잡고 제 공한다. 글라스의 림 부분에는 손이 닿지 않도록 위생적으로 취급하여야 한다.

⑥ 수시로 글라스의 보관 상태를 파악하여 불결하거나 금이 간 것 등이 손님에게 제공되지 않도록 하여야 한다.

SECTION 3 글라스의 종류

1. 리큐어(Liqueur, Cordial, Pousse Cafe) 글라스

① **용량** : 1oz
② 증류주 또는 혼성주를 스트레이트로 마실 때 사용한다.
③ 플로트(Float) 기법의 칵테일을 만들 때 사용한다.

2. 셰리 와인(Sherry Wine, Double Straight) 글라스

① **용량** : 2oz, 3oz, 4oz
② 스페인산 화이트 와인인 셰리 와인(Sherry Wine)을 마실 때 사용한다.
③ 스트레이트를 더블로 마실 때 사용한다.

3. 칵테일(Cocktail) 글라스

① **용량** : 3oz, 4oz
② 일반적인 칵테일에 주로 사용한다.

4. 샴페인(Champagne) 글라스

① **용량** : 4oz, 5oz, 6oz
② 윗부분이 넓고 둥근 모양의 소서(Saucer)형과 윗부분이 좁고 긴 모양의 플루트(Flute)형이 있다.
③ 크림, 우유, 달걀 등을 사용하여 거품이 많이 있는 칵테일용 글라스(소서형, Saucer)이다.

5. 올드 패션드(Old Fashioned, On The Rocks) 글라스

① **용량** : 5oz, 6oz, 8oz
② 온더락 또는 올드 패션드 칵테일에 사용한다.

6. 하이볼(Highball) 글라스

① **용량** : 6oz, 8oz
② 청량음료를 혼합한 하이볼을 만들 때 사용한다.

7. 콜린스(Collins) 글라스

① **용량** : 10oz, 12oz
② 대표적인 롱 드링크용 글라스이다.

8. 와인(Wine) 글라스

① 와인의 종류와 산지에 따른 다양한 형태의 글라스가 있으나 크게 레드 와인, 화이트 와인, 샴페인 등 3가지를 사용한다.
② 화이트 와인 글라스는 시큼하고 개운한 맛을 느끼는 혀의 앞부분에 와인이 먼저 떨어지도록 입구가 레드 와인 글라스에 비해 덜 오목하며, 온도 상승을 막기 위해 볼이 작게 만들어져 있다.
③ 레드 와인 글라스는 지름이 큰 글라스로 크게 보르도용 글라스와 부르고뉴용 글라스로 나누며, 와인 특유의 향기가 잔 속에 남아 있도록 볼이 크고 길쭉하게 만들어져 있다.

9. 필스너(Pilsner) 글라스

① **용량** : 10oz
② 체코의 맥주용 글라스나 청량음료용으로도 사용한다.
③ 짧은 스템이 있는 스템드 필스너와 스템이 없는 풋티드 필스너 2가지가 있다.

10. 사워(Sour) 글라스

① **용량** : 5oz, 6oz
② 신맛이 있는 사워용 글라스로 샴페인이나 와인 등을 마실 때도 사용한다.

11. 샷(Shot, Whisky, Straight) 글라스

① **용량** : 1oz
② 증류주의 스트레이트용, 특히 위스키를 마실 때 사용한다.

12. 텀블러(Tumbler) 글라스

스템이 없는 묵직한 형태의 글라스를 총칭하는 것으로 뜨거운 음료용으로 많이 사용한다.

13. 브랜디(Brandy, Snifter, Cognac) 글라스

① **용량** : 6oz, 8oz, 10oz, 12oz
② 브랜디 또는 코냑을 스트레이트로 마실 때 사용한다.
③ 글라스를 예열하여 따뜻하게 사용한다.
④ 글라스를 수평으로 눕혀 글라스의 크기에 관계없이 1oz만 따른다.
⑤ 글라스를 두 손으로 감싸 쥐고 상온에서 마신다(식후에 마신다).

14. 고블릿(Goblet, Cobbler) 글라스

① **용량** : 10oz
② 독일의 맥주용 글라스지만 물이나 주스 등의 청량음료용으로도 사용한다.

15. 에그 노그(Egg Nog, Zombie, Chimney) 글라스

① **용량** : 10oz, 12oz
② 달걀을 넣어 만드는 대표적 크리스마스 음료인 에그 노그 칵테일 또는 좀비 칵테일을 만들 때 사용한다.

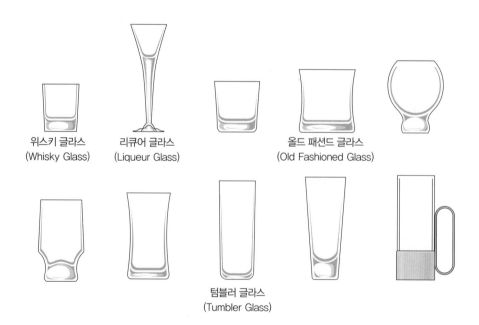

위스키 글라스
(Whisky Glass)

리큐어 글라스
(Liqueur Glass)

올드 패션드 글라스
(Old Fashioned Glass)

텀블러 글라스
(Tumbler Glass)

칵테일 글라스
(Cocktail Glass)

샴페인 글라스
(Champagne Glass)

콜린스 글라스
(Collins Glass)

사워 글라스
(Sour Glass)

저그
(Jug)

와인 글라스
(Wine Glass)

브랜디 글라스
(Brandy Glass)

고블릿 글라스
(Goblet Glass)

≋ 글라스 종류

계량단위

① **온스(Ounce, oz)** : 무게의 단위로 28.35g(29.5mL)을 말하지만, 우리나라에서는 30g(30mL)으로 통용된다. 부피의 단위로 나타낸 것이 플루이드 온스(Fluid Ounce, FL · oz)이나 통상적으로 무게와 부피를 oz로 나타낸다.

② **대시(Dash)** : 1/32온스 분량으로, 액체로 된 양념을 한 번 뿌려 주는 양을 말한다. 5~6방울 정도의 양으로, 칵테일에서는 주로 앙고스투라 비터스(Angostura Bitters)를 넣을 때 쓰이는 단위이다.

③ **샷(Shot), 포니(Pony)** : 1온스 정도의 양으로, 약 30mL 분량을 말한다.

④ **티스푼(Teaspoon, tsp)** : 1/6온스 정도의 양으로, 우리나라에서는 5mL(g)로 통용된다.

⑤ **테이블 스푼(Table Spoon)** : 1/2온스, 즉 3tsp에 해당하는 양으로, 우리나라에서는 15mL(g)로 통용된다.

⑥ **핀치(Pinch)** : 설탕이나 소금, 향신료 등의 분말로 된 양념을 엄지와 검지로 한 번 집어넣어 주는 양을 말한다.

⑦ **컵(Cup)** : 8온스를 나타내는 단위로, 우리나라에서는 200mL(g)로 통용된다.

⑧ **파인트(Pint)** : 16온스의 분량이다.

⑨ **쿼터(Quart)** : 1/32온스의 분량으로 1/4Gallon을 말한다.

⑩ **보틀(Bottle)** : 4/5Quart로 760mL 분량이며 양주병의 일반적인 용량이다.

⑪ **리터(Liter)** : 33.8온스의 분량이다.

⑫ **갤런(Gallon)** : 128온스의 분량으로 4Quart를 말한다.

칵테일의 부재료

CHAPTER
04

SECTION 1 얼음의 종류

① **셰이브드 아이스(Shaved Ice)** : 가루얼음. 주로 프라페(Frappe) 음료를 만들 때 사용한다.
② **크러시드 아이스(Crushed Ice)** : 분쇄제빙기로 만들거나 각얼음을 잘게 부순 얼음으로 주로 블렌드(Blend) 기법의 칵테일을 만들 때 사용한다.
③ **크랙트 아이스(Cracked Ice)** : 덩어리 얼음을 얼음용 송곳으로 깨어 만든 각얼음을 말한다.
④ **큐브 아이스(Cube Ice)** : 제빙기에서 얼려 만든 각얼음을 말한다.
⑤ **럼프 아이스(Lump Ice)** : 작은 덩어리 얼음이다.
⑥ **블록 아이스(Block Ice)** : 큰 덩어리 얼음이다.

SECTION 2 조미료 및 향신료

① **설탕(Sugar)** : 칵테일에 단맛을 더하기 위해 사용하며, 스노 스타일(Snow Style)의 연출을 위해서도 사용한다. 칵테일에서는 찬물과 알코올에 쉽게 용해되는 분당이라 부르는 파우더 슈거(Powder Sugar) 및 각설탕(Cube Sugar)을 주로 사용한다.
② **소금(Salt)** : 칵테일에 넣기도 하지만 주로 스노 스타일의 연출을 위해 사용한다.
③ **너트멕(Nutmeg)** : 육두구 나무 열매를 분말로 만든 것으로 서양요리에 주로 사용되지만 칵테일에서는 달걀이나 크림 등이 들어가는 경우 비린내 제거용으로 사용한다.
④ **시나몬(Cinnamon)** : 계피와 맛과 향은 거의 같지만 계피에 비해 시나몬의 맛과 향이 더 부드러우며, 분말과 스틱이 있다.
⑤ **기타** : 우스터시르 소스, 타바스코 소스, 갈릭 파우더, 셀러리 파우더 등

SECTION 3 시럽의 종류

천연과즙 또는 인공향료, 색소 등에 당류를 더해 풍미를 나게 한 것으로 많은 종류가 있으며, 칵테일에서는 그레나딘 시럽(Grenadine Syrup)을 많이 사용한다.

① **설탕 시럽(Sugar Syrup)** : 백설탕을 물에 녹여 농축한 것으로 칵테일을 만들 때 설탕 대신 사용하기도 하며, 심플 시럽(Simple Syrup) 또는 플레인 시럽(Plain Syrup)이라고도 한다.
② **그레나딘 시럽(Grenadine Syrup)** : 빨간색의 석류 시럽으로 칵테일에서는 색이나 풍미를 위해 사용하는데 식용색소로 색을 내어 만든다.
③ **라즈베리 시럽(Raspberry Syrup)** : 나무딸기 시럽이다.
④ **메이플 시럽(Maple Syrup)** : 사탕단풍나무의 달콤한 수액으로 만든 시럽이다.
⑤ **아가베 시럽(Agave Syrup)** : 용설란에서 추출한 당분으로 만든 시럽이다.

CHAPTER 05 장식 과일(Garnish)

가니시는 칵테일의 특징을 살리는 것이 목적으로 일반적으로 드라이한 맛의 칵테일에는 올리브를 장식하고 스위트한 맛의 칵테일에는 체리를 장식한다. 부재료에 과즙을 사용했을 경우는 그 과일의 슬라이스(Slice) 또는 웨지(Wedge), 스파이럴(Spiral), 트위스트(Twist)를 장식하고 허브계 리큐어를 사용했을 경우 허브잎을 장식하는 것이 일반적이다.

1. 체리(Cherry)

북유럽이 원산지로 붉은색의 마라스키노 체리(Maraschino Cherry)와 푸른색의 민트 체리(Mint Cherry)가 있으며 칵테일에서는 주로 마라스키노 체리를 사용한다.

2. 레몬(Lemon), 라임(Lime), 오렌지(Orange)

① **풀 슬라이스(Full Slice)** : 통째로 얇게 썬 형태로 주로 롱 드링크(Long Drinks)에 사용한다.
② **하프 슬라이스(Half Slice)** : 통째로 얇게 썬 것을 다시 반으로 썬 형태로 주로 숏 드링크(Short Drinks)에 사용한다.
③ **필 트위스트(Peel Twist)** : 슬라이스의 껍질 부분을 오려 껍질을 쥐고 비틀어 즙을 짜 넣고 장식하는 것을 말한다.
④ **스파이럴(Spiral)** : 껍질을 나선형 모양으로 벗겨 장식에 사용한다.
⑤ **핀치(Pinch)** : 작은 조각으로 주로 뜨거운 음료에 띄운다.
⑥ **웨지(Wedge)** : 길이로 6~8등분으로 길게 V자 모양으로 썰어 술잔에 넣기도 하며, 과육과 껍질 사이에 2/3 정도 칼집을 넣어 잔의 림(Rim) 부위에 걸치는 방법으로 장식하기도 한다.

3. 올리브(Olive)

올리브 열매가 익기 전에 수확하여 병조림한 것으로 올리브 열매를 그대로 가공한 플레인 올리브 (Plain Olive)와 씨를 빼내고 홍피망을 채워 가공한 스터프드 올리브(Stuffed Olive)가 있다. 블랙 올리브(Black Olive)는 검은색의 완숙 올리브로 만든 것이다.

4. 칵테일 어니언(Cocktail Onion)

칵테일에 사용하는 작은 양파를 말하는데, 병조림한 것을 사용한다.

≋ 칵테일 어니언

👤 칵테일 가니시(Cocktail Garnish)

1) 체리, 올리브, 어니언

칵테일 핀에 체리 또는 올리브를 꽂아 글라스에 넣는다.

2) 체리

체리에 칼집을 넣어 글라스의 가장자리에 끼운다.

3) 레몬(오렌지) 웨지

레몬(오렌지)을 웨지(Wedge)로 장식한다.

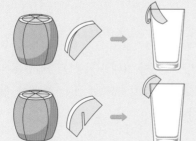

4) 레몬 스파이럴

레몬 껍질을 돌려깎기하여 나선형(Lemon Peel Spiral)으로 장식한다.

5) 레몬 및 오렌지 슬라이스

① **하프 슬라이스(Half Slice)** : 칼집을 넣어 글라스의 가장자리에 끼운다.

② **풀 슬라이스(Full Slice) 1** : 슬라이스의 반경만큼 칼집을 넣어 글라스의 가장자리에 꽂는다.

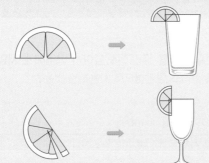

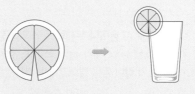

③ **풀 슬라이스(Full Slice) 2** : 레몬 및 오렌지는 껍질이 두꺼우므로 껍질과 알맹이 사이에 조금 남기고 칼집을 넣어 껍질 쪽은 글라스의 바깥에, 알맹이는 글라스의 안으로 가도록 글라스의 가장자리에 걸친다.

④ 레몬(오렌지) 슬라이스와 체리를 함께 칵테일 핀에 끼우거나 글라스에 넣어 장식한다.

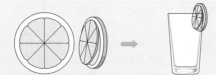

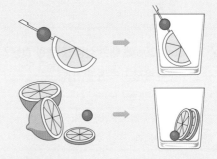

6) 파인애플, 체리

파인애플과 체리를 함께 장식한다.

7) 셀러리

신선한 것을 골라 적당한 길이로 자르고 잎을 정리하여 글라스에 꽂는다.

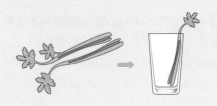

8) 기타

응용하여 바나나, 딸기, 포도, 사과 등을 장식할 수 있으며, 민트(Mint) 등의 허브류 잎을 장식할 수도 있다.

핵심예상문제

01 칵테일 조주 시 술이나 부재료, 주스의 용량을 재는 기구로 스테인리스제가 많이 쓰이며, 삼각형 30mL와 45mL의 컵이 등을 맞대고 있는 기구는?

① 스트레이너　　　② 믹싱 글라스
③ 지거　　　　　　④ 스퀴저

 지거(Jigger)는 용량 측정용 계량기구로 메저 컵(Measure Cup)이라고도 한다 스트레이너(Strainer)는 얼음을 거르는 기구, 믹싱 글라스(Mixing Glass)는 혼합용 기구, 스퀴저(Squeezer)는 과즙을 짜는 기구이다.

02 'Measure Cup'에 대한 설명 중 틀린 것은?

① 각종 주류의 용량을 측정한다.
② 윗부분은 1oz(30mL)이다.
③ 아랫부분은 1.5oz(45mL)이다.
④ 병마개를 감쌀 때 쓰일 수 있다.

 메저컵(Measure Cup)은 용량 측정용 계량기구로 지거(Jigger)라고도 하며, 표준형은 30mL와 45mL를 계량할 수 있다.

03 믹싱 글라스(Mixing Glass)에서 제조된 칵테일을 잔에 따를 때 사용하는 기물은?

① Measure Cup　　② Bottle Holder
③ Strainer　　　　④ Ice Bucket

 믹싱 글라스(Mixing Glass)에서 만든 칵테일을 잔에 따를 때 얼음이 들어가지 않도록 Strainer(스트레이너)를 믹싱 글라스에 끼워 따른다.

04 주류를 글라스에 담아서 고객에게 서빙할 때 글라스 밑받침으로 사용하는 것은?

① 스터러(Stirrer)
② 디캔터(Decanter)
③ 커팅보드(Cutting Board)
④ 코스터(Coaster)

 스터러(Stirrer)란 휘젓는 도구, 디캔터(Decanter)는 와인 등의 술을 옮겨 담는 병, 커팅보드(Cutting Board)는 도마를 말한다.

05 코스터(Coaster)의 용도는?

① 잔 닦는 용　　　② 잔 받침대용
③ 남은 술 보관용　④ 병마개 따는 용

 코스터(Coaster)란 글라스 받침대로 글라스 아래에 깔아 글라스가 미끄러지는 것을 방지하고 글라스를 내려놓을 때 잡음을 줄일 수 있다.

06 칵테일 제조 시 혼합하기 힘든 재료를 섞거나 프로즌 스타일의 칵테일을 만들 때 사용하는 기구는?

① Blender　　　　② Bar Spoon
③ Muddle　　　　④ Mixing Glass

 Blender(블렌더)를 사용하여 만드는 칵테일 기법을 프로즌 스타일(Frozen Style)이라 한다.

07 다음 중 Mixing Glass의 설명으로 옳은 것은?
① 칵테일 조주 시에 사용되는 글라스의 총칭이다.

📖 정답　01 ③　02 ④　03 ③　04 ④　05 ②　06 ①　07 ②

② Stir 기법에 사용하는 기물이다.

③ 믹서에 부착된 혼합용기를 말한다.

④ 칵테일에 혼합되는 과일을 으깰 때 사용한다.

 Mixing Glass(믹싱 글라스)에서 만드는 기법을 Stir(스터) 기법이라 하며, 혼합이 용이한 재료의 혼합용 기구로 내용물을 차게 하기 위해 얼음을 넣고 바 스푼으로 저어 혼합한다.

08 칵테일을 제조할 때 달걀, 설탕, 크림(Cream) 등의 재료가 들어가는 칵테일을 혼합할 때 사용하는 기구는?

① Shaker

② Mixing Glass

③ Jigger

④ Strainer

 Shaker(셰이커)는 달걀, 설탕, 크림(Cream) 등의 잘 섞이지 않는 재료를 잘 섞이게 하고 동시에 차갑게 하는 기구이다.

09 Cocktail Shaker에 넣어 조주하는 것이 부적합한 재료는?

① 럼(Rum)

② 소다수(Soda Water)

③ 우유(Milk)

④ 달걀 흰자

 Shaker(셰이커)에는 소다수 등의 탄산음료를 넣어서는 안 된다.

10 조주 기구 중 3단으로 구성되어 있는 스탠다드 셰이커(Standard Shaker)의 구성으로 틀린 것은?

① 스퀴저(Squeezer)

② 보디(Body)

③ 캡(Cap)

④ 스트레이너(Strainer)

 셰이커(Shaker)는 캡(Cap/Top), 스트레이너(Strainer), 보디(Body)의 세 부분으로 구성되어 있다.

11 'Squeezer'에 대한 설명으로 옳은 것은?

① Bar에서 사용하는 Measure Cup의 일종이다.

② Mixing Glass를 대용할 때 쓴다.

③ Strainer가 없을 때 흔히 사용한다.

④ 과일즙을 낼 때 사용한다.

 Squeezer(스퀴저)란 레몬이나 오렌지 등의 생과일 즙을 짤 때 사용하는 기구이다.

12 와인(Wine)을 오픈(Open)할 때 사용하는 기물로 적당한 것은?

① Corkscrew

② White Napkin

③ Ice Tongs

④ Wine Basket

 Corkscrew(코르크스크루)는 코르크 마개를 뽑는 기구를 말하며, Wine Basket(와인 바스켓)은 주로 레드 와인(Red Wine)을 서브할 때 사용하는 것으로 와인을 뉘어 놓는 손잡이가 달린 바구니이다.

13 레몬이나 과일 등의 가니시를 으깰 때 쓰는 목재로 된 기구는?

① 칵테일 픽(Cocktail Pick)

② 푸어러(Pourer)

③ 아이스 페일(Ice Pail)

④ 우드 머들러(Wood Muddler)

 칵테일 픽(Cocktail Pick)은 장식 과일 꽂이, 푸어러(Pourer)는 술을 따를 때 편리하도록 병에 끼우는 기구, 아이스 페일(Ice Pail)은 얼음을 담는 용기이다.

14 Wood Muddler의 일반적인 용도는?

① 스파이스나 향료를 으깰 때 사용한다.

② 레몬을 스퀴즈할 때 사용한다.

③ 음료를 서빙할 때 사용한다.

④ 브랜디를 띄울 때 사용한다.

 레몬이나 과일 등의 가니시를 으깰 때 사용하

는 기구로 나무로 만든 것을 우드 머들러(Wood Muddler)라 한다.

15 탄산음료나 샴페인을 사용하고 남은 일부를 보관 시 사용되는 기물은?

① 스토퍼　　　　② 푸어러
③ 코르크　　　　④ 코스터

 보조병마개를 스토퍼(Stopper)라 한다.

16 바(Bar)에서 사용하는 Wine Decanter의 용도는?

① 테이블용 얼음 용기
② 포도주를 제공하는 유리병
③ 펀치를 만들 때 사용하는 화채 그릇
④ 포도주병 하나를 눕혀 놓을 수 있는 바구니

 Wine Decanter(와인 디캔터)란 와인을 옮겨 담는 유리병으로 주로 적포도주를 서빙할 때 사용한다.

17 소프트 드링크(Soft Drink) 디캔터(Decanter)의 올바른 사용법은?

① 각종 청량음료(Soft Drink)를 별도로 담아 나간다.
② 술과 같이 혼합하여 나간다.
③ 얼음과 같이 넣어 나간다.
④ 술과 얼음을 같이 넣어 나간다.

 디캔터(Decanter)란 옮겨 담는 유리병으로 소프트 드링크(Soft Drink) 디캔터인 경우에는 각종 청량음료를 별도로 담아 나간다.

18 술병 입구에 부착하여 술을 따르고 술의 커팅(Cutting)을 용이하게 하고 손실을 없애기 위해 사용하는 기구는?

① Squeezer　　　② Strainer

③ Pourer　　　　④ Jigger

 술의 손실을 막고 술을 따를 때 편리하도록 병에 끼워 사용하는 기구를 Pourer(푸어러)라 한다.

19 잔(Glass) 가장자리에 소금, 설탕을 묻힐 때 빠르고 간편하게 사용할 수 있는 칵테일 기구는?

① 글라스 리머(Glass Rimmer)
② 디캔터(Decanter)
③ 푸어러(Pourer)
④ 코스터(Coaster)

 글라스의 림(Rim) 부위에 설탕이나 소금을 묻힐 때 사용하는 도구가 글라스 리머(Glass Rimmer)이다.

20 제스터(Zester)에 대한 설명으로 옳은 것은?

① 향미를 돋보이게 하는 용기
② 레몬이나 오렌지 등의 겉껍질을 갈거나 얇게 저미는 기구
③ 얼음을 넣어두는 용기
④ 향미를 보호하기 위한 밀폐되는 용기

 레몬이나 오렌지, 라임 등의 겉껍질을 가는 기구를 말한다.

21 고객에게 음료를 제공할 때 반드시 필요하지 않은 비품은?

① Cocktail Napkin　② Can Opener
③ Muddler　　　　④ Coaster

 Can Opener(캔 오프너)는 캔 뚜껑을 따는 데 필요하다.

22 다음 중 칵테일 조주에 필요한 기구로 가장 거리가 먼 것은?

① Jigger　　　　② Shaker

③ Ice Equipment　　④ Straw

 Straw(스트로)란 음료를 빨아 마실 때 사용하는 기구이다.

23 칵테일을 만드는 데 필요한 기물이 아닌 것은?

① Corkscrew　　　　② Mixing Glass
③ Shaker　　　　　　④ Bar Spoon

 Corkscrew(코르크스크루)는 와인 병마개를 열 때 필요한 기구이다.

24 다음 중 기구에 대한 설명이 잘못된 것은?

① 스토퍼(Stopper) : 남은 음료를 보관하기 위한 병마개
② 코르크스크루(Corkscrew) : 와인 병마개를 딸 때 사용
③ 아이스 텅스(Ice Tongs) : 톱니 모양으로 얼음을 집는 데 사용
④ 머들러(Muddler) : 얼음을 깨는 송곳

 얼음을 깨는 송곳은 아이스 픽(Ice Pick)이라 한다.

25 음료를 서빙할 때에 일반적으로 사용하는 비품이 아닌 것은?

① Bar Spoon　　　　② Coaster
③ Serving Tray　　　④ Napkin

 Bar Spoon(바 스푼)은 주로 조주작업 시 저을 때 사용한다.

26 바(Bar) 집기 비품에 속하지 않는 것은?

① Nutmeg　　　　　② Spindle Mixer
③ Paring Knife　　　④ Ice Pail

 Nutmeg(너트멕)은 칵테일을 만들 때 달걀이나

크림 등이 사용되는 경우 특유의 비린내를 없애기 위해 사용하는 향신료이다.

27 쿨러(Cooler)의 종류에 해당되지 않는 것은?

① Jigger Cooler　　　② Cup Cooler
③ Beer Cooler　　　　④ Wine Cooler

 쿨러(Cooler)란 냉각을 위한 기구이다.

28 칵테일을 만드는 기법 중 'Stirring'에서 사용하는 도구와 거리가 먼 것은?

① Mixing Glass　　　② Bar Spoon
③ Strainer　　　　　　④ Shaker

 Stirring(스터링) 기법은 믹싱 글라스에 얼음과 재료를 넣고 바 스푼으로 저어 혼합하여 믹싱 글라스에 스트레이너를 끼우고 잔에 따르는 기법이다.

29 영업 중에 항상 물에 담겨져 있어야 하는 기물이 바르게 짝지어진 것은?

① Bar Spoon − Jigger
② Bar Spoon − Shaker
③ Jigger − Shaker
④ Bar Spoon − Opener

 바(Bar)에서 영업 중에는 Bar Spoon(바 스푼)과 Jigger(지거)는 물에 담겨져 있어야 한다.

30 와인은 병에 침전물이 가라앉았을 때 이 침전물이 글라스에 같이 따라지는 것을 방지하기 위해 사용하는 도구는?

① 와인 바스켓　　　　② 와인 디캔터
③ 와인 버킷　　　　　④ 코르크스크루

 와인 디캔터(Wine Decanter)란 와인을 옮겨 담는 유리병으로 주로 적포도주를 서빙할 때 사용한다.

정답　23 ①　24 ④　25 ①　26 ①　27 ①　28 ④　29 ①　30 ②

31 만들어진 칵테일에 손의 체온이 전달되지 않도록 할 때 사용되는 글라스(Glass)로 가장 적합한 것은?

① Stemmed Glass

② Old Fashioned Glass

③ Highball Glass

④ Collins Glass

 글라스의 손잡이 부분을 스템(Stem)이라 하는데 체온에 의해 음료의 온도가 영향을 받는 것을 방지한다 Old Fashioned Glass(올드 패션드 글라스), Highball Glass(하이볼 글라스), Collins Glass(콜린스 글라스)는 스템이 없는 글라스이다.

32 아래에서 설명하는 Glass는?

> 위스키 사워, 브랜디 사워 등의 사워 칵테일에 주로 사용되며 3~5oz를 담기에 적당한 크기이다. Stem이 길고 위가 좁고 밑이 깊어 거의 평형으로 생겼다.

① Goblet   ② Wine Glass

③ Sour Glass   ④ Cocktail Glass

 신맛이 나는 음료를 통칭하여 Sour(사워)라 하며 Sour Glass(사워 글라스)를 사용한다.

33 다음 중 Tumbler Glass는 어느 것인가?

① Champagne Glass ② Cocktail Glass

③ Highball Glass   ④ Brandy Glass

 Tumbler Glass(텀블러 글라스)란 스템(Stem)이 없고 밑바닥이 평평한 Highball Glass(하이볼 글라스), Collins Glass(콜린스 글라스) 등의 글라스를 말한다.

34 Stem Glass인 것은?

① Collins Glass

② Old Fashioned Glass

③ Straight Glass

④ Sherry Glass

 Sherry Glass(셰리 글라스)는 스페인의 백포도주인 셰리 와인용으로 스트레이트를 더블로 마실 때에도 사용한다.

35 올드 패션드(Old Fashioned)나 온더락(On the Rocks)을 마실 때 사용되는 글라스(Glass)의 용량은?

① 1~2온스   ② 3~4온스

③ 4~6온스   ④ 6~8온스

 올드 패션드(Old Fashioned), 온더락(On the Rocks)에는 주로 6~8온스 크기를 사용한다.

36 보드카(Vodka), 럼(Rum)과 같이 일정하게 정해진 글라스가 없는 술을 스트레이트(Straight)로 마실 때 사용하는 글라스는?

① Shot Glass   ② Cocktail Glass

③ Sour Glass   ④ Brandy Glass

 Shot Glass(숏 글라스)는 1온스 크기의 작은 원통형 글라스로 위스키와 같은 증류주의 스트레이트용 글라스이다.

37 다음 중 용량이 가장 작은 글라스는?

① Old Fashioned Glass

② Highball Glass

③ Cocktail Glass

④ Shot Glass

 ① Old Fashioned Glass(올드 패션드 글라스) : 6~8oz
② Highball Glass(하이볼 글라스) : 6~8oz
③ Cocktail Glass(칵테일 글라스) : 3~4oz
④ Shot Glass(숏 글라스) : 1~2oz

38 칵테일 글라스의 부위 명칭으로 틀린 것은?

① ㉠ Rim ② ㉡ Face
③ ㉢ Body ④ ㉣ Bottom

 ㉡은 Face(페이스) 또는 Body(보디), ㉢은 Stem(스템)이다.

39 글라스(Glass)의 위생적인 취급 방법으로 옳지 못한 것은?

① Glass는 불쾌한 냄새나 기름기가 없고 환기가 잘 되는 곳에 보관해야 한다.
② Glass는 비눗물에 닦고 뜨거운 물과 맑은 물에 헹궈 그대로 사용하면 된다.
③ Glass를 차갑게 할 때는 냄새가 전혀 없는 냉장고에서 Frosting시킨다.
④ 얼음으로 Frosting시킬 때는 냄새가 없는 얼음인지를 반드시 확인해야 한다.

 Glass(글라스)는 세척 후 깨끗하게 건조하여 사용한다.

40 마티니(Martini)를 만들 때 사용하는 칵테일 기구로 적합하지 않은 것은?

① 믹싱 글라스(Mixing Glass)
② 바 스트레이너(Bar Strainer)
③ 바 스푼(Bar Spoon)
④ 셰이커(Shaker)

 마티니(Martini)는 스터(Stir) 기법으로 만든다.

41 음료가 든 잔을 서비스할 때 틀린 사항은?

① Tray를 사용한다.
② Stem을 잡는다.
③ Rim을 잡는다.
④ Coaster를 잡는다.

 글라스의 Rim(림) 부분은 입이 닿는 부분이므로 손이 닿아서는 안 된다.

42 칵테일 글라스를 잡는 부위로 옳은 것은?

① Rim ② Stem
③ Body ④ Bottom

 ① Rim(입이 닿는 부분)
② Stem(손잡이 부분)
③ Body(내용물이 담기는 부분)
④ Bottom(바닥에 닿는 밑부분)

43 Pilsner Glass에 대한 설명으로 옳은 것은?

① 브랜디를 마실 때 사용한다.
② 맥주를 따르면 기포가 올라와 거품이 유지된다.
③ 와인향을 즐기는 데 가장 적합하다.
④ 옆면이 둥글게 되어 있어 발레리나를 연상하게 하는 모양이다.

 Pilsner Glass(필스너 글라스)는 체코의 맥주용 글라스이다.

44 글라스 세척 시 알맞은 세제와 세척순서로 짝지어진 것은?

① 산성세제 – 더운물 – 찬물
② 중성세제 – 찬물 – 더운물
③ 산성세제 – 찬물 – 더운물
④ 중성세제 – 더운물 – 찬물

 글라스(Glass)는 중성세제로 세척하여 뜨거운 물과 맑은 물에 헹군 다음 깨끗하게 건조하여 사용한다.

정답 38 ③ 39 ② 40 ④ 41 ③ 42 ② 43 ② 44 ④

45 주로 생맥주를 제공할 때 사용하며 손잡이가 달린 글라스는?

① Mug Glass   ② Highball Glass

③ Collins Glass   ④ Goblet

 잔의 위아래 부분이 넓고 크기가 같은 원통 모양으로 생긴 손잡이가 있는 큰 맥주잔을 Mug Glass(머그 글라스)라 하는데 Jug(저그)라고도 한다.

46 주장(Bar)에서 유리잔(Glass)을 취급·관리하는 방법으로 틀린 것은?

① Cocktail Glass는 스템(Stem)의 아래쪽을 잡는다.

② Wine Glass는 무늬를 조각한 크리스털 잔을 사용하는 것이 좋다.

③ Brandy Snifter는 잔의 받침(Foot)과 볼(Bowl) 사이에 손가락을 넣어 감싸 잡는다.

④ 냉장고에서 차게 해 둔 잔(Glass)이라도 사용 전 반드시 파손과 청결 상태를 확인한다.

 Wine Glass(와인 글라스)는 와인의 색(Color) 등을 확인하고 즐기기 위해 조각이나 장식이 없는 투명한 잔이 좋다.

47 Hot Toddy와 같은 뜨거운 종류의 칵테일이 고객에게 제공될 때 뜨거운 글라스를 넣을 수 있는 손잡이가 달린 칵테일 기구는?

① 스퀴저(Squeezer)

② 글라스 리머(Glass Rimmers)

③ 아이스 페일(Ice Pail)

④ 글라스 홀더(Glass Holder)

 손잡이가 없는 텀블러 글라스에 뜨거운 음료를 제공할 때 글라스 홀더(Glass Holder)에 넣어 제공한다. 글라스 리머(Glass Rimmers)란 소금이나 설탕을 글라스 가장자리에 묻힐 때 사용하는 기구이다.

48 위스키(Whisky)를 그대로 마시기 위해 만들어진 스트레이트 글라스(Straight Glass)의 용량은?

① 1~2온스   ② 4~5온스

③ 6~7온스   ④ 8~9온스

 스트레이트(Straight)란 술에 아무것도 섞지 않고 마시는 것을 말한다.

49 Liqueur Glass의 다른 명칭은?

① Shot Glass   ② Cordial Glass

③ Sour Glass   ④ Goblet

 Liqueur(리큐어)란 혼성주를 말하며, 미국에서는 Cordial(코디얼)이라고도 한다.

50 브랜디 글라스(Brandy Glass)에 대한 설명으로 틀린 것은?

① 코냑 등을 마실 때 사용하는 튤립형의 글라스이다.

② 향을 잘 느낄 수 있도록 만들어졌다.

③ 기둥이 긴 것으로 윗부분이 넓다.

④ 스니프터(Snifter)라고도 하며 밑이 넓고 위는 좁다.

 브랜디는 향을 즐기는 술로 글라스는 스템(Stem)은 짧고 향을 잘 느낄 수 있도록 밑이 넓고 위는 좁게 만들어졌다. 브랜디 글라스를 코냑(Cognac) 글라스, 스니프터(Snifter) 글라스라고도 한다.

51 일반적으로 Old Fashioned Glass를 가장 많이 사용해서 마시는 것은?

① Whisky   ② Beer

③ Champagne   ④ Red Eye

 Old Fashioned Glass(올드 패션드 글라스)는 On the Rocks(온더락) 글라스라고도 하며, Whisky(위스키)를 온더락으로 마실 때 많이 사용한다.

52 Gin Fizz를 서브할 때 사용하는 글라스로 적합한 것은?

① Cocktail Glass ② Champagne Glass
③ Liqueur Glass ④ Highball Glass

 레몬 주스와 설탕, 소다수를 넣어 만든 칵테일을 Fizz(피즈)라 하며 Highball Glass(하이볼 글라스)를 사용한다.

53 고객이 위스키 스트레이트를 주문하고, 얼음과 함께 콜라나 소다수, 물 등을 원하는 경우 이를 제공하는 글라스는?

① Wine Decanter ② Cocktail Decanter
③ Collins Glass ④ Cocktail Glass

 Cocktail Decanter(칵테일 디캔터)란 독한 술을 마실 때 곁들이는 청량음료를 담아내는 잔으로, 보통 올드 패션드 글라스를 사용한다. 독한 술을 스트레이트로 마실 때 곁들이는 음료를 Chaser(체이서)라 한다.

54 바텐더가 Bar에서 Glass를 사용할 때 가장 먼저 체크하여야 할 사항은?

① Glass의 가장자리 파손 여부
② Glass의 청결 여부
③ Glass의 재고 여부
④ Glass의 온도 여부

 Glass(글라스)를 사용할 때 가장 먼저 점검해야 할 사항은 가장자리의 파손 및 청결 여부이다.

55 Glass 관리 방법 중 틀린 것은?

① 알맞은 Rack에 담아서 세척기를 이용하여 세척한다.
② 닦기 전에 금이 가거나 깨진 것이 없는지 먼저 확인한다.
③ Glass의 Stem 부분을 시작으로 돌려서 닦는다.

④ 물에 레몬이나 에스프레소 1잔을 넣으면 Glass의 잡냄새가 제거된다.

 Glass(글라스)의 세척 시 Rim(림) 부분을 시작으로 돌려가면서 닦는다.

56 주로 Tropical Cocktail을 조주할 때 사용하는 '두들겨 으깬다'라는 의미를 가지고 있는 얼음은?

① Shaved Ice ② Crushed Ice
③ Cubed Ice ④ Cracked Ice

 Tropical Cocktail(트로피컬 칵테일)이란 베이스 주류(Base Liquor)에 다양한 주스류를 사용하고 열대과일로 장식해서 시원하고 달콤하게 만드는 칵테일의 총칭이다.

① Shaved Ice(셰이브드 아이스) : 가루얼음
② Crushed Ice(크러시드 아이스) : 잘게 부순 콩알얼음
③ Cubed Ice(큐브드 아이스) : 냉동고에서 얼린 각얼음
④ Cracked Ice(크랙트 아이스) : 덩어리 얼음을 깨서 만든 각얼음

57 테이블의 분위기를 돋보이게 하거나 고객의 편의를 위해 중앙에 놓는 집기들의 배열을 무엇이라 하는가?

① Service Wagon ② Show Plate
③ B & B Plate ④ Center Piece

 테이블의 중앙에 놓는 장식품을 Center Piece(센터피스)라 한다

58 서비스 종사원이 사용하는 타월로 Arm Towel 혹은 Hand Towel이 라고도 하는 것은?

① Table Cloth ② Under Cloth
③ Napkin ④ Service Towel

 식품접객업소에서 종업원들이 팔에 걸치는 수건을 Arm Towel(암 타월) 또는 Service Towel(서비스 타월)이라고 한다.

정답 52 ④ 53 ② 54 ① 55 ③ 56 ② 57 ④ 58 ④

59 와인 서빙에 필요하지 않은 것은?

① Decanter   ② Corkscrew

③ Stir Rod   ④ Pincers

 Stir Rod(스터 로드)는 휘젓는 막대로, 주로 하이볼 음료에 사용한다. Pincers(핀서즈)는 주로 스파클링 와인 마개를 열 때 사용한다.

60 주장(Bar)에서 기물의 취급 방법으로 적합하지 않은 것은?

① 금이 간 접시나 글라스는 규정에 따라 폐기한다.

② 은기물은 은기물 전용 세척액에 오래 담가두어야 한다.

③ 크리스털 글라스는 가능한 한 손으로 세척한다.

④ 식기는 같은 종류별로 보관하며 너무 많이 쌓아두지 않는다.

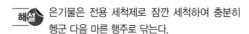 은기물은 전용 세척제로 잠깐 세척하여 충분히 헹군 다음 마른 행주로 닦는다.

61 주장(Bar)에서 사용하는 기물이 아닌 것은?

① Champagne Cooler

② Soup Spoon

③ Lemon Squeezer

④ Decanter

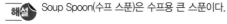 Soup Spoon(수프 스푼)은 수프용 큰 스푼이다.

62 얼음을 다루는 기구에 대한 설명으로 틀린 것은?

① Ice Pick – 얼음을 깰 때 사용하는 기구

② Ice Scooper – 얼음을 떠내는 기구

③ Ice Crusher – 얼음을 가는 기구

④ Ice Tong – 얼음을 보관하는 기구

 Ice Tong(아이스 텅)은 얼음집게이다.

63 용량 표시가 옳은 것은?

① 1Teaspoon = 1/32oz

② 1Pony = 1/2oz

③ 1Pint = 1/2Quart

④ 1Table Spoon = 1/32oz

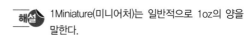
- 1Pint(파인트) = 16oz
- 1Quart(쿼터) = 32oz
- 1Teaspoon(티스푼) = 1/6oz
- 1Pony(포니) = 1oz
- 1Table Spoon(테이블스푼) = 1/2oz

64 다음 중 주류의 용량이 잘못 표시된 것은?

① Whisky 1Quart = 32ounce(1L)

② Whisky 1Pint = 16ounce(500mL)

③ Whisky 1Miniature = 8ounce(200mL)

④ Whisky 1Magnum = 2Bottle(1.5L)

 1Miniature(미니어처)는 일반적으로 1oz의 양을 말한다.

65 다음 계량단위 중 옳은 것은?

① 1oz = 28.35mL

② 1Dash = 6Teaspoon

③ 1Jigger = 60mL

④ 1Shot = 1.5oz

1oz는 약 28.35mL를 나타내는 단위지만 우리나라에서는 편의상 30mL로 통용한다.

② 1Dash(대시) = 1/32oz

③ 1Jigger(지거) = 1.5oz(45mL)

④ 1Shot(샷) = 1oz

66 1 대시(Dash)는 몇 mL인가?

① 0.9mL   ② 5mL

③ 7mL   ④ 10mL

 1대시(Dash)란 액체를 한 번 뿌려 주는 양을 말하며, 1/32oz로 약 0.9mL의 양이다.

67 다음 중 1Pony의 액체 분량과 다른 것은?

① 1oz   ② 30mL

③ 1Pint   ④ 1Shot

 1Pony는 1oz를 말하며 Pony, oz, Shot 모두 동일한 양이다. 1Pint는 16oz이다.

68 다음 중 칵테일 조주 시 용량이 가장 적은 계량단위는?

① Table Spoon   ② Pony

③ Jigger   ④ Dash

 ① Table Spoon = 1/2oz
② Pony = 1oz
③ Jigger = 1.5oz
④ Dash = 1/32oz

69 다음 중 칵테일 계량단위 범주에 해당되지 않는 것은?

① oz   ② tsp

③ Jigger   ④ Ton

 Ton(톤)은 1,000kg을 나타내는 단위로 칵테일 계량단위로는 사용하지 않는다.

70 칵테일 도량용어로 1 Finger에 가장 가까운 양은?

① 30mL 정도의 양

② 1병(Bottle)만큼의 양

③ 1대시(Dash)의 양

④ 1컵(Cup)의 양

 Finger(핑거)는 목측으로 계량할 때 손가락 두께 정도의 양으로 약 1온스, 30mL 정도의 양을 말한다.

71 매그넘 1병(Magnum Bottle)의 용량은?

① 1.5L   ② 750mL

③ 1L   ④ 1.75L

 매그넘(Magnum)이란 포도주 등을 담는 1.5리터 짜리 병을 말한다.

72 위스키 750mL 한 병은 몇 Ounce인가?

① 25oz   ② 27oz

③ 30oz   ④ 37oz

 위스키 750mL는 약 25oz 정도로 1보틀(Bottle)의 분량을 말한다.

73 다음 중 연결이 틀린 것은?

① 1Quart − 32oz

② 1Quart − 944mL

③ 1Quart − 1/4Gallon

④ 1Quart − 25Pony

 1Quart는 32oz, 1Gallon은 128oz로 1Quart는 1/4Gallon이 된다. Pony와 oz는 동일한 양이다.

74 민속주 도량형 '되'에 대한 설명으로 틀린 것은?

① 곡식이나 액체, 가루 등의 분량을 재는 것이다.

② 보통 정육면체 또는 직육면체로서 나무와 쇠로 만든다.

③ 분량(1되)을 부피의 기준으로 하여 2분의 1을 1홉(合)이라고 한다.

④ 1되는 약 1.8리터 정도이다.

 1되는 약 1.8리터 정도로 10홉을 나타낸다.

75 다음 중 Cubed Ice를 의미하는 것은?

① 부순 얼음　　② 가루얼음

③ 각얼음　　　　④ 깬 얼음

 ① 부순 얼음 : Crushed Ice(크러시드 아이스)
② 가루얼음 : Shaved Ice(셰이브드 아이스)
④ 깬 얼음 : Cracked Ice(크랙트 아이스)

76 다음 중 얼음의 사용 방법으로 부적당한 것은?

① 칵테일과 얼음은 밀접한 관계가 성립된다.

② 칵테일에 많이 사용되는 것은 각얼음(Cubed Ice)이다.

③ 재사용할 수 있고 얼음 속에 공기가 들어 있는 것이 좋다.

④ 투명하고 단단한 얼음이어야 한다.

 얼음은 재사용해서는 안 되며, 공기가 들어 있지 않은 투명하고 단단한 것이 좋다.

77 칵테일 제조에 사용되는 얼음(Ice) 종류의 설명이 틀린 것은?

① 셰이브드 아이스(Shaved Ice) : 곱게 빻은 가루얼음

② 크랙트 아이스(Cracked Ice) : 큰 얼음을 아이스 픽(Ice Pick)으로 깨어서 만든 각얼음

③ 큐브드 아이스(Cubed Ice) : 정육면체의 조각얼음 또는 육각형 얼음

④ 럼프 아이스(Lump Ice) : 각얼음을 분쇄하여 만든 작은 콩알얼음

 럼프 아이스(Lump Ice)는 큰 덩어리 얼음을 말한다.

78 프라페(Frappe)를 만들 때 사용하는 얼음은?

① Cubed Ice　　② Shaved Ice

③ Cracked Ice　　④ Block of Ice

 프라페(Frappe)란 가루얼음으로 차갑게 만든 음료이다.

79 Blending 기법에 사용하는 얼음으로 가장 적당한 것은?

① Lumped Ice　　② Crushed Ice

③ Cubed Ice　　　④ Shaved Ice

 Blending(블렌딩) 기법은 블렌더를 이용하는 것으로 잘게 부순 Crushed Ice(크러시드 아이스)를 사용한다.

80 다음 중 칵테일 장식용(Garnish)으로 보통 사용되지 않는 것은?

① Olive　　　　② Onion

③ Raspberry Syrup　④ Cherry

 Raspberry Syrup(라즈베리 시럽)은 나무딸기 열매로 만든 시럽이다.

81 칵테일 부재료 중 Spice류에 해당되지 않는 것은?

① Grenadine Syrup　② Mint

③ Nutmeg　　　　④ Cinnamon

 Spice(스파이스)는 향신료이고, Grenadine Syrup(그레나딘 시럽)은 석류 시럽이다.

82 다음 재료 중 칵테일 조주 시 많이 사용되는 붉은색의 시럽은?

① Maple Syrup

② Honey

③ Plain Syrup

④ Grenadine Syrup

 Grenadine syrup(그레나딘 시럽)이란 석류 시럽으로 칵테일에 가장 많이 쓰이는 시럽이다.

정답　75 ③　76 ③　77 ④　78 ②　79 ②　80 ③　81 ①　82 ④

① Maple Syrup(메이플 시럽) : 단풍나무 시럽
② Honey(허니) : 벌꿀
③ Plain Syrup(플레인 시럽) : 설탕 시럽

83 다음 시럽 종류 중에서 제품의 성격이 다른 것은?

① Simple Syrup
② Sugar Syrup
③ Plain Syrup
④ Grenadine Syrup

 설탕 시럽을 Simple Syrup(심플 시럽), Sugar Syrup(슈거 시럽), Plain Syrup(플레인 시럽)이라고도 한다.

84 칵테일에 쓰이는 가니시(Garnish)로 사용하기에 적합한 재료는?

① 꽃이 화려하고 향기가 많이 나야 한다.
② 꽃가루가 많은 꽃은 더욱 운치가 있어서 잘 어울린다.
③ 잎이나 과일에 농약 향이 강한 것이어야 한다.
④ 과일이나 허브향이 나는 잎이나 줄기여야 한다.

 칵테일 가니시(장식 과일)는 장식과 안주의 역할이 있다.

85 칵테일 장식과 그 용도가 적합하지 않은 것은?

① 체리 – 감미 타입 칵테일
② 올리브 – 쌉쌀한 맛의 칵테일
③ 오렌지 – 오렌지 주스를 사용한 롱 드링크
④ 셀러리 – 달콤한 칵테일

 셀러리를 가니시로 사용하는 대표적인 칵테일로 해장 칵테일이라 알려진 블러디 메리(Bloody Mary)라는 칵테일이 있다. 셀러리는 주로 상쾌한 맛의 칵테일에 가니시한다.

86 칵테일 장식에 사용되는 올리브(Olive)에 대한 설명으로 틀린 것은?

① 칵테일용과 식용이 있다.
② 마티니의 맛을 한껏 더해 준다.
③ 스터프트 올리브(Stuffed Olive)는 칵테일용이다.
④ 로브 로이 칵테일에 장식되며 절여서 사용한다.

 로브 로이(Rob Roy) 칵테일은 맨해튼 칵테일에서 베이스를 스카치 위스키로 바꾸면 된다. 장식은 체리(Cherry)로 한다.

87 Red Cherry가 사용되지 않는 칵테일은?

① Manhattan
② Old Fashioned
③ Mai-Tai
④ Moscow Mule

 Moscow Mule(모스코 뮬)은 레몬(라임) 슬라이스를 장식한다.

88 레몬의 껍질을 가늘고 길게 나선형으로 장식하는 것과 관계있는 것은?

① Slice
② Wedge
③ Horse's Neck
④ Peel

 Horse's Neck(홀스 넥)은 브랜디와 진저엘을 섞어 만든 칵테일로 레몬 껍질을 돌려깎기하여 가니시하는데 잔에 걸친 레몬필의 모양이 '말의 목'과 같다 하여 붙여진 이름이다.

89 Under Cloth에 대한 설명으로 옳은 것은?

① 흰색을 사용하는 것이 원칙이다.
② 식탁의 마지막 장식이라 할 수 있다.
③ 식탁 위의 소음을 줄여준다.
④ 서비스 플레이트나 식탁 위에 놓는다.

 Under Cloth(언더 클로스)는 테이블 클로스 아래에 깔아 식탁 위의 소음이나 식기 등의 미끄러짐을 방지한다.

정답 83 ④ 84 ④ 85 ④ 86 ④ 87 ④ 88 ③ 89 ③

90 와인의 코르크가 건조해져서 와인이 산화되거나 스파클링 와인일 경우 기포가 빠져나가는 것을 막기 위한 방법은?

① 와인을 서늘한 곳에 보관한다.

② 와인의 보관위치를 자주 바꿔준다.

③ 와인을 눕혀서 보관한다.

④ 냉장고에 세워서 보관한다.

 와인의 코르크 마개는 수축작용이 있으므로 눕혀 보관하면 코르크를 건조하지 않게 하고 코르크가 팽창하여 와인이 공기와 접촉하는 것을 차단한다.

91 와인의 Tasting 방법으로 옳은 것은?

① 와인을 오픈한 후 공기와 접촉되는 시간을 최소화하여 바로 따른 후 마신다.

② 와인에 얼음을 넣어 냉각시킨 후 마신다.

③ 와인잔을 흔든 뒤 아로마나 부케의 향을 맡는다.

④ 검은 종이를 테이블에 깔아 투명도 및 색을 확인한다.

 와인 잔을 흔들면 와인이 공기와 접촉하여 아로마(Aroma)와 부케(Bouquet)향의 복합적인 향을 내게 된다.

92 Wine Serving 방법으로 가장 거리가 먼 것은?

① 코르크의 냄새를 맡아 이상 유무를 확인 후 손님에게 확인하도록 접시 위에 얹어서 보여준다.

② 은은한 향을 음미하도록 와인을 따른 후 한두 방울이 테이블에 떨어지도록 한다.

③ 서비스 적정온도를 유지하고, 상표를 고객에게 확인시킨다.

④ 와인을 따른 후 병 입구에 맺힌 와인이 흘러내리지 않도록 병목을 돌려서 자연스럽게 들어 올린다.

 와인을 따를 때 병목을 돌려서 자연스럽게 들어올려 흘러내리지 않도록 한다.

93 포도주(Wine)를 서비스하는 방법 중 옳지 않은 것은?

① 포도주병을 운반하거나 따를 때에는 병 내의 포도주가 흔들리지 않도록 한다.

② 와인병을 개봉했을 때 첫 잔은 주문자 혹은 주빈이 시음을 할 수 있도록 한다.

③ 보졸레 누보와 같은 포도주는 디캔터를 사용하여 일정시간 숙성시킨 후 서비스한다.

④ 포도주는 손님의 오른쪽에서 따르며 마지막에 보틀을 돌려 흐르지 않도록 한다.

 보졸레 누보(Beaujolais Nouveau)는 포도 알맹이 그대로 통에 담아 1주일 정도 발효 후 4~6주 동안 숙성하여 11월 3째 주 목요일 자정을 기해 전 세계 동시 판매로 유명하다.

94 와인의 서비스에 대한 설명으로 틀린 것은?

① 레드 와인은 온도가 너무 낮으면 Tannin의 떫은맛이 강해진다.

② 화이트 와인은 실온과 비슷해야 신맛이 억제된다.

③ 레드 와인은 실온에서 부케(Bouquet)가 풍부해진다.

④ 화이트 와인은 차갑게 해야 신선한 맛이 강조된다.

 화이트 와인(White Wine)은 8~12℃ 정도로 냉각해야 향이 살아난다.

95 와인의 이상적인 저장고가 갖추어야 할 조건이 아닌 것은?

① 8℃에서 14℃ 정도의 온도를 항상 유지해야 한다.

② 습도는 70~75% 정도를 항상 유지해야 한다.

③ 흔들림이 없어야 한다.

④ 통풍이 좋고 빛이 들어와야 한다.

 와인 저장고는 빛이 들지 않고 서늘한 곳이 좋다.

96 와인의 마개로 사용되는 코르크 마개의 특성으로 가장 거리가 먼 것은?

① 온도 변화에 민감하다.

② 코르크 참나무의 외피로 만든다.

③ 신축성이 뛰어나다.

④ 밀폐성이 있다.

 수축성과 통기성의 특성 때문에 와인은 코르크 마개를 사용한다.

97 식사 중 여러 가지 와인의 서빙 시 적합한 방법이 아닌 것은?

① 화이트 와인은 레드 와인보다 먼저 서비스한다.

② 드라이 와인을 스위트 와인보다 먼저 서비스한다.

③ 마시기 가벼운 와인을 맛이 중후한 와인보다 먼저 서비스한다.

④ 숙성기간이 오래된 와인을 숙성기간이 짧은 와인보다 먼저 서비스한다.

 오래된 와인보다 신선한 와인을 먼저 서비스하는 것이 좋다.

98 와인의 적정온도 유지의 원칙으로 옳지 않은 것은?

① 보관 장소는 햇빛이 들지 않고 서늘하며, 습기가 없는 곳이 좋다.

② 연중 급격한 온도 변화가 없는 곳이어야 한다.

③ 와인에 전해지는 충격이나 진동이 없는 곳이 좋다.

④ 코르크가 젖어 있도록 병을 눕혀서 보관해야 한다.

 온도 10~15℃, 습도 70~80%가 적당하다.

99 음료 저장 방법에 관한 설명 중 옳지 않은 것은?

① 포도주병은 눕혀서 코르크 마개가 항상 젖어 있도록 저장한다.

② 살균된 맥주는 출고 후 약 3개월 정도는 실온에서 저장할 수 있다.

③ 적포도주는 미리 냉장고에 저장하여 충분히 냉각시킨 후 바로 제공한다.

④ 양조주는 선입선출법에 의해 저장·관리한다.

 적포도주는 실온에 보관하여 서비스한다.

100 레드 와인의 서비스로 틀린 것은?

① 적정한 온도로 보관하여 서비스한다.

② 잔에 가득 차도록 조심해서 서서히 따른다.

③ 와인 병이 와인 잔에 닿지 않도록 따른다.

④ 와인 병 입구를 종이 냅킨이나 크로스 냅킨을 이용하여 닦는다.

 와인은 잔의 1/2 정도 따른다.

101 다음 중 고객에게 서브되는 온도가 18℃ 정도 되는 것이 가장 적정한 것은?

① Whiskey   ② White Wine

③ Red Wine   ④ Champagne

 Red Wine(레드 와인)은 실온에서 서비스한다.

102 백포도주를 서비스할 때 함께 제공하여야 할 기물로 가장 적합한 것은?

① Bar Spoon   ② Wine Cooler

③ Strainer   ④ Tongs

 백포도주는 Wine Cooler(와인 쿨러)에 얼음을 채우고 병을 꽂아 서비스한다.

PART 01
PART 02
PART 03
PART 04
PART 05

103 화이트 와인 서비스 과정에서 필요한 기물과 가장 거리가 먼 것은?

① Wine Cooler

② Wine Stand

③ Wine Basket

④ Wine Opener

 Wine Basket(와인 바스켓)은 레드 와인(Red Wine)을 서브할 때 와인을 눕혀 놓는 손잡이가 달린 바구니이다.

104 다음 중 백포도주의 보관온도로 가장 적합한 것은?

① 14~18℃   ② 12~16℃

③ 8~10℃   ④ 5~6℃

 백포도주(White Wine)는 8~12℃ 정도로 냉각한다.

105 White Wine과 Red Wine의 보관 방법으로 가장 알맞은 방법은?

① 가급적 통풍이 잘 되고 습한 곳에 보관하여 숙성을 돕는다.

② 병을 똑바로 세워서 침전물이 바닥으로 모이도록 보관한다.

③ 따뜻하고 건조한 장소에 뉘여서 보관한다.

④ 통풍이 잘 되는 장소에 보관 적정온도에 맞추어 병을 뉘여서 보관한다.

 와인의 저장은 온도와 습도가 중요하다.

106 발포성 와인의 서비스 방법으로 틀린 것은?

① 병을 45°로 기울인 후 세게 흔들어 거품이 충분히 나도록 하여 철사 열개를 푼다.

② 와인 쿨러에 물과 얼음을 넣고 발포성 와인 병을 넣어 차갑게 한 다음 서브한다.

③ 서브 후 서비스 냅킨으로 병목을 닦아 술이 테이블 위로 떨어지는 것을 방지한다.

④ 거품이 너무 나오지 않게 잔의 내측 벽으로 흘리면서 잔을 채운다.

 발포성 와인 병을 열 때에는 병을 싸고 있는 포일(Foil)을 벗기고 철사를 푼 다음 코르크 마개를 조심스럽게 돌리며 뽑는다.

107 샴페인의 서비스에 관련된 설명 중 틀린 것은?

① 얼음을 채운 바스켓에 칠링(Chilling)한다.

② 호스트(Host)에게 상표를 확인시킨다.

③ "펑" 소리를 크게 하며 거품을 최대한 많이 내야 한다.

④ 서브는 여자 손님부터 시계 방향으로 한다.

 샴페인(Champagne) 마개를 열 때는 요란한 소리가 나지 않도록 조심해서 개봉하여 거품이 많이 일지 않도록 한다.

108 맥주의 관리 방법으로 잘못된 것은?

① 맥주는 5~10℃의 냉장온도에서 보관하여야 한다.

② 장시간 보관·숙성시켜서 먹는 것이 좋다.

③ 병을 굴리거나 뒤집지 않는다.

④ 직사광선을 피해 그늘지고 어두운 곳에 보관하여야 한다.

 맥주는 발효주로 장시간 보관·숙성하지 않고 품질 유지기한을 지키도록 한다.

109 맥주잔으로 적당하지 않은 것은?

① Pilsner Glass

② Stemless Pilsner Glass

③ Mug Glass

④ Snifter Glass

🔖 정답   103 ③ 104 ③ 105 ④ 106 ① 107 ③ 108 ② 109 ④

Snifter Glass(스니퍼 글라스)는 브랜디용이다.

 맥주는 4~10℃ 정도에서 보관하고, 맥주 글라스
도 냉장 보관하는 것이 좋다.

110 맥주의 저장과 출고에 관한 사항 중 틀린 것은?

① 선입선출의 원칙을 지킨다.

② 맥주는 별도의 유통기한이 없으므로 장기간 보관이 가능하다.

③ 생맥주는 미살균 상태이므로 온도를 2~3℃ 로 유지하여야 한다.

④ 생맥주통 속의 압력은 항상 일정하게 유지되어야 한다.

 맥주는 발효주로 품질 유지기한을 지키도록 한다.

111 맥주의 보관·유통 시 주의할 사항이 아닌 것은?

① 심한 진동을 가하지 않는다.

② 너무 차게 하지 않는다.

③ 햇볕에 노출시키지 않는다.

④ 장기 보관 시 맥주와 공기가 접촉되게 한다.

 맥주 보관 시 직사 일광 및 공기와 접촉되지 않도록 한다.

112 위생적인 맥주(Beer) 취급 절차로 가장 거리가 먼 것은?

① 맥주를 따를 때는 넘치지 않게 글라스에 7부 정도 채우고 나머지 3부 정도를 거품이 솟아 오르도록 한다.

② 맥주를 따를 때는 맥주병이 글라스에 닿지 않도록 1~2cm 정도 띄워서 따르도록 한다.

③ 글라스에 채우고 남은 병은 상표가 고객 앞으로 향하도록 맥주 글라스 위쪽에 놓는다.

④ 맥주와 맥주 글라스는 반드시 차갑게 보관하지 않아도 무방하다.

113 생맥주 취급 시 기본 원칙으로 틀린 것은?

① 적정온도 준수 　　② 후입선출

③ 적정압력 유지 　　④ 청결 유지

 맥주는 신선도가 중요하므로 선입선출(FIFO) 원칙을 준수한다.

114 생맥주(Draft Beer) 취급요령 중 틀린 것은?

① 2~3℃의 온도를 유지할 수 있는 저장시설을 갖추어야 한다.

② 술통 속의 압력은 12~14Pound로 일정하게 유지해야 한다.

③ 신선도를 유지하기 위해 입고 순서와 관계없이 좋은 상태의 것을 먼저 사용한다.

④ 글라스에 서비스할 때 3~4℃ 정도의 온도가 유지되어야 한다.

 먼저 입고된 것을 먼저 출고하는 선입선출(FIFO) 원칙을 준수한다.

115 다음 중 유효기간이 있는 것은?

① Rum 　　　　② Liqueur

③ Guinness Beer 　④ Brandy

 Guinness Beer(기네스 비어)는 발효주로 품질 유지기한이 있다.

116 식음료 서비스의 특성이 아닌 것은?

① 제공과 사용의 분리성

② 형체의 무형성

③ 품질의 다양성

④ 상품의 소멸성

 식음료 서비스는 제공과 동시에 사용이 이루어지는 특징이 있다.

117 주장 서비스의 기본 주의사항이 아닌 것은?

① 글라스에 묻은 립스틱을 제거한다.
② 글라스에 얼음을 넣을 때 아이스 텅(Ice Tong)을 사용한다.
③ 각각의 음료에 맞는 글라스를 사용한다.
④ 표준 레시피 사용은 중요하지 않다.

 동일한 품질유지를 위하여 표준 레시피 사용이 중요하다.

118 호텔에서 호텔홍보, 판매촉진 등 특별한 접대목적으로 일부를 무료로 제공하는 것은?

① Complaint
② Complimentary Service
③ F/O Cashier
④ Out of Order

 Complimentary(컴플리멘터리)란 호텔홍보, 판매촉진 등 특별한 접대목적으로 일부를 무료로 제공하는 것을 말한다.

119 프랜차이즈업과 독립경영을 비교할 때 프랜차이즈업의 특징에 해당하는 것은?

① 수익성이 높다.
② 사업에 대한 위험도가 높다.
③ 자금 운영의 어려움이 있다.
④ 대량 구매로 원가절감에 도움이 된다.

 프랜차이즈업은 대량 구매를 통한 원가절감이 가능하다.

120 메뉴 구성 시 산지, 빈티지, 가격 등이 포함되어야 하는 품목과 거리가 먼 것은?

① 칵테일
② 와인
③ 위스키
④ 브랜디

 칵테일은 두 종류 이상의 술을 혼합한 음료이다.

121 다음 중 Aperitif의 특징이 아닌 것은?

① 식욕 촉진용으로 사용되는 음료이다.
② 라틴어 Aperire(Open)에서 유래되었다.
③ 약초계를 많이 사용하기 때문에 쌉쌀한 향을 지니고 있다.
④ 당분이 많이 함유된 단맛이 있는 술이다.

 Aperitif(아페리티프)란 식사 전에 식욕을 돋우기 위하여 마시는 음료로 단맛이 없고 쌉쌀한 맛을 가지고 있다.

122 Standard Recipe를 지켜야 하는 이유로 틀린 것은?

① 동일한 맛을 낼 수 있다.
② 객관성을 유지할 수 있다.
③ 원가정책의 기초로 삼을 수 있다.
④ 다양한 맛을 낼 수 있다.

 Standard Recipe(스탠다드 레시피)는 표준 레시피로 항상 일정한 맛을 낼 수 있다.

123 주장(Bar)에서 주문받는 방법으로 옳지 않은 것은?

① 가능한 한 빨리 주문을 받는다.
② 분위기나 계절에 어울리는 음료를 추천한다.
③ 추가 주문은 잔이 비었을 때에 받는다.
④ 시간이 걸리더라도 구체적이고 명확하게 주문받는다.

 추가 주문은 고객이 잔을 비우기 전에 받는다.

정답 117 ④ 118 ② 119 ④ 120 ① 121 ④ 122 ④ 123 ③

124 주장(Bar)에서 주문받는 방법으로 가장 거리가 먼 것은?

① 손님의 연령이나 성별을 고려한 음료를 추천하는 것은 좋은 방법이다.
② 추가 주문은 고객이 한 잔을 다 마시고 나면 최대한 빠른 시간에 여쭤 본다.
③ 위스키와 같은 알코올 도수가 높은 술을 주문받을 때에는 안주류도 함께 여쭤본다.
④ 2명 이상의 외국인 고객의 경우 반드시 영수증을 하나로 할지, 개인별로 따로 할지 여쭤본다.

 추가 주문은 고객이 잔을 비우기 전에 받도록 한다.

125 표준 레시피(Standard Recipes)를 설정하는 목적에 대한 설명 중 틀린 것은?

① 품질과 맛의 계속적인 유지
② 특정인에 대한 의존도를 높임
③ 표준 조주법 이용으로 노무비 절감에 기여
④ 원가계산을 위한 기초 제공

 표준 레시피(Standard Recipes) 사용은 특정인에 대한 의존도를 줄일 수 있다.

126 연회용 메뉴 계획 시 애피타이저 코스 주류로 알맞은 것은?

① Cordials
② Port Wine
③ Dry Sherry
④ Cream Sherry

 애피타이저(Appetizer)란 식전에 먹는 전채요리로 아페리티프(Aperitif, 식전주)인 Dry Sherry(드라이 셰리)가 적당하다.

127 바(Bar)에서 하는 일과 가장 거리가 먼 것은?

① Store에서 음료를 수령한다.
② Appetizer를 만든다.
③ Bar Stool을 정리한다.

④ 음료 Cost 관리를 한다.

 Appetizer(애피타이저)란 식전에 먹는 전채요리를 말한다.

128 바에서 사용하는 House Brand의 의미는?

① 널리 알려진 술의 종류
② 지정 주문이 아닐 때 쓰는 술의 종류
③ 상품(上品)에 해당하는 술의 종류
④ 조리용으로 사용하는 술의 종류

 House Brand(하우스 브랜드)란 고객이 특정의 상표를 지정하여 주문하지 않는 경우에 사용하는 술을 말한다.

129 고객이 바에서 진 베이스의 칵테일을 주문할 경우 Call Brand의 의미는?

① 고객이 직접 요청하는 특정 브랜드
② 바텐더가 추천하는 특정 브랜드
③ 업장에서 가장 인기 있는 특정 브랜드
④ 해당 칵테일에 가장 많이 사용되는 특정 브랜드

 Call Brand(콜 브랜드)란 고객이 요구하는 특정 브랜드의 술을 말한다.

130 Mise en Place(미즈 앙 플라스)의 의미는?

① 영업제반의 준비사항
② 주류의 수량관리
③ 적정재고량
④ 대기 자세

 '미즈 앙 플라스'란 프랑스어로 영업 시작 전 음식의 준비작업을 마무리짓는 것을 뜻한다.

131 칵테일 서비스 진행 절차로 가장 적합한 것은?

① 아이스 페일을 이용해서 고객의 요구대로 글라스에 얼음을 넣는다.

② 먼저 커팅 보드 위에 장식물과 함께 글라스를 놓는다.

③ 칵테일용 냅킨을 고객의 글라스 오른쪽에 놓고 젓는 막대를 그 위에 놓는다.

④ 병술을 사용할 때는 스토퍼를 이용해서 조심스럽게 따른다.

 아이스 페일(Ice Pail)은 테이블용 얼음통, 커팅 보드(Cutting Board)는 도마, 스토퍼(Stopper)는 보조병마개, 바텐더가 사용하는 얼음그릇은 아이스 버킷(Ice Bucket)이다. 장식물과 글라스는 커팅 보드 위에 놓지 않는다. 병술을 사용할 때에는 푸어러(Pourer)를 꽂아 술을 따르고, 탄산음료를 사용하고 남은 경우 스토퍼로 밀봉한다.

132 Whisky의 주문 · 서빙 방법으로 적합하지 않은 것은?

① 상표 선택은 관리인이나 지배인의 추천에 의해 인기 있는 상표를 선택한다.

② 상표가 다른 위스키를 섞어서 사용하는 것은 금한다.

③ 고객의 기호와 회사의 이익을 고려하여 위스키를 선택한다.

④ 특정한 상표를 지정하여 주문한 위스키가 없을 때는 그것과 유사한 위스키로 대체한다.

 고객이 주문한 위스키가 없을 때에는 고객에게 알리고 다시 주문받도록 한다.

133 술과 체이서(Chaser)의 연결이 어울리지 않는 것은?

① 위스키 – 광천수　② 진 – 토닉 워터

③ 보드카 – 시드르　④ 럼 – 오렌지 주스

 체이서(Chaser)란 독한 술을 마실 때 곁들이는 청량음료를 말한다. 시드르(Cidre)는 사과즙을 원료로 한 발효주이며, 영어로 사이다(Cider)이다.

134 다음 중 1oz당 칼로리가 가장 높은 것은? (단, 각 주류의 도수는 일반적인 경우를 따른다.)

① Red Wine　　　② Champagne

③ Liqueur　　　④ White Wine

 Liqueur(리큐어)는 혼성주를 말한다. 혼성주는 설탕이나 벌꿀 등의 감미물질이 들어가므로 열량이 높다.

PART 04

과년도
기출문제

[참고사항]

조주기능사 필기시험 방식이 2016년 CBT(Computer-Based Testing)로 변경된 후 시험문제가 공개되지 않습니다. 따라서 2016년 이후의 문제는 시험에 응시한 수험생의 기억에 의해 재구성된 것입니다.

2014년 1회 기출문제

01 증류주에 대한 설명으로 옳은 것은?

① 과실이나 곡류 등을 발효시킨 후 열을 가하여 분리한 것이다.

② 과실의 향료를 혼합하여 향기와 감미를 첨가한 것이다.

③ 주로 맥주, 와인, 양주 등을 말한다.

④ 탄산성 음료는 증류주에 속한다.

 증류주란 발효액의 물(100℃)과 알코올(78.3℃)의 비등점 차이를 이용하여 증류한 술이다.

02 리큐어의 제조법이 아닌 것은?

① 증류법　　　　② 에센스법

③ 믹싱법　　　　④ 침출법

 리큐어 제조법에는 증류법, 에센스법, 침출법이 있다.

03 조선시대의 술에 대한 설명으로 틀린 것은?

① 중국과 일본에서 술이 수입되었다.

② 술 빚는 과정에 있어 여러 번 걸쳐 덧술을 하였다.

③ 고려시대에 비하여 소주의 선호도가 높았다.

④ 소주를 기본으로 한 약용약주, 혼양주의 제조가 증가했다.

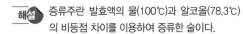 조선시대에는 문중별, 지방별로 발전시킨 약주와 소주 등이 다양성을 띠었다.

04 다음 술 종류 중 코디얼(Cordial)에 해당하는 것은?

① 베네딕틴(Benedictine)

② 고든스 런던 드라이진(Gordon's London Dry Gin)

③ 커티 삭(Cutty Sark)

④ 올드 그랜드 대드(Old Grand Dad)

 코디얼이란 혼성주(Liqueur)를 말한다.

05 독일와인의 분류 중 가장 고급와인의 등급 표시는?

① QbA　　　　② Tafelwein

③ Landwein　　④ QmP

 독일와인의 등급은 Tafelwein → Landwein → QbA → QmP의 순서이다.

06 프랑스 보르도(Bordeaux) 지방의 와인이 아닌 것은?

① 보졸레(Beaujolais), 론(Rhone)

② 메독(Medoc), 그라브(Grave)

③ 포므롤(Pomerol), 소테른(Sauternes)

④ 생 떼밀리옹(Saint-Emilion), 바르삭(Barsac)

 보졸레(Beaujolais)는 부르고뉴에 속한 지역이고, 론(Rhone)은 보르도 다음으로 넓은 프랑스의 와인 산지이다.

정답　**01** ①　**02** ③　**03** ①　**04** ①　**05** ④　**06** ①

07 맥주의 재료인 홉(Hop)의 설명으로 옳지 않은 것은?

① 자웅이주 식물로서 수꽃인 솔방울 모양의 열매를 사용한다.
② 맥주의 쓴맛과 향을 낸다.
③ 단백질을 침전 · 제거하여 맥주를 맑고 투명하게 한다.
④ 거품의 지속성 및 항균성을 부여한다.

 맥주의 원료 홉(Hop)은 암꽃을 사용한다.

08 하면발효맥주가 아닌 것은?

① Lager Beer   ② Porter Beer
③ Pilsen Beer   ④ Munchen Beer

 Porter Beer(포터 비어)는 영국의 상면발효맥주이다.

09 고구려의 술로 전해지며, 여름날 황혼 무렵에 찐 차좁쌀로 담가서 그 다음 날 닭이 우는 새벽녘에 먹을 수 있도록 빚었던 술은?

① 교동법주   ② 청명주
③ 소곡주   ④ 계명주

 술을 담근 다음 날 닭이 우는 새벽녘에 다 익어 마실 수 있는 술이라 하여 계명주라는 이름이 붙었다.

10 스카치 위스키가 아닌 것은?

① Crown Royal   ② White Horse
③ Johnnie Walker   ④ VAT 69

 Crown Royal(크라운 로열)은 캐나디안 위스키 상표이다.

11 맥주의 효과와 가장 거리가 먼 것은?

① 향균 작용

② 이뇨 억제 작용
③ 식욕 증진 및 소화 촉진 작용
④ 신경 진정 및 수면 촉진 작용

 맥주는 이뇨 작용이 있다.

12 다음 중 원료가 다른 술은?

① 트리플 섹(Triple Sec)
② 마라스퀸(Marasquin)
③ 쿠앵트로(Cointreau)
④ 큐라소(Curacao)

 마라스퀸(Marasquin)은 마라스카종의 체리로 만든 리큐어이다. 트리플 섹(Triple Sec), 쿠앵트로(Cointreau), 큐라소(Curacao)는 오렌지 계열의 리큐어이다.

13 커피를 주원료로 만든 리큐어는?

① Grand Marnier   ② Benedictine
③ Kahlua   ④ Sloe Gin

 Kahlua(칼루아)는 멕시코가 원산지인 커피 리큐어이다.

14 소다수에 대한 설명 중 틀린 것은?

① 인공적으로 이산화탄소를 첨가한다.
② 약간의 신맛과 단맛이 나며 청량감이 있다.
③ 식욕을 돋우는 효과가 있다.
④ 성분은 수분과 이산화탄소로 칼로리는 없다.

 소다수(Soda Water)는 모든 탄산음료의 기본이 되는 음료로 물에 탄산가스를 인공적으로 첨가한 것으로, 아무런 맛이 없다.

15 와인에 관한 용어 설명 중 틀린 것은?

① 탄닌(Tannin) – 포도의 껍질, 씨와 줄기, 오크통에서 우러나오는 성분
② 아로마(Aroma) – 포도의 품종에 따라 맡을 수 있는 와인의 첫 번째 냄새 또는 향기
③ 부케(Bouquet) – 와인의 발효과정이나 숙성 과정 중에 형성되는 복잡하고 다양한 향기
④ 빈티지(Vintage) – 포도주 제조 연도

 빈티지(Vintage)란 포도의 수확 연도를 말한다.

16 다음 중 혼성주가 아닌 것은?

① Apricot Brandy　　② Amaretto
③ Rusty Nail　　　　④ Anisette

 Rusty Nail(러스티 네일)은 스카치 위스키에 드람부이(Drambuie)가 혼합된 칵테일이다.

17 다음 중 코냑이 아닌 것은?

① Courvoisier　　② Camus
③ Mouton Cadet　④ Remy Martin

 Mouton Cadet(무통 까데)는 보르도 지방의 레드 와인이다.

18 음료에 대한 설명이 잘못된 것은?

① 진저엘(Ginger Ale)은 착향탄산음료이다.
② 토닉 워터(Tonic Water)는 착향탄산음료이다.
③ 세계 3대 기호음료는 커피, 코코아, 차(Tea)이다.
④ 유럽에서 Cider(또는 Cidre)는 착향탄산음료이다.

 유럽에서 사이다(Cider 또는 Cidre)는 사과를 원료로 만든 발효주이다.

19 위스키(Whisky)와 브랜디(Brandy)에 대한 설명이 틀린 것은?

① 위스키는 곡물을 발효시켜 증류한 술이다.
② 캐나디안 위스키(Canadian Whisky)는 캐나다산 위스키의 총칭이다.
③ 브랜디는 과실을 발효 · 증류해서 만든다.
④ 코냑(Cognac)은 위스키의 대표적인 술이다.

 코냑(Cognac)은 프랑스 코냑 지방에서 생산하는 브랜디이다.

20 레몬 주스, 슈가 시럽, 소다수를 혼합한 것으로 대용할 수 있는 것은?

① 진저엘　　　　② 토닉 워터
③ 콜린스 믹스　　④ 사이다

 콜린스 믹스(Collins Mix)는 소다수, 레몬 주스, 설탕을 혼합해서 만든 탄산음료이다.

21 와인 제조 시 이산화황(SO_2)을 사용하는 이유가 아닌 것은?

① 항산화제 역할　　② 부패균 생성 방지
③ 갈변 방지　　　　④ 효모 분리

 이산화황(SO_2)은 아황산가스, 무수아황산이라고도 하며, 방부제, 표백제, 산화방지제로 쓰이는 식품첨가물로 와인 제조에서 와인의 산화와 변질을 막아주는 살균제이자 산화방지제로 사용한다.

22 커피의 품종이 아닌 것은?

① 아라비카(Arabica)
② 로부스타(Robusta)
③ 리베리카(Riberica)
④ 우바(Uva)

 우바(Uva)는 스리랑카산의 홍차이다.

23 다음 광천수 중 탄산수가 아닌 것은?

① 셀처 워터(Seltzer Water)
② 에비앙 워터(Evian Water)
③ 초정약수
④ 페리에 워터(Perrier Water)

 에비앙 워터는 프랑스 에비앙 지방에서 나오는 무탄산 광천수이다.

24 이탈리아 와인 중 지명이 아닌 것은?

① 키안티   ② 바르바레스코
③ 바롤로   ④ 바르베라

 바르베라(Barbera)는 이탈리아의 적포도 품종이다.

25 와인에 국화과의 아티초크(Artichoke)와 약초의 엑기스를 배합한 이탈리아산 리큐어는?

① Absinthe   ② Dubonnet
③ Amer picon   ④ Cynar

 Absinthe(압생트), Dubonnet(두보네), Amer Picon(아메르 피콘)은 원산지가 프랑스이다.

26 다음 중 식전주(Aperitif)로 가장 적합하지 않은 것은?

① Campari   ② Dubonnet
③ Cinzano   ④ Sidecar

 Sidecar(사이드카) 칵테일은 브랜디(Brandy), 쿠앵트로(Cointreau) 또는 트리플 섹(Triple Sec), 레몬 주스로 만드는 칵테일로 쿠앵트로(트리플 섹)는 단맛이 있는 혼성주이다. Campari(캄파리)는 이탈리아산의 비터 계열의 술로 식전용이며, Dubonnet(두보네)는 프랑스산의 식전 포도주, Cinzano(친자노)는 이탈리아의 베르무트(Vermouth) 상표이다.

27 브랜디의 제조순서로 옳은 것은?

① 양조작업 – 저장 – 혼합 – 증류 – 숙성 – 병입
② 양조작업 – 증류 – 저장 – 혼합 – 숙성 – 병입
③ 양조작업 – 숙성 – 저장 – 혼합 – 증류 – 병입
④ 양조작업 – 증류 – 숙성 – 저장 – 혼합 – 병입

 브랜디는 와인을 증류ㆍ숙성한 술로 양조(발효) → 증류 → 저장 → 혼합 → 숙성 → 병입의 일반적 제조과정을 거친다.

28 다음 중 Bitter가 아닌 것은?

① Angostura   ② Campari
③ Galliano   ④ Amer Picon

 Bitter(비터) 계열의 술은 쓴맛을 가진 술이다. Galliano(갈리아노)는 이탈리아가 원산지로 오렌지와 바닐라향의 술이다.

29 Tequila에 대한 설명으로 틀린 것은?

① Tequila 지역을 중심으로 지정된 지역에서만 생산된다.
② Tequila를 주원료로 만든 혼성주는 Mezcal 이다.
③ Tequila는 한 품종의 Agave만 사용된다.
④ Tequila는 발효 시 옥수수당이나 설탕을 첨가할 수도 있다.

 용설란(Agave)을 원료로 발효한 술을 풀케(Pulque)라 하고 이것을 증류한 것이 메즈칼(Mezcal)이다. 메즈칼 가운데서 Tequila(테킬라) 지역에서 생산되는 것이 품질이 우수하여 테킬라 지역에서 생산되는 메즈칼은 지역의 이름인 테킬라라고 부른다.

정답   23 ②   24 ④   25 ④   26 ④   27 ②   28 ③   29 ②

PART 01
PART 02
PART 03
PART 04
PART 05

30 진(Gin)의 상표로 틀린 것은?

① Bombay Sapphire ② Gordon's

③ Smirnoff ④ Beefeater

 Smirnoff(스미노프)는 보드카 상표이다.

31 연회용 메뉴 계획 시 애피타이저 코스에 술을 권유하려 할 때 다음 중 가장 적합한 것은?

① 리큐어(Liqueur)

② 크림 셰리(Cream Sherry)

③ 드라이 셰리(Dry Sherry)

④ 포트 와인(Port Wine)

 애피타이저(Appetizer)는 식욕을 돋우기 위해 마시는 식전주이다.

32 주장(Bar) 영업 종료 후 재고조사표를 작성하는 사람은?

① 식음료 매니저 ② 바 매니저

③ 바 보조 ④ 바텐더

 재고조사(Inventory)는 영업 종료 후 바텐더가 한다.

33 화이트 와인 서비스 과정에서 필요한 기물과 가장 거리가 먼 것은?

① Wine Cooler ② Wine Stand

③ Wine Basket ④ Wine Opener

 Wine Basket(와인 바스켓)이란 패니어(Pannier)와 같은 뜻으로 와인을 뉘어 놓는 손잡이가 달린 바구니를 말하며, 레드 와인을 서브할 때 사용한다. 화이트 와인은 Wine cooler(와인 쿨러)에 얼음을 채우고 와인병을 끼워 제공한다.

34 Cocktail Shaker에 넣어 조주하는 것이 부적합한 재료는?

① 럼(Rum)

② 소다수(Soda Water)

③ 우유(Milk)

④ 달걀 흰자

 셰이커(Shaker)에는 소다수, 사이다, 맥주 등의 탄산음료는 넣지 않아야 한다.

35 일과 업무 시작 전에 바(Bar)에서 판매 가능한 양만큼 준비해 두는 각종의 재료를 무엇이라고 하는가?

① Bar Stock

② Par Stock

③ Pre-Product

④ Ordering Product

 바(Bar)에서 영업을 위해 준비하는 적정재고량을 Par Stock(파 스톡)이라고 한다.

36 흔들기(Shaking)에 대한 설명 중 틀린 것은?

① 잘 섞이지 않고 비중이 다른 음료를 조주할 때 적합하다.

② 롱 드링크(Long Drink) 조주에 주로 사용한다.

③ 애플 마티니를 조주할 때 이용되는 기법이다.

④ 셰이커를 이용한다.

 셰이킹(Shaking) 기법은 주로 숏 드링크(Short Drink)에 사용한다.

37 칵테일 글라스(Cocktail Glass)의 3대 명칭이 아닌 것은?

① 베이스(Base) ② 스템(Stem)

③ 볼(Bowl) ④ 캡(Cap)

 캡(Cap)은 셰이커(Shaker)의 부분 명칭이다.

38 싱가폴 슬링(Singapore Sling) 칵테일의 장식으로 알맞은 것은?

① 시즌 과일(Season Fruits)

② 올리브(Olive)

③ 필 어니언(Peel Onion)

④ 계피(Cinnamon)

 싱가폴 슬링 칵테일에는 많은 레시피가 있으며 주로 계절과일을 장식한다.

39 적색 포도주(Red Wine)병의 바닥이 요철로 된 이유는?

① 보기가 좋게 하기 위하여

② 안전하게 세우기 위하여

③ 용량 표시를 쉽게 하기 위하여

④ 찌꺼기가 이동하는 것을 방지하기 위하여

 와인병 바닥의 오목하게 들어간 부분을 펀트(Punt)라고 하는데, 펀트가 있는 이유는 발효 및 숙성 중에 생겨난 침전물의 이동을 방지하기 위해서이다.

40 Wine 저장에 관한 내용 중 적절하지 않은 것은?

① White Wine은 냉장고에 보관하되 그 품목에 맞는 온도를 유지해 준다.

② Red Wine은 상온 Cellar에 보관하되 그 품목에 맞는 적정온도를 유지해 준다.

③ Wine을 보관하면서 정기적으로 이동 보관한다.

④ Wine 보관 장소는 햇볕이 잘 들지 않고 통풍이 잘 되는 곳에 보관하는 것이 좋다.

 와인 보관 장소로는 적정한 온도와 습도가 유지되며 직사광선이 들지 않고 통풍이 잘 되는 곳이 좋다.

41 브랜디 글라스(Brandy Glass)에 대한 설명으로 틀린 것은?

① 코냑 등을 마실 때 사용하는 튤립형의 글라스이다.

② 향을 잘 느낄 수 있도록 만들어졌다.

③ 기둥이 긴 것으로 윗부분이 넓다.

④ 스니프터(Snifter)라고도 하며 밑이 넓고 위는 좁다.

 브랜디 글라스는 스니프터(Snifter)라고도 하며 스템(기둥)이 짧고 윗부분이 좁은 항아리형이다.

42 다음 음료 중 냉장 보관이 필요 없는 것은?

① White Wine   ② Dry Sherry

③ Beer   ④ Brandy

 Brandy(브랜디)는 향을 즐기는 술로 잔을 데워 술을 따른다.

43 칵테일 조주 시 사용되는 다음 방법 중 가장 위생적인 방법은?

① 손으로 얼음을 Glass에 담는다.

② Glass 윗부분(Rim)을 손으로 잡아 움직인다.

③ Garnish는 깨끗한 손으로 Glass에 Setting 한다.

④ 유효기간이 지난 칵테일 부재료를 사용한다.

 조주 작업은 위생적으로 이루어져야 한다.

44 주장요원의 업무규칙에 부합하지 않는 것은?

① 조주는 규정된 레시피에 의해 만들어져야 한다.

② 요금의 영수 관계를 명확히 하여야 한다.

③ 음료의 필요재고보다 두 배 이상의 재고를 보유하여야 한다.

④ 고객의 음료 보관 시 명확한 표기와 보관을 책임진다.

 재고는 최소량으로 보유하도록 한다.

45 와인을 주재료(Wine Base)로 한 칵테일이 아닌 것은?

① 키어(Kir)
② 블루 하와이(Blue Hawaii)
③ 스프리처(Spritzer)
④ 미모사(Mimosa)

 블루 하와이는 럼(Rum)을 베이스로 한 칵테일이다.

46 물품검수 시 주문내용과 차이가 발견될 때 반품하기 위하여 작성하는 서류는?

① 송장(Invoice)
② 견적서(Price Quotation Sheet)
③ 크레디트 메모(Credit Memorandum)
④ 검수보고서(Receiving Sheet)

 크레디트 메모는 검수과정에서 주문내용과 차이가 있는 경우 이를 확인하고 시인하게 하여 차후 신용관리를 위하여 작성하는 것을 말한다.

47 고객에게 음료를 제공할 때 반드시 필요치 않은 비품은?

① Cocktail Napkin
② Can Opener
③ Muddler
④ Coaster

 Can Opener(캔 오프너)는 캔 따개로 고객에게는 필요하지 않은 비품이다.

48 칵테일 부재료 중 Spice류에 해당되지 않는 것은?

① Grenadine Syrup
② Mint
③ Nutmeg
④ Cinnamon

 Grenadine Syrup(그레니딘 시럽)은 석류 시럽으로 시럽류이다.

49 주장원가의 3요소로 가장 적합한 것은?

① 인건비, 재료비, 주장경비
② 인건비, 재료비, 세금봉사료
③ 인건비, 재료비, 주세
④ 인건비, 재료비, 세금

 원가의 3요소는 재료비, 노무비, 경비이다.

50 Muddler에 대한 설명으로 옳은 것은?

① 설탕이나 장식 과일 등을 으깨거나 혼합할 때 사용한다.
② 칵테일 장식에 체리나 올리브 등을 찔러 장식할 때 사용한다.
③ 규모가 큰 얼음덩어리를 잘게 부술 때 사용한다.
④ 술의 용량을 측정할 때 사용한다.

 Muddler(머들러)란 긴 막대모양으로 재료를 으깨거나 혼합할 때 사용한다.

51 다음에서 설명하는 것은?

When making a cocktail, this is the main ingredient into which other things are added.

① Base
② Glass
③ Straw
④ Decoration

 칵테일을 만들 때 주재료(main ingredient)가 되는 것을 Base(베이스)라고 한다.

52 Which one is made with vodka and coffee liqueur?

① Black Russian ② Rusty Nail
③ Cacao Fizz ④ Kiss of Fire

 보드카와 커피 리큐어로 만든 것은 Black Russian(블랙 러시안)이다.

53 Which of the following doesn't belong to the regions of France where wine is produced?

① Bordeaux ② Burgundy
③ Champagne ④ Rheingau

 와인이 생산되는 프랑스 지역이 아닌 곳은 독일의 Rheingau(라인가우)이다.

54 Which is the correct one as a base of Alexander in the following?

① Brandy ② Vodka
③ Gin ④ Whisky

 Alexander(알렉산더) 칵테일의 베이스는 브랜디이다.

55 "a glossary of basic wine terms"의 연결로 틀린 것은?

① Balance : the portion of the wine's odor derived from the grape variety and fermentation.
② Nose : the total odor of wine composed of aroma, bouquet, and other factors.
③ Body : the weight or fullness of wine on palate.
④ Dry : a tasting term to denote the absence of sweetness in wine.

 와인 용어에서 Balance(밸런스)란 와인의 당도, 산도, 알코올 농도, 향, 탄닌 등의 조화를 말할 때 사용하는 용어이다.

56 Choose a wine that can be served before meal.

① Table Wine ② Dessert Wine
③ Aperitif Wine ④ Port Wine

 식사 전(before meal)에 제공할 수 있는 와인은 Aperitif Wine(아페리티프 와인)이다.

57 다음에서 설명하는 것은?

An anise-flavored, high-proof liqueur now banned due to the alleged toxic effects of wormwood, which reputedly turned the brains of heavy users to mush.

① Curacao ② Absinthe
③ Calvados ④ Benedictine

 Anise(아니스)의 독성과 높은 알코올 도수, 중독성으로 인해 금지되어 있는 리큐어는 Absinthe(압생트)이다.

58 다음에서 설명하는 것은?

A honeydew melon flavored liqueur from the Japanese house of Suntory.

① Midori ② Cointreau
③ Grand Marnier ④ Apricot Brandy

 일본의 산토리에서 만든 멜론 리큐어는 Midori(미도리)이다.

정답 52 ① 53 ④ 54 ① 55 ① 56 ③ 57 ② 58 ①

59 다음 ( ) 안에 알맞은 단어는?

Dry gin merely signifies that the gin lacks
( ).

① Sweetness   ② Sourness

③ Bitterness   ④ Hotness

 드라이진은 Sweetness(단맛)이 없다는 것을 의
미한다.

60 다음 ( ) 안에 알맞은 것은?

( ) is a Caribbean coconut-flavored rum
originally from Barbados.

① Malibu   ② Sambuca

③ Maraschino   ④ Southern Comfort

 바베이도스(Barbados)에서 온 카리브해의 코코넛
맛 럼주의 상표는 Malibu(말리부)이다.

2014년 2회 기출문제

01 조선시대에 유입된 외래주가 아닌 것은?

① 천축주　　　　② 섬라주
③ 금화주　　　　④ 두견주

 두견주는 청주로 진달래꽃으로 만드는 고려시대의 대표적 가향주이다.

02 고려 때에 등장한 술로 병자호란이던 어느 해 이완 장군이 병사들의 사기를 돋우기 위해 약용과 가향의 성분을 고루 갖춘 이 술을 마시게 한 데서 유래된 것으로 알려졌으며, 차보다 얼큰하고 짙게 우러난 호박색이 부드럽고 연 냄새가 은은한 전통제주로 감칠맛이 일품인 전통주는?

① 문배주　　　　② 이강주
③ 송순주　　　　④ 연엽주

 연엽주는 '예안 이씨' 종가의 술로 연잎을 항아리에 깔고 술을 빚어 연 향기가 은은한 것이 특징이다.

03 혼성주의 특징으로 옳은 것은?

① 사람들의 식욕 부진이나 원기 회복을 위해 제조되었다.
② 과일 중에 함유되어 있는 당분이나 전분을 발효시켰다.
③ 과일이나 향료, 약초 등 초근목피의 침전물로 향미를 더하여 만든 것으로, 현재는 식후주로 많이 애음된다.
④ 저온 살균하여 영양분을 섭취할 수 있다.

 혼성주란 증류주에 초 · 근 · 목 · 피 등을 첨가하

여 색 · 맛 · 향을 내고 설탕이나 벌꿀을 더해 단맛을 내어 만든 술로 주로 식후주로 애용된다.

04 진(Gin)이 제일 처음 만들어진 나라는?

① 프랑스　　　　② 네덜란드
③ 영국　　　　　④ 덴마크

 진(Gin)은 1660년 네덜란드에서 내과의사인 '프란시스쿠스 실비우스(Franciscus Sylvius)' 박사가 주정에 주니퍼 오일을 첨가하여 이뇨 · 건위의 약용을 목적으로 만들었던 것이 시초이다.

05 다음 중 식전주로 가장 적합한 것은?

① 맥주(Beer)
② 드람부이(Drambuie)
③ 캄파리(Campari)
④ 코냑(Cognac)

 캄파리(Campari)는 이탈리아가 원산지인 쓴맛을 지닌 술로 주로 식전주로 애용된다.

06 다음 중 Fortified Wine이 아닌 것은?

① Sherry Wine　　　② Vermouth
③ Port Wine　　　　④ Blush Wine

 Fortified Wine(포티파이드 와인)이란 알코올 도수를 높인 강화 와인을 말한다. Blush Wine(블러시 와인)이란 엷은 핑크색의 와인을 말한다.

▶▶ 정답　01 ④　02 ④　03 ③　04 ②　05 ③　06 ④

07 화이트 와인(White Wine)용 포도 품종이 아닌 것은?

① 샤르도네(Chardonnay)

② 시라(Syrah)

③ 소비뇽 블랑(Sauvignon blanc)

④ 피노 블랑(Pinot Blanc)

 시라(Syrah) 또는 시라즈(Shiraz)라고도 하는데 레드 와인용 포도 품종이다.

08 아쿠아비트(Aquavit)에 대한 설명 중 틀린 것은?

① 감자를 당화시켜 연속 증류법으로 증류한다.

② 혼성주의 한 종류로 식후주에 적합하다.

③ 맥주와 곁들여 마시기도 한다.

④ 진(Gin)의 제조 방법과 비슷하다.

 아쿠아비트(Aquavit)는 북유럽의 여러 나라에서 만드는 증류주이다.

09 스팅어(Stinger)를 제공하는 유리잔(Glass)의 종류는?

① 하이볼(Highball) 글라스

② 칵테일(Cocktail) 글라스

③ 올드 패션드(Old Fashioned) 글라스

④ 사워(Sour) 글라스

 스팅어(Stinger) 칵테일은 칵테일 글라스에 제공된다.

10 주정 강화로 제조된 시칠리아산 와인은?

① Champagne　　② Grappa

③ Marsala　　　 ④ Absente

 Marsala(마르살라)는 이탈리아 시칠리아 지방의 강화 와인이다.

11 Scotch Whisky에 대한 설명으로 옳지 않은 것은?

① Malt Whisky는 대부분 Pot Still을 사용하여 증류한다.

② Blended Whisky는 Malt Whisky와 Grain Whisky를 혼합한 것이다.

③ 주원료인 보리는 이탄(Peat)의 연기로 건조시킨다.

④ Malt Whisky는 원료의 향이 소실되지 않도록 반드시 1회만 증류한다.

 Scotch Whisky(스카치 위스키)는 Pot Still(단식 증류기)로 2회 증류한다.

12 커피의 품종에서 주로 인스턴트 커피의 원료로 사용되고 있는 것은?

① 로부스타　　　② 아라비카

③ 리베리카　　　④ 레귤러

 로부스타(Robsta)종은 아프리카 콩고가 원산지로 쓴맛이 강하고 풍미가 약하여 주로 인스턴트 커피의 원료로 이용된다.

13 Whisky 1ounce(알코올 도수 40%), Cola 4oz(녹는 얼음의 양은 계산하지 않음)를 재료로 만든 Whisky Coke의 알코올 도수는?

① 6%　　　　　 ② 8%

③ 10%　　　　　④ 12%

 칵테일의 알코올 도수 = $\dfrac{(A \times a) + (B \times b) + \cdots}{V}$

여기서, V: 전체용량(mL)

A, B, C : 사용한 술의 알코올 도수

a, b, c : 사용한 술의 양

$$\frac{30 \times 40}{\text{위스키 1온스(30) + 콜라 4온스(120)}} = \frac{1,200}{150} = 8$$

14 증류하면 변질될 수 있는 과일이나 약초, 향료에 증류주를 가해 향미성을 용해시키는 방법으로 열을 가하지 않는 리큐어 제조법으로 가장 적합한 것은?

① 증류법   ② 침출법
③ 여과법   ④ 에센스법

 침출법은 증류하면 변질될 수 있거나 성분이 잘 용해되지 않는 재료를 일정 시간 주정에 담가 우려내는 방식이다.

15 와인병 바닥의 요철 모양으로 오목하게 들어간 부분은?

① 펀트(Punt)   ② 밸런스(Balance)
③ 포트(Port)   ④ 노블 롯(Noble Rot)

 와인병 바닥의 움푹 들어 간 부분을 펀트(Punt)라 하는데 와인의 침전물을 모이게 하고, 침전물의 이동을 어렵게 한다.

16 이탈리아 리큐어로 살구씨를 물과 함께 증류하여 향초 성분과 혼합하고 시럽을 첨가해서 만든 리큐어는?

① Cherry Brandy   ② Curacao
③ Amaretto   ④ Tia Maria

 Amaretto(아마레토)는 살구씨를 물과 함께 증류하여 몇 종류의 향초 추출액, 스피릿과 혼합하여 숙성 후 시럽을 첨가하여 만든다.

17 포도즙을 내고 남은 찌꺼기에 약초 등을 배합하여 증류해 만든 이탈리아 술은?

① 삼부카   ② 버머스
③ 그라파   ④ 캄파리

 그라파(Grappa)는 이탈리아에서 와인을 만들고 난 찌꺼기를 증류하여 만드는 브랜디이다.

18 테킬라에 대한 설명으로 맞게 연결된 것은?

> • 최초의 원산지는 (㉠)로서 이 나라의 특산주이다.
> • 원료는 백합과의 (㉡)인데 이 식물에는 (㉢)이라는 전분과 비슷한 물질이 함유되어 있다.

① ㉠ 멕시코, ㉡ 풀케(Pulque), ㉢ 루플린
② ㉠ 멕시코, ㉡ 아가베(Agave), ㉢ 이눌린
③ ㉠ 스페인, ㉡ 아가베(Agave), ㉢ 루플린
④ ㉠ 스페인, ㉡ 풀케(Pulque), ㉢ 이눌린

 테킬라는 멕시코가 원산지로 아가베(용설란, Agave)를 압착하여 전분의 일종인 이눌린(Inulin)을 얻어 이것을 발효하면 풀케(Pulque)라는 발효주가 얻어지고 이것을 증류한 것이 테킬라이다.

19 커피의 맛과 향을 결정하는 중요한 가공요소가 아닌 것은?

① Roasting   ② Blending
③ Grinding   ④ Weathering

 커피의 맛과 향을 결정하는 가공요소로 Roasting (로스팅, 볶음도), Blending(블렌딩, 원두의 배합), Grinding(그라인딩, 원두의 분쇄도) 등을 들 수 있다.

20 이탈리아 IGT 등급은 프랑스의 어느 등급에 해당되는가?

① VDQS   ② Vin de Pays
③ Vin de Table   ④ AOC

 이탈리아 와인의 등급은 VDT → IGT → DOC → DOCG의 4단계로 나누며, IGT는 프랑스의 Vin de Pays에 해당한다.

21 진저엘의 설명 중 틀린 것은?

① 맥주에 혼합하여 마시기도 한다.

정답   14 ②   15 ①   16 ③   17 ③   18 ②   19 ④   20 ②   21 ④

② 생강향이 함유된 청량음료이다.

③ 진저엘의 엘은 알코올을 뜻한다.

④ 진저엘은 알코올분이 있는 혼성주이다.

 진저엘(Ginger Ale)은 생강으로 만든 탄산음료로 오늘날의 진저엘은 알코올분이 함유되어 있지 않다.

22 곡류와 감자 등을 원료로 하여 당화시킨 후 발효하고 증류한다. 증류액을 희석하여 자작나무 숯으로 만든 활성탄에 여과하여 정제하기 때문에 무색무취에 가까운 특성을 가진 증류주는?

① Gin   ② Vodka

③ Rum   ④ Tequila

 Vodka(보드카)는 여과과정을 거치므로 무색·무취·무미의 특징을 갖는다.

23 차와 코코아에 대한 설명으로 틀린 것은?

① 차는 보통 홍차, 녹차, 청차 등으로 분류된다.

② 차의 등급은 잎의 크기나 위치 등에 크게 좌우된다.

③ 코코아는 카카오 기름을 제거하여 만든다.

④ 코코아는 사이폰(Syphon)을 사용하여 만든다.

 사이폰(Syphon)은 커피 추출기구이다.

24 그랜드 상파뉴(Grande Champagne) 지역의 와인 증류원액을 50% 이상 함유한 코냑을 일컫는 말은?

① 상파뉴 블랑(Champagne Blanc)

② 프티트 상파뉴(Petite Champagne)

③ 핀 상파뉴(Fine Champagne)

④ 상파뉴 아르덴(Champagne-Ardenne)

 코냑은 포도재배지구를 6개로 구분하여 100% 그 지역 산출의 포도로 만든 코냑에 한해 지구명을 표시하여 판매하는 것을 허용하고 있다.

핀 상파뉴(Fine Champagne)는 그랜드 상파뉴(Grande Champagne)산 50% 이상에 프티트 상파뉴(Petite Champagne)산만을 블렌딩한 것이다.

25 단식 증류기의 일반적인 특징이 아닌 것은?

① 원료 고유의 향을 잘 얻을 수 있다.

② 고급 증류주의 제조에 이용한다.

③ 적은 양을 빠른 시간에 증류하여 시간이 적게 걸린다.

④ 증류 시 알코올 도수를 80도 이하로 낮게 증류한다.

 일반적으로 단식 증류는 2회 증류이므로 증류에 시간이 많이 소요된다.

26 다음 중 과즙을 이용하여 만든 양조주가 아닌 것은?

① Toddy   ② Cider

③ Perry   ④ Mead

 Mead(미드)는 벌꿀로 만든 리큐어이다. Toddy(토디)는 야자, Cider(사이다)는 사과, Perry(페리)는 배를 사용한다.

27 상면발효맥주 중 벨기에서 전통적인 발효법을 이용해 만드는 맥주로, 발효시키기 전에 뜨거운 맥즙을 공기 중에 직접 노출시켜 자연에 존재하는 야생효모와 미생물이 자연스럽게 맥즙에 섞여 발효하게 만든 맥주는?

① 스타우트(Stout)

② 도르트문트(Dortmund)

③ 에일(Ale)

④ 람빅(Lambics)

 벨기에 브뤼셀 등지에서 생산하는 람빅맥주는 맥아즙을 공기 중에 노출하여 자연에 존재하는 미생물을 번식시켜 발효하여 만든다.

28 각국을 대표하는 맥주를 바르게 연결한 것은?

① 미국 – 밀러, 버드와이저

② 독일 – 하이네켄, 뢰벤브로이

③ 영국 – 칼스버그, 기네스

④ 체코 – 필스너, 벡스

 나라별 대표 맥주
- 네덜란드 : 하이네켄
- 덴마크 : 칼스버그
- 독일 : 뢰벤브로이, 벡스
- 아일랜드 : 기네스
- 체코 : 필스너

29 조주상 사용되는 표준계량의 표시 중에서 틀린 것은?

① 1티스푼(Tea Spoon) = 1/6온스

② 1스플리트(Split) = 6온스

③ 1파인트(Pint) = 10온스

④ 1포니(Pony) = 1온스

 1파인트(Pint)는 16온스이다.

30 흑맥주가 아닌 것은?

① Stout Beer　　② Munchener Beer

③ Kolsch Beer　　④ Porter Beer

 Kolsch Beer(쾰시 비어)는 독일 쾰른지방의 전통 맥주이다. Munchener Beer(뮌헨 비어)는 독일의 농색흑맥주, Stout Beer(스타우트 비어)와 Porter Beer(포터 비어)는 영국의 흑맥주이다.

31 칵테일의 종류 중 마가리타(Margarita)의 주원료로 쓰이는 술의 이름은?

① 위스키(Whisky)　　② 럼(Rum)

③ 테킬라(Tequila)　　④ 브랜디(Brandy)

 마가리타(Margarita)는 테킬라, 트리플 섹, 라임

주스로 만들어 'Rimming with Salt'한 칵테일 글라스에 제공한다.

32 1온스(oz)는 몇 mL인가?

① 10.5mL　　② 20.5mL

③ 29.5mL　　④ 40.5mL

 1온스는 무게 단위로 28.35g, 부피 단위로는 29.5mL이다.

33 바카디 칵테일(Bacardi Cocktail)용 글라스는?

① 올드 패션드(Old Fashioned) 글라스

② 스템 칵테일(Stemmed Cocktail) 글라스

③ 필스너(Pilsner) 글라스

④ 고블렛(Goblet) 글라스

 바카디 칵테일(Bacardi Cocktail)은 칵테일 글라스에 제공한다.

34 다음 주류 중 알코올 도수가 가장 약한 것은?

① 진(Gin)　　② 위스키(Whisky)

③ 브랜디(Brandy)　　④ 슬로진(Sloe Gin)

 진(Gin), 위스키(Whisky), 브랜디(Brandy) 등 증류주의 알코올 농도는 40~50%이고, 리큐어인 슬로진(Sloe Gin)은 35~40%이다.

35 원가를 변동비와 고정비로 구분할 때 변동비에 해당하는 것은?

① 임차료　　② 직접재료비

③ 재산세　　④ 보험료

제품 제조 수량의 증감에 관계없이 일정한 비용이 발생하는 것을 고정비, 제품 제조 수량의 증감에 따라 변하는 비용을 변동비라 한다.

정답　28 ①　29 ③　30 ③　31 ③　32 ③　33 ②　34 ④　35 ②

36 메뉴 구성 시 산지, 빈티지, 가격 등이 포함되어야 하는 주류와 가장 거리가 먼 것은?

① 와인　　　　② 칵테일
③ 위스키　　　④ 브랜디

 칵테일은 2종류 이상의 술이 혼합된다.

37 조주보조원이라 일컬으며 칵테일 재료의 준비와 청결 유지를 위한 청소담당 및 업장 보조를 하는 사람은?

① 바 헬퍼(Bar Helper)
② 바텐더(Bartender)
③ 헤드 바텐더(Head Bartender)
④ 바 매니저(Bar Manager)

 조주보조원을 바 헬퍼(Bar Helper)라 부른다.

38 코스터(Coaster)란?

① 바용 양념세트
② 잔 밑받침
③ 주류 재고 계량기
④ 술의 원가표

 코스터(Coaster)란 글라스 받침대로 글라스 아래에 깔아 글라스가 미끄러지는 것을 방지하고 글라스를 내려놓을 때 잡음을 줄일 수 있다.

39 칵테일 기구에 해당되지 않는 것은?

① Butter Bowl　　② Muddler
③ Strainer　　　④ Bar Spoon

 Butter Bowl(버터 볼)은 버터를 담는 그릇이다.

40 와인병을 눕혀서 보관하는 이유로 가장 적합한 것은?

① 숙성이 잘 되게 하기 위해서

② 침전물을 분리하기 위해서
③ 맛과 멋을 내기 위해서
④ 색과 향이 변질되는 것을 방지하기 위해서

 와인병을 눕혀서 보관하는 이유는 코르크 마개와 와인이 맞닿아 코르크 마개가 건조되는 것을 방지하고 코르크 마개가 팽창하여 병 입구를 잘 막아 공기접촉면적을 최소화하여 와인의 변질을 예방하기 위함이다.

41 얼음을 다루는 기구에 대한 설명으로 틀린 것은?

① Ice Pick – 얼음을 깰 때 사용하는 기구
② Ice Scooper – 얼음을 떠내는 기구
③ Ice Crusher – 얼음을 가는 기구
④ Ice Tong – 얼음을 보관하는 기구

 Ice Tong(아이스 텅)이란 얼음 집게이다.

42 핑크 레이디, 밀리언 달러, 마티니, B-52의 조주 기법을 순서대로 나열한 것은?

① Shaking, Stirring, Building, Float & Layer
② Shaking, Shaking, Float & Layer, Building
③ Shaking, Shaking, Stirring, Float & Layer
④ Shaking, Float & Layer, Stirring, Building,

해설 칵테일별 조주 기법
　• 핑크 레이디 : 셰이킹(Shaking)
　• 밀리언 달러 : 셰이킹(Shaking)
　• 마티니 : 스터링(Stirring)
　• B-52 : 플로팅(Floating)

43 브랜디(Brandy) 중에서 VSOP의 약자를 바르게 나타낸 것은?

① Very Special Old Pale
② Very Superior Old Pale
③ Very Superior Old Napoleon

④ Very Special Old Napoleon

 브랜디의 품질표시 부호 VSOP는 Very Superior Old Pale의 약어이다.

③ Jigger ④ Strainer

 달걀, 설탕, 크림 등의 잘 섞이지 않는 재료를 잘 섞이게 하고 동시에 차갑게 하는 기구는 Shaker(셰이커)이다.

44 Honeymoon 칵테일에 필요한 재료는?

① Apple Brandy ② Dry Gin

③ Old Tom Gin ④ Vodka

 Honeymoon(허니문) 칵테일은 애플 브랜디, 베네딕틴, 트리플 섹, 레몬 주스를 셰이킹하여 만든다.

45 바 매니저(Bar Manager)의 주 업무가 아닌 것은?

① 영업 및 서비스에 관한 지휘 통제권을 갖는다.

② 직원의 근무 시간표를 작성한다.

③ 직원들의 교육 훈련을 담당한다.

④ 인벤토리(Inventory)를 세부적으로 관리한다.

 인벤토리(Inventory, 재고관리)는 바텐더의 업무이다.

46 주로 Tropical Cocktail을 조주할 때 사용하며 "두들겨 으깬다."라는 의미를 가지고 있는 얼음은?

① Shaved Ice ② Crushed Ice

③ Cubed Ice ④ Cracked Ice

 Tropical Cocktail(트로피컬 칵테일)은 과일주스나 시럽 등을 첨가하여 달고 시원한 열대성 칵테일로 잘게 부순 Crushed Ice(크러시드 아이스)와 재료를 블렌더 기법으로 만든다.

47 칵테일을 제조할 때 달걀, 설탕, 크림(Cream) 등의 재료가 들어가는 칵테일을 혼합할 때 사용하는 기구는?

① Shaker ② Mixing Glass

48 Champagne 서브 방법으로 옳은 것은?

① 병을 미리 흔들어서 거품이 많이 나도록 한다.

② 0~4℃ 정도의 냉장온도로 서브한다.

③ 쿨러에 얼음과 함께 담아서 운반한다.

④ 가능한 한 코르크를 열 때 소리가 크게 나도록 한다.

 Champagne(샴페인)은 샴페인 쿨러(Champagne Cooler)에 얼음을 채우고 병을 끼워 제공한다.

49 칵테일 용어 중 트위스트(Twist)란?

① 칵테일 내용물이 춤을 추듯 움직임

② 과육을 제거하고 껍질만 짜서 넣음

③ 주류 용량을 잴 때 사용하는 기물

④ 칵테일의 2온스 단위

 트위스트(Twist)란 과일의 껍질을 비틀어 즙을 짜 넣는 것을 말한다.

50 Par Stock은 무엇을 의미하는가?

① 식음료 재료저장

② 식음료 예비저장

③ 영업에 필요한 적정재고량

④ 업무 직후 남아 저장하여야 할 상품

 정상적인 영업을 위한 1일 적정재고량을 Par Stock(파 스톡)이라고 한다.

정답 44 ① 45 ④ 46 ② 47 ① 48 ③ 49 ② 50 ③

51 "What will you have to drink?"의 의미로 가장 적합한 것은?

① 식사는 무엇으로 하시겠습니까?

② 디저트는 무엇으로 하시겠습니까?

③ 그 외에 무엇을 드시겠습니까?

④ 술은 무엇으로 하시겠습니까?

 무엇을 마시겠습니까?

52 What is the name of famous Liqueur on Scotch basis?

① Drambuie　　② Cointreau

③ Grand marnier　④ Curacao

 스카치 베이스로 유명한 리큐어는 Drambuie(드람부이)로 스코틀랜드에서 스카치 위스키에 벌꿀을 더해 만든다.

53 다음 (　) 안에 적당한 단어는?

> (　) is the chemical process in which yeast breaks down sugar in solution into carbon dioxide and alcohol.

① Distillation　　② Fermentation

③ Classification　④ Evaporation

 Fermentation(발효)이란 효모가 당분을 알코올과 탄산가스로 분해하는 과정이다.

54 "Would you care for dessert?"의 올바른 대답은?

① Vanilla ice-cream, please.

② Ice-water, please.

③ Scotch on the rocks.

④ Cocktail, please.

- Would you care for dessert?
 (디저트 드시겠습니까?)
- Vanilla ice-cream, please.
 (바닐라 아이스크림으로 주세요.)

55 Which one is made of dry gin and dry vermouth?

① Martini　　② Manhattan

③ Paradise　④ Gimlet

 드라이진과 드라이 베르무트로 만든 것은 Martini(마티니)이다.

56 다음 중 의미가 다른 하나는?

① Cheers!　　② Give up!

③ Bottoms up!　④ Here's to us!

 ①, ③, ④는 건배 용어이고 ② Give up!은 '포기해!'라는 뜻이다.

57 Which of the following is a liqueur made by Irish whisky and Irish cream?

① Benedictine　② Galliano

③ Creme de Cacao　④ Baileys

 아이리시 위스키와 아이리시 크림으로 만든 리큐어는 Baileys(베일리스)이다.

58 Which of the following is not scotch whisky?

① Cutty Sark　　② White Horse

③ John Jameson　④ Royal Salute

 스카치 위스키 상표가 아닌 것은 아이리시 위스키인 John Jameson(존 제임슨)이다.

정답　51 ④　52 ①　53 ②　54 ①　55 ①　56 ②　57 ④　58 ③

59 Which is the syrup made by pomegranate?

① Maple Syrup   ② Strawberry Syrup

③ Grenadine Syrup   ④ Almond Syrup

 석류로 만든 시럽은 Grenadine Syrup(그레나딘 시럽)이다.

60 다음 문장 중 나머지 셋과 의미가 다른 하나는?

① What would you like to have?

② Would you like to order now?

③ Are you ready to order?

④ Did you order him out?

 ①, ②, ③은 주문에 대한 내용이다. ④는 '그를 밖으로 내보냈나요?'라는 뜻이다.

01 Terroir의 의미를 가장 잘 설명한 것은?

① 포도재배에 있어서 영향을 미치는 자연적인 환경요소

② 영양분이 풍부한 땅

③ 와인을 저장할 때 영향을 미치는 온도, 습도, 시간의 변화

④ 물이 빠지는 토양

 Terroir(테루아)란 포도를 재배하기 위한 토양, 포도 품종, 기후 등 자연적인 환경조건을 일컫는다.

02 와인 양조 시 1%의 알코올을 만들기 위해 약 몇 그램의 당분이 필요한가?

① 1g/L   ② 10g/L

③ 16.5g/L   ④ 20.5g/L

 1% 농도의 알코올을 얻기 위해 17~18g 정도의 당분이 필요하다.

03 숏 드링크(Short Drink)란?

① 만드는 시간이 짧은 음료

② 증류주와 청량음료를 믹스한 음료

③ 시간적인 개념으로 짧은 시간에 마시는 칵테일 음료

④ 증류주와 맥주를 믹스한 음료

 숏 드링크(Short Drink)란 일반적으로 4oz 미만의 글라스에 제공되는 음료로 비교적 짧은 시간에 마시는 음료를 말한다.

04 Stinger를 조주할 때 사용되는 술은?

① Brandy

② Creme de Menthe Blue

③ Cacao

④ Sloe Gin

 Stinger(스팅어) 칵테일은 브랜디와 Creme de Menthe White(크렘 드 멘트 화이트)를 셰이킹하여 만든다.

05 Bourbon Whiskey는 Corn 재료를 몇 % 이상 사용해야만 버번 위스키로 구분되는가?

① Corn 90%   ② Corn 80%

③ Corn 51%   ④ Corn 40%

 Bourbon Whiskey(버번 위스키)는 Corn(옥수수)을 51% 이상 사용해야 한다. 옥수수를 80% 이상 사용하는 경우에는 Corn Whiskey(콘 위스키)라고 한다.

06 맥주(Beer)에서 특이한 쓴맛과 향기로 보존성을 증가시키고 또한 맥아즙의 단백질을 제거하는 역할을 하는 원료는?

① 효모(Yeast)   ② 홉(Hop)

③ 알코올(Alcohol)   ④ 과당(Fructose)

 홉(Hop)의 암꽃에 있는 황금색의 꽃가루인 루풀린(Lupulin)이 맥주 특유의 쓴맛을 부여하고 맥아즙의 단백질을 침전시켜 맥주를 맑게 하며 살균 작용이 있어 잡균의 번식을 억제한다.

정답 01 ① 02 ③ 03 ③ 04 ① 05 ③ 06 ②

07 Draft Beer의 특징으로 가장 잘 설명한 것은?

① 맥주 효모가 살아 있어 맥주의 고유한 맛을 유지한다.

② 병맥주보다 오래 저장할 수 있다.

③ 살균처리를 하여 생맥주 맛이 더 좋다.

④ 효모를 미세한 필터로 여과하여 생맥주 맛이 더 좋다.

 Draft Beer(드래프트 비어)는 비살균 맥주로 'Draught Beer'라고도 한다.

08 다음 중 우리나라의 전통주가 아닌 것은?

① 소흥주   ② 소곡주

③ 문배주   ④ 경주법주

 소흥주(紹興酒)는 중국을 대표하는 술이다.

09 다음 민속주 중 증류식 소주가 아닌 것은?

① 문배주   ② 삼해주

③ 옥로주   ④ 안동 소주

 삼해주는 우리나라 전통 청주 중의 하나로 발효주이다.

10 다음 중 미국을 대표하는 리큐어(Liqueur)는?

① 슬로 진(Sloe Gin)

② 리카르드(Ricard)

③ 사우던 컴포트(Southern Comfort)

④ 크렘 드 카카오(Creme de Cacao)

 사우던 컴포트(Southern Comfort)는 버번 위스키와 복숭아로 만든 미국을 대표하는 리큐어이다.

11 다음 중 오렌지향의 리큐어가 아닌 것은?

① 그랑 마니에(Grand Marnier)

② 트리플 섹(Triple Sec)

③ 쿠앵트로(Cointreau)

④ 무스(Mousseux)

 프랑스에서 상파뉴(Champagne) 지역 이외의 지역에서 생산하는 발포성 포도주를 무스(Mousseux)라 한다.

12 다음 증류주 중에서 곡류의 전분을 원료로 하지 않는 것은?

① 진(Gin)   ② 럼(Rum)

③ 보드카(Vodka)   ④ 위스키(Whisky)

 럼(Rum)은 사탕수수 또는 당밀을 원료로 한다.

13 스페인 와인의 대표적 토착품종으로 숙성이 충분히 이루어지지 않을 때는 짙은 향과 풍미가 다소 거칠게 느껴질 수 있지만 오랜 숙성을 통해 부드러움이 갖추어져 매혹적인 스타일이 만들어지는 것은?

① Gamay   ② Pinot Noir

③ Tempranillo   ④ Cabernet Sauvignon

 스페인 와인의 대표적 토착품종으로 Tempranillo(템프라니요), Bobal(보발), Monastrell(모나스트렐), Garnacha(가르나차), Mencía(멘치아), Albariño(알바리뇨), Verdejo(베르데호) 등이 대표적이다.

① Gamay(가메이) : 프랑스 보졸레

② Pinot Noir(피노 누아) : 프랑스 부르고뉴

④ Cabernet Sauvignon(카베르네 소비뇽) : 프랑스 보르도

14 테킬라의 구분이 아닌 것은?

① 블랑코(Blanco)   ② 그라파(Grappa)

③ 아네호(Anejo)   ④ 레포사도(Reposado)

 그라파(Grappa)는 이탈리아에서 포도주를 압착하고 남은 찌꺼기를 발효 증류하여 만든 증류주이다.

① 블랑코(숙성하지 않음)

③ 아네호(1~3년 숙성)

④ 레포사도(2개월~1년 숙성)

15 와인의 숙성 시 사용되는 오크통에 관한 설명으로 가장 거리가 먼 것은?

① 오크 캐스크(Cask)가 작은 것일수록 와인에 뚜렷한 영향을 준다.

② 보르도 타입 오크통의 표준 용량은 225리터이다.

③ 캐스크(Cask)가 오래될수록 와인에 영향을 많이 주게 된다.

④ 캐스트(Cask)에 숙성시킬 경우에 정기적으로 래킹(Racking)을 한다.

 3~5년 이상 된 오크통은 큰 영향을 미치지 않는다.

16 다음 중 와인의 정화(Fining)에 사용되지 않는 것은?

① 규조토   ② 달걀의 흰자

③ 카제인   ④ 아황산용액

 와인의 정화(Fining)는 와인의 불필요한 물질을 제거하는 정화과정으로 달걀 흰자, 규조토, 카제인 등을 사용한다.

17 칵테일을 만드는 기본기술 중 글라스에서 직접 만들어 손님에게 제공하는 경우가 있다. 다음 칵테일 중 이에 해당되는 것은?

① Bacardi   ② Calvados

③ Honeymoon   ④ Gin Rickey

 글라스에서 직접 만들어 손님에게 제공하는 기법을 Build(빌드) 기법이라 한다. Gin Rickey(진 리키)는 하이볼 글라스에 얼음과 진, 라임 주스, 소다수를 넣고 빌드 기법으로 만든다.

18 와인을 막고 있는 코르크가 곰팡이에 오염되어 와인의 맛이 변하는 것으로 와인에서 종이박스 향취, 곰팡이 냄새 등이 나는 것을 의미하는 현상은?

① 네고시앙(Negociant)

② 부쇼네(Bouchonne)

③ 귀부병(Noble rot)

④ 부케(Bouquet)

 ① 네고시앙(Negociant) : 와인 유통업자

② 부쇼네(Bouchonne) : 곰팡이에 오염된 코르크 마개 냄새

③ 귀부병(Noble Rot) : 곰팡이병

④ 부케(Bouquet) : 와인이 숙성되면서 생겨나는 향기

19 커피 리큐어가 아닌 것은?

① 카모라(Kamora)

② 티아 마리아(Tia Maria)

③ 쿰멜(Kummel)

④ 칼루아(Kahlua)

 카모라(Kamora)와 칼루아(Kahlua)는 멕시코산 커피 리큐어, 티아 마리아(Tia Maria)는 자메이카산 커피 리큐어이다. 쿰멜(Kummel)은 회향초가 주원료인 독일산 리큐어이다.

20 다음 칵테일 중 직접 넣기(Building) 기법으로 만드는 칵테일로 적합한 것은?

① Bacardi   ② Kiss of Fire

③ Honeymoon   ④ Kir

 Kir(키르)는 화이트 와인 글라스에 화이트 와인과 크렘 드 카시스(Creme de Cassis)를 넣고 빌드(Build) 기법으로 만든다. ①, ②, ③은 셰이크(Shake) 기법으로 만든다.

21 칠레에서 주로 재배되는 포도 품종이 아닌 것은?

① 말벡(Malbec)

② 진판델(Zinfandel)

③ 메를로(Merlot)

④ 카베르네 소비뇽(Cabernet Sauvignon)

 진판델(Zinfandel)은 미국의 주요 적포도주 품종이다.

22 화이트 와인(White Wine) 품종이 아닌 것은?

① 샤르도네(Chardonnay)

② 말벡(Malbec)

③ 리슬링(Riesling)

④ 뮈스카(Muscat)

 말벡(Malbec)은 아르헨티나의 대표적인 적포도주 품종이다.

23 다음 중 몰트 위스키가 아닌 것은?

① A'bunadh　　② Macallan

③ Crown Royal　　④ Glenlivet

 Crown Royal(크라운 로열)은 Canadian Whisky(캐나디안 위스키)로 호밀(Rye)이 주원료이다.

24 Gin Fizz의 특징이 아닌 것은?

① 하이볼 글라스를 사용한다.

② 기법으로 Shaking과 Building을 병행한다.

③ 레몬의 신맛과 설탕의 단맛이 난다.

④ 칵테일 어니언(Onion)으로 장식한다.

 Gin Fizz(진피즈)에는 레몬 슬라이스를 장식한다.

25 음료의 살균에 이용되지 않는 방법은?

① 저온 장시간 살균법(LTLT)

② 자외선 살균법

③ 고온 단시간 살균법(HTST)

④ 초고온 살균법(UHT)

 자외선 살균법은 2,500~2,800Å 파장의 자외선을 살균에 이용하는 방법으로 주로 의류 등의 소독에 이용된다.

26 다음 중 롱 드링크(Long Drink)에 해당하는 것은?

① 마티니(Martini)

② 진피즈(Gin Fizz)

③ 맨해튼(Manhattan)

④ 스팅어(Stinger)

 롱 드링크(Long Drink)란 일반적으로 4oz 이상의 글라스에 제공되는 음료로, 진피즈(Gin Fizz)는 8oz 하이볼 글라스를 사용한다.

27 다음 중 원료가 다른 술은?

① 트리플 섹(Triple Sec)

② 마라스퀸(Maraschino)

③ 쿠앵트로(Cointreau)

④ 블루 큐라소(Blue Curacao)

 마라스퀸(Maraschino)는 마라스카종의 체리로 만든 리큐어이고, 나머지 3가지는 오렌지가 주원료이다.

28 다음 중 양조주가 아닌 것은?

① Silvowitz　　② Cider

③ Porter　　④ Cava

 Silvowitz(슬리보비츠)는 서양 살구(Blue Plum)를 원료로 하여 만든 증류주이다.

② Cider(사과주)

③ Porter(영국 맥주)

④ Cava(스페인 발포성 포도주)

29 커피의 3대 원종이 아닌 것은?

① 아라비카종   ② 로부스타종

③ 리베리카종   ④ 수마트라종

 커피의 3대 원종에는 아라비카종, 로부스타종, 리베리카종이 있다.

30 1대시(Dash)는 몇 mL인가?

① 0.9mL   ② 5mL

③ 7mL   ④ 10mL

 1대시(Dash)는 1/32oz로 약 0.9mL가 된다.

31 빈(Bin)이 의미하는 것으로 가장 적합한 것은?

① 프랑스산 적포도주

② 주류 저장소에 술병을 넣어 놓는 장소

③ 칵테일 조주 시 가장 기본이 되는 주재료

④ 글라스를 세척하여 담아 놓는 기구

 빈(Bin)이란 포도주를 저장하는 지하 저장고를 뜻하며, 창고 내에 와인이 저장되는 장소를 말한다.

32 백포도주를 서비스할 때 함께 제공하여야 할 기물로 가장 적합한 것은?

① Bar Spoon   ② Wine Cooler

③ Strainer   ④ Tongs

 백포도주는 차게 마시므로 얼음을 가득 채운 와인 쿨러에 와인병을 끼워 서비스한다.

33 Portable Bar에 포함되지 않는 것은?

① Room Service Bar

② Banquet Bar

③ Catering Bar

④ Western Bar

 Portable Bar(포터블 바)란 '이동식 Bar'를 말하며 고객이 있는 곳에 찾아가서 서비스하는 형태이다.

34 Floating의 방법으로 글라스에 직접 제공하여야 할 칵테일은?

① Highball   ② Gin Fizz

③ Pousse Cafe   ④ Flip

 Pousse Cafe(푸스 카페)는 비중의 차이를 이용하여 플로트(Float) 기법을 사용한다.

35 다음 중 네그로니(Negroni) 칵테일의 재료가 아닌 것은?

① Dry Gin   ② Campari

③ Sweet Vermouth   ④ Flip

 Flip(플립)은 달걀을 사용한 적은 용량의 칵테일 음료를 뜻한다.

36 칵테일의 기법 중 Stirring을 필요로 하는 경우와 가장 관계가 먼 것은?

① 섞는 술의 비중 차이가 큰 경우

② Shaking하면 만들어진 칵테일이 탁해질 것 같은 경우

③ Shaking하는 것보다 독특한 맛을 얻고자 할 경우

④ Cocktail의 맛과 향이 없어질 우려가 있을 경우

섞는 술의 비중 차이가 큰 경우에는 Float(플로트) 기법을 사용한다.

37 레드 와인의 서비스로 틀린 것은?

① 적정한 온도로 보관하여 서비스한다.
② 잔에 가득 차도록 조심해서 서서히 따른다.
③ 와인병이 와인 잔에 닿지 않도록 따른다.
④ 와인병 입구를 종이냅킨이나 크로스냅킨을 이용하여 닦는다.

 와인은 잔의 1/2 정도를 따른다.

38 Cognac의 등급 표시가 아닌 것은?

① VSOP
② Napoleon
③ Blended
④ Vieux

 'Blended'란 '혼합하다'라는 뜻으로 코냑의 등급 표시와는 관계없다.

　① VSOP(25~30년)
　② Napoleon(VSOP보다 조금 오래된 술)
　④ Vieux(오래된)

39 주장 원가의 3요소는?

① 인건비, 재료비, 주장경비
② 재료비, 주장경비, 세금
③ 인건비, 봉사료, 주장경비
④ 주장경비, 세금, 봉사료

 원가의 3요소는 재료비, 노무비, 경비이다.

40 다음 중 용량에 있어 다른 단위와 차이가 가장 큰 것은?

① 1Pony
② 1Jigger
③ 1Shot
④ 1Ounce

 1Jigger는 1.5oz(45mL)이고, 1Pony, 1Shot, 1Ounce는 모두 1oz, 즉 30mL이다.

41 Standard Recipe를 지켜야 하는 이유로 가장 거리가 먼 것은?

① 다양한 맛을 낼 수 있다.
② 객관성을 유지할 수 있다.
③ 원가책정의 기초로 삼을 수 있다.
④ 동일한 제조 방법으로 숙련할 수 있다.

 Standard Recipe란 표준 조리법으로 특정인에 대한 의존도를 줄이고, 동일한 맛을 낼 수 있다는 장점이 있다.

42 포도주를 관리하고 추천하는 직업이나 그 일을 하는 사람을 뜻하며 와인 마스터(Wine Master)라고도 불리는 사람은?

① 셰프(Chef)
② 소믈리에(Sommelier)
③ 바리스타(Barista)
④ 믹솔로지스트(Mixologist)

 소믈리에(Sommelier)는 와인을 관리하고 고객에게 와인을 서비스하는 일을 수행한다.

43 싱가폴 슬링(Singapore Sling) 칵테일의 재료로 적합하지 않은 것은?

① 드라이진(Dry Gin)
② 체리 브랜디(Cherry-Flavored Brandy)
③ 레몬 주스(Lemon Juice)
④ 토닉 워터(Tonic Water)

 싱가폴 슬링(Singapore Sling)은 드라이진, 레몬 주스, 설탕을 셰이킹하여 잔에 따르고 소다수를 채워 빌드(Build)한 다음 체리 브랜디를 플로트(Float)하고 레몬과 체리를 장식한다.

44 Fizz류의 칵테일 조주 시 일반적으로 사용되는 것은?

① Shaker
② Mixing Glass

③ Pitcher ④ Stirring Rod

 Fizz(피즈)는 Shaker(셰이커)에 술과 레몬 주스, 설탕을 넣고 셰이킹하여 하이볼 글라스에 따르고 소다수를 채워 빌드(Build)하여 제공한다.

45 탄산음료나 샴페인을 사용하고 남은 일부를 보관 시 사용되는 기물은?

① 스토퍼 ② 포우러
③ 코르크 ④ 코스터

 스토퍼(Stopper)란 보조 병마개를 말한다.

46 주장(Bar)에서 유리잔(Glass)을 취급 · 관리하는 방법으로 틀린 것은?

① Cocktail Glass는 스템(Stem)의 아래쪽을 잡는다.
② Wine Glass는 무늬를 조각한 크리스털 잔을 사용하는 것이 좋다.
③ Brandy Snifter는 잔의 받침(Foot)과 볼(Bowl) 사이에 손가락을 넣어 감싸 잡는다.
④ 냉장고에서 차게 해 둔 잔(Glass)이라도 사용 전 반드시 파손과 청결 상태를 확인한다.

 와인은 색을 즐기는 술로 Wine Glass(와인 글라스)는 무늬 등이 없는 밝고 투명한 것이 좋다.

47 Brandy Base Cocktail이 아닌 것은?

① Gibson ② B & B
③ Sidecar ④ Stinger

 Gibson(깁슨)은 Gin(진) 베이스 칵테일이다.

48 Store Room에서 쓰이는 Bin Card의 용도는?

① 품목별 불출입 재고 기록
② 품목별 상품 특성 및 용도 기록

③ 품목별 수입가와 판매가 기록
④ 품목별 생산지와 빈티지 기록

 Store Room(스토어 룸)이란 '저장고'라는 뜻으로 Bin Card(빈 카드)는 입고와 출고 현황에 따른 재고 기록카드를 말한다.

49 June Bug 칵테일의 재료가 아닌 것은?

① Melon Liqueur
② Coconut Flavored Rum
③ Blue Curacao
④ Sweet & Sour Mix

 June Bug(준 벅) 칵테일은 Melon Liqueur(멜론 리큐어), Coconut Flavored Rum(코코넛 플레이버드 럼), Banana Liqueur(바나나 리큐어), Pineapple Juice(파인애플 주스), Sweet & Sour Mix(스위트 & 사워 믹스)를 셰이킹하여 만든다.

50 칵테일의 분류 중 맛에 따른 분류에 속하지 않는 것은?

① 스위트 칵테일(Sweet Cocktail)
② 사워 칵테일(Sour Cocktail)
③ 드라이 칵테일(Dry Cocktail)
④ 아페리티프 칵테일(Aperitif Cocktail)

 아페리티프 칵테일(Aperitif Cocktail)은 식욕을 돋우기 위한 식전 칵테일로 용도에 따른 분류에 속한다.

51 "How would you like your steak?"의 대답으로 가장 적합한 것은?

① Yes, I like it.
② I like my steak.
③ Medium rare, please.
④ Filet mignon, please.

 '스테이크를 어느 정도로 익혀 줄까요?'의 물음에 대한 대답이다.

정답 45 ① 46 ② 47 ① 48 ① 49 ③ 50 ④ 51 ③

52 Which is not the name of sherry?

① Fino   ② Olorso

③ Tio Pepe   ④ Tawny Port

 셰리(Sherry)와 관계없는 것은 Tawny Port(타우니 포트)로 포르투갈의 황갈색 포도주이다. 스페인의 셰리 와인은 제조방식에 따라 Fino(피노, 발효가 끝난 화이트 와인에 브랜디 첨가), Olorso[올로로소, 플로(Flor)가 형성되지 않는 셰리], Tio Pepe(티오 페페, 스페인의 셰리 와인 와이너리)가 있다.

53 Where is the place not to produce wine in France?

① Bordeaux   ② Bourgonne

③ Alsace   ④ Mosel

 프랑스 와인 산지가 아닌 곳은 Mosel(모젤)이다. 모젤은 독일의 와인 산지이다.

54 다음 내용의 의미로 가장 적합한 것은?

> Scotch on the rocks, please.

① 스카치 위스키를 마시다.

② 바위 위에 위스키

③ 스카치 온더락 주세요.

④ 얼음에 위스키를 붓는다.

 스카치 온더락으로 주세요.

55 다음 (   ) 안에 적합한 것은?

> A bartender should be ( ) with the English names of all stores of liquors and mixed drinks.

① familiar   ② warm

③ use   ④ accustom

 바텐더는 매장의 모든 주류 및 혼합 음료 등의 영문 이름을 숙지하고 있어야 한다.

56 Which is the best answer for the blank?

> A dry martini served with an (   ).

① red cherry   ② pearl onion

③ lemon slice   ④ olive

 Dry Martini(드라이 마티니)에는 Olive(올리브)를 장식한다.

57 다음 질문에 대한 대답으로 가장 적절한 것은?

> How often do you go to the bar?

① For a long time.   ② When I am free.

③ Quite often. OK.   ④ From yesterday.

 Bar에 얼마나 자주 가는지에 대한 질문이다.
- quite : 꽤, 상당히
- often : 자주

58 아래는 어떤 용어에 대한 설명인가?

> A small space or room in some restaurants where food items or food-related equipments are kept.

① Pantry   ② Cloakroom

③ Reception Desk   ④ Hospitality Room

 레스토랑에서 음식 또는 음식 관련 기구를 보관하는 작은 공간을 Pantry(팬트리)라 한다.

정답   52 ④ 53 ④ 54 ③ 55 ① 56 ④ 57 ③ 58 ①

59 Which is the best answer for the blank?

Most highballs, Old Fashioned, and on-the-rocks drinks call for (   ).

① shaved ice   ② crushed ice

③ cubed ice   ④ lumped ice

 highballs(하이볼), old fashioned(올드 패션드), on-the-rocks(온더락)에는 cubed ice(큐브드 아이스)가 필요하다.

60 다음 ( ) 안에 들어갈 단어로 알맞은 것은?

(   ) is a generic cordial invented in Italy and made from apricot pits and herbs, yielding a pleasant almond flavor.

① Anisette   ② Amaretto

③ Advocast   ④ Amontillado

 이탈리아에서 살구와 허브로 만든 살구향이 나는 혼성주는 Amaretto(아마레토)이다.

01 다음 중 음료에 대한 설명이 틀린 것은?

① 에비앙 생수는 프랑스의 천연 광천수이다.

② 페리에 생수는 프랑스의 탄산수이다.

③ 비시 생수는 프랑스 비시의 탄산수이다.

④ 셀처 생수는 프랑스의 천연 광천수이다.

 셀처 생수(Seltzer Water)는 독일의 광천수이다.

02 다음에서 설명하는 전통주는?

> • 원료는 쌀이며 혼성주에 속한다.
> • 약주에 소주를 섞어 빚는다.
> • 무더운 여름을 탈 없이 날 수 있는 술이라는 뜻에서 그 이름이 유래되었다.

① 과하주　　　　② 백세주

③ 두견주　　　　④ 문배주

 과하주는 약주에 소주를 섞어 빚는 술로 여름을 탈 없이 지낼 수 있는 술이라는 뜻에서 붙여진 이름이다.

03 녹차의 대표적인 성분 중 15% 내외로 함유되어 있는 가용성 성분은?

① 카페인　　　　② 비타민

③ 카테킨　　　　④ 사포닌

 녹차의 대표적인 성분은 폴리페놀의 일종인 카테킨(Catechin)이다.

04 Fermented Liquor에 속하는 술은?

① Chartreuse　　　② Gin

③ Campari　　　　④ Wine

 퍼멘티드 리큐어(Fermented Liquor, 발효주, 양조주)는 와인이다. Chartreuse(샤르트뢰즈)와 Campari(캄파리)는 혼성주, Gin(진)은 증류주이다.

05 Jack Daniel's와 Bourbon Whiskey의 차이점은?

① 옥수수의 사용 여부

② 단풍나무 숯을 이용한 여과과정의 유무

③ 내부를 불로 그을린 오크통에서 숙성시키는지의 여부

④ 미국에서 생산되는지의 여부

 Jack Daniel's(잭 다니엘)은 테네시 위스키 상표로 테네시 위스키는 사탕단풍나무 활성탄으로 여과과정을 거치는 것이 특징이다.

06 다음 중 싱글 몰트 위스키가 아닌 것은?

① 글렌모렌지(Glenmorangie)

② 더 글렌리벳(The Glenlivet)

③ 글렌피딕(Glenfiddich)

④ 시그램 브이오(Seagram's VO)

 시그램 브이오(Seagram's VO)는 캐나디안 위스키 상표이다.

07 다음 중 나머지 셋과 성격이 다른 것은?

A. Cherry Brandy	B. Peach Brandy
C. Hennessy Brandy	D. Apricot Brandy

① A
② B
③ C
④ D

 Hennessy Brandy(헤네시 브랜디)는 코냑(Cognac)이고, 나머지는 리큐어이다.

08 카나페(Canape)란 무엇인가?

① 식후에 먹는 디저트
② 식전에 먹는 애피타이저
③ 통조림 과자
④ 생선으로 만든 술안주

 카나페(Canape)란 한 입에 넣을 수 있는 크기의 빵 조각 위에 치즈, 달걀, 캐비어 등을 올린 것으로 식전에 먹는 전채요리(Appetizer)이다. 칵테일 안주로도 많이 사용한다.

09 헤네시(Henney) 사에서 브랜디 등급을 처음 사용한 때는?

① 1763년
② 1765년
③ 1863년
④ 1865년

 코냑(Cognac)의 품질표시 부호는 1865년 헤네시(Hennessy) 사에서 처음 사용하였다.

10 산지별로 분류한 세계 4대 위스키가 아닌 것은?

① American Whiskey
② Japanese Whisky
③ Scotch Whisky
④ Canadian Whisky

 산지별로 분류한 세계 4대 위스키는 American

Whiskey(아메리칸 위스키, 미국), Scotch Whisky(스카치 위스키, 스코틀랜드), Canadian Whisky(캐나디안 위스키, 캐나다), Irish Whiskey(아이리시 위스키, 아일랜드)이다.

11 각 나라별 와인등급 중 가장 높은 등급이 아닌 것은?

① 프랑스 VDQS
② 이탈리아 DOCG
③ 독일 QmP
④ 스페인 VDP

 ① 프랑스 : VdT → VdP → VDQS → AOC
② 이탈리아 : VdT → IGT → DOC → DOCG
③ 독일 : Tafelwein → Landwein → QbA → QmP
④ 스페인 : VdM → VDIT → DO → DOCa → VDP

12 탄산수에 퀴닌, 레몬, 라임 등의 농축액과 당분을 넣어 만든 강장제 음료는?

① 진저 비어(Ginger Beer)
② 진저엘(Ginger Ale)
③ 콜린스 믹스(Collins Mix)
④ 토닉 워터(Tonic Water)

 퀴닌이 주요성분인 탄산음료는 토닉 워터(Tonic Water)이다.

13 탄산음료의 종류가 아닌 것은?

① Tonic Water
② Soda Water
③ Collins Mix
④ Evian Water

 Evian Water(에비앙 생수)는 프랑스의 무탄산 광천수이다.

14 증류주 1Quart의 용량과 가장 거리가 먼 것은?

① 750mL
② 1,000mL

③ 32oz   ④ 4Cup

 1Quart는 32oz이다. 1oz는 우리나라에서는 편의상 30mL로 통용되므로 1Quart는 약 960mL가 되고 750mL는 25oz가 된다. 1Cup은 8oz이다.

15 증류주에 대한 설명으로 틀린 것은?

① Gin은 곡물을 발효, 증류한 주정에 두송나무 열매를 첨가한 것이다.
② Tequila는 멕시코 원주민들이 즐겨 마시는 풀케(Pulque)를 증류한 것이다.
③ Vodka는 슬라브 민족의 국민주로 캐비어를 곁들여 마시기도 한다.
④ Rum의 주원료는 서인도제도에서 생산되는 자몽(Grapefruit)이다.

 Rum(럼)은 사탕수수 또는 당밀을 원료로 한다.

16 양조주의 종류에 속하지 않는 것은?

① Amaretto   ② Lager Beer
③ Ice Wine   ④ Beaujolais Nouveau

 Amaretto(아마레토)는 이탈리아가 원산지로 살구 씨로 만드는 혼성주이다. Lager Beer(라거 비어)는 맥주, Beaujolais Nouveau(보졸레 누보)와 Ice Wine(아이스 와인)은 포도주로 양조주(발효주)에 속한다.

17 이탈리아 와인의 주요 생산지가 아닌 것은?

① 토스카나(Toscana)
② 리오하(Rioja)
③ 베네토(Veneto)
④ 피에몬테(Piemonte)

 리오하(Rioja)는 스페인의 와인 산지이다.

18 양조주의 제조 방법으로 틀린 것은?

① 원료는 곡류나 과실류이다.
② 전분은 당화과정이 필요하다.
③ 효모가 작용하여 알코올을 만든다.
④ 원료가 반드시 당분을 함유할 필요는 없다.

 양조주(발효주)란 효모의 당분 분해작용에 의해 만들어지는 술이다.

19 스카치산 위스키에 히스꽃에서 딴 봉밀과 그 밖에 허브를 넣어 만든 감미 짙은 리큐어로 러스티 네일을 만들 때 사용되는 리큐어는?

① Cointreau   ② Galliano
③ Chartreuse   ④ Drambuie

 Drambuie(드람부이)는 스코틀랜드에서 스카치 위스키에 벌꿀과 허브류를 더해 만드는 리큐어이다.

20 칼바도스에 대한 설명으로 옳은 것은?

① 스페인의 와인
② 프랑스의 사과 브랜디
③ 북유럽의 아쿠아비트
④ 멕시코의 테킬라

 칼바도스(Calvados)는 프랑스 노르망디 지방에서 생산하는 사과 브랜디(Apple Brandy)이다.

21 증류주에 관한 설명 중 틀린 것은?

① 단식 증류기와 연속식 증류기를 사용한다.
② 높은 알코올 농도를 얻기 위해 과실이나 곡물을 이용하여 만든 양조주를 증류해서 만든다.
③ 양조주를 가열하면서 알코올을 기화시켜 이를 다시 냉각시킨 후 높은 알코올을 얻은 것이다.
④ 연속 증류기를 사용하면 시설비가 저렴하고 맛과 향의 파괴가 적다.

정답   15 ④   16 ①   17 ②   18 ④   19 ④   20 ②   21 ④

연속 증류기(Patent Still)는 대량생산이 가능하고 순도 높은 주정을 얻을 수 있으나 풍미가 약하다. 시설비가 저렴하고 맛과 향의 파괴가 적은 것은 단식 증류기(Pot Still)의 특징이다.

22 비중이 서로 다른 술을 섞지 않고 띄워서 여러 가지 색상을 음미할 수 있는 칵테일은?

① 프라페(Frappe)

② 슬링(Sling)

③ 피즈(Fizz)

④ 푸스 카페(Pousse Cafe)

 푸스 카페(Pousse Cafe)는 2가지 이상의 술을 섞지 않고 비중의 차이를 이용하여 띄우는 방법으로 만든다(Float).

23 다음 중 종자류 계열이 아닌 혼성주는?

① 티아 마리아   ② 아마레토

③ 쇼콜라 스위스   ④ 갈리아노

 갈리아노는 약초·향초류 계열의 리큐어이다. 티아 마리아는 커피, 아마레토는 살구, 쇼콜라 스위스는 카카오를 이용해 만든다.

24 감자를 주원료로 해서 만드는 북유럽의 스칸디나비아 술로 유명한 것은?

① Aquavit   ② Calvados

③ Eau-de-Vie   ④ Grappa

 ② Calvados(칼바도스) : 애플 브랜디
③ Eau-de-Vie(오드비) : 프랑스 브랜디
④ Grappa(그라파) : 이탈리아에서 포도주를 짜낸 찌꺼기를 발효 증류하여 만든 브랜디

25 다음 중 맥주의 종류가 아닌 것은?

① Ale   ② Porter

③ Hock   ④ Bock

 Hock(호크)는 독일의 최고급 백포도주이다.

26 Draft Beer란 무엇인가?

① 효모가 살균되어 저장이 가능한 맥주

② 효모가 살균되지 않아 장기 저장이 불가능한 맥주

③ 제조과정에서 특별히 만든 흑맥주

④ 저장이 가능한 병이나 캔맥주

 Draft Beer(드래프트 비어)란 살균과정을 거치지 않은 생맥주로 'Draught Beer'라고도 한다.

27 아로마(Aroma)에 대한 설명 중 틀린 것은?

① 포도의 품종에 따라 맡을 수 있는 와인의 첫번째 냄새 또는 향기이다.

② 와인의 발효과정이나 숙성과정 중에 형성되는 여러 가지 복잡 다양한 향기를 말한다.

③ 원료 자체에서 우러나오는 향기이다.

④ 같은 포도 품종이라도 토양의 성분, 기후, 재배조건에 따라 차이가 있다.

 와인의 발효과정이나 숙성과정 중에 형성되는 여러 가지 복잡 다양한 향기는 부케(Bouquet)라 한다.

28 일반적으로 음료(Beverages)는 무엇을 뜻하는가?

① 알코올성 음료만을 뜻한다.

② 알코올성과 비알코올성 음료만을 뜻한다.

③ 알코올성과 비알코올성 그리고 물까지 포함한다.

④ 순수한 비알코올성 음료만을 뜻한다.

 음료란 사람이 마실 수 있는 것으로 알코올성 음료와 물까지 포함한 비알코올성 음료 등을 말한다.

29 안동 소주에 대한 설명으로 틀린 것은?

① 제조 시 소주를 내릴 때 소줏고리를 사용한다.
② 곡식을 물에 불린 후 시루에 쪄 고두밥을 만들고 누룩을 섞어 발효시켜 빚는다.
③ 경상북도 무형문화재로 지정되어 있다.
④ 희석식 소주로서 알코올 농도는 20도이다.

 안동 소주는 증류식 소주이다.

30 카베르네 소비뇽에 관한 설명 중 틀린 것은?

① 레드 와인 제조에 가장 대표적인 포도 품종이다.
② 프랑스 남부 지방, 호주, 칠레, 미국, 남아프리카에서 재배한다.
③ 부르고뉴 지방의 대표적인 적포도 품종이다.
④ 포도송이가 작고 둥글고 포도 알은 많으며 껍질은 두껍다.

 카베르네 소비뇽(Cabernet Sauvignon)은 보르도 적포도주의 대표 품종으로 적포도주를 생산하는 대부분의 나라에서 재배된다. 부르고뉴 지방의 적포도주의 대표 품종으로 피노 누아(Pinot Noir), 가메이(Gamay) 등이 있다.

31 식음료 부분의 직무에 대한 내용으로 틀린 것은?

① Assistant bar manager는 지배인의 부재 시 업무를 대행하여 행정 및 고객관리의 업무를 수행한다.
② Bar captain은 접객 서비스의 책임자로서 head waiter 또는 super visor라고 불리기도 한다.
③ Bus boy는 각종 기물과 얼음, 비알코올성 음료를 준비하는 책임이 있다.
④ Banquet manager는 접객원으로부터 그날의 영업실적을 보고받고 고객의 식음료비 계산서를 받아 수납 정리한다.

 Banquet manager(연회 지배인)는 연회 주최자의 요구에 맞는 서비스를 제공하는 일을 하며, 연회의 요금과 서비스 수준을 결정하고 주방장과 협력하여 메뉴를 결정하고 식음료의 질과 가격을 결정한다.

32 Old Fashioned의 일반적인 장식용 재료는?

① Slice of Lemon
② Wedge of Pineapple and Cherry
③ Lemon Peel Twist
④ Slice of Orange and Cherry

 Old Fashioned(올드 패션드) 칵테일에는 오렌지 슬라이스와 체리를 장식한다.

33 다음 중 칵테일 조주 시 용량이 가장 적은 계량 단위는?

① Table Spoon　　② Pony
③ Jigger　　　　④ Dash

 ① Table Spoon : 1/2oz　② Pony : 1oz
③ Jigger : 1.5oz　　④ Dash : 1/32oz

34 Grasshopper 칵테일의 조주 기법은?

① Float & Layer　　② Shaking
③ Stirring　　　　④ Building

해설 Grasshopper(그래스호퍼) 칵테일은 멘트 그린, 카카오 화이트, 라이트 크림으로 셰이킹하여 소서형 샴페인 글라스에 제공한다.

35 맥주의 저장과 출고에 관한 사항 중 틀린 것은?

① 선입선출의 원칙을 지킨다.
② 맥주는 별도의 유통기한이 없으므로 장기간 보관이 가능하다.

정답　29 ④　30 ③　31 ④　32 ④　33 ④　34 ②　35 ②

③ 생맥주는 미살균 상태이므로 온도를 2~3℃로 유지하여야 한다.

④ 생맥주통 속의 압력은 항상 일정하게 유지되어야 한다.

 맥주는 발효주로 알코올 도수가 낮아 저장성이 없으므로 선입선출(FIFO)의 원칙에 따라 소비한다.

36 셰이커(Shaker)를 이용하여 만든 칵테일을 짝지은 것으로 옳은 것은?

| ㉠ Pink Lady | ㉡ Olympic | ㉢ Stinger |
| ㉣ Sea Breeze | ㉤ Bacardi | ㉥ Kir |

① ㉠, ㉡, ㉤　　　　② ㉠, ㉣, ㉤

③ ㉡, ㉣, ㉥　　　　④ ㉠, ㉢, ㉥

 Sea Breeze(시 브리즈)와 Kir(키르)는 빌드(Build)법으로 만든다.

37 다음 중 After Dinner Cocktail로 가장 적합한 것은?

① Campari Soda　　② Dry Martini

③ Negroni　　　　④ Pousse Cafe

 After Dinner Cocktail(애프터 디너 칵테일)은 식사 후 입가심으로 마시는 것으로 감미가 풍부하고 산미가 높으며 리큐어 베이스 칵테일(Liqueur Base Cocktail)이 적합하다.

38 조주 기구 중 3단으로 구성되어 있는 스탠다드 셰이커(Standard Shaker)의 구성으로 틀린 것은?

① 스퀴저(Squeezer)

② 보디(Body)

③ 캡(Cap)

④ 스트레이너(Strainer)

 스탠다드 셰이커(Standard Shaker)는 보디(Body), 스트레이너(Strainer), 캡(Cap)으로 구성되어 있다.

39 Wine Serving 방법으로 가장 거리가 먼 것은?

① 코르크의 냄새를 맡아 이상 유무를 확인 후 손님에게 확인하도록 접시 위에 얹어서 보여준다.

② 은은한 향을 음미하도록 와인을 따른 후 한두 방울이 테이블에 떨어지도록 한다.

③ 서비스 적정온도를 유지하고, 상표를 고객에게 확인시킨다.

④ 와인을 따른 후 병 입구에 맺힌 와인이 흘러내리지 않도록 병목을 돌려서 자연스럽게 들어 올린다.

 와인을 따를 때 와인이 테이블에 떨어지지 않도록 조심하여 잔의 1/2 정도 따른다.

40 주로 일품요리를 제공하며 매출을 증대시키고, 고객의 기호와 편의를 도모하기 위해 그 날의 특별요리를 제공하는 레스토랑은?

① 다이닝룸(Dining Room)

② 그릴(Grill)

③ 카페테리아(Cafeteria)

④ 델리카트슨(Delicatessen)

 다이닝룸(Dining Room)은 주로 정식을 제공하는 식당, 카페테리아(Cafeteria)는 셀프형 식당, 델리카트슨(Delicatessen)은 햄, 소시지 등의 육가공품과 치즈 및 샐러드, 샌드위치 등의 조리 식품을 판매하는 식당을 말한다.

41 서비스 종사원이 사용하는 타월로 Arm Towel 혹은 Hand Towel이라고도 하는 것은?

① Table Cloth　　② Under Cloth

정답　36 ①　37 ④　38 ①　39 ②　40 ②　41 ④

③ Napkin　　　　④ Service Towel

 레스토랑, 커피숍 등에서 종사원이 팔에 걸치는 수건을 Arm Towel(암 타월), Hand Towel(핸드 타월), Service Towel(서비스 타월)이라고 한다.

42 술병 입구에 부착하여 술을 따르고 술의 커팅(Cutting)을 용이하게 하고 손실을 없애기 위해 사용하는 기구는?

① Squeezer　　　　② Strainer
③ Pourer　　　　　④ Jigger

 술병에 꽂아서 정확히 따를 수 있도록 사용하는 도구를 Pourer(푸어러)라 한다.

43 일반적으로 구매 청구서 양식에 포함되는 내용으로 틀린 것은?

① 필요한 아이템 명과 필요한 수량
② 주문한 아이템이 입고되어야 하는 날짜
③ 구매를 요구하는 부서
④ 구분 계산서의 기준

 구매 청구서에는 제목, 문서번호, 예상구입비, 의뢰부서, 총구입비, 작성자, 발주차수, 순위, 품명, 규격, 수량, 예상단가, 실제단가, 금액, 구입처 등이 기재되어야 한다.

44 다음과 같은 재료로 만들어지는 드링크(Drink)의 종류는?

Any liquor + soft drink + ice

① Martini　　　　② Manhattan
③ Sour Cocktail　　④ Highball

 술에 얼음과 청량음료를 넣어 혼합한 것을 Highball(하이볼)이라고 한다.

45 정찬코스에서 Hors d'Oeuvre 또는 Soup 대신에 마시는 우아하고 자양분이 많은 칵테일은?

① After Dinner Cocktail
② Before Dinner Cocktail
③ Club Cocktail
④ Night Cap Cocktail

 ① After Dinner Cocktail(애프터 디너 칵테일) : 식후 입가심으로 마시는 칵테일
②Before Dinner Cocktail(비포 디너 칵테일) : 식사 전에 식욕을 돋우기 위해 마시는 칵테일
④Night Cap Cocktail(나이트 캡 칵테일) : 잠자리에 들기 전에 마시는 칵테일

46 바에서 사용하는 House Brand의 의미는?

① 널리 알려진 술의 종류
② 지정 주문이 아닐 때 쓰는 술의 종류
③ 상품(上品)에 해당하는 술의 종류
④ 조리용으로 사용하는 술의 종류

 House Brand(하우스 브랜드)란 판매자 브랜드라는 의미로 고객이 특정의 상표를 지정하지 않고 주문하는 경우 사용하는 술을 말한다.

47 Appetizer Course에 가장 적합한 술은?

① Sherry Wine　　　② Vodka
③ Canadian Whisky　④ Brandy

 Appetizer Course(애피타이저 코스, 식사 전)에는 Sherry Wine(셰리 와인)이 적합하다.

48 올드 패션드(Old Fashioned)나 온더락(On the Rocks)을 마실 때 사용되는 글라스(Glass)의 용량으로 가장 적합한 것은?

① 1~2온스　　　② 3~4온스
③ 4~6온스　　　④ 6~8온스

정답　42 ③　43 ④　44 ④　45 ③　46 ②　47 ①　48 ④

49 잔(Glass) 가장자리에 소금, 설탕을 묻힐 때 빠르고 간편하게 사용할 수 있는 칵테일 기구는?

① 글라스 리머(Glass Rimmer)

② 디캔터(Decanter)

③ 푸어러(Pourer)

④ 코스터(Coaster)

 ② 디캔터(Decanter) : 음료를 옮겨 담는 병
③ 푸어러(Pourer) : 술 따르는 도구
④ 코스터(Coaster) : 글라스 받침

50 파인애플 주스가 사용되지 않는 칵테일은?

① Mai-Tai

② Pina Colada

③ Paradise

④ Blue Hawaiian

Paradise(파라다이스) 칵테일은 오렌지 주스를 사용한다.

51 Which one is the classical french liqueur of aperitifs?

① Dubonnet

② Sherry

③ Mosel

④ Campari

프랑스의 리큐어는 Dubonnet(두보네)로 퀴닌으로 풍미를 낸 적색의 아페리티프 와인이다.
② Sherry(스페인)
③ Mosel(독일)
④ Campari(이탈리아)

52 다음 ( ) 안에 들어갈 가장 적당한 표현은?

If you ( ) him, he will help you.

① asked

② will ask

③ ask

④ be ask

 그에게 요청하면 도와줄 것입니다.

53 Which of the following is correct in the blank?

W : Good evening, gentleman. Are you ready to order?
G1 : Sure. A double whisky on the rocks for me.
G2 : (   )
W : Two whiskies with ice, yes, sir.
G1 : Then I'll have the shellfish cocktail.
G2 : And I'll have the curried prawns. Not too hot, are they?
W : No, sir. Quite mild, really.

① The same again?

② Make that two.

③ One for the road.

④ Another round of the same.

 게스트 1이 '더블 위스키 온더락'을 주문했고, 게스트 2는 어떤 주문을 했을까?의 문제이다.

54 다음 물음에 가장 적합한 것은?

What kind of bourbon whiskey do you have?

① Ballentine's

② J & B

③ Jim Beam

④ Cutty Sark

 Jim Beam(짐빔)은 버번 위스키이고, 나머지 셋은 스카치 위스키이다.

정답 49 ① 50 ③ 51 ① 52 ③ 53 ② 54 ③

55 다음 밑줄 친 내용의 뜻으로 적합한 것은?

> You must make a reservation <u>in advance</u>.

① 미리　　　　　② 나중에
③ 원래　　　　　④ 당장

 당신은 사전에 예약을 해야 한다.
　　• in advance : 미리, 사전에

56 Which drink is prepared with Gin?

① Tom Collins　　② Rob Roy
③ B & B　　　　④ Back Russian

 Gin(진)으로 만드는 음료는 Tom Collins(톰 콜린스)이다.

57 다음 질문의 대답으로 가장 적절한 것은?

> A : Who's your favorite singer?
> B : _____

① I like jazz the best.
② I guess I'd have to say Elton John.
③ I don't really like to sing.
④ I like opera music.

 좋아하는 가수가 누구인지에 대한 대답이다.

58 다음 (　) 안에 알맞은 말은?

> (　) is a white appetizer wine flavored with as many as thirty to forty different herbs, roots, berries, flowers and seeds.

① Fruit juice　　　② Angostura bitters
③ Blended whiskey　④ Vermouth

 Vermouth(베르무트)는 화이트 와인, 30~40여 종의 허브, 뿌리, 열매, 씨앗 등으로 풍미를 낸다.

59 When do you usually serve cognac?

① Before the Meal　② After Meal
③ During the Meal　④ With the Soup

 Cognac(코냑)은 식후에 마시는 술이다.

60 Choose the best answer for the blank.

> What is the 'sommelier' means? (　)

① Head Waiter　　② Head Bartender
③ Wine Waiter　　④ Chef

해설 Sommelier(소믈리에)는 와인을 판매하고 서비스하는 Wine Waiter(와인 웨이터)를 의미한다.

2015년도 1회 기출문제

01 맨해튼(Manhattan), 올드 패션드(Old fashioned) 칵테일에 쓰이며 뛰어난 풍미와 향기가 있는 고미제로서 널리 사용되는 것은?

① 클로버(Clove)

② 시나몬(Cinnamon)

③ 앙고스투라 비터스(Angostura Bitters)

④ 오렌지 비터스(Orange Bitters)

 고미제(苦味劑)란 쓴맛을 가진 것을 말한다. 앙고스투라 비터스(Angostura Bitters)는 퀴닌을 주성분으로 말라리아 치료약으로 만들어졌으나, 지금은 칵테일의 향기를 내기 위해 소량 사용한다.

02 우리나라 「주세법」상 탁주와 약주의 알코올 도수 표기 시 허용오차는?

① ±0.1%

② ±0.5%

③ ±1.0%

④ ±1.5%

 주류의 알코올 도수는 ±0.5%까지 허용하고, 탁주와 약주는 추가로 ±0.5%까지 허용하고 있다.

03 다음 중 셰리를 숙성하기에 가장 적합한 곳은?

① 솔레라(Solera)

② 보데가(Bodega)

③ 카브(Cave)

④ 플로(Flor)

 보데가(Bodega)란 스페인어로 와인 저장창고를 뜻한다. 솔레라(Solera)는 스페인에서 강화 와인을 블렌딩하는 방법, 카브(Cave)는 포도주의 발효 후에 숙성시키는 것, 플로(Flor)란 스페인에서 셰리와인의 양조과정에서 생겨나는 효모를 말한다.

04 다음 중 프랑스의 주요 와인 산지가 아닌 곳은?

① 보르도(Bordeaux)

② 토스카나(Toscana)

③ 루아르(Loire)

④ 론(Rhone)

 토스카나(Toscana)는 이탈리아의 와인 산지이다.

05 세계 3대 홍차에 해당되지 않는 것은?

① 아삼(Assam)

② 우바(Uva)

③ 기문(Keemun)

④ 다즐링(Darjeeling)

 세계 3대 홍차로 중국의 기문(Keemun), 인도의 다즐링(Darjeeling), 스리랑카의 우바(Uva)를 들 수 있다.

06 동일 회사에서 생산된 코냑(Cognac) 중 숙성 연도가 가장 오래된 것은?

① VSOP

② Napoleon

③ Extra Old

④ 3 Star

 브랜디의 숙성 연도 표시는 법적인 의무사항이 아니라 생산업자가 임의로 기재한다.
① VSOP : 25~30년
② Napoleon : VSOP보다 약간 상급품
③ Extra Old : 45~50년
④ 3 Star : 6~7년

07 음료에 대한 설명이 틀린 것은?

① 콜린스 믹스(Collins Mix)는 레몬 주스와 설탕을 주원료로 만든 착향탄산음료이다.

정답 01 ③ 02 ③ 03 ② 04 ② 05 ① 06 ③ 07 ③

② 토닉 워터(Tonic Water)는 퀴닌(Quinine)을 함유하고 있다.

③ 코코아(Cocoa)는 코코넛(Coconut) 열매를 가공하여 가루로 만든 것이다.

④ 콜라(Coke)는 콜라닌과 카페인을 함유하고 있다.

 코코아(Cocoa)는 카카오(Cacao) 열매를 가공하여 지방을 제거하여 만든다.

08 네덜란드 맥주가 아닌 것은?

① 그롤쉬(Grolsch)　② 하이네켄(Heineken)

③ 암스텔(Amstel)　④ 디벨스(Diebels)

 디벨스(Diebels)는 독일 맥주이다.

09 스카치 위스키(Scotch Whisky)가 아닌 것은?

① 시바스 리갈(Chivas Regal)

② 글렌피딕(Glenfiddich)

③ 존 제임슨(John Jameson)

④ 커티 삭(Cutty Sark)

 존 제임슨(John Jameson)은 아이리시 위스키(Irish Whiskey) 상표이다.

10 모카(Mocha)와 관련한 설명 중 틀린 것은?

① 예멘의 항구 이름

② 에티오피아와 예멘에서 생산되는 커피

③ 초콜릿이 들어간 음료에 붙이는 이름

④ 자메이카산 블루마운틴 커피

 모카(Mocha)는 남예멘에 있는 항구 이름으로 오늘날 예멘과 에티오피아의 고산지대에서 재배되는 초코향이 나는 커피를 모카라 한다. 커피메뉴에서 모카는 초코를 뜻한다.

11 4월 20일(곡우) 이전에 수확하여 제조한 차로 찻잎이 작으며 연하고 맛이 부드러우며 감칠맛과 향이 뛰어난 한국의 녹차는?

① 작설차　② 우전차

③ 곡우차　④ 입하차

 절기상 곡우 전에 돋아나는 어린 새싹으로 만든 차를 우전차라 한다. 작설차는 찻잎의 모양이 참새의 혀를 닮아 붙여진 이름이다. 입하차는 절기상 입하(양력 5월 6일~5월 8일) 무렵 딴 차를 말한다.

12 다음 중 양조주가 아닌 것은?

① 맥주(Beer)　② 와인(Wine)

③ 브랜디(Brandy)　④ 풀케(Pulque)

 브랜디(Brandy)란 과일발효주를 증류한 술을 말한다.

13 클라렛(Claret)이란?

① 독일산의 유명한 백포도주(White Wine)

② 프랑스 보르도 지방의 적포도주(Red Wine)

③ 스페인 헤레스 지방의 포트 와인(Port Wine)

④ 이탈리아산 스위트 베르무트(Sweet Vermouth)

 영국의 헨리 2세 시절, 프랑스 보르도 지방의 레드 와인을 클라렛(Claret)이라고 불렀는데, 지금도 보르도 지방의 와인에 대한 애칭으로 쓰이고 있다.

14 발포성 포도주와 관계가 없는 것은?

① 뱅 무스(Vin Mousseux)

② 베르무트(Vermouth)

③ 돔 페리뇽(Dom Perignon)

④ 샴페인(Champagne)

 프랑스의 상파뉴 지방에서 생산하는 발포성 와인을 '샴페인(Champagne)', 그 외 지방의 발포성 와인을 '뱅 무스(Vin Mousseux)'라 한다. 샴페인(Champagne)은 돔 페리뇽(Dom Perignon) 수도사가 만든 것으로 알려져 있다.

15 맥주용 보리의 조건이 아닌 것은?

① 껍질이 얇아야 한다.
② 담황색을 띠고 윤택이 있어야 한다.
③ 전분 함유량이 적어야 한다.
④ 수분 함유량 13% 이하로 잘 건조되어야 한다.

 맥주용 보리는 껍질이 얇고 전분 함유량은 많고, 단백질 함유량은 낮은 것이 좋다.

16 버번 위스키 1Pint의 용량으로 맨해튼 칵테일 몇 잔을 만들어 낼 수 있는가?

① 약 5잔   ② 약 10잔
③ 약 15잔   ④ 약 20잔

 1Pint는 16oz이다. 맨해튼 칵테일은 버번 위스키 1.5oz를 사용하므로 약 10잔을 만들 수 있다.

17 Still Wine을 바르게 설명한 것은?

① 발포성 와인   ② 식사 전 와인
③ 비발포성 와인   ④ 식사 후 와인

 와인은 가스 유무에 따라 발포성인 Sparkling Wine(스파클링 와인)과 비발포성의 Still Wine(스틸 와인)으로 나눈다.

18 발효 방법에 따른 차의 분류가 잘못 연결된 것은?

① 불발효차 – 녹차   ② 반발효차 – 우롱차
③ 발효차 – 말차   ④ 후발효차 – 흑차

 녹차는 발효하지 않은 불(비)발효차이고 잎차이다. 잎차인 녹차를 분쇄하여 가루로 만든 것이 말차이다.

19 전통주와 관련한 설명으로 옳지 않은 것은?

① 모주 – 막걸리에 한약재를 넣고 끓인 술
② 감주 – 누룩으로 빚은 술의 일종으로 술과 식혜의 중간
③ 죽력고 – 청죽을 쪼개어 불에 구워 스며 나오는 진액인 죽력과 물을 소주에 넣고 중탕한 술
④ 합주 – 물 대신 좋은 술로 빚어 감미를 더한 주도가 낮은 술

 합주(合酒)란 '청주와 탁주를 합한 술'이란 뜻으로 탁주보다 희고 신맛이 적으며, 단맛과 알코올이 강하고, 탁주와 약주의 중간 형태의 술을 말한다.

20 다음 중 Cognac 지방의 Brandy가 아닌 것은?

① Remy Martin   ② Hennessy
③ Chabot   ④ Hine

 Chabot(샤보)는 Armagnac(알마냑) 브랜디이다.

21 독일 와인에 대한 설명 중 틀린 것은?

① 아이스바인(Eiswein)은 대표적인 레드 와인이다.
② Prädikatswein 등급은 포도의 수확 상태에 따라서 여섯 등급으로 나눈다.
③ 레드 와인보다 화이트 와인의 제조가 월등히 많다.
④ 아우스레제(Auslese)는 완전히 익은 포도를 선별해서 만든다.

 아이스바인(Eiswein)은 화이트 와인이다.

22 우리나라의 증류식 소주에 해당되지 않는 것은?

① 안동 소주   ② 제주 한주
③ 경기 문배주   ④ 금산 삼송주

🖎 정답   15 ③ 16 ② 17 ③ 18 ③ 19 ④ 20 ③ 21 ① 22 ④

금산 삼송주는 멥쌀, 인삼 등을 원료로 만드는 약주(발효주)이다.

23 다음 중 지역명과 대표적인 포도 품종의 연결이 맞는 것은?

① 샴페인(Champagne) – 세미용(Semillon)
② 부르고뉴(White) – 소비뇽 블랑(Sauvignon Blanc)
③ 보르도(Red) – 피노 누아(Pinot Noir)
④ 샤토뇌프 뒤 파프(Châteauneuf du Pape) – 그르나슈(Grenache)

 ① 샴페인(Champagne) : 피노 누아(Pinot Noir), 피노 뫼니에(Pinot Meunier), 샤르도네(Chardonnay) 등
② 부르고뉴(White) : 샤르도네(Chardonnay)
③ 보르도(Red) : 카베르네 소비뇽(Cabernet Sauvignon), 카베르네 프랑(Cabernet Franc), 메를로(Merlot)

24 혼성주 특유의 향과 맛을 이루는 주재료로 가장 거리가 먼 것은?

① 과일   ② 꽃
③ 천연향료   ④ 곡물

 혼성주는 초(草) · 근(根) · 목(木) · 피(皮) 등을 더해 색 · 향 · 맛을 내고 감미물질을 넣어 단맛을 낸다.

25 오렌지 껍질을 주원료로 만든 혼성주는?

① Anisette   ② Campari
③ Triple Sec   ④ Underberg

 Triple Sec(트리플 섹)은 오렌지계의 대표적인 리큐어이다.

26 술 자체의 맛을 의미하는 것으로 '단맛'이라는 의미의 프랑스어는?

① Trocken   ② Blanc
③ Cru   ④ Doux

 ① Trocken(트로켄) : 독일어로 영어의 'Dry'에 해당
② Blanc(블랑) : 프랑스어로 영어의 'White'에 해당
③ Cru(크뤼) : 부르고뉴 와인 생산지의 포도밭 구획

27 증류주에 대한 설명으로 옳은 것은?

① 과실이나 곡류 등을 발효시킨 후 열을 가하여 알코올을 분리해서 만든다.
② 과실의 향료를 혼합하여 향기와 감미를 첨가한다.
③ 종류로는 맥주, 와인, 약주 등이 있다.
④ 탄산성 음료를 의미한다.

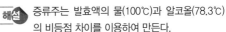 증류주는 발효액의 물(100℃)과 알코올(78.3℃)의 비등점 차이를 이용하여 만든다.

28 다음 중 발명자가 알려져 있는 것은?

① Vodka   ② Calvados
③ Gin   ④ Irish Whisky

 Gin(진)은 네덜란드 레이던(Leiden) 의과대학의 교수인 실비우스 프란시스퀴스(Franciscus Sylvius)가 이뇨 · 건위제로 약용의 목적으로 처음 만들었다.

29 프랑스 수도원에서 약초로 만든 리큐어로 '리큐어의 여왕'이라 불리는 것은?

① 압생트(Absinthe)
② 베네딕틴 디오엠(Benedictine DOM)
③ 두보네(Dubonnet)
④ 샤르트뢰즈(Chartreuse)

30 문배주에 대한 설명으로 틀린 것은?

① 술의 향기가 문배나무의 과실에서 풍기는 향기와 같다 하여 붙여진 이름이다.
② 원료는 밀, 좁쌀, 수수를 이용하여 만든 발효주이다.
③ 평안도 지방에서 전수되었다.
④ 누룩의 주원료는 밀이다.

31 다음 중 비터(Bitters)의 설명으로 옳은 것은?

① 쓴맛이 강한 혼성주로 칵테일에는 소량을 첨가하여 향료 또는 고미제로 사용
② 야생체리로 착색한 무색의 투명한 술
③ 박하냄새가 나는 녹색의 색소
④ 초콜릿 맛이 나는 시럽

32 고객이 바에서 진 베이스의 칵테일을 주문할 경우 Call Brand의 의미는?

① 고객이 직접 요청하는 특정브랜드
② 바텐더가 추천하는 특정브랜드
③ 업장에서 가장 인기 있는 특정브랜드
④ 해당 칵테일에 가장 많이 사용되는 특정브랜드

33 칵테일 글라스의 부위 명칭으로 틀린 것은?

① 가 – Rim
② 나 – Face
③ 다 – Body
④ 라 – Bottom

34 Key Box나 Bottle Member 제도에 대한 설명으로 옳은 것은?

① 음료의 고객 확보가 촉진된다.
② 고정고객을 확보하기는 어렵다.
③ 후불이기 때문에 회수가 불분명하여 자금운영이 원활하지 못하다.
④ 주문시간이 많이 걸린다.

35 주로 생맥주를 제공할 때 사용하며 손잡이가 달린 글라스는?

① Mug Glass
② Highball Glass
③ Collins Glass
④ Goblet

36 다음 중 브랜디를 베이스로 한 칵테일은?

① Honeymoon
② New York
③ Old Fashioned
④ Rusty Nail

Honeymoon(허니문)은 애플 브랜디, 베네딕틴, 레몬 주스, 트리플 섹을 혼합하여 셰이크(Shake) 기법으로 만든다. New York(뉴욕), Old Fashioned(올드 패션드)는 버번 위스키, Rusty Nail(러스티 네일)은 스카치 위스키를 베이스로 한다.

37 Mise en Place의 의미는?

① 영업제반의 준비사항
② 주류의 수량관리
③ 적정재고량
④ 대기 자세

 Mise en Place(미즈 앙 플라스)란 영업을 시작하기 전에 준비를 마무리하는 것을 말한다.

38 Under Cloth에 대한 설명으로 옳은 것은?

① 흰색을 사용하는 것이 원칙이다.
② 식탁의 마지막 장식이라 할 수 있다.
③ 식탁 위의 소음을 줄여준다.
④ 서비스 플레이트나 식탁 위에 놓는다.

 Under Cloth(언더 클로스)는 식탁에 그릇을 놓을 때 발생하는 소음을 방지하기 위해 깐다. 사일런스 클로스(Silence Cloth) 또는 테이블 패드(Table Pad)라고도 부른다.

39 업장에서 장기간 보관 시 세워서 보관하지 않고 눕혀서 보관해야 하는 것은?

① 포트 와인(Port Wine)
② 브랜디(Brandy)
③ 그라파(Grappa)
④ 아이스 와인(Ice Wine)

 와인은 보관 시 눕혀서 보관해야 한다. 포트 와인(Port Wine)은 포르투갈의 강화 와인이고 아이스 와인(Ice Wine)은 독일의 비강화 와인이다.

40 소금을 Cocktail Glass 가장자리에 찍어서(Rimming) 만드는 칵테일은?

① Singapore Sling
② Side Car
③ Margarita
④ Snowball

 칵테일 글라스의 가장자리에 소금을 묻히는(Rimming) 대표적인 칵테일이 Margarita(마가리타)이다.

41 보드카가 기주로 쓰이지 않는 칵테일은?

① 맨해튼
② 스크루드라이버
③ 키스 오브 파이어
④ 치치

 맨해튼(Manhattan)은 버번 위스키가 베이스이다.

42 Gin Fizz를 서브할 때 사용하는 글라스로 적합한 것은?

① Cocktail Glass
② Champagne Glass
③ Liqueur Glass
④ Highball Glass

 Gin Fizz(진피즈)는 진, 레몬 주스, 설탕을 셰이킹하여 Highball Glass(하이볼 글라스)에 따르고 소다수를 채워 빌드(Build) 기법으로 만들어 제공한다.

43 칵테일의 부재료 중 씨 부분을 사용하는 것은?

① Cinnamon
② Nutmeg
③ Celery
④ Mint

 Nutmeg(너트멕)은 '육두구'라 하는데 열매 속에 한 개의 씨가 들어 있는데, 이것을 곱게 분쇄하여 향신료로 사용한다. 칵테일에서는 달걀이나 크림 등이 사용되는 경우 특유의 냄새를 없애기 위해 부재료로 사용한다.

44 다음 중 기구에 대한 설명이 잘못된 것은?

① 스토퍼(Stopper) : 남은 음료를 보관하기 위한 병마개

② 코르크 스크루(Cork Screw) : 와인 병마개
   를 딸 때 사용
③ 아이스 텅스(Ice Tongs) : 톱니 모양으로 얼
   음을 집는 데 사용
④ 머들러(Muddler) : 얼음을 깨는 송곳

 머들러(Muddler)란 길다란 막대 모양으로 내용물
을 휘젓거나 장식 과일을 으깨는 데 사용한다. 얼
음을 깨는 송곳은 아이스 픽(Ice Pick)이라 한다.

45 레스토랑에서 사용하는 용어인 "abbreviation" 의 의미는?

① 헤드웨이터가 몇 명의 웨이터들에게 담당구
   역을 배정하여 고객에 대한 서비스를 제공하
   는 제도
② 주방에서 음식을 미리 접시에 담아 제공하는
   서비스
③ 레스토랑에서 고객이 찾고자 하는 고객을 대
   신 찾아주는 서비스
④ 원활한 서비스를 위해 사용하는 직원 간에
   미리 약속된 메뉴의 약어

 'abbreviation(어브리비에이션)'이란 '줄임말'이라
는 뜻으로 메뉴를 약속된 단어로 줄여서 종사원
간에 쉽게 알 수 있도록 사용하는 약어이다.

46 Pilsner Glass에 대한 설명으로 옳은 것은?

① 브랜디를 마실 때 사용한다.
② 맥주를 따르면 기포가 올라와 거품이 유지된다.
③ 와인의 향을 즐기는 데 가장 적합하다.
④ 옆면이 둥글게 되어 있어 발레리나를 연상하
   게 하는 모양이다.

 Pilsner Glass(필스너 글라스)는 위가 넓고 아래로
갈수록 좁은 긴 형태의 글라스로 체코 필젠(Pilsen)
지방의 맥주잔이다.

47 마신 알코올양(mL)을 나타내는 공식은?

① 알코올양(mL)×0.8
② 술의 농도(%)×마시는 양(mL)÷100
③ 술의 농도(%)−마시는 양(mL)
④ 술의 농도(%)÷마시는 양(mL)

 $$마신\ 술의\ 알코올양 = \frac{술의\ 농도(\%) \times 마시는\ 양(mL)}{100}$$

48 프라페(Frappe)를 만들기 위해 준비하는 얼음은?

① Cube Ice   ② Big Ice
③ Crashed Ice   ④ Crushed Ice

 프라페(Frappe)란 '얼음으로 차게 하다'라는 뜻
의 프랑스어로 칵테일에서 프라페(Frappe)를
만들 때에는 Crushed Ice(잘게 부순 얼음) 또
는 Shaved Ice(가루얼음)를 이용하여 만든다.
Crashed Ice(크러시드 아이스)는 아이스 스포츠
경기이다.

49 고객이 호텔의 음료상품을 이용하지 않고 음료를 가지고 오는 경우, 서비스하고 여기에 필요한 글라스, 얼음, 레몬 등을 제공하여 받는 대가를 무엇이라 하는가?

① Rental Charge
② VAT(Value Added Tax)
③ Corkage Charge
④ Service Charge

 고객이 외부에서 음료를 반입하여 마시는 경
우 이에 따른 서비스를 제공하고 받는 대가를
Corkage Charge(콜키지 차지)라 한다.

50 다음 중 칵테일 계량단위 범주에 해당되지 않는 것은?

① oz   ② tsp

③ Jigger   ④ Ton

 Ton은 1,000kg의 무게를 말한다.

51 What is the meaning of a walk-in guest?

① A guest with no reservation.

② Guest on charged instead of reservation guest.

③ By walk-in guest.

④ Guest that checks in through the front desk.

 walk-in guest란 예약하지 않고 방문하는 손님을 말한다.

52 다음은 레스토랑에서 종업원과 고객과의 대화이다. ( ) 안에 가장 알맞은 것은?

> G : Waitress, may I have our check, please?
> W : (   )
> G : No, I want it as one bill.

① Do you want separate checks?

② Don't mention it.

③ You are wanted on the phone.

④ Yes, I can.

 손님이 계산서를 나누지 말고 하나의 계산서로 달라고 했다.

53 Which is the best wine with a beef steak course at dinner?

① Red Wine   ② Dry Sherry

③ Blush Wine   ④ White Wine

 '비프 스테이크' 코스에는 Red Wine(레드 와인)이 적당하다.

54 Which one is the cocktail containing beer and tomato juice?

① Red Boy   ② Bloody Mary

③ Red Eye   ④ Tom Collins

 맥주와 토마토 주스로 만드는 칵테일은 Red Eye(레드 아이)이다.

55 Which of the following represents drinks like coffee and tea?

① Nutrition Drinks

② Refreshing Drinks

③ Preference Drinks

④ Non-Carbonated Drinks

 커피와 차는 Preference Drinks(기호음료)에 속한다.

56 Which one does not belong to aperitif?

① Sherry   ② Campari

③ Kir   ④ Brandy

 aperitif(식전주)가 아닌 것은 식후에 마시는 브랜디이다.

57 호텔에서 Check-in 또는 Check-out 시 Customer가 할 수 있는 말로 적합하지 않은 것은?

① Would you fill out this registration form?

② I have a reservation for tonight.

③ I'd like to check out today.

④ Can you hold my luggage until 4 pm?

 서류를 작성해달라고 하는 것은 직원이 Customer (고객)에게 요청하는 것이다.

정답   51 ①   52 ①   53 ①   54 ③   55 ③   56 ④   57 ①

58 Which one is the cocktail name containing Dry Gin, Dry vermouth and Orange juice?

① Gimlet   ② Golden Cadillac

③ Bronx   ④ Bacardi Cocktail

 Dry Gin(드라이진), Dry Vermouth(드라이 베르무트)와 Orange Juice(오렌지 주스)로 만드는 칵테일은 Bronx(브롱스)이다.

① Gimlet(김렛) : 드라이진, 라임 주스, 설탕
② Golden Cadillac(골든 캐딜락) : 갈리아노, 브라운 카카오, 라이트 크림
④ Bacardi Cocktail(바카디 칵테일) : 럼, 라임 주스, 그레나딘 시럽

59 다음 ( ) 안에 들어갈 단어로 가장 적합한 것은?

Please ( ) yourself to the coffee before it gets cold.

① drink   ② help

③ like   ④ does

 식기 전에 커피를 드십시오.

• help yourself : (주로 음식을) 편히 마음껏 드세요

60 What is the name of this cocktail?

「Vodka 30mL & orange Juice 90mL, build」
Pour vodka and orange juice into a chilled Highball glass with several ice cubes, and stir.

① Blue Hawaii   ② Bloody Mary

③ Screwdriver   ④ Manhattan

 하이볼 글라스에 보드카와 오렌지 주스를 넣고 Build(빌드) 기법으로 만드는 것은 Screwdriver(스크루드라이버)이다.

 정답   **58** ③   **59** ②   **60** ③

2015년 2회 기출문제

01 매년 보졸레 누보(Beaujolais Nouveau)의 출시일은?

① 11월 1째 주 목요일

② 11월 3째 주 목요일

③ 11월 1째 주 금요일

④ 11월 3째 주 금요일

 프랑스의 보졸레 누보(Beaujolais Nouveau)는 매년 11월 3째 주 목요일 자정을 기해 전 세계에 동시 판매하는 마케팅 기법으로 유명해졌다.

02 위스키(Whisky)를 만드는 과정이 맞게 배열된 것은?

① Mashing – Fermentation – Distillation – Aging

② Fermentation – Mashing – Distillation – Aging

③ Aging – Fermentation – Distillation – Mashing

④ Distillation – Fermentation – Mashing – Aging

 위스키의 제조는 Malt(맥아) → Mashing(당화) → Fermentation(발효) → Distillation(증류) → Aging(저장)의 순서로 이루어진다.

03 샴페인의 발명자는?

① Bordeaux

② Champagne

③ St. Emilion

④ Dom Perignon

 샴페인은 상파뉴(Champagne)에 있는 베네딕틴 오빌리에 수도원(Benedictine Hautvillers Abbaye)의 수도사인 Dom Perignon(돔 페리뇽)이 탄생시켰다.

04 포도주에 아티초크를 배합한 리큐어로 약간 진한 커피색을 띠는 것은?

① Chartreuse

② Cynar

③ Dubonnet

④ Campari

 Cynar(시나, 치나)는 이탈리아가 원산지로 원료인 아티초크(Artichoke)의 학명인 Cynar Scolymus에서 유래하였다.

05 엄격한 법도에 의해 술을 담근다는 전통주로 신라시대부터 전해오는 유상곡수(流觴曲水)라 하여 주로 상류계급에서 즐기던 것으로 중국 남방 술인 소흥주보다 빛깔은 좀 희고 그 순수한 맛과 도수가 가히 일품인 우리나라 고유의 술은?

① 두견주

② 인삼주

③ 감홍로주

④ 경주법주

 만석꾼으로 유명한 경주 최부잣집 가문의 가양주로 정확하게는 경주 교동법주(慶州 校洞法酒)라 한다. 대형마트에서 판매하는 경주법주와는 다르다.

06 각 나라별 발포성 와인(Sparkling Wine)의 명칭이 잘못 연결된 것은?

① 프랑스 – Cremant

② 스페인 – Vin Mousseux

③ 독일 – Sekt

④ 이탈리아 – Spumante

 프랑스에서는 Champagne(샹파뉴) 이외의 지역에서 생산하는 발포성 와인은 Crémant(크레망) 또는 Vin Mousseux(뱅 무스)라 한다. 스페인에서는 발포성 와인을 Cava(카바)라 한다.

07 주류의 주정 도수가 높은 것부터 낮은 순서대로 나열된 것으로 옳은 것은?

① Vermouth > Brandy > Fortified Wine > Kahlua

② Fortified Wine > Vermouth > Brandy > Beer

③ Fortified Wine > Brandy > Beer > Kahlua

④ Brandy > Sloe Gin > Fortified Wine > Beer

 Brandy(40~50%) > Sloe Gin(15~30%) > Fortified Wine(18~20%) > Beer(4~8%)

08 프랑스의 와인제조에 대한 설명 중 틀린 것은?

① 프로방스에서는 주로 로제 와인을 많이 생산한다.

② 포도당이 에틸알코올과 탄산가스로 변한다.

③ 포도 발효 상태에서 브랜디를 첨가한다.

④ 포도 껍질에 있는 천연 효모의 작용으로 발효가 된다.

 포도 발효 상태에서 브랜디를 첨가하면 발효가 중지되어 단맛을 지닌 Sweet Wine(스위트 와인)이 만들어진다. 프랑스 와인은 Dry Wine(드라이 와인)이 일반적이다.

09 살균방법에 의한 우유의 분류가 아닌 것은?

① 초저온살균우유   ② 저온살균우유

③ 고온살균우유   ④ 초고온살균우유

 우유살균법에는 저온장시간(60~65℃, 30분), 고온살균법(70~75℃, 15초), 초고온살균법(130~135℃, 0.5~5초) 등이 있다.

10 에스프레소에 우유거품을 올린 것으로 다양한 모양의 디자인이 가능해 인기를 끌고 있는 커피는?

① 카푸치노   ② 카페라테

③ 콘파냐   ④ 카페모카

 에스프레소에 우유거품을 올린 것은 카푸치노이다.

11 효율적인 주장관리에서 FIFO 원칙에 적용되어야 할 Beverage는?

① Brandy   ② Whisky

③ Beer   ④ Tequila

 Beer(맥주)는 발효주로 알코올 농도가 낮아 저장성이 없으므로 FIFO(선입선출) 원칙을 적용해야 한다.

12 다음 중 혼성주에 속하는 것은?

① 글렌피딕(Glenfiddich)

② 꼬냑(Cognac)

③ 버드와이저(Budweiser)

④ 캄파리(Campari)

 글렌피딕(Glenfiddich)은 스카치 위스키로 증류주, 코냑(Cognac)은 브랜디로 증류주, 버드와이저(Budweiser)는 맥주로 발효주이다.

13 코냑(Cognac) 생산 회사가 아닌 것은?

① 마르텔(Martell)

② 헤네시(Hennessy)

③ 카뮈(Camus)

④ 화이트 호스(White Horse)

 화이트 호스(White Horse)는 스카치 위스키 상표이다.

14 맥주 제조에 필요한 중요한 원료가 아닌 것은?

① 맥아   ② 포도당

③ 물   ④ 효모

 맥주의 중요한 원료는 보리(맥아), 홉, 효모, 물이다.

15 상면발효맥주가 아닌 것은?

① 에일 맥주(Ale Beer)

② 포터 맥주(Porter Beer)

③ 스타우트 맥주(Stout Beer)

④ 필스너 맥주(Pilsner Beer)

 영국맥주인 에일 맥주(Ale Beer), 포터 맥주(Porter Beer), 스타우트 맥주(Stout Beer)는 상면발효맥주이고, 필스너 맥주(Pilsner Beer)는 하면발효맥주이다.

16 차의 분류가 옳게 연결된 것은?

① 발효차 – 얼그레이

② 불발효차 – 보이차

③ 반발효차 – 녹차

④ 후발효차 – 재스민

 얼그레이는 홍차에 속하며, 홍차는 80% 이상 발효한 발효차이다. 보이차(후발효차), 녹차(불발효차), 재스민차는 녹차 또는 홍차에 재스민꽃향기를 입힌 가향차이다.

17 와인의 등급제도가 없는 나라는?

① 스위스   ② 영국

③ 헝가리   ④ 남아프리카공화국

 와인의 등급제도가 없는 나라는 남아프리카공화국이다.

18 독일 와인 라벨 용어는?

① 로사토(Rosato)   ② 트로켄(Trocken)

③ 로쏘(Rosso)   ④ 비노(Vino)

 트로켄(Trocken)은 독일에서 백포도주의 당도를 나타내는 용어로 '단맛이 없다'는 표현이다.
로사토(Rosato)는 이탈리아 로제 와인, 로쏘(Rosso)는 이탈리아 레드 와인, 비노(Vino)는 이탈리아어로 와인을 뜻한다.

19 보드카(Vodka)에 대한 설명 중 틀린 것은?

① 슬라브 민족의 국민주라고 할 수 있을 정도로 애음되는 술이다.

② 사탕수수를 주원료로 사용한다.

③ 무색(Colorless), 무미(Tasteless), 무취(Odorless)이다.

④ 자작나무의 활성탄과 모래를 통과시켜 여과한 술이다.

 사탕수수를 주원료로 하는 것은 럼(Rum)이다.

20 다음의 설명에 해당하는 혼성주를 옳게 연결한 것은?

> ㉠ 멕시코산 커피를 주원료로 하여 Cocoa, Vanila 향을 첨가해서 만든 혼성주이다.
> ㉡ 야생 오얏을 진에 첨가해서 만든 빨간색의 혼성주이다.
> ㉢ 이탈리아의 국민주로 제조법은 각종 식물의 뿌리, 씨, 향초, 껍질 등 70여 가지의 재료로 만들어지며 제조 기간은 45일이 걸린다.

① ㉠ 샤르트뢰즈(Chartreuse), ㉡ 시나(Cynar), ㉢ 캄파리(Campari)

② ㉠ 파샤(Pasha), ㉡ 슬로 진(Sloe Gin),
  ㉢ 캄파리(Campari)

③ ㉠ 칼루아(Kahlua), ㉡ 시나(Cynar), ㉢ 캄
  파리(Campari)

④ ㉠ 칼루아(Kahlua), ㉡ 슬로 진(Sloe Gin),
  ㉢ 캄파리(Campari)

 ㉠은 멕시코산 커피술 칼루아(Kahlua), ㉡은 진
에 야생오얏을 첨가하여 만드는 슬로 진(Sloe
Gin), ㉢은 이탈리아가 원산지로 쓴맛의 캄파리
(Campari)에 대한 설명이다.

21 증류주가 아닌 것은?

① Light Rum　　② Malt Whisky

③ Brandy　　　④ Bitters

 Bitters(비터)는 혼성주에 해당한다.

22 다음 칵테일 중 여러 가지 아름다운 색깔을 시각과 맛으로 음미할 수 있는 것은?

① 블랙 러시안　　② 레인보

③ 마티니　　　　④ 다이키리

 정확한 칵테일명은 '푸스 카페 레인보(Pousse
cafe Rainbow)'이다. 7가지의 술을 사용하여 플
로트(Float) 기법으로 만들며, 다양한 레시피가 존
재한다.

23 커피의 3대 원종이 아닌 것은?

① 피베리(Peaberry)

② 아라비카(Arabica)

③ 리베리카(Liberica)

④ 로부스타(Robusta)

 커피열매에는 2알의 씨앗(콩)이 들어 있다. 간혹
1개의 씨앗(콩)이 들어 있는 경우가 있는데 이를
피베리(Peaberry)라 한다.

24 비알코올성 음료(Non-alcoholic Beverage)의 설명으로 옳은 것은?

① 양조주, 증류주, 혼성주로 구분된다.

② 맥주, 위스키, 리큐어(Liqueur)로 구분된다.

③ 소프트 드링크, 맥주, 브랜디로 구분한다.

④ 청량음료, 영양음료, 기호음료로 구분한다.

 비알코올성 음료를 소프트 드링크(Soft Drinks)라
고도 하며 청량음료, 영양음료, 기호음료로 구분
한다.

25 스코틀랜드의 위스키 생산지 중에서 가장 많은 증류소가 있는 지역은?

① 하이랜드(Highland)

② 스페이사이드(Speyside)

③ 로랜드(Lowland)

④ 아일레이(Islay)

 스페이사이드(Speyside)는 스페이강 옆쪽을 말
하는데 스코틀랜드 증류소의 절반 이상이 이곳에
있다.

26 곡류를 발효 증류시킨 후 주니퍼 베리, 고수풀, 안젤리카 등의 향료식물을 넣어 만든 증류주는?

① Vodka　　　② Rum

③ Gin　　　　④ Tequila

 주니퍼 베리(Juniper Berry, 두송자)가 특징인 술
은 Gin(진)이다.

27 증류주에 대한 설명으로 가장 거리가 먼 것은?

① 대부분 알코올 도수가 20도 이상이다.

② 알코올 도수가 높아 잘 부패되지 않는다.

③ 장기 보관 시 변질되므로 대부분 유통기간이
있다.

④ 갈색의 증류주는 대부분 오크통에서 숙성시
킨다.

정답　21 ④　22 ②　23 ①　24 ④　25 ②　26 ③　27 ③

증류주는 알코올 도수가 높아 장기보관이 가능하고 유통기한이 설정되어 있지 않다.

28 다음 중 소주의 설명 중 틀린 것은?

① 제조법에 따라 증류식 소주, 희석식 소주로 나뉜다.
② 우리나라에 소주가 들어온 연대는 조선시대이다.
③ 주원료로는 쌀, 찹쌀, 보리 등이다.
④ 삼해주는 조선 중엽 소주의 대명사로 알려질 만큼 성행했던 소주이다.

 소주는 고려시대 때 몽골을 통해 전해졌다.

29 영국에서 발명한 무색투명한 음료로서 퀴닌이 함유된 청량음료는?

① Cider　　　　② Cola
③ Tonic Water　④ Soda Water

 Tonic Water(토닉 워터)는 영국에서 말라리아 예방에 효과가 있는 퀴닌의 쓴맛을 감추기 위해 탄산수를 섞어 마신 데서 유래하였다고 전해진다.

30 다음 중 식전주로 알맞지 않은 것은?

① 셰리 와인　　② 샴페인
③ 캄파리　　　　④ 칼루아

 멕시코의 커피술인 칼루아(Kahlua)는 감미가 있어 식전주로 부적당하다.

31 다음 중 Tumbler Glass는 어느 것인가?

① Champagne Glass　② Cocktail Glass
③ Highball Glass　　④ Brandy Glass

 Tumbler Glass(텀블러 글라스)는 손잡이가 없고 밑바닥이 편평한 용량이 큰 잔을 말한다.

32 다음 와인 종류 중 냉각하여 제공하지 않는 것은?

① 클라렛(Claret)　　② 호크(Hock)
③ 로제(Rose)　　　　④ 샴페인(Champagne)

 클라렛(Claret)은 프랑스 보르도의 레드 와인을 말한다. 레드 와인은 실온으로 마신다.

33 칵테일을 만들 때, 흔들거나 섞지 않고 글라스에 직접 얼음과 재료를 넣어 바 스푼이나 머들러로 휘저어 만드는 칵테일은?

① 스크루드라이버(Screw Driver)
② 스팅어(Stinger)
③ 마가리타(Magarita)
④ 싱가폴 슬링(Singapore Sling)

 스크루드라이버(Screw Driver)는 하이볼 글라스에 얼음과 보드카, 오렌지 주스를 넣고 빌드(Build) 기법으로 만든다.

34 Wine Master의 의미로 가장 적합한 것은?

① 와인의 제조 및 저장관리를 책임지는 사람
② 포도나무를 가꾸고 재배하는 사람
③ 와인을 판매 및 관리하는 사람
④ 와인을 구매하는 사람

 Wine Master(와인 마스터)는 와인에 대한 상당한 지식을 가지고 와인의 제조, 저장, 관리 등 와인산업 전반에 영향을 미친다.

35 Whisky나 Vermouth 등을 On the Rocks로 제공할 때 준비하는 글라스는?

① Highball Glass
② Old Fashioned Glass
③ Cocktail Glass
④ Liqueur Glass

 Old Fashioned Glass(올드 패션드 글라스)에 얼

음에 넣고 그 위에 술을 따르는 것을 On the Rocks(온더락)라 한다.

36 얼음의 명칭 중 단위랑 부피가 가장 큰 것은?

① Cracked Ice   ② Cubed Ice
③ Lumped Ice   ④ Crushed Ice

 ① Cracked Ice(크랙드 아이스) : 송곳으로 깬 각얼음
② Cubed Ice(큐브드 아이스) : 제빙기에서 얼린 정육면체의 각얼음
③ Lumped Ice(럼프드 아이스) : 덩어리 얼음
④ Crushed Ice(크러시드 아이스) : 잘게 부순 얼음

37 다음 중 가장 많은 재료를 넣어 만드는 칵테일은?

① Manhattan   ② Apple Martini
③ Gibson   ④ Long Island Iced Tea

 ① Manhattan(맨해튼) : 버번 위스키, 스위트 베르무트, 앙고스투라 비터스
② Apple Martini(애플 마티니) : 보드카, 애플 퍼커, 라임 주스
③ Gibson(깁슨) : 드라이진, 드라이 베르무트
④ Long Island Iced Tea(롱 아일랜드 아이스티) : 드라이진, 보드카, 럼, 테킬라, 트리플 섹, 스위트 앤드 사워 믹스, 콜라

38 다음 중 Gin Base에 속하는 칵테일은?

① Stinger   ② Old Fashioned
③ Dry Martini   ④ Sidecar

 Stinger(스팅어)와 Sidecar(사이드카)는 브랜디가 베이스이고, Old Fashioned(올드 패션드)는 버번 위스키가 베이스이다.

39 와인의 Tasting 방법으로 가장 옳은 것은?

① 와인을 오픈한 후 공기와 접촉되는 시간을

최소화하여 바로 따른 후 마신다.
② 와인에 얼음을 넣어 냉각시킨 후 마신다.
③ 와인 잔을 흔든 뒤 아로마나 부케의 향을 맡는다.
④ 검은 종이를 테이블에 깔아 투명도 및 색을 확인한다.

 와인 잔 흔들기를 통해 복합적이고 다양한 향을 즐긴다.

40 맥주 보관 방법 중 가장 적합한 것은?

① 냉장고에 5~10℃ 정도에 보관한다.
② 맥주 냉장 보관 시 0℃ 이하로 보관한다.
③ 장시간 보관하여도 무방하다.
④ 맥주는 햇볕이 있는 곳에 보관해도 좋다.

 맥주의 보관온도는 여름 4~6℃, 겨울 8~12℃가 적당하다.

41 주장(Bar) 관리의 의의로 가장 적합한 것은?

① 칵테일을 연구, 발전시키는 일이다.
② 음료(Beverage)를 많이 판매하는 데 목적이 있다.
③ 음료(Beverage) 재고조사 및 원가 관리의 우선함과 영업 이익을 추구하는 데 목적이 있다.
④ 주장 내에서 Bottles 서비스만 한다.

 주장(Bar) 관리의 의의는 영업이익을 추구하는 데 있다.

42 Old Fashioned Glass를 가장 잘 설명한 것은?

① 옛날부터 사용한 Cocktail Glass이다.
② 일명 On the Rocks Glass라고도 하고 스템(Stem)이 없는 Glass이다.
③ Juice를 Cocktail하여 마시는 Long Neck Glass이다.

④ 일명 Cognac Glass라고 하고 튤립형의 스템 (Stem)이 있는 Glass이다.

 Old Fashioned Glass(올드 패션드 글라스)는 On the Rocks(온더락) 스타일의 칵테일을 만들 때 사용하므로 On the Rocks Glass(온더락 글라스)라고도 하며 스템이 없는 짧고 두터운 글라스이다.

43 다음의 설명에 해당하는 바의 유형으로 가장 적합한 것은?

• 국내에서는 위스키 바라고 부른다. 맥주보다는 위스키나 코냑과 같은 하드 리커 판매를 위주로 하기 때문이다.
• 칵테일도 마티니, 맨해튼, 올드 패션드 등 전통적인 레시피에 좀 더 무게를 두고 있다.
• 우리나라에서는 피아노 한 대를 라이브 음악으로 연주하는 형태를 선호한다.

① 재즈 바(Jazz Bar)
② 클래식 바(Classic Bar)
③ 시가 바(Cigar Bar)
④ 비어 바(Beer Bar)

 재즈 바는 재즈 음악을 듣고, 시가 바는 시가 담배를 피우며, 비어 바는 맥주를 마시는 곳이다.

44 연회(Banquet)석상에서 각 고객들이 마신 (소비한) 만큼 계산을 별도로 하는 바(Bar)를 무엇이라고 하는가?

① Banquet Bar
② Host Bar
③ No-Host Bar
④ Paid Bar

 Banquet Bar(방켓 바)는 연회 바이다.

45 Saucer형 샴페인 글라스에 제공되며 Menthe (Green) 1oz, Cacao(White) 1oz, Light Milk(우유) 1oz를 셰이킹하여 만드는 칵테일은?

① Gin Fizz
② Gimlet
③ Grasshopper
④ Gibson

 Gin Fizz(진피즈), Gimlet(김렛), Gibson(깁슨) 칵테일은 Gin(진) 베이스로 칵테일 글라스에 제공된다.

46 칵테일 기구인 지거(Jigger)를 잘못 설명한 것은?

① 일명 Measure Cup이라고 한다.
② 지거는 크고 작은 두 개의 삼각형 컵이 양쪽으로 붙어 있다.
③ 작은 쪽 컵은 1oz이다.
④ 큰 쪽의 컵은 대부분 2oz이다.

 지거는 크고 작은 두 개의 삼각형 컵이 양쪽으로 붙어 있으며, 표준형의 경우 작은 쪽은 1oz, 큰 쪽은 1.5oz이다.

47 다음은 무엇에 대한 설명인가?

음료와 식료에 대한 원가관리의 기초가 되는 것으로서 단순히 필요한 물품만을 구입하는 업무만을 의미하는 것이 아니라, 바 경영을 계획, 통제, 관리하는 경영활동의 중요한 부분이다.

① 검수
② 구매
③ 저장
④ 출고

 구매는 식음료 및 기구, 비품류 등을 구입하는 것으로 최대한의 가치효율을 창출하기 위하여 긴밀한 의사소통과 엄격한 통제의 바탕에서 이루어진다.

48 플레인 시럽과 관련이 있는 것은?

① Lemon
② Butter
③ Cinnamon
④ Sugar

 플레인 시럽(Plain Syrup)은 설탕 시럽(Sugar Syrup), 심플 시럽(Simple Syrup)이라고도 한다.

49 볶은 커피의 보관 시 알맞은 습도는?

① 3.5% 이하　　② 5~7%

③ 10~12%　　④ 13% 이상

 볶기 전의 생두는 습도 40~50%가 적당하지만 볶은 커피 보관 시 습도는 3.5% 이하가 적당하다.

50 조주 기법(Cocktail Technique)에 관한 사항에 해당되지 않는 것은?

① Stirring　　② Distilling

③ Straining　　④ Chilling

 Distilling(증류)은 조주와 관계가 없다.

51 다음 질문의 대답으로 적합한 것은?

Are the same kinds of glasses used for all wines?

① Yes, they are.　　② No, they don't.

③ Yes, they do.　　④ No, they are not.

 모든 와인에 같은 종류의 잔이 사용되지 않는다. ④ be 동사(are)로 질문하였으므로 be 동사(are)를 이용하여 대답한다.

52 Which drink is prepared with Gin?

① Tom Collins　　② Rob Roy

③ B & B　　④ Black Russian

 Gin(진)으로 만드는 칵테일은 Tom Collins(톰 콜린스)이다.

53 다음의 밑줄에 알맞은 것은?

This bar ___ by a bar helper every morning.

① cleans　　② is cleaned

③ is cleaning　　④ be cleaned

 이 Bar(바)는 매일 아침 Bar Helper(바 헬퍼)가 청소한다.

54 다음 대화 중 밑줄 친 부분에 들어갈 B의 질문으로 적합하지 않은 것은?

G1 : I'll have a Sunset Strip. What about you, Sally?

G2 : I don't drink at all. Do you serve soft drinks?

B : Certainly, Madam. _____?

G2 : It sounds exciting. I'll have that.

① How about a Virgin Colada?

② What about a Shirley Temple?

③ How about a Black Russian?

④ What about a Lemonade?

 G2는 술을 전혀 마시지 않는다며 청량음료가 있는지 질문하였다.
③의 Black Russian(블랙 러시안)은 보드카 베이스의 칵테일이다.
• soft drinks : 청량음료

55 What is the Liqueur on apricot pits base?

① Benedictine　　② Chartreuse

③ Kahlua　　④ Amaretto

 살구(Apricot)를 주원료로 한 리큐어는 Amaretto(아마레토)이다.

56 다음의 밑줄에 들어간 단어로 알맞은 것은?

> Which one do you like better whisky _____ brandy?

① as
② but
③ and
④ or

 위스키 또는 브랜디 중에 어떤 것을 더 좋아하십니까?

57 Which of the following is not Compounded Liquor?

① Cutty Sark
② Curacao
③ Advocaat
④ Amaretto

 Compounded Liquor(혼성주)가 아닌 것은 Cutty Sark(커티 삭, 스카치 위스키)이다.

58 다음 중 brand가 의미하는 것은?

> What brand do you want?

① 브랜디
② 상표
③ 칵테일의 일종
④ 심심한 맛

 brand : 상표

59 Which one is wine that can be served before meal?

① Table Wine
② Dessert Wine
③ Aperitif Wine
④ Port Wine

 식사 전(before meal)에 마실 수 있는 와인은 Aperitif Wine(아페리티프 와인)이다.

60 다음에서 설명하는 혼성주는?

> The great proprietary liqueur of Scotland made of scotch and heather honey.

① Anisette
② Sambuca
③ Drambuie
④ Peter Heering

 스코틀랜드에서 스카치 위스키와 헤더 꿀로 만든 것은 Drambuie(드람부이)이다.

2015년도 4회 기출문제

01 음료에 대한 설명 중 틀린 것은?

① 소다수는 물에 이산화탄소를 가미한 것이다.

② 콜린스 믹스는 소다수에 생강향을 혼합한 것이다.

③ 사이다는 소다수에 구연산, 주석산, 레몬즙 등을 혼합한 것이다.

④ 토닉 워터는 소다수에 레몬, 퀴닌 껍질 등의 농축액을 혼합한 것이다.

 콜린스 믹스는 소다수에 레몬 주스, 설탕을 혼합한 것이고, 소다수에 생강향을 혼합한 것은 진저엘이다.

02 우유가 사용되지 않는 커피는?

① 카푸치노(Cappuccino)

② 에스프레소(Espresso)

③ 카페 마키아토(Cafe Macchiato)

④ 카페 라떼(Cafe Latte)

 에스프레소(Espresso)란 9기압의 압력으로 추출하여 아무것도 섞지 않은 커피이다.

03 아티초크를 원료로 사용한 혼성주는?

① 운더베르그(Underberg)

② 시나(Cynar)

③ 아메르 피콘(Amer Picon)

④ 샤브라(Sabra)

 시나(Cynar)는 와인에 아티초크(Artichoke) 등의 약초를 넣어 만드는 이탈리아산 리큐어이다.

04 당밀에 풍미를 가한 석류 시럽(Syrup)은?

① Raspberry Syrup

② Grenadine Syrup

③ Blackberry Syrup

④ Maple Syrup

 Grenadine Syrup(그레나딘 시럽)이 석류 시럽이다.

05 럼(Rum)의 분류 중 틀린 것은?

① Light Rum

② Soft Rum

③ Heavy Rum

④ Medium Rum

 럼의 종류를 맛에 따라 분류하면 Light Rum(라이트 럼), Medium Rum(미디엄 럼), Heavy Rum(헤비 럼)으로 나눈다.

06 Dry Wine의 당분이 거의 남아 있지 않은 상태가 되는 주된 이유는?

① 발효 중에 생성되는 호박산, 젖산 등의 산성분 때문

② 포도 속의 천연 포도당을 거의 완전히 발효시키기 때문

③ 페노릭 성분의 함량이 많기 때문

④ 설탕을 넣는 가당 공정을 거치지 않기 때문

 포도 속의 당분을 완전히 발효시키면 당분이 거의 분해되어 당분이 남지 않게 된다.

07 다음 중 양조주가 아닌 것은?

① 그라파

② 샴페인

③ 막걸리

④ 하이네켄

정답 01 ② 02 ② 03 ② 04 ② 05 ② 06 ② 07 ①

그라파(Grappa)는 이탈리아에서 와인을 만들고 난 찌꺼기를 증류하여 만드는 일종의 브랜디이다.

08 다음 중 Gin Rickey에 포함되는 재료는?

① 소다수(Soda Water)
② 진저엘(Ginger Ale)
③ 콜라(Cola)
④ 사이다(Cider)

 진 리키(Gin Rickey)는 드라이진에 라임 주스와 소다수를 넣어 만든다.

09 위스키(Whisky)를 만드는 과정이 옳게 배열된 것은?

① Mashing – Fermentation – Distillation – Aging
② Fermentation – Mashing – Distillation – Aging
③ Aging – Fermentation – Distillation – Mashing
④ Distillation – Fermentation – Mashing – Aging

 위스키(Whisky)는 Mashing(당화) → Fermentation(발효) → Distillation(증류) → Aging(저장)의 과정을 거친다.

10 Grain Whisky에 대한 설명으로 옳은 것은?

① Silent Spirit라고도 불린다.
② 발아시킨 보리를 원료로 해서 만든다.
③ 향이 강하다.
④ Andrew Usher에 의해 개발되었다.

 Grain Whisky(그레인 위스키)는 곡물을 원료로 연속식 증류기(Patent Still)로 증류하여 저장하지 않는 위스키로 풍미가 가벼워서 Silent Spirit(사일런트 스피릿)이라고도 한다.

11 비알코올성 음료에 대한 설명으로 틀린 것은?

① Decaffeinated Coffee는 Caffeine을 제거한 커피이다.
② 아라비카종은 이디오피아가 원산지인 향미가 우수한 커피이다.
③ 에스프레소 커피는 고압의 수증기로 추출한 커피이다.
④ Cocoa는 카카오 열매의 과육을 말려 가공한 것이다.

 코코아는 카카오 열매에서 기름을 제거하여 만든다.

12 소주에 관한 설명으로 가장 거리가 먼 것은?

① 양조주로 분류된다.
② 증류식과 희석식이 있다.
③ 고려시대에 중국으로부터 전래되었다.
④ 원료로는 백미, 잡곡류, 당밀, 사탕수수, 고구마, 타피오카 등이 쓰인다.

 소주는 증류주이다.

13 로제 와인(Rose Wine)에 대한 설명으로 틀린 것은?

① 대체로 붉은 포도로 만든다.
② 제조 시 포도껍질은 같이 넣고 발효시킨다.
③ 오래 숙성시키지 않고 마시는 것이 좋다.
④ 일반적으로 상온(17~18℃) 정도로 해서 마신다.

 로제 와인(Rose Wine)은 화이트와 레드의 중간색의 와인으로, 보존기간이 짧아 오래 숙성시키지 않으며 화이트 와인처럼 차게 해서 마신다.

14 Red Bordeaux Wine의 Service 온도로 가장 적합한 것은?

① 3~5℃   ② 6~7℃

③ 7~11℃   ④ 16~18℃

 레드 와인은 16~18℃가 음용에 적정온도이다.

15 Gin에 대한 설명으로 틀린 것은?

① 진의 원료는 대맥, 호밀, 옥수수 등 곡물을 주원료로 한다.
② 무색투명한 증류주이다.
③ 활성탄 여과법으로 맛을 낸다.
④ Juniper Berry를 사용하여 착향시킨다.

 활성탄 여과를 거치는 것은 보드카이다.

16 다음 중 주재료가 나머지 셋과 다른 것은?

① Grand Marnier   ② Drambuie
③ Triple Sec   ④ Cointreau

 Grand Marnier(그랑 마니에), Triple Sec(트리플 섹), Cointreau(쿠앵트로)는 오렌지가 주원료이고 Drambuie(드람부이)는 스카치 위스키에 벌꿀을 더해 만든다.

17 곡류를 원료로 만드는 술의 제조 시 당화과 정에 필요한 것은?

① Ethyl Alcohol   ② CO₂
③ Yeast   ④ Diastase

 Diastase(디아스타제)는 전분의 당화효소이다.

18 와인의 품질을 결정하는 요소가 아닌 것은?

① 환경요소(Terroir)   ② 양조기술
③ 포도 품종   ④ 제조국의 소득 수준

 와인의 품질을 결정하는 요소로 포도품종, 생산 지역, 수확 연도, 양조기술, 기후, 토양, 강수량 등 이 있다.

19 카브(Cave)의 의미는?

① 화이트   ② 지하 저장고
③ 포도원   ④ 오래된 포도나무

 카브(Cave)란 와인을 저장하는 지하저장고를 말 한다.

20 Malt Whisky를 바르게 설명한 것은?

① 대량의 양조주를 연속식으로 증류해서 만든 위스키
② 단식 증류기를 사용하여 2회의 증류과정을 거쳐 만든 위스키
③ 이탄으로 건조한 맥아의 당액을 발효해서 증 류한 스코틀랜드의 위스키
④ 옥수수를 원료로 대맥의 맥아를 사용하여 당 화시켜 개량 솥으로 증류한 위스키

 Malt whisky(몰트 위스키)는 스코틀랜드에서 이탄(Peat)으로 건조한 맥아(Malt)를 당화 · 발 효 · 증류하여 만든 위스키이다.

21 쌀, 보리, 조, 수수, 콩 등 5가지 곡식을 물 에 불린 후 시루에 쪄 고두밥을 만들고, 누룩을 섞고 발효시켜 전술을 빚는 것은?

① 백세주   ② 과하주
③ 안동 소주   ④ 연엽주

 안동 소주는 고두밥을 만들어 누룩을 섞어 10일 정도 발효시켜 전술을 빚은 후 증류하여 만든다.

22 위스키의 종류 중 증류 방법에 의한 분류는?

① Malt Whisky   ② Grain Whisky
③ Blended Whisky   ④ Patent Whisky

 위스키의 종류는 증류 방법에 따라 분류하면 Patent Still Whisky(연속식 증류)와 Pot Still Whisky(단식 증류)로 나눈다.

<hr />

정답   15 ③   16 ②   17 ④   18 ④   19 ②   20 ③   21 ③   22 ④

23 음료류의 식품유형에 대한 설명으로 틀린 것은?

① 무향탄산음료 : 먹는 물에 식품 또는 식품첨가물(착향료 제외) 등을 가한 후 탄산가스를 주입한 것을 말한다.

② 착향탄산음료 : 탄산음료에 식품첨가물(착향료)을 주입한 것을 말한다.

③ 과실음료 : 농축과실즙(또는 과실분), 과실주스 등을 원료로 하여 가공한 것(과실즙 10% 이상)을 말한다.

④ 유산균 음료 : 유가공품 또는 식물성 원료를 효모로 발효시켜 가공(살균을 포함)한 것을 말한다.

 유산균 음료란 우유나 탈지유에 유산균을 넣어 유산 발효를 시켜서 만든 음료로 젖산균 음료라고도 한다.

24 나라별 와인을 지칭하는 용어가 바르게 연결된 것은?

① 독일 – Wine   ② 미국 – Vin

③ 이탈리아 – Vino   ④ 프랑스 – Wein

 독일(Wein), 미국(Wine), 프랑스(Vin)

25 차에 들어 있는 성분 중 탄닌(Tannic Acid)의 4대 약리작용이 아닌 것은?

① 해독작용   ② 살균작용

③ 이뇨작용   ④ 소염작용

 차의 주요 성분인 탄닌(Tannic Acid)의 4대 약리작용으로 해독작용, 살균작용, 소염작용, 지혈작용을 들 수 있다.

26 우리나라 민속주에 대한 설명으로 틀린 것은?

① 탁주류, 약주류, 소주류 등 다양한 민속주가 생산된다.

② 쌀 등 곡물을 주원료로 사용하는 민속주가 많다.

③ 삼국시대부터 증류주가 제조되었다.

④ 발효제로는 누룩만을 사용하여 제조하고 있다.

 고려시대 때 몽골군의 침략으로 증류주인 소주가 전래되었다.

27 일반적으로 Dessert Wine으로 적합하지 않은 것은?

① Beerenauslese   ② Barolo

③ Sauternes   ④ Ice Wine

 Barolo(바롤로)는 이탈리아 북서부의 피에몬테 지역에 속하는 와인 산지로 이 지역에서 생산되는 와인은 레드 와인이며, 주로 테이블 와인(Table Wine)으로 애용된다.

28 다음의 제조 방법에 해당되는 것은?

> 삼각형, 받침대 모양의 틀에 와인을 꽂고 약 4개월 동안 침전물을 병입구로 모은 후, 순간냉동으로 병목을 얼려서 코르크 마개를 열면 순간적으로 자체 압력에 의해 응고되었던 침전물이 병 밖으로 빠져 나온다. 침전물의 방출로 인한 양적 손실은 도자쥬(dosage)로 채워진다.

① 레드 와인(Red Wine)

② 로제 와인(Rose Wine)

③ 샴페인(Champagne)

④ 화이트 와인(White Wine)

 샴페인 제조 시 병목에 침전물을 모으는 작업을 르뮈아쥬(Remuage)라 하고, 찌꺼기를 빼내는 작업을 데고르주멍(Dégorgement)이라 한다. 침전물을 빼내면 와인도 함께 분출되는데 분출된 만큼 와인으로 채우게 되고 이 작업을 도자쥬(Dosage)라 한다. 이때 채워지는 와인의 당도에 따라 샴페인의 맛이 달라진다.

29 혼성주에 대한 설명으로 틀린 것은?

① 중세의 연금술사들이 증류주를 만드는 기법을 터득하는 과정에서 우연히 탄생되었다.

② 증류주에 당분과 과즙, 꽃, 약초 등 초근목피의 침출물로 향미를 더했다.

③ 프랑스에서는 알코올 30% 이상, 당분 30% 이상을 함유하고 향신료가 첨가된 술을 리큐어라 정의한다.

④ 코디알(Cordial)이라고도 부른다.

 프랑스에서 리큐어란 알코올 농도 15% 이상, 당분 20% 이상을 함유하여야 한다.

30 다음 중 보르도(Bordeaux) 지역에 속하며, 고급 와인이 많이 생산되는 곳은?

① 콜마(Colmar) ② 샤블리(Chablis)

③ 보졸레(Beaujolais) ④ 포므롤(Pomerol)

 콜마(Colmar)는 알자스 지방, 샤블리(Chablis)와 보졸레(Beaujolais)는 부르고뉴 지방에 속한다.

31 싱가폴 슬링(Singapore Sling) 칵테일의 재료로 가장 거리가 먼 것은?

① 드라이진(Dry Gin)

② 체리 브랜디(Cherry Flavored Brandy)

③ 레몬 주스(Lemon Juice)

④ 토닉 워터(Tonic Water)

 싱가폴 슬링(Singapore Sling)은 드라이진, 파우더 슈거, 레몬 주스를 셰이킹한 다음 풋티드 필스너 글라스에 따르고 소다수를 채운 후 빌드(Build)하고 체리 브랜디로 플로트(Float)한다.

32 다음 중 Highball Glass를 사용하는 칵테일은?

① 마가리타(Margarita)

② 키르 로열(Kir Royal)

③ 시 브리즈(Sea Breeze)

④ 블루 하와이(Blue Hawaii)

 ① 마가리타(Margarita) : 칵테일 글라스
② 키르 로열(Kir Royal) : 플루트형 샴페인 글라스
④ 블루 하와이(Blue Hawaii) : 풋티드 필스너 글라스

33 바(Bar) 작업대와 가터 레일(Gutter Rail)의 시설위치는?

① Bartender 정면에 시설되게 하고 높이는 술 붓는 것을 고객이 볼 수 있는 위치

② Bartender 후면에 시설되게 하고 높이는 술 붓는 것을 고객이 볼 수 없는 위치

③ Bartender 우측에 시설되게 하고 높이는 술 붓는 것을 고객이 볼 수 있는 위치

④ Bartender 좌측에 시설되게 하고 높이는 술 붓는 것을 고객이 볼 수 없는 위치

 가터 레일(Gutter Rail)은 바텐더가 사용하는 술병을 꽂아 두는 설비로 바텐더 정면에 시설되게 하고 높이는 술 붓는 바텐더 고객이 볼 수 있는 위치에 시설한다.

34 Key Box나 Bottle Member 제도에 대한 설명으로 옳은 것은?

① 음료의 판매회전이 촉진된다.

② 고정고객을 확보하기는 어렵다.

③ 후불이기 때문에 회수가 불분명하여 자금운영이 원활하지 못하다.

④ 주문시간이 많이 걸린다.

 Key Box(키 박스)나 Bottle Member(보틀 멤버) 제도는 자신의 술을 병째 구매하여 보관하고 마시는 것이므로 고정고객 확보와 자금운영이 원활하게 된다.

35 잔 주위에 설탕이나 소금 등을 묻혀서 만드는 방법은?

① Shaking   ② Building

③ Floating   ④ Frosting

 잔 주위에 설탕이나 소금 등을 묻히는 것을 Frosting(프로스팅) 또는 Rimming(리밍)이라고 한다.

36 Angostura Bitter가 1Dash 정도로 혼합되는 것은?

① Daiquiri   ② Grasshopper

③ Pink Lady   ④ Manhattan

 Manhattan(맨해튼) 칵테일은 버번 위스키, 스위트 베르무트, 앙고스투라 비터스로 Stir(스터)하여 만든다.

37 재고관리상 쓰이는 용어인 FIFO의 뜻은?

① 정기구입   ② 선입선출

③ 임의 불출   ④ 후입선출

 FIFO는 'First In First Out'의 약자로 먼저 구입한 것을 먼저 사용한다는 뜻이다.

38 서브 시 칵테일 글라스를 잡는 부위로 가장 적합한 것은?

① Rim   ② Stem

③ Body   ④ Bottom

 Stem(스템)은 체온 전달을 방지하기 위한 손잡이 부분이다.

39 와인의 보관 방법으로 적합하지 않은 것은?

① 진동이 없는 곳에 보관한다.

② 직사광선을 피하여 보관한다.

③ 와인을 눕혀서 보관한다.

④ 습기가 없는 곳에 보관한다.

 와인저장고는 적당한 온도와 습도(10~15℃, 65~75%)가 유지되는 것이 좋다.

40 레몬의 껍질을 가늘고 길게 나선형으로 장식하는 것과 관계있는 것은?

① Slice   ② Wedge

③ Horse's Neck   ④ Peel

 '말목'이란 뜻의 Horse's Neck(호스 넥)은 하이볼 글라스에 브랜디와 진저엘을 넣어 만든 음료로 레몬 껍질을 길게 돌려깎기하여(Lemon Peel Spiral) 장식한다.

41 다음 중 고객에게 서브되는 온도가 18℃ 정도 되는 것이 가장 적정한 것은?

① Whiskey   ② White Wine

③ Red Wine   ④ Champagne

 Red Wine(레드 와인)은 16~18℃ 정도의 실온으로 제공한다.

42 와인 서빙에 필요치 않은 것은?

① Decanter   ② Cork Screw

③ Stir Rod   ④ Pincers

 Stir Rod(스터 로드)는 휘젓는 막대로 주로 하이볼 음료 제공 시 사용한다.

43 Corkage Charge의 의미는?

① 적극적인 고객 유치를 위한 판촉비용

② 고객이 Bottle 주문 시 따라 나오는 Soft Drink의 요금

③ 고객이 다른 곳에서 구입한 주류를 바(Bar)에 가져와서 마실 때 부과되는 요금

④ 고객이 술을 보관할 때 지불하는 보관 요금

Corkage Charge(콜키지 차지)는 고객이 외부에서 구입한 주류를 바에서 마실 때 글라스, 얼음 등의 서비스를 제공하고 그에 대한 서비스 대가를 받는 것을 말한다.

44 칵테일 기법 중 믹싱 글라스에 얼음과 술을 넣고 바 스푼으로 잘 저어서 잔에 따르는 방법은?

① 직접 넣기(Building)

② 휘젓기(Stirring)

③ 흔들기(Shaking)

④ 띄우기(Float & Layer)

 믹싱 글라스에서 혼합하는 기법을 스터링(Stirring) 기법이라 한다.

45 다음 중 칵테일 장식용(Garnish)으로 보통 사용되지 않는 것은?

① Olive   ② Onion

③ Raspberry Syrup   ④ Cherry

 Garnish(가니시)란 칵테일 장식 과일을 말한다. Raspberry Syrup(라즈베리 시럽)은 나무딸기 시럽이다.

46 칵테일의 기본 5대 요소와 가장 거리가 먼 것은?

① Decoration(장식)   ② Method(방법)

③ Glass(잔)   ④ Flavor(향)

칵테일의 기본 5대 요소로 Decoration(장식), Glass(잔), Flavor(향), Color(색), Taste(맛)을 들 수 있다.

47 다음 중 소믈리에(Sommelier)의 역할로 틀린 것은?

① 손님의 취향과 음식과의 조화, 예산 등에 따라 와인을 추천한다.

② 주문한 와인은 먼저 여성에게 우선적으로 와인 병의 상표를 보여 주며 주문한 와인임을 확인시켜 준다.

③ 시음 후 여성부터 차례로 와인을 따르고 마지막에 그 날의 호스트에게 와인을 따라준다.

④ 코르크 마개를 열고 주빈에게 코르크 마개를 보여주면서 시큼하고 이상한 냄새가 나지 않는지, 코르크가 잘 젖어 있는지를 확인시킨다.

 주문한 와인은 먼저 Host(Hostess)에게 와인 병의 상표를 보여 주며 주문한 와인임을 확인시켜 준다.

48 다음 중 그레나딘(Grenadine)이 필요한 칵테일은?

① 위스키 사워(Whisky Sour)

② 바카디(Bacardi)

③ 카루소(Caruso)

④ 마가리타(Margarita)

 바카디(Bacardi)는 럼, 그레나딘 시럽, 라임 주스로 셰이킹하여 만든다.

49 위생적인 맥주(Beer) 취급 절차로 적절하지 못한 것은?

① 맥주를 따를 때는 넘치지 않게 글라스에 7부 정도 채우고 나머지 3부 정도를 거품이 솟아 오르도록 한다.

② 맥주를 따를 때는 맥주병이 글라스에 닿지 않도록 1~2cm 정도 띄어서 따르도록 한다.

③ 글라스에 채우고 남은 병은 상표가 고객 앞으로 향하도록 맥주 글라스 위쪽에 놓는다.

④ 맥주와 맥주 글라스는 반드시 차갑게 보관하지 않아도 무방하다.

 맥주는 차게 마시는 음료이다.

정답   44 ② 45 ③ 46 ② 47 ② 48 ② 49 ④

50 칵테일 제조에 사용되는 얼음(Ice) 종류의 설명이 틀린 것은?

① 셰이브드 아이스(Shaved Ice) : 곱게 빻은 가루얼음
② 크랙트 아이스(Cracked Ice) : 큰 얼음을 아이스 픽(Ice Pick)으로 깨서 만든 각얼음
③ 큐브드 아이스(Cubed Ice) : 정육면체의 조각얼음 또는 육각형 얼음
④ 럼프 아이스(Lump Ice) : 각얼음을 분쇄하여 만든 작은 콩알얼음

 럼프 아이스(Lump Ice)란 덩어리 얼음을 말한다. 각얼음을 분쇄하여 만든 작은 콩알얼음은 크러시드 아이스(Crushed Ice)라고 한다.

51 "먼저 하세요."라고 양보할 때 쓰는 영어 표현은?

① Before you, please.
② Follow me, please.
③ After you!
④ Let's go.

 '먼저 하세요.'의 표현은 'After you'이다.
① before : ~의 앞에
② Follow me. : 저를 따라 오세요.
③ after : ~의 뒤에
④ Let's go. : 자, 갑시다.

52 아래의 설명에 해당하는 것은?

This complex, aromatic concoction containing some 56 herbs, roots, and fruits has been popular in germany since its introduction in 1878.

① Kummel
② Sloe Gin
③ Maraschino
④ Jagermeister

 1878년에 소개된 이래로 독일에서 인기를 끌고 있는 약 56가지의 허브, 뿌리, 과일을 함유하고 있는 리큐어는 Jagermeister(예거마이스터)이다.

53 Which is not scotch whisky?

① Bourbon
② Ballantine
③ Cutty Sark
④ VAT 69

 스카치 위스키가 아닌 것은 Bourbon(버번)이다.

54 다음의 (   ) 안에 적당한 단어는?

I'll have a Scotch (㉠) the rocks and a Bloody Mary (㉡) my wife.

① ㉠ on, ㉡ for
② ㉠ in, ㉡ to
③ ㉠ for, ㉡ at
④ ㉠ of, ㉡ in

 나는 스카치 온더락, 아내는 블러드 메리로 주세요.

55 다음 중 밑줄 친 change가 나머지 셋과 다른 의미로 쓰인 것은?

① Do you have change for a dollar?
② Keep the change.
③ I need some change for the bus.
④ Let's try a new restaurant for a change.

 ①, ②, ③은 거스름돈에 관한 것이고 ④는 새로운 레스토랑을 찾겠다는 의미이다.

56 Which one is made with vodka, lime juice, triple sec and cranberry juice?

① Kamikaze
② Godmother
③ Seabreeze
④ Cosmopolitan

보드카, 라임 주스, 트리플 섹, 크랜베리 주스로 만든 것은 Cosmopolitan(코스모폴리탄)이다.

정답 50 ④ 51 ③ 52 ④ 53 ① 54 ① 55 ④ 56 ④

57 다음에서 설명하는 것은?

> A kind of drink made of gin, brandy and so on sweetened with fruit juices, especially lime.

① Ade   ② Squash

③ Sling   ④ Julep

 진, 브랜디 등으로 만든 음료로 과일주스, 특히 라임으로 맛을 낸 음료는 Sling(슬링)이다.

58 "이것으로 주세요." 또는 "이것으로 할게요."라는 의미의 표현으로 가장 적합한 것은?

① I'll have this one.

② Give me one more.

③ I would like to drink something.

④ I already had one.

 "이것으로 주세요." 또는 "이것으로 할게요."의 적당한 표현은 "I'll have this one."이다.

② 하나 더 주세요.

③ 음료를 마시고 싶습니다.

④ 이미 하나 가지고 있어요.

59 다음의 ( ) 안에 들어갈 말은?

> I am afraid you have the ( ) number.

① correct   ② wrong

③ missed   ④ busy

 "전화 잘못 거셨습니다."이므로 ( )에는 wrong 이 적합하다.

60 다음 중 Ice Bucket에 해당되는 것은?

① Ice Pail   ② Ice Tong

③ Ice Pick   ④ Ice Pack

 Ice Bucket(아이스 버킷), Ice Pail(아이스 페일)은 얼음 담는 그릇을 말한다.

정답   57 ③   58 ①   59 ②   60 ①

2016년 1회 기출문제

01 다음의 내용물로 조주하는 칵테일은?

- 1½온스 보드카
- 3온스 토마토 주스
- 1대시 레몬 주스
- 1/2티스푼 우스터 소스
- 2방울 타바스코 소스
- 후추, 소금(약간)

① 비엔비(B & B)
② 블러디 메리(Bloody Mary)
③ 블랙 러시안(Black Russian)
④ 다이키리(Daiquiri)

 '피투성이의 메리'라는 의미의 '블러디 메리(Bloody Mary)' 칵테일은 보드카를 베이스로 토마토 주스와 여러 가지 향신료를 넣어 만드는 해장술이다.

02 이탈리아가 자랑하는 3대 리큐어(Liqueur) 중 하나로 살구씨를 기본으로 여러 가지 재료를 넣어 만든 아몬드향의 리큐어로 옳은 것은?

① 아드보카트(Advocaat)
② 베네딕틴(Benedictine)
③ 아마레토(Amaretto)
④ 그랑 마니에(Grand Marnier)

 이탈리아가 원산지인 아마레토(Amaretto)는 살구씨를 기본으로 만든 주정에 아몬드향을 혼입하여 만든 리큐어이다.

03 Malt Whisky를 바르게 설명한 것은?

① 대량의 양조주를 연속식으로 증류해서 만든 위스키

② 단식 증류기를 사용하여 2회의 증류과정을 거쳐 만든 위스키

③ 피트탄(Peat, 이탄)으로 건조한 맥아의 당액을 발효해서 증류한 피트향과 통의 향이 배인 독특한 맛의 위스키

④ 옥수수를 원료로 대맥의 맥아를 사용하여 당화시켜 개량솥으로 증류한 고농도 알코올의 위스키

 Malt Whisky(몰트 위스키)는 스코틀랜드에서 피트탄(Peat, 이탄)으로 맥아(Malt)를 건조하여 디아스타제(Diastase)로 당화하여 발효 · 증류하고 오크통에서 숙성한 위스키이다.

04 Ginger Ale에 대한 설명 중 틀린 것은?

① 생강의 향을 함유한 소다수이다.
② 알코올 성분이 포함된 영양음료이다.
③ 식욕 증진이나 소화제로 효과가 있다.
④ Gin이나 Brandy와 조주하여 마시기도 한다.

 Ginger Ale(진저엘)은 생강향을 가한 탄산음료이다.

05 우유의 살균 방법에 대한 설명으로 가장 거리가 먼 것은?

① 저온 살균법 : 50℃에서 30분 살균
② 고온 단시간 살균법 : 72℃에서 15초 살균
③ 초고온 살균법 : 135~150℃에서 0.5~5초 살균
④ 멸균법 : 150℃에서 2.5~3초 동안 가열 처리

우유의 저온 살균은 60~65℃에서 30분간 가열 살균한다.

06 다음 중에서 이탈리아 와인 키안티 클라시코(Chianti Classico)와 가장 거리가 먼 것은?

① Gallo Nero ② Fiasco
③ Raffia ④ Barbaresco

 Barbaresco(바르바레스코)는 이탈리아의 와인 산지이다. Gallo Nero(갈로네로)는 이탈리어로 검은 수탉으로 키안티 클라시코에 붙는 마크이고, Fiasco(피아스코)는 짚으로 감싼 통통한 호리병 모양을 가리키며, Raffia(라피아)는 짚을 말한다.

07 옥수수를 51% 이상 사용하고 연속식 증류기로 알코올 농도 40% 이상 80% 미만으로 증류하는 위스키는?

① Scotch Whisky
② Bourbon Whiskey
③ Irish Whiskey
④ Canadian Whisky

 Bourbon Whiskey(비번 위스키)는 미국에서 옥수수를 51% 이상 사용하여 만든다.

① Scotch Whisky(Malt)
③ Irish Whiskey(Malt)
④ Canadian Whisky(Rye, 호밀)

08 사과로 만들어진 양조주는?

① Camus Napoleon ② Cider
③ Kirschwasser ④ Anisette

 Cider(Cidre)는 사과발효주이다.

① Camus Napoleon(코냑 상표)
③ Kirschwasser(체리 브랜디)
④ Anisette(Anise를 주원료로 만든 리큐어)

09 스트레이트 업(Straight Up)의 의미로 가장 적합한 것은?

① 술이나 재료의 비중을 이용하여 섞이지 않게 마시는 것
② 얼음을 넣지 않은 상태로 마시는 것
③ 얼음만 넣고 그 위에 술을 따른 상태로 마시는 것
④ 글라스 위에 장식하여 마시는 것

 스트레이트 업(Straight Up)이란 술에 아무것도 섞지 않고 그대로 마시는 것을 말한다. 얼음을 넣고 그 위에 술을 따라 마시는 것은 온더락(On the Rocks)이라고 한다.

10 약초, 향초류의 혼성주는?

① 트리플 섹 ② 크렘 드 카시스
③ 칼루아 ④ 쿰멜

 쿰멜(Kummel)은 캐러웨이(Caraway) 등의 향초류로 만드는 리큐어이다.

① 트리플 섹(오렌지)
② 크렘 드 카시스(블랙 커런트)
③ 칼루아(커피)

11 헤네시의 등급 규격으로 틀린 것은?

① EXTRA : 15~25년
② VO : 15년
③ XO : 45년 이상
④ VSOP : 20~30년

 EXTRA의 숙성기간은 70년이다.

12 담색 또는 무색으로 칵테일의 기본주로 사용되는 Rum은?

① Heavy Rum ② Medium Rum
③ Light Rum ④ Jamaica Rum

Light Rum(라이트 럼)은 숙성하지 않아 무색으로 칵테일에 주로 사용한다. Heavy Rum(헤비 럼)은 다크 컬러(Dark Color)이고, Medium Rum(미디엄 럼)은 골드 컬러(Gold Color)이다.

13 다음은 어떤 포도 품종에 관하여 설명한 것인가?

작은 포도알, 깊은 적갈색, 두꺼운 껍질, 많은 씨앗이 특징이며 씨앗은 탄닌 함량을 풍부하게 하고, 두꺼운 껍질은 색깔을 깊이 있게 나타낸다. 블랙 커런트, 체리, 자두향을 지니고 있으며, 대표적인 생산지역은 프랑스 보르도 지방이다.

① 메를로(Merlot)
② 피노 누아(Pinot Noir)
③ 카베르네 소비뇽(Cabernet Sauvignon)
④ 샤르도네(Chardonnay)

 카베르네 소비뇽(Cabernet Sauvignon)은 프랑스 보르도의 대표적인 적포도 품종으로 거의 모든 와인생산국에서 적포도 품종으로 재배하고 있다.

14 전통 민속주의 양조기구 및 기물이 아닌 것은?

① 오크통
② 누룩고리
③ 채반
④ 술자루

 오크통은 서양에서 와인이나 위스키 등의 숙성에 사용하는 저장용기이다.

15 세계의 유명한 광천수 중 프랑스 지역의 제품이 아닌 것은?

① 비시 생수(Vichy Water)
② 에비앙 생수(Evian Water)
③ 셀처 생수(Seltzer Water)
④ 페리에 생수(Perrier Water)

 셀처 생수(Seltzer Water)는 독일의 천연광천수이다.

16 Irish Whiskey에 대한 설명으로 틀린 것은?

① 깊고 진한 맛과 향을 지닌 몰트 위스키도 포함된다.
② 피트훈연을 하지 않아 향이 깨끗하고 맛이 부드럽다.
③ 스카치 위스키와 제조과정이 동일하다.
④ John Jameson, Old Bushmills가 대표적이다.

 스카치 위스키(Scotch Whisky)는 2회 증류, 아이리시 위스키(Irish Whiskey)는 3회 증류하여 만든다.

17 세계 4대 위스키(Whisky)가 아닌 것은?

① 스카치(Scotch)
② 아이리시(Irish)
③ 아메리칸(American)
④ 스패니시(Spanish)

 세계 4대 위스키에는 스카치(Scotch, 스코틀랜드), 아이리시(Irish, 아일랜드), 아메리칸(American, 미국), 캐나디안(Canadian, 캐나다)이 있다.

18 다음 중 연속식 증류주에 해당하는 것은?

① Pot Still Whisky
② Malt Whisky
③ Cognac
④ Patent Still Whisky

 Malt Whisky(몰트 위스키)와 Cognac(코냑)은 단식증류로 만든다. Patent Still(패턴트 증류기)는 연속식 증류기이고, Pot Still(포트 증류기)는 단식 증류기이다.

19 Benedictine의 설명 중 틀린 것은?

① B-52 칵테일을 조주할 때 사용한다.
② 병에 적힌 DOM은 '최대, 최선의 신에게'라는 뜻이다.
③ 프랑스 수도원 제품이며 품질이 우수하다.
④ 허니문(Honeymoon) 칵테일을 조주할 때 사용한다.

정답 13 ③ 14 ① 15 ③ 16 ③ 17 ④ 18 ④ 19 ①

B-52 칵테일은 칼루아(Kahlua), 베일리스(Baileys), 그랑 마니에(Grand Marnier)로 플로트(Float)하여 만든다.

20 다음 중 이탈리아 와인 등급 표시로 맞는 것은?

① AOC   ② DO

③ DOCG   ④ QbA

 이탈리아 와인의 등급 표시는 VGT → IGT → DOC → DOCG이다.
AOC는 프랑스, DO는 스페인, QbA는 독일의 와인 등급 표시이다.

21 소주가 한반도에 전해진 시기는 언제인가?

① 통일 신라   ② 고려

③ 조선 초기   ④ 조선 중기

 소주는 고려시대 때 몽골군의 침략 시 전해졌다.

22 프랑스 와인의 원산지 통제 증명법으로 가장 엄격한 기준은?

① DOC   ② AOC

③ VDQS   ④ QMP

 프랑스 와인의 등급 표시는 VdT(테이블 와인) → VdP(지역등급와인) → VDQS(우수품질제한와인) → AOC(원산지통제명칭등급와인) 순으로 나타낸다.

23 솔레라 시스템을 사용하여 만드는 스페인의 대표적인 주정 강화 와인은?

① 포트 와인   ② 셰리 와인

③ 보졸레 와인   ④ 보르도 와인

 솔레라 시스템(Solera System)은 스페인의 셰리 (Sherry) 와인을 제조하는 방식이다.
포트 와인(포르투갈), 보졸레 와인(프랑스), 보르도 와인(프랑스)

24 리큐어(Liqueur) 중 베일리스가 생산되는 곳은?

① 스코틀랜드   ② 아일랜드

③ 잉글랜드   ④ 뉴질랜드

 베일리스(Baileys)는 아일랜드에서 아이리시 위스키와 크림으로 만드는 리큐어이다.

25 다음 중 스타일이 다른 맛의 와인이 만들어지는 것은?

① Late Harvest   ② Noble rot

③ Ice Wine   ④ Vin Mousseux

 Vin Mousseux(뱅 무스)란 프랑스 상파뉴 외의 지역에서 생산하는 발포성 포도주를 말한다.

     ① Late Harvest(레이트 하비스트) : 수확을 늦추어 당도를 높여 수확하여 만드는 와인
     ② Noble Rot(노블 롯) : 귀부병에 걸린 포도로 만든 단맛의 와인
     ③ Ice Wine(아이스 와인) : 언 상태의 당도 높은 포도로 만든 단맛의 와인

26 스파클링 와인에 해당되지 않는 것은?

① Champagne   ② Cremant

③ Vin doux natural   ④ Spumante

 Champagne(샴페인)은 프랑스 상파뉴, Cremant(크레망)은 프랑스 부르고뉴, Spumante(스푸만테)는 이탈리아의 스파클링 와인이다. Vin doux Naturel(뱅 두 나투렐)은 프랑스의 주정 강화 와인이다.

27 주류와 그에 대한 설명으로 옳은 것은?

① Absinthe - 노르망디 지방의 프랑스산 사과 브랜디

② Campari - 주정에 향쑥을 넣어 만드는 프랑스산 리큐어

③ Calvados – 이탈리아 밀라노에서 생산되는 와인

④ Chartreuse – 승원(수도원)이라는 뜻을 가진 리큐어

 ① 압생트(Absinthe) : 주정에 향쑥을 넣어 만드는 프랑스산 리큐어
② 캄파리(Campari) : 이탈리아 산의 붉은 색으로 쓴맛의 리큐어
③ 칼바도스(Calvados) : 프랑스 노르망디 지방의 사과 브랜디

28 브랜디의 제조공정에서 증류한 브랜디를 열탕 소독한 White Oak Barrel에 담기 전에 무엇을 채워 유해한 색소나 이물질을 제거하는가?

① Beer
② Gin
③ Red Wine
④ White Wine

 브랜디 제조 공정에서 증류한 브랜디를 소독한 White Oak Barrel(화이트 오크 배럴)에 담기 전에 화이트 와인을 채워 유해한 색소나 이물질을 제거한다.

29 양조주의 제조 방법 중 포도주, 사과주 등 주로 과실주를 만드는 방법으로 만들어진 것은?

① 복발효주
② 단발효주
③ 연속발효주
④ 병행발효주

 과실에는 당분이 존재하고 있어 효모를 넣어 바로 발효를 할 수 있는 단발효주와 곡물을 원료로 하는 경우 전분을 당분으로 당화하여 발효하는 복발효주로 나눈다.

30 다음 중 알코올성 커피는?

① 카페 로열(Cafe Royale)
② 비엔나 커피(Vienna Coffee)
③ 데미타세 커피(Demi-Tasse Coffee)
④ 카페오레(Cafe au Lait)

 카페 로열(Cafe Royale)은 블랙커피에 코냑을 넣어 만든다.

31 영업 형태에 따라 분류한 Bar의 종류 중 일반적으로 활기차고 즐거우며 조금은 어둡지만 따뜻하고 조용한 분위기와 가장 거리가 먼 것은?

① Western Bar
② Classic Bar
③ Modern Bar
④ Room Bar

 Western Bar(웨스턴 바)는 자유분방하고 캐주얼한 분위기가 특징이다.

32 Blended Whisky에 대한 설명 중 가장 옳은 것은?

① Whisky와 Whisky를 섞는 것을 말한다.
② 브랜드가 유명한 Whisky를 말한다.
③ Malt Whisky와 Grain Whisky를 섞어서 만든다.
④ 주로 아일랜드에서 생산되는 위스키를 말한다.

 Blended Whisky(블렌디드 위스키)는 Malt Whisky(몰트 위스키)와 Grain Whisky(그레인 위스키)를 섞어서 만든 위스키이다.

33 우리나라에서 개별소비세가 부과되지 않는 영업장은?

① 단란주점
② 요정
③ 카바레
④ 나이트클럽

 개별소비세는 특정한 물품, 특정한 장소 입장행위, 특정한 장소에서의 유흥음식행위 및 특정한 장소에서의 영업행위에 대하여 부과하는 것을 말한다. 과거에는 특별소비세라고 하였다.

34 와이너리(Winery)란?

① 포도주 양조장
② 포도주 저장소

③ 포도주의 통칭　　④ 포도주용 용기

 와이너리(Winery)란 와인을 생산하는 포도원 또는 양조장을 말한다.

35 칵테일 서비스 진행 절차로 가장 적합한 것은?

① 아이스 페일을 이용해서 고객의 요구대로 글라스에 얼음을 넣는다.
② 먼저 커팅보드 위에 장식물과 함께 글라스를 놓는다.
③ 칵테일용 냅킨을 고객의 글라스 오른쪽에 놓고 젓는 막대를 그 위에 놓는다.
④ 병술을 사용할 때는 스토퍼를 이용해서 조심스럽게 따른다.

 젓는 막대(Stirring Rod)는 고객의 글라스 오른쪽에 칵테일용 냅킨을 놓고 그 위에 놓는다.

36 오크통에서 증류주를 보관할 때의 설명으로 틀린 것은?

① 원액의 개성을 결정해 준다.
② 천사의 몫(Angel's Share) 현상이 나타난다.
③ 색상이 호박색으로 변한다.
④ 변화 없이 증류한 상태 그대로 보관된다.

 증류액은 무색투명하지만 오크통 숙성을 통해 호박색(Amber Color)으로 변하고 숙성하는 동안 원액의 알코올분이 자연 증발하는 현상을 천사의 몫(Angel's Share)이라 한다.

37 Blending 기법에 사용하는 얼음으로 가장 적당한 것은?

① Lumped Ice　　② Crushed Ice
③ Cubed Ice　　④ Shaved Ice

 Blending(블렌딩) 기법에는 Crushed Ice(크러시드 아이스, 잘게 부순 얼음)를 사용한다.

38 비터류(Bitters)가 사용되지 않는 칵테일은?

① Manhattan　　② Cosmopolitan
③ Old Fashioned　　④ Negroni

 Manhattan(맨해튼)과 Old Fashioned(올드 패션드)에는 Angostura Bitters(앙고스투라 비터스), Negroni(네그로니)에는 Campari(캄파리)를 사용한다.

39 Bock Beer에 대한 설명으로 옳은 것은?

① 알코올 도수가 높은 흑맥주
② 알코올 도수가 낮은 담색 맥주
③ 이탈리아산 고급 흑맥주
④ 제조 12시간 이내의 생맥주

 Bock Beer(복 맥주)는 짙은 맥아즙으로 발효하여 알코올 농도 16% 이상인 짙은 색으로 향미가 짙고 단맛을 띤 강한 독일맥주이다.

40 탄산음료나 샴페인을 사용하고 남은 일부를 보관할 때 사용하는 기구로 가장 적합한 것은?

① 코스터　　② 스토퍼
③ 폴러　　④ 코르크

 스토퍼(Stopper)란 보조 병마개를 말한다.

41 바텐더가 영업시작 전 준비하지 않아도 되는 업무는?

① 충분한 얼음을 준비한다.
② 글라스의 청결도를 점검한다.
③ 적포도주를 냉각시켜 놓는다.
④ 과일 등을 준비해 둔다.

 적포도주(Red Wine)는 실온에서 마시므로 냉각하지 않는다.

정답　35 ③　36 ④　37 ②　38 ②　39 ①　40 ②　41 ③

42 칼바도스(Calvados)는 보관온도상 다음 품목 중 어떤 것과 같이 두어도 좋은가?

① 백포도주   ② 샴페인

③ 생맥주   ④ 코냑

 칼바도스(Calvados)란 프랑스 북부 노르망디 지역에서 생산하는 사과브랜디(Apple Brandy)로 브랜디인 코냑과 함께 두면 된다.

43 칵테일 Kir Royal의 레시피(Receipe)로 옳은 것은?

① Champagne + Cacao

② Champagne + Kahlua

③ Wine + Cointreau

④ Champagne + Creme de Cassis

 Kir Royal(키르 로열)은 키르에서 변형된 칵테일로 키르에서 화이트 와인을 샴페인으로 바꾸면 된다.

44 바텐더가 Bar에서 Glass를 사용할 때 가장 먼저 체크하여야 할 사항은?

① Glass의 가장자리 파손 여부

② Glass의 청결 여부

③ Glass의 재고 여부

④ Glass의 온도 여부

 Glass를 사용할 때에는 파손 여부를 가장 먼저 확인해야 한다.

45 Red Cherry가 사용되지 않는 칵테일은?

① Manhattan   ② Old Fashioned

③ Mai-Tai   ④ Moscow Mule

 Moscow Mule(모스코 뮬)에는 라임 또는 레몬 슬라이스를 장식한다.

46 고객이 위스키 스트레이트를 주문하고, 얼음과 함께 콜라나 소다수, 물 등을 원하는 경우 이를 제공하는 글라스는?

① Wine Decanter   ② Cocktail Decanter

③ Collins Glass   ④ Cocktail Glass

 독한 술을 마신 후 마시는 청량음료는 디캔터(Cocktail Decanter)에 별도로 내는데 이를 체이서(Chaser)라고 한다.

47 스카치 750mL 1병의 원가가 100,000원이고 평균원가율을 20%로 책정했다면 스카치 1잔의 판매가격은?

① 10,000원   ② 15,000원

③ 20,000원   ④ 25,000원

 750mL 1병으로 스트레이트(30mL) 25잔이 나온다. 1병의 원가가 100,000원이므로 1잔의 원가는 4,000원이 된다.

원가 = 판매가격×원가율

$$4,000 = x \times \frac{20}{100}$$

$$4,000 = x \times \frac{1}{5}$$

$$\therefore x = 4,000 \times 5 = 20,000(원)$$

48 일반적인 칵테일의 특징으로 가장 거리가 먼 것은?

① 부드러운 맛

② 분위기의 증진

③ 색, 맛, 향의 조화

④ 항산화, 소화증진 효소 함유

 칵테일은 색, 맛, 향이 어울려야 하고 차게 만들어 분위기에 맞게 마시는 음료를 말한다.

정답 42 ④ 43 ④ 44 ① 45 ④ 46 ② 47 ③ 48 ④

49 휘젓기(Stirring) 기법을 할 때 사용하는 칵테일 기구로 가장 적합한 것은?

① Hand Shaker ② Mixing Glass

③ Squeezer ④ Jigger

 휘젓기(Stirring) 기법은 Mixing Glass(믹싱 글라스)에 얼음과 재료를 넣고 Bar Spoon(바 스푼)으로 휘저어 혼합하는 기법이다.

50 용량 표시가 옳은 것은?

① 1Teaspoon = 1/32oz

② 1Pony = 1/2oz

③ 1Pint = 1/2Quart

④ 1Table Spoon = 1/32oz

 1Pint는 16oz, 1Quart는 32oz이므로 1/2Quart가 된다.

51 "당신은 손님들에게 친절해야 한다."의 표현으로 가장 적합한 것은?

① You should be kind to guest.

② You should kind guest.

③ You'll should be to kind to guest.

④ You should do kind guest.

 • should : ~ 해야 한다
• be kind : 친절하다

52 Three factors govern the appreciation of wine Which of the following does not belong to them?

① Color ② Aroma

③ Taste ④ Touch

 와인을 즐기는 세 가지 요소로 Color(색), Aroma(향), Taste(맛)을 들 수 있다.

53 '한 잔 더 주세요.'의 가장 정확한 영어 표현은?

① I'd like other drink.

② I'd like to have another drink.

③ I want one more wine.

④ I'd like to have the other drink.

 여기서 I'd는 I would의 축약형이다.
• would like to : ~ 하고 싶다
• another : 또 하나(의)
• have : 가지다
따라서 ②가 가장 적합한 표현이다.

54 바텐더가 손님에게 처음 주문을 받을 때 사용할 수 있는 표현으로 가장 적합한 것은?

① What do you recommend?

② Would you care for a drink?

③ What would you like with that?

④ Do you have a reservation?

 ① 무엇을 추천하십니까?
② 한 잔 드시겠습니까?
③ 그것과 함께 무엇을 드릴까요?
④ 예약을 하셨나요?

55 Which of the following is the right beverage in the blank?

B : Here you are. Drink it While it's hot.

G : Um… nice. What pretty drink are you mixing there?

B : Well, it's for the lady in that corner. It is a "_____", and it is made from several liqueurs.

G : Looks like a rainbow. How do you do that?

B : Well, you pour it in carefully. Each liquid has a different weight, so they sit on the top of each other without mixing.

① Pousse Cafe ② Cassis Frappe

③ June Bug ④ Rum Shrub

 레인보(rainbow) 칵테일은 여러 가지의 리큐어로 만들어 비중의 차이로 섞이지 않고 Float(플로트)되는데, 이것은 Pousse cafe(푸스 카페)의 하나이다.

56 Which one is the right answer in the blank?

B : Good evening, sir. What Would you like?

G : What kind of (   ) have you got?

B : We've got our own brand, sir. Or I can give you an rye, a bourbon or a malt.

G : I'll have a malt. A double, please.

B : Certainly, sir. Would you like any water or ice with it?

G : No water, thank you, That spoils it. I'll have just one lump of ice.

B : One lump, sir. Certainly.

① Wine ② Gin

③ Whiskey ④ Rum

 손님이 Malt Double(몰트 더블)로 주문하였고, Malt(몰트)가 원료인 것은 위스키이다.

57 'Are you free this evening?'의 의미로 가장 적합한 것은?

① 이것은 무료입니까?

② 오늘밤에 시간 있으십니까?

③ 오늘밤에 만나시겠습니까?

④ 오늘밤에 개점합니까?

 • be free : 자유롭다

• this evening : 오늘 저녁

58 다음 (   ) 안에 들어갈 알맞은 것은?

I don't know what happened at the meeting because I wasn't able to (   ).

① decline ② apply

③ depart ④ attend

 attend : 참석하다

59 Which one is not made from grapes?

① Cognac ② Calvados

③ Armagnac ④ Grappa

 포도로 만들어지지 않은 것은 사과를 원료로 하는 Calvados(칼바도스)이다.

60 다음 (   ) 안에 알맞은 것은?

(   ) must have juniper berry flavor and can be made either by distillation or re-distillation.

① Whisky ② Rum

③ Tequila ④ Gin

Juniper Berry Flavor(주니퍼향)을 가진 술은 Gin(진)이다.

2016년도 2회 기출문제

01 슬로 진(Sloe Gin)의 설명 중 옳은 것은?

① 리큐어의 일종이며 진(Gin)의 종류이다.

② 보드카에 그레나딘 시럽을 첨가한 것이다.

③ 아주 천천히 분위기 있게 먹는 칵테일이다.

④ 오얏나무 열매 성분을 진에 첨가한 것이다.

 오얏은 자두를 뜻한다. 슬로 진(Sloe Gin)은 야생 자두(오얏나무 열매)를 원료로 만든 리큐어이다.

02 각 국가별 부르는 적포도주로 틀린 것은?

① 프랑스 – Vim Rouge

② 이탈리아 – Vino Rosso

③ 스페인 – Vino Rosado

④ 독일 – Rotwein

 적포도주는 스페인어로 Vino Tinto(비노 틴토)이다. Vino Rosado(비노 로사도)는 핑크 와인을 말한다.

03 Sparkling Wine이 아닌 것은?

① Asti Spumante　　② Sekt

③ Vin Mousseux　　④ Troken

 Troken(트로켄)은 독일 와인의 당도를 나타내는 용어이다.

04 포도 품종의 그린 수확(Green Harvest)에 대한 설명으로 옳은 것은?

① 수확량을 제한하기 위한 수확

② 청포도 품종 수확

③ 완숙한 최고의 포도 수확

④ 포도원의 잡초 제거

 그린 수확(Green Harvest)이란 양질의 포도송이를 수확하기 위해 솎아주기 하는 과정을 말한다.

05 보르도 지역의 와인이 아닌 것은?

① 샤블리(Chablis)　　② 메독(Medoc)

③ 마고(Margaux)　　④ 그라브(Graves)

 샤블리(Chablis)는 프랑스 부르고뉴에 위치한 와인 생산지이다.

06 프랑스에서 생산되는 칼바도스(Calvados)는 어느 종류에 속하는가?

① Brandy　　② Gin

③ Wine　　④ Whisky

 칼바도스(Calvados)는 사과주를 증류한 애플 브랜디(Apple Brandy)이다.

07 원료인 포도주에 브랜디나 당분을 섞고 향료나 약초를 넣어 향미를 내어 만들며 이탈리아산이 유명한 것은?

① Manzanilla　　② Vermouth

③ Stout　　④ Hock

 Vermouth(베르무트)는 프랑스가 원산지인 Dry Vermouth(드라이 베르무트)와 이탈리아가 원산지인 Sweet Vermouth(스위트 베르무트)의 2가지가 있으며, 와인에 여러 가지 약재를 넣어 만드는 리큐어이다.

08 다음 중 Aperitif Wine으로 가장 적합한 것은?

① Dry Sherry Wine ② White Wine

③ Red Wine ④ Port Wine

 Aperitif Wine(식전주)의 가장 대표적인 것이 스페인의 Dry Sherry Wine(드라이 셰리 와인)이다.

09 혼성주의 종류에 대한 설명이 틀린 것은?

① 아드보카트(Advocaat)는 브랜디에 달걀 노른자와 설탕을 혼합하여 만들었다.

② 드람부이(Drambuie)는 '사람을 만족시키는 음료'라는 뜻을 가지고 있다.

③ 알마냑(Armagnac)은 체리향을 혼합하여 만든 술이다.

④ 칼루아(Kahlua)는 증류주에 커피를 혼합하여 만든 술이다.

 알마냑(Armagnac)은 프랑스 알마냑 지역에서 포도주를 증류한 브랜디이다.

10 혼성주 제조 방법인 침출법에 대한 설명으로 틀린 것은?

① 맛과 향이 알코올에 쉽게 용해되는 원료일 때 사용한다.

② 과실 및 향료를 기주에 담가 맛과 향이 우러나게 하는 방법이다.

③ 원료를 넣고 밀봉한 후 수개월에서 수년간 장기 숙성시킨다.

④ 맛과 향이 추출되면 여과한 후 블렌딩하여 병입한다.

 침출법은 맛과 향이 알코올에 쉽게 용해되지 않는 원료일 때 사용하는 방법으로 가장 긴 시간을 요한다.

11 보졸레 누보 양조과정의 특징이 아닌 것은?

① 기계수확을 한다.

② 열매를 분리하지 않고 송이째 밀폐된 탱크에 집어넣는다.

③ 발효 중 CO_2의 영향을 받아 산도가 낮은 와인이 만들어진다.

④ 오랜 숙성 기간 없이 출하한다.

 보졸레 누보(Beaujolais Nouveau)는 파쇄하지 않은 포도송이로 양조하여 매년 11월 셋째 주 목요일 자정을 기해 전 세계 동시판매로 유명세를 얻었다.

12 싱글(Single)이라 하면 술 30mL의 분량을 기준으로 한다. 그러면 2배인 60mL의 분량을 의미하는 것은?

① 핑거(Finger) ② 대시(Dash)

③ 드롭(Drop) ④ 더블(Double)

 핑거(Finger, 약 1oz 분량), 대시(Dash, 5~6방울의 양 1/32oz), 드롭(Drop, 1방울)

13 원산지가 프랑스인 술은?

① Absinthe ② Curacao

③ Kahlua ④ Drambuie

 ② 큐라소(Curacao) : 큐라소섬
③ 칼루아(Kahlua) : 멕시코
④ 드람부이(Drambuie) : 스코틀랜드

14 상면발효맥주로 옳은 것은?

① Bock Beer ② Budweiser Beer

③ Porter Beer ④ Asahi Beer

 맥주는 발효방식에 따라 크게 상면발효맥주와 하면발효맥주로 나누며, 상면발효맥주는 영국식 맥주로 Ale(에일)과 Porter(포터) 등이 대표적이다.

15 Hop에 대한 설명 중 틀린 것은?

① 자웅이주의 숙근 식물로서 수정이 안 된 암 꽃을 사용한다.

② 맥주의 쓴맛과 향을 부여한다.

③ 거품의 지속성과 항균성을 부여한다.

④ 맥아즙 속의 당분을 분해하여 알코올과 탄산 가스를 만드는 작용을 한다.

 Hop(홉)의 암꽃에 있는 루풀린(Lupulin) 성분이 맥주 특유의 쓴맛과 향을 부여하고, 맥주를 맑게 하며 잡균의 번식을 억제한다.

16 다음에서 설명하는 것은?

• 북유럽 스칸디나비아 지방의 특산주로 어원 은 생명의 물이라는 라틴어에서 온 말이다.

• 제조과정은 먼저 감자를 익혀서 으깬 감자와 맥아를 당화, 발효시켜 증류시킨다.

• 연속 증류기로 95%의 고농도 알코올을 얻은 다음 물로 희석하고 회향초 씨나 박하, 오렌 지 껍질 등 여러 가지 종류의 허브로 향기를 착향시킨 술이다.

① Vodka ② Rum

③ Aquavit ④ Brandy

 Aquavit(아쿠아비트)는 생명의 물이란 뜻인 라틴 어 'Aqua Vitae'에서 유래한 말로 감자와 곡류로 만드는 증류주이다.

17 와인을 선택할 때 집중적으로 고려해야 할 사항으로 가장 적당한 것은?

① 가격, 종류, 숙성 연도, 병의 크기

② 산지, 수확 연도, 브랜드명, 요리와의 조화

③ 제조회사, 가격, 장소, 발효기간

④ 브랜드명, 병의 색깔, 가격, 와인 색깔

 와인 구입 시에는 포도 품종과 산지에 따라 다양한 특성을 가지므로 산지, 수확 연도(Vintage), 브랜드

명, 요리와의 조화, 가격 등을 고려하도록 한다.

18 다음 중 과실음료가 아닌 것은?

① 토마토 주스 ② 천연과즙 주스

③ 희석과즙 음료 ④ 과립과즙 음료

 토마토 주스는 과채음료이다.

19 우리나라 전통주 중에서 약주가 아닌 것은?

① 두견주 ② 한산 소국주

③ 칠선주 ④ 문배주

 약주란 발효주(양조주)를 말하며, 문배주는 증류 주이다.

20 다음 중 스카치 위스키(Scotch Whisky)가 아닌 것은?

① Crown Royal ② White Horse

③ Johnnie Walker ④ Chivas Regal

 Crown Royal(크라운 로열)은 캐나디안 위스키 상 표이다.

21 다음 음료 중 서비스 온도가 가장 낮은 것은?

① 백포도주 ② 보드카

③ 위스키 ④ 브랜디

 보드카는 −10℃ 정도에서 맛과 향을 최대로 즐 길 수 있는 것으로 알려져 있다.

22 소다수에 대한 설명으로 틀린 것은?

① 인공적으로 이산화탄소를 첨가한다.

② 약간의 신맛과 단맛이 나며 청량감이 있다.

③ 식욕을 돋우는 효과가 있다.

④ 성분은 수분과 이산화탄소로 칼로리는 없다.

정답 15 ④ 16 ③ 17 ② 18 ① 19 ④ 20 ① 21 ② 22 ②

소다수(Club Soda, Plain Soda)는 물에 탄산가스가 녹아 있는 형태로 청량감이 있으며, 아무 맛이 없다.

23 다음에서 설명되는 우리나라 고유의 술은?

> 엄격한 법도에 의해 술을 담근다는 전통주로 신라시대부터 전해오는 유상곡수(流觴曲水)라 하여 주로 상류계급에서 즐기던 것으로 중국 남방 술인 사오싱주보다 빛깔은 조금 희고 그 순수한 맛이 가히 일품이다.

① 두견주　　　　　② 인삼주
③ 감홍로주　　　　④ 경주 교동법주

 경주 교동법주는 경주 최부잣집 가문에서 빚어온 가양주로 엄격한 법도에 의해 빚는 시기와 방법이 정해져 있어 법주라는 이름이 붙었다고 한다.

24 설탕이나 소금 등을 Frosting할 때 준비해야 하는 것은?

① 레몬(Lemon)　　② 오렌지(Orange)
③ 얼음(Ice)　　　　④ 꿀(Honey)

 Frosting(Rimming)이란 글라스의 가장자리에 설탕이나 소금 등을 묻혀 주는 것을 말한다. 글라스는 세척하여 건조된 상태로 보관되어 있으므로 레몬 조각을 글라스의 림(Rim) 부분에 대고 문지른 다음 설탕이나 소금을 Frosting(Rimming)한다.

25 다음 중 테킬라(Tequila)가 아닌 것은?

① Cuervo　　　　　② El Toro
③ Sambuca　　　　④ Sauza

 ①, ②, ④는 테킬라의 상표이고, ③은 아니스(Anise)로 향을 낸 이탈리아의 리큐어이다.

26 다음 중 아메리칸 위스키(American Whiskey)가 아닌 것은?

① Jim Beam　　　　② Wild Whisky
③ John Jameson　　④ Jack Daniel

 John Jameson(존 제임슨)은 아이리시 위스키 상표이다.

27 다음 중 그 종류가 다른 하나는?

① Vienna Coffee　　② Cappuccino Coffee
③ Espresso Coffee　④ Irish Coffee

 ①, ②, ③은 술을 사용하지 않지만, ④는 술(Irish Whiskey)이 사용된다.

28 스카치 위스키의 5가지 법적 분류에 해당하지 않는 것은?

① 싱글 몰트 스카치 위스키
② 블렌디드 스카치 위스키
③ 블렌디드 그레인 스카치 위스키
④ 라이 위스키

 스카치 위스키의 5가지 분류
- 싱글 몰트(Single Malt) 스카치 위스키
- 싱글 그레인(Single Grain) 스카치 위스키
- 블렌디드(Blended) 스카치 위스키
- 블렌디드 그레인(Blended Grain) 스카치 위스키
- 블렌디드 몰트(Blended Malt) 스카치 위스키

29 다음 중 증류주에 속하는 것은?

① Vermouth　　　　② Champagne
③ Sherry Wine　　　④ Light Rum

 Vermouth(베르무트)는 혼성주, Champagne(샴페인)과 Sherry Wine(셰리 와인)은 발효주이다.

PART 01 PART 02 PART 03 PART 04 PART 05

30 음료의 역사에 대한 설명으로 틀린 것은?

① 기원전 6,000년경 바빌로니아 사람들은 레몬과즙을 마셨다.
② 스페인 발렌시아 부근의 동굴에서는 탄산가스를 발견해 마시는 벽화가 있었다.
③ 바빌로니아 사람들은 밀빵이 물에 젖어 발효된 맥주를 발견해 음료로 즐겼다.
④ 중앙아시아 지역에서는 야생의 포도가 쌓여 자연 발효된 포도주를 음료로 즐겼다.

 1919년 스페인 발렌시아 부근의 아라니아 동굴에서 발견된 신석기 시대의 벽화에 벌꿀을 채집하는 모습이 새겨져 있었다고 한다.

31 칵테일 조주 시 레몬이나 오렌지 등으로 즙을 짤 때 사용하는 기구는?

① 스퀴저(Squeezer) ② 머들러(Muddler)
③ 셰이커(Shaker) ④ 스트레이너(Strainer)

 스퀴저(Squeezer)는 오렌지, 레몬, 라임 등의 과즙을 짤 때 사용하는 기구이다.

32 샴페인 1병을 주문한 고객에게 샴페인을 따라주는 방법으로 옳지 않은 것은?

① 샴페인은 글라스에 서브할 때 2번에 나눠서 따른다.
② 샴페인의 기포를 눈으로 충분히 즐길 수 있게 따른다.
③ 샴페인은 글라스의 최대 절반 정도까지만 따른다.
④ 샴페인을 따를 때에는 최대한 거품이 나지 않게 조심해서 따른다.

 샴페인의 기포는 향과 밀접한 관계가 있다.

33 에스프레소 추출 시 너무 진한 크레마(Dark Crema)가 추출되었을 때 그 원인이 아닌 것은?

① 물의 온도가 95℃보다 높은 경우
② 펌프 압력이 기준 압력보다 낮은 경우
③ 포터 필터의 구멍이 너무 큰 경우
④ 물 공급이 제대로 안 되는 경우

 포터 필터의 구멍이 너무 큰 경우에 추출속도가 빨라 크레마가 약하게 추출된다.

34 칵테일을 만드는 데 필요한 기물이 아닌 것은?

① Cork Screw ② Mixing Glass
③ Shaker ④ Bar Spoon

 Cork Screw(코르크 스크루)는 코르크 마개를 뽑는 기구이다.

35 브랜디 글라스(Brandy Glass)에 대한 설명 중 틀린 것은?

① 튤립형의 글라스이다.
② 향이 잔 속에서 휘감기는 특징이 있다.
③ 글라스를 예열하여 따뜻한 상태로 사용한다.
④ 브랜디는 글라스에 가득 채워 따른다.

 브랜디는 글라스의 크기에 관계없이 글라스를 기울여 1oz 정도 따른다.

36 바람직한 바텐더(Bartender) 직무가 아닌 것은?

① 바(Bar) 내에 필요한 물품 재고를 항상 파악한다.
② 일일 판매할 주류가 적당한지 확인한다.
③ 바(Bar)의 환경 및 기물 등의 청결을 유지, 관리한다.
④ 칵테일 조주 시 지거(Jigger)를 사용하지 않는다.

칵테일 조주 시 지거(Jigger)를 사용하여 정확히 계량하여야 항상 일정한 맛을 낼 수 있다.

37 Glass 관리 방법 중 틀린 것은?

① 알맞은 Rack에 담아서 세척기를 이용하여 세척한다.

② 닦기 전에 금이 가거나 깨진 것이 없는지 먼저 확인한다.

③ Glass의 Stem 부분을 시작으로 돌려서 닦는다.

④ 물에 레몬이나 에스프레소 1잔을 넣으면 Glass의 잡냄새가 제거된다.

 글라스 세척 시에는 글라스의 아랫부분을 잡고 Body(보디)와 Stem(스템) 부분을 서로 반대로 돌려가며 닦는다.

38 Extra Dry Martini는 Dry Vermouth를 어느 정도 넣어야 하는가?

① 1/4oz ② 1/3oz

③ 1oz ④ 2oz

 마티니 칵테일은 드라이진과 드라이 베르무트의 비율에 따라 이름이 달라진다. 드라이 마티니는 6 : 1의 비율로 되어 있다(드라이진 2oz, 드라이 베르무트 1/3oz).
Extra Dry Martini(엑스트라 드라이 마티니)는 드라이진과 드라이 베르무트의 비율을 8 : 1로 한다(드라이진 2oz, 드라이 베르무트 1/4oz).

39 Gibson에 대한 설명으로 틀린 것은?

① 알코올 도수는 약 36도에 해당된다.

② 베이스는 Gin이다.

③ 칵테일 어니언(Onion)으로 장식한다.

④ 기법은 Shaking이다.

 Gibson(깁슨)은 마티니에서 변형된 칵테일로 마티니 칵테일에서 장식 과일을 칵테일 어니언

(Cocktail Onion)으로 바꾼 것이다.

40 칵테일 상품의 특성과 가장 거리가 먼 것은?

① 대량생산이 가능하다.

② 인적 의존도가 높다.

③ 유통과정이 없다.

④ 반품과 재고가 없다.

 칵테일은 바텐더의 수작업에 의존하므로 대량생산이 되지 못한다.

41 바(Bar)의 한 달 전체 매출액이 1,000만 원이고 종사원에게 지불된 모든 급료가 300만 원이라면 이 바(Bar)의 인건비율은?

① 10% ② 20%

③ 30% ④ 40%

 매출액이 1,000만 원이고 급료가 300만 원이라면 인건비는 30%이다.

42 내열성이 강한 유리잔에 제공되는 칵테일은?

① Grasshopper ② Tequila Sunrise

③ New York ④ Irish Coffee

 Irish Coffee(아이리시 커피)는 위스키를 데워 뜨거운 블랙커피를 넣어 만들므로 내열성의 잔을 사용해야 한다.

43 다음 중에서 Cherry로 장식하지 않는 칵테일은?

① Angel's Kiss ② Manhattan

③ Rob Roy ④ Martini

 Martini(마티니) 칵테일에는 올리브를 장식한다.

44 칵테일에 사용되는 Garnish에 대한 설명으로 가장 적절한 것은?

① 과일만 사용이 가능하다.

② 꽃이 화려하고 향기가 많이 나는 것이 좋다.

③ 꽃가루가 많은 꽃은 더욱 운치가 있어서 잘 어울린다.

④ 과일이나 허브향이 나는 잎이나 줄기가 적합하다.

 칵테일에 어울리는 비슷한 맛의 가니시를 사용하는 것이 기본이다.

45 다음 중 가장 영양분이 많은 칵테일은?

① Brandy Egg Nog   ② Gibson

③ Bacardi   ④ Olympic

 Brandy Egg Nog(브랜디 에그 노그)는 달걀과 우유를 사용하여 만들므로 영양가가 높다.

46 다음 중 1oz당 칼로리가 가장 높은 것은? (단, 각 주류의 도수는 일반적인 경우를 따른다.)

① Red Wine   ② Champagne

③ Liqueur   ④ White Wine

 Liqueur(리큐어)는 설탕이나 벌꿀 등의 감미물질이 들어가므로 칼로리가 높다.

47 네그로니(Negroni) 칵테일의 조주 시 재료로 가장 적합한 것은?

① Rum 3/4oz, Sweet Vermouth 3/4oz, Campari 3/4oz, Twist of Lemon Peel

② Dry Gin 3/4oz, Sweet Vermouth 3/4oz, Campari 3/4oz, Twist of Lemon Peel

③ Dry Gin 3/4oz, Dry Vermouth 3/4oz, Campari 3/4oz, Twist of Lemon Peel

④ Tequila 3/4oz, Sweet Vermouth 3/4oz, Campari 3/4oz, Twist of Lemon Peel

 네그로니(Negroni) 칵테일은 Dry Gin(드라이진), Sweet Vermouth(스위트 베르무트), Campari(캄파리) 각 3/4oz를 올드 패션드 글라스에서 빌드(Build) 기법으로 만들어 Twist of Lemon Peel(레몬 껍질을 트위스트)하여 제공한다.

48 다음 중 장식이 필요 없는 칵테일은?

① 김렛(Gimlet)

② 시 브리즈(Sea Breeze)

③ 올드 패션드(Old Fashioned)

④ 싱가폴 슬링(Singapore Sling)

 시 브리즈(Sea Breeze)에는 레몬이나 라임 웨지(Lemon or Lime Wedge), 올드 패션드(Old Fashioned)에는 오렌지 슬라이스(Orange Slice), 싱가폴 슬링(Singapore Sling)에는 오렌지 슬라이스와 체리(Orange Slice & Cherry) 장식을 한다.

49 칵테일 레시피(Recipe)를 보고 알 수 없는 것은?

① 칵테일의 색깔   ② 칵테일의 판매량

③ 칵테일의 분량   ④ 칵테일의 성분

 칵테일 레시피(Recipe)를 보면 술의 색, 향, 맛, 특징 등을 알 수 있다.

50 Gibson을 조주할 때 Garnish는 무엇으로 하는가?

① Olive   ② Cherry

③ Onion   ④ Lime

 Gibson(깁슨)은 마티니에서 변형된 칵테일로 마티니 칵테일에서 장식 과일을 올리브 대신 Cocktail Onion(칵테일 어니언)으로 바꾼 것이다.

정답   44 ④   45 ①   46 ③   47 ②   48 ①   49 ②   50 ③

51 "우리 호텔을 떠나십니까?"의 표현으로 옳은 것은?

① Do you start our hotel?

② Are you leave to our hotel?

③ Are you leaving our hotel?

④ Do you go our hotel?

 현재의 동작을 나타내므로 현재 진행형인 'be동사(am, are, is)+동사원형 ~ing'의 형태를 사용해야 한다.

　　• leave : 떠나다

52 다음 (　) 안에 가장 적합한 것은?

> W : Good evening Mr. Carr.
>   　How are you this evening?
> G : Fine, and you Mr. Kim
> W : Very well, Thank you.
>   　What would you like to try tonight?
> G : (　　　)
> W : A whisky, No ice, No water. Am I correct?
> G : Fantastic!

① Just one for my health, please.

② One for the road.

③ I'll stick to my usual.

④ Another one please.

 ③ 평소와 같은 것으로 주세요.

53 다음 밑줄에 들어갈 가장 적합한 것은?

> I'm sorry to have _____ you waiting.

① kept　　　　　② made

③ put　　　　　④ had

 기다리게 해서 죄송합니다.

54 Which one is not aperitif cocktail?

① Dry Martini　　② Kir

③ Campari Orange　④ Grasshopper

 Grasshopper(그래스호퍼)는 혼성주로 만들어져 감미가 있으므로 Aperitif Cocktail(식전주)이 되지 못한다.

55 다음 (　) 안에 알맞은 단어와 아래의 상황 후 Jenny가 Kate에게 할 말의 연결로 가장 적합한 것은?

> Jenny comes back with a magnum and glasses carried by a barman. She sets the glasses while he barman opens the bottle. There is a loud "(　　)" and the cork hits Kate who jumps up with a cry. The champagne spills all over the carpet.

① Peep − Good luck to you.

② Ouch − I am sorry to hear that.

③ Tut − How awful!

④ Pop − I am very sorry. I do hope you are not hurt.

 샴페인의 코르크 마개가 Kate에게 날아간 내용이다.
④ 정말 죄송합니다.
　• pop : 펑 소리를 내다. 펑 하는 소리

56 다음 (　) 안에 알맞은 것은?

> (　　) is distilled spirit from the fermented juice of sugarcane or other sugarcane by-products.

① Whisky　　　② Vodka

③ Gin　　　　④ Rum

 Rum(럼)은 사탕수수 또는 기타 사탕수수 부산물을 발효하여 증류한 증류주이다.

57 There are basic direction of wine service Select the one which is not belong to them in the following?

① Filling four-fifth of red wine into the glass.

② Serving the red wine with room temperature.

③ Serving the white wine with condition of 8~12℃.

④ Showing the guest the label of wine before service.

 레드 와인을 잔의 4/5를 채우는 것은 잘못된 와인 서비스법이다.

58 Which one is not distilled beverage in the following?

① Gin   ② Calvados

③ Tequila   ④ Cointreau

 증류주가 아닌 것은 혼성주인 Cointreau(쿠앵트로)이다.

59 다음 문장에서 의미하는 것은?

This is produced in Italy and made with apricot and almond.

① Amaretto   ② Absinthe

③ Anisette   ④ Angelica

 이탈리아에서 살구와 아몬드로 만드는 것은 Amaretto (아마레토)이다.

60 다음 밑줄 친 곳에 가장 적합한 것은?

A : Good evening, Sir.
B : Could you show me the wine list?
A : Here you are, Sir. This week is the promotion week of _____.
B : OK. I'll try it.

① Stout

② Calvados

③ Glenfiddich

④ Beaujolais Nouveau

 Wine List(와인 리스트)를 보여 달라고 하였는데 Stout(스타우트)는 맥주, Calvados(칼바도스)는 애플 브랜디, Glenfiddich(글렌피딕)은 스카치 위스키이다.

정답   **57** ①   **58** ④   **59** ①   **60** ④

2016년 4회 기출문제

01 레드 와인용 포도 품종이 아닌 것은?

① 리슬링(Riesling)

② 메를로(Merlot)

③ 피노 누아(Pinot Noir)

④ 카베르네 소비뇽(Cabernet Sauvignon)

 리슬링(Riesling)은 독일의 화이트 와인용 품종이다.

02 맥주(Beer) 양조용 보리로 부적합한 것은?

① 껍질이 얇고, 담황색을 하고 윤택이 있는 것

② 알맹이가 고르고 95% 이상의 발아율이 있는 것

③ 수분 함유량은 10% 내외로 잘 건조된 것

④ 단백질이 많은 것

 맥주용 보리는 껍질이 얇고 전분질 함량은 높고 단백질 함량은 낮은 것이 좋다.

03 이탈리아 와인에 대한 설명으로 틀린 것은?

① 거의 전 지역에서 와인이 생산된다.

② 지명도가 높은 와인 산지로는 피에몬테, 토스카나, 베네토 등이 있다.

③ 이탈리아 와인 등급체계는 5등급이다.

④ 네비올로, 산지오베제, 바르베라, 돌체토 포도 품종은 레드 와인용으로 사용된다.

 이탈리아 와인 등급체계는 VDT → IGT → DOC → DOCG의 4등급 체계이다.

04 다음 보기들과 가장 관련되는 것은?

> • 만사니아(Manzanilla)
> • 몬틸라(Montilla)
> • 올로로소(Oloroso)
> • 아몬틸라도(Amontillado)

① 이탈리아산 포도주 ② 스페인산 백포도주

③ 프랑스산 샴페인 ④ 독일산 포도주

 만사니아(Manzanilla), 몬틸라(Montilla), 올로로소(Oloroso), 아몬틸라도(Amontillado) 모두 스페인의 백포도주인 셰리(Sherry)와 관련 있다.

05 맥주의 제조과정 중 발효가 끝난 후 숙성시킬 때의 온도로 가장 적합한 것은?

① −1~3℃ ② 8~10℃

③ 12~14℃ ④ 16~20℃

 맥주의 숙성은 후발효라고도 하는데 맛의 숙성을 위해 약 0℃ 정도에서 1~3개월간 저온 발효시킨다.

06 밀(Wheat)을 주원료로 만든 맥주는?

① 산미구엘(San Miguel)

② 호가든(Hoegaarden)

③ 람빅(Lambic)

④ 포스터스(Foster's)

 호가든(Hoegaarden) 맥주는 벨기에에서 생산하는 대표적인 밀맥주이다. 산미구엘(San Miguel)은 필리핀의 라거비어, 람빅(Lambic)은 벨기에에서 생산하는 자연효모맥주, 포스터스(Foster's)는 호주에서 생산하는 맥주이다.

07 리큐어(Liqueur)의 여왕이라고 불리며 프랑스의 수도원의 이름을 가지고 있는 것은?
① 드람부이(Drambuie)
② 샤르트뢰즈(Chartreuse)
③ 베네딕틴(Benedictine)
④ 체리 브랜디(Cherry Brandy)

 리큐어의 여왕이라고 불리는 샤르트뢰즈(Chartreuse)는 그랑드 샤르트뢰즈 수도원(Grande Chartreuse Monastery)에서 만들어졌기 때문에 붙은 이름으로 현재는 수도원에서 직접 만들지는 않고 수도사들의 감독하에 공장에서 제조되고 있다.

08 맥주 제조 시 홉(Hop)을 사용하는 가장 주된 이유는?
① 잡냄새 제거
② 단백질 등 질소화합물 제거
③ 맥주색깔의 강화
④ 맥즙의 살균

 홉(Hop)의 암꽃에 있는 루풀린(Lupulin) 성분이 맥주 특유의 쓴맛과 향을 부여하고, 맥아즙의 단백질을 침전시켜 맥주를 맑게 하고 잡균의 번식을 억제한다.

09 다음 중 호크 와인(Hock Wine)이란?
① 독일 라인산 화이트 와인
② 프랑스 버건디산 화이트 와인
③ 스페인 호크하임엘산 레드 와인
④ 이탈리아 피에몬테산 레드 와인

 호크 와인(Hock Wine)은 독일 라인산 화이트 와인이다.

10 다음 중 Bitter가 아닌 것은?
① Angostura
② Campari
③ Galliano
④ Amer Picon

 Bitter(비터)는 쓴맛을 가진 술이다.

11 발포성 와인의 이름이 잘못 연결된 것은?
① 스페인 – 카바(Cava)
② 독일 – 젝트(Sekt)
③ 이탈리아 – 스푸만테(Spumante)
④ 포르투갈 – 도세(Doce)

 포르투갈의 발포성 와인은 에스푸만테(Espumante)이다.

12 식후주(After Dinner Drink)로 가장 적합한 것은?
① 코냑(Cognac)
② 드라이 셰리 와인(Dry Sherry Wine)
③ 드라이진(Dry Gin)
④ 베르무트(Vermouth)

 코냑(Cognac)은 향을 즐기는 술로 식후주이다.

13 리큐어 중 DOM 글자가 표기되어 있는 것은?
① Sloe Gin
② Kahlua
③ Kummel
④ Benedictine

 프랑스가 원산지인 Benedictine(베네딕틴)에는 DOM이라 쓰여 있는데 라틴어 Deo Optimo Maximo의 약자로 '최대, 최선의 신에게'라는 뜻이다.

14 슬로 진(Sloe Gin)의 설명 중 옳은 것은?
① 증류주의 일종이며, 진(Gin)의 종류이다.

② 보드카(Vodka)에 그레나딘 시럽을 첨가한 것이다.

③ 아주 천천히 분위기 있게 먹는 칵테일이다.

④ 진(Gin)에 야생자두(Sloe Berry)의 성분을 첨가한 것이다.

 슬로 진(Sloe Gin)은 야생자두(오얏)를 사용하여 만든 리큐어이다.

15 콘 위스키(Corn Whiskey)란?

① 원료의 50% 이상 옥수수를 사용한 것

② 원료에 옥수수 50%, 호밀 50%가 섞인 것

③ 원료의 80% 이상 옥수수를 사용한 것

④ 원료의 40% 이상 옥수수를 사용한 것

 콘 위스키(Corn Whiskey)는 옥수수를 80% 이상 사용하여 만든 아메리칸 위스키이다.

16 일반적으로 단식 증류기(Pot Still)로 증류하는 것은?

① Kentucky Straight Bourbon Whiskey

② Grain Whisky

③ Dark Rum

④ Aquavit

 Dark Rum(다크 럼)은 색이 짙고 갈색이 나는 것으로 단식 증류기(Pot Still)로 증류하여 일정기간 숙성하므로 강한 풍미를 갖게 되며 자마이카(Jamaica)가 유명하다.

17 알코올성 음료를 의미하는 용어가 아닌 것은?

① Hard Drink　　② Liquor

③ Ginger Ale　　④ Spirit

 Ginger Ale(진저엘)은 생강향을 더한 탄산음료이다. Hard Drink(하드 드링크)는 독한 술, Liquor(리커)는 술, Spirit(스피릿)은 주정을 뜻한다.

18 비알코올성 음료의 분류 방법에 해당되지 않는 것은?

① 청량음료　　　② 영양음료

③ 발포성 음료　　④ 기호음료

 발포성 음료는 탄산가스를 함유한 음료로 청량음료에 속한다.

19 다음 중 1oz당 칼로리가 가장 높은 것은? (단, 각 주류의 도수는 일반적인 경우를 따른다.)

① Red Wine　　　② Champagne

③ Liqueur　　　　④ White Wine

 알코올 1g은 7kcal의 열량이 발생한다. Liqueur(혼성주)는 설탕이나 벌꿀 등의 감미제가 더해지므로 다른 술에 비해 열량이 높다.

20 탄산음료 중 뒷맛이 쌉쌀한 맛이 남는 음료는?

① 콜린스 믹스　　② 토닉 워터

③ 진저엘　　　　④ 콜라

 토닉 워터(Tonic Water)는 퀴닌과 여러 가지 향료를 첨가한 탄산음료로 쓴맛이 특징이다.

21 다음 중 생산지가 옳게 연결된 것은?

① 비시수 – 오스트리아

② 셀처수 – 독일

③ 에비앙수 – 그리스

④ 페리에수 – 이탈리아

 비시수, 에비앙수, 페리에수의 원산지는 프랑스이다.

22 우리나라 전통주에 대한 설명으로 틀린 것은?

① 증류주 제조기술은 고려시대 때 몽고에 의해 전래되었다.

② 탁주는 쌀 등 곡식을 주로 이용하였다.

③ 탁주, 약주, 소주의 순서로 개발되었다.

④ 청주는 쌀의 향을 얻기 위해 현미를 주로 사용한다.

 청주는 맑은 술을 얻기 위해 백미를 사용한다.

23 보드카의 설명으로 옳지 않은 것은?

① 슬라브 민족의 국민주로 애음되고 있다.

② 보드카는 러시아에서만 생산된다.

③ 보드카의 원료는 주로 보리, 밀, 호밀, 옥수수, 감자 등이 사용된다.

④ 보드카에 향을 입힌 보드카를 플레이버드 보드카라 칭한다.

 보드카는 러시아, 폴란드, 미국 등을 비롯한 많은 나라에서 생산하고 있다.

24 Whisky의 재료가 아닌 것은?

① 맥아　　　　　② 보리

③ 호밀　　　　　④ 감자

 감자는 보드카의 주원료이다.

25 에스프레소의 커피추출이 빨리 되는 원인이 아닌 것은?

① 너무 굵은 분쇄입자

② 약한 탬핑 강도

③ 너무 많은 커피 사용

④ 높은 펌프 압력

 커피를 정량보다 많이 사용하면 밀도가 높아져 추출속도는 늦게 된다.

26 브랜디에 대한 설명으로 가장 거리가 먼 것은?

① 포도 또는 과실을 발효하여 증류한 술이다.

② 코냑 브랜디에 처음으로 별표의 기호를 도입한 것은 1865년 헤네시(Hennessy) 사에 의해서이다.

③ Brandy는 저장기간을 부호로 표시하며 그 부호가 나타내는 저장기간은 법적으로 정해져 있다.

④ 브랜디의 증류는 와인을 2~3회 단식 증류기(Pot Still)로 증류한다.

 브랜디의 저장기간 부호표시는 법적으로 정해진 것이 아니라 제조사에서 임의로 사용한다.

27 위스키의 원료에 따른 분류가 아닌 것은?

① 몰트 위스키　　　② 그레인 위스키

③ 포트 스틸 위스키　④ 블렌디드 위스키

 위스키는 증류법에 따라 단식 증류(Pot Still), 연속식 증류(Patent Still)로 분류한다.

28 국가지정 중요무형문화재로 지정받은 전통주가 아닌 것은?

① 충남 면천 두견주　② 진도 홍주

③ 서울 문배주　　　④ 경주 교동법주

 진도 홍주는 전라남도 무형문화재 제26호로 지정되어 있다.

　　① 충남 면천 두견주(국가무형문화재 제86-2호)
　　③ 서울 문배주(국가무형문화재 제86-1호)
　　④ 경주 교동법주(국가무형문화재 제86-3)

29 커피 로스팅의 정도에 따라 약한 순서에서 강한 순서대로 나열한 것으로 옳은 것은?

① American Roasting → German Roasting → French Roasting → Italian Roasting

② German Roasting → Italian Roasting → American Roasting → French Roasting

③ Italian Roasting → German Roasting → American Roasting → French Roasting

④ French Roasting → American Roasting → Italian Roasting → German Roasting

 커피로스팅의 단계는 Light → Cinnamon → Medium → High → City → Full City → French → Italian Roasting으로 구분하는데, Medium Roasting을 American Roasting, City Roasting을 German Roasting이라고도 한다.

30 혼합물을 구성하는 각 물질의 비등점의 차이를 이용하여 만드는 술을 무엇이라 하는가?

① 발효주
② 발아주
③ 증류주
④ 양조주

 발효주의 물(100℃)과 알코올(78.3℃)의 비등점의 차이를 이용하여 높은 농도의 알코올을 얻는 것을 증류주라고 한다.

31 구매부서의 기능이 아닌 것은?

① 검수
② 저장
③ 불출
④ 판매

 구매부서에서는 제품의 생산 판매가 원활하게 이루어질 수 있도록 필요한 물품을 제때 공급할 수 있도록 하여야 한다.

32 Pousse Cafe를 만드는 재료 중 가장 나중에 따르는 것은?

① Brandy
② Grenadine
③ Creme de Menthe(White)
④ Creme de Cassis

 Pousse Cafe(푸스 카페)는 여러 종류의 리큐어로

플로트(Float) 기법으로 만드는 칵테일이며, 브랜디가 비중이 가장 가볍기 때문에 마지막에 사용한다.

33 빈(Bin)이 의미하는 것은?

① 프랑스산 적포도주
② 주류 저장소에 술병을 넣어 놓는 장소
③ 칵테일 조주 시 가장 기본이 되는 주재료
④ 글라스를 세척하여 담아 놓는 기구

 빈(Bin)이란 와인을 저장하는 장소를 말한다. 아이스 빈(Ice Bin)은 얼음을 담는 그릇을 말한다.

34 바텐더의 칵테일용 가니시 재료 손질에 관한 설명 중 가장 거리가 먼 것은?

① 레몬 슬라이스는 미리 손질하여 밀폐용기에 넣어서 준비한다.
② 오렌지 슬라이스는 미리 손질하여 밀폐용기에 넣어서 준비한다.
③ 레몬 껍질은 미리 손질하여 밀폐용기에 넣어서 준비한다.
④ 딸기는 미리 꼭지를 제거한 후 깨끗하게 세척하여 밀폐용기에 넣어서 준비한다.

 딸기 꼭지를 미리 제거해 두면 상하기 쉽다.

35 Gin & Tonic에 알맞은 Glass와 장식은?

① Collins Glass – Pineapple Slice
② Cocktail Glass – Olive
③ Cordial Glass – Orange Slice
④ Highball Glass – Lemon Slice

 Gin & Tonic(진토닉)은 Highball Glass(하이볼 글라스)에 얼음과 토닉수를 넣고 Build(빌드) 기법으로 만들어 레몬 슬라이스를 장식한다.

36 Classic Bar의 특징과 가장 거리가 먼 것은?

① 서비스의 중점을 정중함과 편안함에 둔다.
② 소규모 라이브 음악을 제공한다.
③ 고객에게 화려한 바텐딩 기술을 선보인다.
④ 칵테일 조주 시 정확한 용량과 방법으로 제
　공한다.

 Classic Bar(클래식 바)는 조용한 분위기가 연출
되는 곳이다.

37 위스키가 기주로 쓰이지 않는 칵테일은?

① 뉴욕(New York)
② 로브 로이(Rob Roy)
③ 블랙 러시안(Black Russian)
④ 맨해튼(Manhattan)

 블랙 러시안(Black Russian)은 보드카를 베이스
로 칼루아를 넣어 만든다.

38 셰이킹(Shaking) 기법에 대한 설명으로 틀린 것은?

① 셰이커에 얼음을 충분히 넣어 빠른 시간 안
　에 잘 섞이고 차게 한다.
② 셰이커에 재료를 순서대로 넣고 Cap을
　Strainer에 씌운 다음 Body에 덮는다.
③ 잘 섞이지 않는 재료들을 셰이커에 넣어 세
　차게 흔들어 섞는 조주 기법이다.
④ 달걀, 우유, 크림, 당분이 많은 리큐어 등으
　로 칵테일을 만들 때 많이 사용된다.

 셰이킹(Shaking) 기법은 셰이커의 보디(Body)에
얼음과 재료를 넣고 Strainer(스트레이너)를 덮은
다음 Cap(캡)을 씌운다.

39 주장의 종류로 가장 거리가 먼 것은?

① Cocktail Bar
② Members Club Bar
③ Snack Bar
④ Pub Bar

 Snack Bar(스낵 바)는 간단한 식사를 파는 곳이다.

40 다음 중 달걀이 들어가는 칵테일은?

① Millionaire
② Black Russian
③ Brandy Alexander
④ Daiquiri

 Millionaire(밀리오네이어)는 백만장자라는 뜻으로
버번(라이) 위스키, 화이트 큐라소, 그레나딘 시
럽, 달걀 흰자를 셰이킹하여 만든다.

41 다음 중 휘젓기(Stirring) 기법으로 만드는 칵테일이 아닌 것은?

① Manhattan
② Martini
③ Gibson
④ Gimlet

 Gimlet(김렛)은 드라이진, 라임 주스, 설탕으로 셰
이킹하여 만든다.

42 다음 칵테일 중 Floating 기법으로 만들지 않는 것은?

① B & B
② Pousse Cafe
③ B-52
④ Black Russian

 Black Russian(블랙 러시안)은 Old Fashioned
Glass(올드 패션드 글라스)에 Build(빌드) 기법으
로 만든다.

43 와인에 대한 Corkage의 설명으로 가장 거리가 먼 것은?

① 업장의 와인이 아닌 개인이 따로 가져온 와
　인을 마시고자 할 때 적용된다.
② 와인을 마시기 위해 이용되는 글라스, 직원
　서비스 등에 대한 요금이 포함된다.
③ 주로 업소가 보유하고 있지 않은 와인을 시
　음할 때 많이 작용된다.

④ 코르크로 밀봉되어 있는 와인을 서비스하는 경우에 적용되며, 스크루캡을 사용한 와인은 부과되지 않는다.

 Corkage(콜키지)란 고객이 외부에서 주류를 가지고 오는 경우 글라스, 얼음 등을 서비스하고 받는 요금을 말한다.

44 주장(Bar)에서 기물의 취급 방법으로 적합하지 않은 것은?

① 금이 간 접시나 글라스는 규정에 따라 폐기한다.
② 은기물은 은기물 전용 세척액에 오래 담가두어야 한다.
③ 크리스털 글라스는 가능한 한 손으로 세척한다.
④ 식기는 같은 종류별로 보관하며 너무 많이 쌓아두지 않는다.

 은기물 전용 세척제에는 광택용 약품이 들어 있으므로 오래 담그지 않는다.

45 다음 중 소믈리에(Sommelier)의 주요 임무는?

① 기물 세척(Utensil Cleaning)
② 주류 저장(Store Keeper)
③ 와인 판매(Wine Steward)
④ 칵테일 조주(Cocktail Mixing)

 소믈리에(Sommelier)는 와인의 구매와 관리, 판매 등을 담당한다.

46 바의 매출액 구성요소 산정 방법 중 옳은 것은?

① 매출액 = 고객수 ÷ 객단가
② 고객수 = 고정고객 × 일반고객
③ 객단가 = 매출액 ÷ 고객수
④ 판매가 = 기준단가 × (재료비/100)

 총매출액에 고객수를 나누면 객단가를 구할 수 있다.

47 바(Bar) 기물이 아닌 것은?

① Bar Spoon   ② Shaker
③ Chaser   ④ Jigger

 Chaser(체이서)란 '추적자'라는 뜻으로 독한 술을 마실 때 곁들이는 청량음료를 말한다.

48 글라스 세척 시 알맞은 세제와 세척순서로 짝지어진 것은?

① 산성세제 – 더운물 – 찬물
② 중성세제 – 찬물 – 더운물
③ 산성세제 – 찬물 – 더운물
④ 중성세제 – 더운물 – 찬물

 글라스 세척은 중성세제를 사용하여 더운물에 담가 세척하고 찬물에 헹군다.

49 Rum 베이스 칵테일이 아닌 것은?

① Daiquiri   ② Cuba Libre
③ Mai-Tai   ④ Stinger

 Stinger(스팅어) 칵테일은 브랜디를 베이스로 Menthe White(멘트 화이트)를 넣어 만든다.

50 다음 중 보드카(Vodka)를 주재료로 사용하지 않는 칵테일은?

① Cosmopolitan   ② Kiss of Fire
③ Apple Martini   ④ Margarita

 Margarita(마가리타)는 테킬라 베이스 칵테일이다.

51 "5월 5일에는 이미 예약이 다 되어 있습니다."의 표현은?

① We look forward to seeing you on May 5th.
② We are fully booked on May 5th.

정답 44 ② 45 ③ 46 ③ 47 ③ 48 ④ 49 ④ 50 ④ 51 ②

③ We are available on May 5th.

④ I will check availability on May 5th.

 fully booked : 예약이 꽉찬

52 다음 문장 중 틀린 것은?

① Are you in a hurry?

② May I help with you your baggage?

③ Will you pay in cash or with a credit card?

④ What is the most famous in Seoul?

 May I help you with your baggage? (당신의 짐을 도와드릴까요?)

53 아래 문장의 의미는?

The line is busy, so I can't put you through.

① 통화중이므로 바꿔 드릴 수 없습니다.

② 고장이므로 바꿔 드릴 수 없습니다.

③ 외출 중이므로 바꿔 드릴 수 없습니다.

④ 아무도 없으므로 바꿔 드릴 수 없습니다.

 통화중이므로 바꿔 드릴 수 없습니다.

54 Which one is the spirit made from agave?

① Tequila   ② Rum

③ Vodka   ④ Gin

 Agave(용설란)로 만드는 술은 Tequila(테킬라)이다.

55 "a glossary of basic wine terms"의 연결로 틀린 것은?

① Balance : the portion of the wine's odor derived from the grape variety and fermentation.

② Nose : the total odor of wine composed of aroma, bouquet, and other factors.

③ Body : the weight or fullness of wine on palate.

④ Dry : a tasting term to denote the absence of sweetness in wine.

 와인 용어에서 Balance(밸런스)란 와인의 산도, 당분, 탄닌, 알코올 도수 등과 향이 좋은 조화를 이루어 맛을 낼 때 쓰는 용어이다.

56 다음 ( ) 안에 들어갈 단어로 가장 적합한 것은?

( ) goes well with dessert.

① Ice Wine   ② Red Wine

③ Vermouth   ④ Dry Sherry

 Ice Wine(아이스 와인)은 감미가 있어 디저트로 적합하다.

57 Which is not an appropriate instrument for stirring method of how to make cocktail?

① Mixing Glass   ② Bar Spoon

③ Shaker   ④ Strainer

 칵테일 기법 중 Stirring(스터링) 기법은 Mixing Glass(믹싱 글라스)에 얼음과 재료를 넣고 Bar Spoon(바 스푼)으로 휘저어 Strainer(스트레이너)를 믹싱 글라스에 끼우고 조주한 칵테일을 따른다.

58 다음 중 의미가 다른 하나는?

① It's my treat this time.

② I'll pick up the tab.

③ Let's go dutch.

④ It's on me.

 ①, ②, ④는 내가 돈을 내겠다는 의미이고, ③은 각자가 부담하자는 의미이다.

59 다음 ( ) 안에 가장 적합한 것은?

A bartender must ( ) his helpers, waiters or waitress. He must also ( ) various kinds of records, such as stock control, inventory, daily sales report, purchasing report and so on.

① take, manage　　② supervise, handle
③ respect, deal　　④ manage, careful

 바텐더는 바 헬퍼, 웨이터 또는 웨이트리스를 감독해야 하고, 또한 재고관리, 매출보고서, 구매보고서 등 다양한 종류의 기록을 처리해야 한다.

60 Dry Gin, Egg White and Grenadine are the main ingredients of ( ).

① Bloody Mary　　② Egg Nog
③ Tom and Jerry　　④ Pink Lady

 드라이진과 달걀 흰자, 그레나딘 시럽으로 만드는 것은 Pink Lady(핑크 레이디)이다.

01 잭 다니엘(Jack Daniel)과 버번 위스키(Bourbon Whiskey)의 차이점은?

① 옥수수 사용 여부

② 단풍나무 숯을 이용한 여과과정의 유무

③ 내부를 불로 그을린 오크통에서 숙성시키는 지의 여부

④ 미국에서 생산되는지의 여부

 잭 다니엘(Jack Daniel)은 테네시 위스키로 버번 위스키와 가장 큰 차이점은 사탕단풍나무 활성탄으로 여과과정을 거친다는 점이다.

02 하이볼 글라스에 위스키(40도) 1온스와 맥주(4도) 7온스를 혼합하면 알코올 도수는?

① 약 6.5도　　② 약 7.5도

③ 약 8.5도　　④ 약 9.5도

 알코올 도수 $= \dfrac{(A \times a) + (B \times b)}{V}$

여기서, V ：전체용량(mL)

A, B ：술의 알코올도수(°)

a, b ：술의 양(mL)

알코올 도수 $= \dfrac{(40 \times 30) + (4 \times 210)}{30(1oz) + 210(7oz)} = \dfrac{2{,}040}{240} = 8.5$

03 다음에서 설명하고 있는 것은?

> 키니네, 레몬, 라임 등 여러 가지 향료 식물 원료로 만들며, 열대지방 사람들의 식욕 증진과 원기를 회복시키는 강장제 음료이다.

① Cola　　　　② Soda Water

③ Ginger Ale　　④ Tonic Water

 Tonic Water(토닉 워터)는 말라리아 치료와 원기 회복을 위해 영국에서 개발한 탄산음료로 키니네와 기타 향료를 첨가하여 만들었다.

04 다음 주류 중 주재료로 곡식(Grain)을 사용할 수 없는 것은?

① Whisky　　② Gin

③ Rum　　　④ Vodka

 Rum(럼)은 사탕수수 또는 당밀을 원료로 만든 증류주이다.

05 다음 중 아이리시 위스키(Irish Whiskey)는?

① John Jameson　② Old Forester

③ Old Parr　　　④ Imperial

 John Jameson(존 제임슨)은 아이리시 위스키의 대표적 상표이다. Old Forester(올드 포레스터)는 버번 위스키, Old Parr(올드 파)와 Imperial(임페리얼)은 스카치 위스키이다.

06 스카치 위스키를 기주로 하여 만들어진 리큐어는?

① 샤르트뢰즈(Chartreuse)

② 드람부이(Drambuie)

③ 쿠앵트로(Cointreau)

④ 베네딕틴(Benedictine)

정답　01 ②　02 ③　03 ④　04 ③　05 ①　06 ②

드람부이(Drambuie)는 스코틀랜드에서 스카치 위스키에 벌꿀을 더해 만드는 리큐어이다.

③ 스페인 호크하임엘산 레드 와인

④ 이탈리아 피에몬테산 레드 와인

 독일 라인산 화이트 와인을 호크 와인(Hock Wine)이라고 한다.

07 위스키 1Fifth의 용량으로 맨해튼 칵테일 몇 인분을 만들어 낼 수 있는가?

① 1인분 　　　　② 17인분
③ 26인분 　　　　④ 30인분

 1Fifth(피프스)는 1/5을 뜻하며 750mL를 나타낸다. 맨해튼 칵테일은 버번 위스키를 1.5oz 사용하므로 17인분을 만들 수 있다.

11 버번 위스키(Bourbon Whiskey)는 Corn 재료를 약 몇 % 이상 사용하는가?

① Corn 0.1% 　　　② Corn 12%
③ Corn 20% 　　　④ Corn 51%

 버번 위스키(Bourbon Whiskey)는 옥수수(Corn)를 51% 이상 사용한다. 80% 이상 사용하면 콘 위스키(Corn Whiskey)라고 한다.

08 맥주(Beer) 양조용 보리로 가장 거리가 먼 것은?

① 껍질이 얇고, 담황색을 하고 윤택이 있는 것
② 알맹이가 고르고 95% 이상의 발아율이 있는 것
③ 수분 함유량은 10% 내외로 잘 건조된 것
④ 단백질이 많은 것

 맥주용 보리는 전분함량이 많고 단백질 함량은 낮은 것이 좋다.

12 Ginger Ale에 대한 설명 중 틀린 것은?

① 생강의 향을 함유한 소다수이다.
② 알코올 성분이 포함된 영양음료이다.
③ 식욕 증진이나 소화제로 효과가 있다.
④ Gin이나 Brandy와 조주하여 마시기도 한다.

 Ginger Ale(진저엘)은 소다수에 생강향을 첨가한 청량음료로 알코올 성분은 포함되어 있지 않다.

09 술과 체이서(Chaser)의 연결이 어울리지 않는 것은?

① 위스키 – 광천수　　② 진 – 토닉 워터
③ 보드카 – 시드르　　④ 럼 – 오렌지 주스

 독한 술을 마신 후 위의 부담을 줄이기 위해 마시는 청량음료를 체이서(Chaser)라고 한다. 시드르(Cidre)는 사과발효주로 보드카의 체이서로 어울리지 않는다.

13 스카치 위스키(Scotch Whisky)의 유명상표와 거리가 먼 것은?

① 발렌타인(Ballantine's)
② 커티 삭(Cutty Sark)
③ 올드 파(Old Parr)
④ 크라운 로열(Crown Royal)

 크라운 로열(Crown Royal)은 캐나디안 위스키 상표이다.

10 다음 중 호크 와인(Hock Wine)이란?

① 독일 라인산 화이트 와인
② 프랑스 버건디산 화이트 와인

14 포도 품종의 그린 수확(Green Harvest)에 대한 설명으로 옳은 것은?

① 수확량을 제한하기 위한 수확

② 청포도 품종 수확

③ 완숙한 최고의 포도 수확

④ 포도원의 잡초 제거

 고품질의 와인을 얻기 위해 좋은 포도송이만 남기고 다른 포도송이를 제거하는 작업을 그린 하베스트(Green Harvest)라고 한다.

15 Tequila에 대한 설명으로 틀린 것은?

① Agave Tequiliana 종으로 만든다.

② Tequila는 멕시코 전 지역에서 생산된다.

③ Reposado는 1년 이하 숙성시킨 것이다.

④ Anejo는 1년 이상 숙성시킨 것이다.

 Tequila(테킬라)는 멕시코가 원산지로 Agave(용설란)를 압착하여 얻은 즙액을 발효하면 'Pulque(풀케)'라는 발효주가 만들어지고, 이것을 증류하면 'Mezcal(메즈칼)'이라는 증류주가 된다. 멕시코 전역에서 생산되는 'Mezcal(메즈칼)' 가운데 'Tequila(테킬라)' 마을에서 생산되는 것이 품질이 우수하여 'Tequila(테킬라)' 마을에서 생산되는 것은 지명을 사용하도록 하고 있다.

16 다음 중 증류주에 속하는 것은?

① Beer   ② Sweet Vermouth

③ Dry Sherry   ④ Cognac

 Cognac(코냑)은 프랑스 코냑 지방에서 생산하는 Brandy(브랜디)를 말한다. Beer(비어)와 Dry Sherry(드라이 셰리)는 양조주(발효주)이고 Sweet Vermouth(스위트 베르무트)는 혼성주이다.

17 Malt Whisky 제조순서를 올바르게 나열한 것은?

1. 보리(2조 보리)	2. 침맥	3. 건조(피트)
4. 분쇄	5. 당화	6. 발효
7. 증류(단식증류)	8. 숙성	9. 병입

① 1-2-3-4-5-6-7-8-9

② 1-3-2-4-5-6-7-8-9

③ 1-3-2-4-6-5-7-8-9

④ 1-2-3-4-6-5-7-8-9

 Malt Whisky(몰트 위스키) 제조

① 보리를 ② 침맥(물에 담구는 것)하여 발아시킨 다음 ③ 건조하고 ④ 분쇄 후 당화효소를 넣어 ⑤ 당화시킨 다음 효모를 넣어 ⑥ 발효하고 단식 증류기로 ⑦ 증류하여 증류액을 오크통에서 일정기간 ⑧ 숙성한 다음 ⑨ 병입하여 상품화한다.

18 시대별 전통주의 연결로 틀린 것은?

① 한산소곡주 – 백제시대

② 두견주 – 고려시대

③ 칠선주 – 신라시대

④ 백세주 – 조선시대

 인삼, 구기자, 산수유, 사삼, 당귀, 갈근, 감초의 일곱 가지 약재로 빚은 전통약주인 칠선주(七仙酒)는 조선시대에 빚어졌다.

19 다음 중 싱글 몰트 위스키로 옳은 것은?

① Johnnie Walker   ② Ballantine

③ Glenfiddich   ④ Bell's Special

 Glenfiddich(글렌피딕)은 스코틀랜드에서 생산하는 싱글 몰트 위스키(Single Malt Whisky)이다. Johnnie Walker(조니 워커), Ballantine(발렌타인), Bell's Special(벨스 스페셜)은 블렌디드 위스키(Blended Whisky)이다.

20 음료에 함유된 성분이 잘못 연결된 것은?

① Tonic Water – Quinine(Kinine)

② Kahlua – Chocolate

③ Ginger Ale – Ginger Flavor

④ Collins Mixer – Lemon Juice

정답   15 ②   16 ④   17 ①   18 ③   19 ③   20 ②

Kahlua(칼루아)는 멕시코가 원산지인 커피 리큐어이다.

21 와인 제조용 포도 재배 시 일조량이 부족한 경우의 해결책은?

① 알코올분 제거

② 황산구리 살포

③ 물 첨가하기

④ 발효 시 포도즙에 설탕을 첨가

 일조량이 부족하면 포도의 당도가 낮아 정상적 발효가 어려워지므로 설탕을 첨가하여 당도를 높여준다.

22 다음에서 설명되는 약용주는?

충남 서북부 해안지방의 전통 민속주로 고려 개국공신 복지겸이 백약이 무효인 병을 앓고 있을 때 백일기도 끝에 터득한 비법에 따라 찹쌀, 아미산의 진달래, 안샘물로 빚은 술을 마심으로 병을 고쳤다는 신비의 전설과 함께 전해 내려온다.

① 두견주   ② 송순주

③ 문배주   ④ 백세주

 진달래꽃을 '두견화(杜鵑花)'라고도 하므로 진달래로 담은 술을 '두견주'라 부르며 고려시대에 만들어졌다.

23 뜨거운 칵테일은 어떤 것인가?

① 아이리시 커피(Irish Coffee)

② 싱가폴 슬링(Singapore Sling)

③ 핑크 레이디(Pink Lady)

④ 피나 콜라다(Pina Colada)

 아이리시 커피(Irish Coffee)는 아이리시 위스키를 따뜻하게 데워 뜨거운 블랙커피를 넣어 만든다.

24 음료류와 주류에 대한 설명으로 틀린 것은?

① 맥주에서는 메탄올이 전혀 검출되어서는 안 된다.

② 탄산음료는 탄산가스 압이 $0.5kg/cm^2$인 것을 말한다.

③ 탁주는 전분질 원료와 국을 주원료로 하여 술덧을 혼탁하게 제성한 것을 말한다.

④ 과일, 채소류 음료에는 보존료로 안식향산을 사용할 수 있다.

 주류의 메탄올 허용치는 과실주 1.0%, 과실주를 제외한 술은 0.5%이다.

25 Red Wine의 품종이 아닌 것은?

① Malbec   ② Cabernet Sauvignon

③ Riesling   ④ Cabernet Franc

 Riesling(리슬링)은 독일의 백포도주용 포도 품종이다.

26 진(Gin)의 설명으로 틀린 것은?

① 진의 원산지는 네덜란드다.

② 진은 프란시스퀴스 실비우스에 의해 만들어졌다.

③ 진의 원료는 과일에다 Juniper Berry를 혼합하여 만들었다.

④ 소나무향이 나는 것이 특징이다.

 Gin(진)은 Spirit(스피릿, 주정)에 Juniper Berry(주니퍼 베리, 두송자)를 넣어 만든다.

27 다음 중 각국 와인의 설명이 잘못된 것은?

① 모든 와인생산 국가는 의무적으로 와인의 등급을 표기해야 한다.

② 프랑스는 와인의 Terroir를 강조한다.

③ 스페인과 포르투갈에서는 강화 와인도 생산한다.

④ 독일은 기후의 영향으로 White Wine의 생산량이 Red Wine보다 많다.

 와인생산 국가의 와인의 등급 표기는 의무사항이 아니다.

28 다음 리큐어(Liqueur) 중 그 용도가 다른 하나는?

① 드람부이(Drambuie)
② 갈리아노(Gllaiano)
③ 시나(Cynar)
④ 쿠앵트로(Cointreau)

 시나(Cynar)는 비터(Bitters)계의 리큐어로 주로 식전주로 이용된다. 드람부이(Drambuie), 갈리아노(Gllaiano), 쿠앵트로(Cointreau)는 감미가 있어 식후주이다.

29 다음 Whisky의 설명 중 틀린 것은?

① 어원은 Aqua Vitae가 변한 말로 생명의 물이란 뜻이다.
② 등급은 VO, VSOP, XO 등으로 나누어진다.
③ Canadian Whisky에는 Canadian Club, Seagram's VO, Crown Royal 등이 있다.
④ 증류 방법은 Pot Still과 Patent Sill이다.

 VO, VSOP, XO 등은 브랜디의 품질표시 부호이다.

30 다음 중 셰리를 숙성하기에 가장 적합한 곳은?

① 솔레라(Solera)
② 보데가(Bodega)
③ 카브(Cave)
④ 플로(Flor)

 ① 솔레라(Solera) : 스페인 와인을 블렌딩하는 전통적 방법
② 보데가(Bodega) : 스페인의 와인저장고

③ 카브(Cave) : 와인을 보관하는 지하실
④ 플로(Flor) : 셰리 발효 중에 생기는 산막효모

31 다음 중 보편적인 칵테일 파티 시 안주로 가장 많이 제공되는 것은?

① Peanut
② Salad
③ Olive
④ Canape

 Canape(카나페)란 작은 비스킷이나 빵 위에 치즈, 달걀, 어패류, 육류 등을 얹어 만든 것으로 애피타이저 및 칵테일 안주로 먹는다.

32 다음 중 휘젓기(Stirring) 기법으로 만드는 칵테일이 아닌 것은?

① Manhattan
② Martini
③ Gibson
④ Gimlet

 Gimlet(김렛)은 Shake(셰이크) 기법으로 만든다.

33 바(Bar)에서 사용하는 Wine Decanter의 용도는?

① 테이블용 얼음 용기
② 포도주를 제공하는 유리병
③ 펀치를 만들 때 사용하는 화채 그릇
④ 포도주병 하나를 눕혀 놓을 수 있는 바구니

 Wine Decanter(와인 디캔터)는 와인을 옮겨 담는 유리병을 말한다.

34 주장(Bar)을 의미하는 것이 아닌 것은?

① 주류를 중심으로 한 음료 판매가 가능한 일정시설을 갖추어 판매하는 공간
② 고객과 바텐더 사이에 놓인 널판을 의미
③ 주문과 서브가 이루어지는 고객들의 이용 장소
④ 조리 가능한 시설을 갖추어 음료와 식사를 제공하는 장소

정답　28 ③　29 ②　30 ②　31 ④　32 ④　33 ②　34 ④

주장(Bar)은 식사를 판매하는 영업장이 아니다.

35 위생적인 주류 취급 방법 중 틀린 것은?

① 먼지가 많은 양주는 깨끗이 닦아 Setting한다.
② 백포도주의 적정 냉각온도는 실온이다.
③ 사용한 주류는 항상 뚜껑을 닫아 둔다.
④ 창고에 보관할 때는 Bin Card를 작성한다.

 백포도주는 10℃ 정도로 냉각하여 마신다.

36 바텐더가 지켜야 할 규칙사항으로 가장 적합한 것은?

① 고객이 바 카운터에 있으면 앉아서 대기해야 한다.
② 고객이 권하는 술은 고마움을 표시하고 받아 마신다.
③ 매출을 위해서 고객에게 고가의 술을 강요한다.
④ 근무 중에는 금주와 금연을 원칙으로 한다.

 바텐더는 근무 중에는 금주와 금연을 절대원칙으로 하고 항상 고객을 응대할 수 있는 준비를 갖추고 대기해야 한다.

37 표준 레시피(Standard Recipes)를 설정하는 목적에 대한 설명 중 틀린 것은?

① 품질과 맛의 계속적인 유지
② 특정인에 대한 의존도를 높임
③ 표준 조주법 이용으로 노무비 절감에 기여
④ 원가계산을 위한 기초 제공

 표준 레시피는 일정한 품질 유지가 가능하고, 특정인에 대한 의존도를 낮춘다.

38 Onion 장식을 하는 칵테일은?

① Margarita　　② Martini
③ Rob Roy　　④ Gibson

 Gibson(깁슨)은 Martini(마티니)에서 장식 과일 올리브를 Cocktail Onion(칵테일 어니언)으로 바꾼 마티니의 변형 칵테일이다.

39 Strainer의 설명으로 가장 적합한 것은?

① Mixing Glass와 함께 Stir 기법에 사용한다.
② 재료를 저을 때 사용한다.
③ 혼합하기 힘든 재료를 섞을 때 사용한다.
④ 재료의 용량을 측정할 때 사용한다.

 Strainer(스트레이너)는 Mixing Glass(믹싱 글라스)에서 Stir(스터) 기법으로 조주하는 경우 얼음이 나오지 않도록 믹싱 글라스에 끼워 술을 따른다.

40 칵테일의 5대 기본 요소와 거리가 가장 먼 것은?

① Decoration(장식)　　② Method(방법)
③ Glass(잔)　　④ Flavor(향)

 칵테일의 5대 기본 요소로 Taste(맛), Flavor(향), Color(색), Glass(잔), Garnish(장식)가 있다.

41 다음 중 Highball Glass를 사용하는 칵테일은?

① 마가리타(Margarita)
② 키르 로열(Kir Royal)
③ 시 브리즈(Sea Breeze)
④ 블루 하와이(Blue Hawaii)

① 마가리타(Margarita) : 칵테일 글라스
② 키르 로열(Kir Royal) : 화이트 와인 글라스
④ 블루 하와이(Blue Hawaii) : 콜린스 글라스

42 (A), (B), (C)에 들어갈 말을 순서대로 나열한 것은?

(A)는 프랑스어의 (B)에서 유래된 말로 고객과 바텐더 사이에 가로질러진 널판을 (C)라고 하던 개념이 현재에 와서는 술을 파는 식당을 총칭하는 의미로 사용되고 있다.

① Flair, Bariere, Bar
② Bar, Bariere, Bar
③ Bar, Bariere, Bartender
④ Flair, Bariere, Bartender

 'Bar'라는 단어는 프랑스어의 'Bariere'에서 유래된 말로 바텐더(Bartender) 사이에 가로질러진 널판을 'Bar라고 하던 개념이 술을 파는 식당을 총칭하는 의미로 사용되게 되었다.

43 칵테일 주조 시 각종 주류와 부재료를 재는 표준용량 계량기는?

① Hand Shaker　　② Mixing Glass
③ Squeezer　　　 ④ Jigger

 Jigger(지거)는 칵테일 조주에 사용하는 계량컵이다.

44 연회용 메뉴 계획 시 애피타이저(Appetizer) 코스 주류로 알맞은 것은?

① Cordials　　　 ② Port Wine
③ Dry Sherry　　 ④ Cream Sherry

 애피타이저(Appetizer)는 식욕을 돋우기 위한 것으로 애피타이저의 가장 대표적인 것이 Dry Sherry(드라이 셰리)이다.

45 바(Bar)에서 하는 일과 가장 거리가 먼 것은?

① Store에서 음료를 수령한다.
② Appetizer를 만든다.

③ Bar Stool을 정리한다.
④ 음료 Cost 관리를 한다.

 Appetizer(애피타이저)는 전채요리를 말한다.

46 주장의 캡틴(Bar Captain)에 대한 설명으로 틀린 것은?

① 영업을 지휘·통제한다.
② 서비스 준비사항과 구성인원을 점검한다.
③ 지배인을 보좌하고 업장 내의 관리업무를 수행한다.
④ 고객으로부터 직접 주문을 받고 서비스 등을 지시한다.

 주장의 캡틴(Bar Captain)은 방문하는 고객이 최상의 서비스를 받을 수 있도록 지원하는 일이다. 영업을 지휘·통제하는 일은 지배인의 업무이다.

47 주장관리에서 핵심적인 원가의 3요소는?

① 재료비, 인건비, 주장경비
② 세금, 봉사료, 인건비
③ 인건비, 주세, 재료비
④ 재료비, 세금, 주장경비

 원가의 3요소는 재료비, 노무비, 경비이다.

48 식사 중 여러 가지 와인을 서빙 시 적합한 방법이 아닌 것은?

① 화이트 와인은 레드 와인보다 먼저 서비스한다.
② 드라이 와인을 스위트 와인보다 먼저 서비스한다.
③ 맛이 가벼운 와인을 맛이 중후한 와인보다 먼저 서비스한다.
④ 숙성기간이 오래된 와인을 숙성기간이 짧은 와인보다 먼저 서비스한다.

 숙성기간이 짧은 와인을 먼저 서비스해야 한다.

▷ 정답　42 ②　43 ④　44 ③　45 ②　46 ①　47 ①　48 ④

49 주장(Bar)의 영업 허가가 되는 근거 법률은?

① 외식업법　　　　② 음식업법

③ 식품위생법　　　　④ 주세법

 주장(Bar)의 영업 허가는 「식품위생법」에 근거를 두고 있다.

50 글라스 세척 시 알맞은 세제와 세척순서로 짝지어진 것은?

① 산성세제 – 더운물 – 찬물

② 중성세제 – 찬물 – 더운물

③ 산성세제 – 찬물 – 더운물

④ 중성세제 – 더운물 – 찬물

 글라스 세척은 중성세제를 사용하여 깨끗이 세척하여 더운물–찬물의 순서로 헹구어 건조하여 사용한다.

51 Which is the liquor made by the rind of grape in Italy?

① Marc　　　　② Grappa

③ Ouzo　　　　④ Pisco

 이탈리아에서 포도 찌꺼기로 만든 술은 Grappa(그라파)이다.

52 다음에서 설명하는 혼성주로 옳은 것은?

> The elixir of "perfect love" is a sweet, perfumed liqueur with hints of flowers, spices, and fruit, and a mauve color that apparently had great appeal to women in the nineteenth century

① Triple Sec　　　　② Peter Heering

③ Parfait Amour　　　　④ Southern Comfort

 Parfait Amour(완벽한 사랑)의 묘약은 꽃, 향신료,

과일 등의 향기가 물씬 풍기는 달콤하고 향긋한 리큐어로 19세기 여성들에게 큰 매력을 준 것으로 보인다.

53 다음 (　) 안에 알맞은 단어와 아래의 상황 후 Jenny가 Kate에게 할 말의 연결로 가장 적합한 것은?

> Jenny comes back with a magnum and glasses carried by a barman. She sets the glasses while the barman opens the bottle. There is a loud "(　)" and the cork hits kate who jumps up with a cry. The champagne spills all over the carpet.

① peep – Good luck to you.

② ouch – I am sorry to hear that.

③ tut – How awful!

④ pop – I am very sorry. I do hope you are not hurt.

 샴페인의 코르크 마개가 Kate에게 날아간 내용이다.

④ 정말 죄송합니다.

• pop : 펑 소리를 내다. 펑 하는 소리

54 Table wine에 대한 설명으로 틀린 것은?

① It is a wine term which is used in two different meanings in different countries : to signify a wine style and as a quality level with on wine classification.

② In the United Stated, it is primarily used as a designation of a wine style, and refers to "ordinary wine", which is neither fortified nor sparkling.

③ In the EU wine regulations, it is used for the higher of two overall quality.

④ It is fairly cheap wine that is drunk with meals.

 EU 와인 규정에서는 테이블 와인은 2개의 보편적 품질 분류 가운데 낮은 레벨의 분류를 뜻한다.

③ In the EU wine regulations, it is used for the higher of two overall quality.
(EU 와인 규정에서는 전체적으로 두 가지 품질 중 더 높은 품질을 위해 사용됩니다.)

55 다음 B에 가장 적합한 대답은?

A : What do you do for living?
B : _____

① I'm writing a letter to my mother.
② I can't decide.
③ I work for a bank.
④ Yes, thank you.

 A : 당신은 무슨 일을 합니까?
B : 은행에서 일하고 있습니다.

56 다음 ( ) 안에 알맞은 것은?

( ) is distilled spirit from the fermented juice of sugarcane or other sugarcane by-products.

① Whisky   ② Vodka
③ Gin   ④ Rum

 사탕수수 또는 기타 사탕수수 부산물의 발효액으로부터 증류된 증류주는 Rum(럼)이다.

57 Which is the best term used for the preparing of daily products?

① Bar Purchaser   ② Par Stock

③ Inventory   ④ Order Slip

 정상적인 영업을 위한 적정재고를 Par Stock(파스톡)이라 한다.

58 다음 ( ) 안에 가장 적합한 것은?

May I have ( ) coffee, please?

① some   ② many
③ to   ④ only

 커피 좀 마실 수 있을까요?

59 다음은 무엇을 만들기 위한 과정인가?

1. First, take the cocktail shaker and half fill it with broken ice, then add one ounce of lime juice.
2. After that put in one and a half ounce of rum and one tea spoon of powdered sugar.
3. Then shake it well and pass it through a strainer into a cocktail glass.

① Bacardi   ② Cuba Libre
③ Blue Hawaiian   ④ Daiquiri

 럼, 라임 주스, 설탕을 셰이킹하여 칵테일 잔에 담아내는 것은 Daiquiri(다이키리) 칵테일이다.

60 Which is correct to serve wine?

① When pouring, make sure to touch the bottle to the glass.
② Before the host has acknowledged and approved his selection, open the bottle.

③ All white, roses, and sparkling wines are chilled. Red wine is served at room temperature.

④ The bottle of wine doesn't need to be presented to the host for verifying the bottle he or she ordered.

 와인을 서브하는 올바른 방법은 화이트, 로제, 스파클링 와인은 모두 냉장 보관하고, 레드 와인은 상온에서 제공한다.

2018년 기출복원문제

01 혼성주(Componded Liquor)에 대한 설명 중 틀린 것은?

① 칵테일 제조나 식후주로 사용된다.

② 발효주에 초근목피의 침출물을 혼합하여 만든다.

③ 색채, 향기, 감미, 알코올의 조화가 잘 된 술이다.

④ 혼성주는 고대 그리스 시대에 약용으로 사용되었다.

 혼성주(Componded Liquor)는 증류주(Spirit)에 초(草) · 근(根) · 목(木) · 피(皮)의 침출물을 혼합하여 만든다.

02 커피의 향미를 평가하는 순서로 가장 적합한 것은?

① 미각(맛) → 후각(향기) → 촉각(입안의 느낌)

② 색 → 촉각(입안의 느낌) → 미각(맛)

③ 촉각(입안의 느낌) → 미각(맛) → 후각(향기)

④ 후각(향기) → 미각(맛) → 촉각(입안의 느낌)

 커피를 마실 때 느끼는 복합적 느낌을 향미 (Flavor)라 하는데 후각, 미각, 촉각의 3단계로 나누며 향미를 평가할 때에는 향기→맛→촉각 순으로 평가한다.

03 다음 중 혼성주에 해당되는 것은?

① Beer   ② Drambuie

③ Olmeca   ④ Graves

 Drambuie(드람부이)는 스코틀랜드가 원산지

로 스카치 위스키에 벌꿀을 더해 만드는 리큐어이다. Olmeca(올메카)는 테킬라 상표이고, Graves(그라브)는 보르도의 와인 산지이다.

04 블렌디드(Blended) 위스키가 아닌 것은?

① Chivas Regal 18년 ② Glenfiddich 15년

③ Royal Salute 21년 ④ Dimple 12년

 Glenfiddich(글렌피딕)은 싱글 몰트 위스키(Single Malt Whisky)이다.

05 각 국가별 부르는 적포도주로 틀린 것은?

① 프랑스 – Vin Rouge

② 이탈리아 – Vino Rosso

③ 스페인 – Vino Rosado

④ 독일 – Rotwein

 스페인에서는 적포도주를 Vino Tinto(비노 틴토) 라 한다.

06 리큐어(Liqueur)가 아닌 것은?

① Benedictine   ② Anisette

③ Augier   ④ Absinthe

 Augier(오지에)는 코냑의 상표이다.

정답 01 ② 02 ④ 03 ② 04 ② 05 ③ 06 ③

07 브랜디(Brandy)와 코냑(Cognac)에 대한 설명으로 옳은 것은?

① 브랜디와 코냑은 재료의 성질에 차이가 있다.

② 코냑은 프랑스의 코냑 지방에서 만들었다.

③ 코냑은 브랜디를 보관 연도별로 구분한 것이다.

④ 브랜디와 코냑은 내용물의 알코올 함량에 차이가 크다.

 와인을 증류한 것이 브랜디(Brandy)이고, 코냑(Cognac)은 코냑 지방에서 와인을 증류한 브랜디이다.

08 American Whiskey가 아닌 것은?

① Jim Beam ② Wild Turkey

③ Jameson ④ Jack Daniel

 Jameson(제임슨)은 Irish Whiskey(아이리시 위스키) 상표이다.

09 우리나라의 고유한 술 중 증류주에 속하는 것은?

① 경주법주 ② 동동주

③ 문배주 ④ 백세주

 문배주는 조, 수수와 누룩으로 빚는 순곡 증류주로 1986년 국가무형문화재로 지정되었다.

10 브랜디 글라스의 입구가 좁은 이유는?

① 브랜디의 향미를 한곳에 모이게 하기 위하여

② 술의 출렁임을 방지하기 위하여

③ 아름다운 술을 마시기 위한 글라스의 데코레이션을 위해

④ 양손에 쥐기에 편리하도록 하기 위해

 브랜디 글라스는 스니프터 글라스(Snifter Glass)라고도 하는데, 향을 모으기 위해 입구 부분은 좁고 아랫부분은 넓게 만들어졌다.

11 독일의 리슬링(Riesling) 와인에 대한 설명으로 틀린 것은?

① 독일의 대표적 와인이다.

② 살구향, 사과향 등의 과실향이 주로 난다.

③ 대부분 무감미 와인(Dry Wine)이다.

④ 다른 나라 와인에 비해 비교적 알코올 도수가 낮다.

 독일 리슬링(Riesling) 와인은 단맛을 가진 스위트 와인(Sweet Wine)으로 생산되는 경우가 많다.

12 와인을 막고 있는 코르크가 곰팡이에 오염되어 와인의 맛이 변하는 것으로 와인에서 종이박스 향취, 곰팡이 냄새 등이 나는 것을 의미하는 현상은?

① 네고시앙(Negociant)

② 부쇼네(Bouchonne)

③ 귀부병(Noble rot)

④ 부케(Bouquet)

 ① 네고시앙(Negociant) : 프랑스의 와인 상인

③ 귀부병(Noble Rot) : 곰팡이병

④ 부케(Bouquet) : 와인의 숙성과정에서 생기는 향기

13 브랜디의 제조공정에서 증류한 브랜디를 열탕소독한 White Oak Barrel에 담기 전에 무엇을 채워 유해한 색소나 이물질을 제거하는가?

① Beer ② Gin

③ Red Wine ④ White Wine

 브랜디 제조공정에서 증류한 브랜디를 열탕 소독한 White Oak Barrel(화이트 오크 배럴)에 담기 전에 화이트 와인을 채워 유해한 색소나 이물질을 제거한다.

14 탄산음료의 CO_2에 대한 설명으로 틀린 것은?

① 미생물의 발육을 억제한다.

② 향기의 변화를 예방한다.

③ 단맛과 부드러운 맛을 부여한다.

④ 청량감과 시원한 느낌을 준다.

 탄산가스는 맛이 없다.

15 차의 분류가 옳게 연결된 것은?

① 발효차 – 얼그레이

② 불발효차 – 보이차

③ 반발효차 – 녹차

④ 후발효차 – 재스민

 발효차의 대표적인 것이 홍차(Black Tea)이다.
얼그레이(Earl Grey)는 홍차에 베르가못
(Bergamot)향을 첨가한 것이다.

② 보이차(후발효차)

③ 녹차(불발효차)

④ 재스민(녹차 또는 홍차에 재스민향을 첨가한
가향차)

16 셰리의 숙성 중 솔레라(Solera) 시스템에 대
한 설명으로 옳은 것은?

① 소량씩의 반자동 블렌딩 방식이다.

② 영(Young)한 와인보다 숙성된 와인을 채워
주는 방식이다.

③ 빈티지 셰리를 만들 때 사용한다.

④ 주정을 채워 주는 방식이다.

 솔레라(Solera) 시스템은 강화 와인을 블렌딩하
는 스페인의 전통적인 방법이다.

17 다음 중 상면발효맥주에 해당하는 것은?

① Lager Beer   ② Porter Beer

③ Pilsner Beer   ④ Dortmunder Beer

 Porter Beer(포터 비어)는 영국의 상면발효맥주
이다.

18 럼(Rum)의 주원료는?

① 대맥(Rye)과 보리(Barley)

② 사탕수수(Sugar Cane)와 당밀(Molasses)

③ 꿀(Honey)

④ 쌀(Rice)과 옥수수(Corn)

 럼(Rum)은 사탕수수 또는 당밀을 원료로 하는 증
류주이다.

19 리큐어(Liqueur)의 제조법과 가장 거리가
먼 것은?

① 블렌딩법(Blending)

② 침출법(Infusion)

③ 증류법(Distillation)

④ 에센스법(Essence process)

 리큐어(Liqueur) 제조법에는 침출법(Infusion), 증
류법(Distillation), 에센스법(Essence process)의
3가지가 있다.

20 다음에서 설명하는 프랑스의 기후는?

• 연평균 기온 11~12.5℃ 사이의 온화한 기후
로 걸프스트림이라는 바닷바람의 영향을 받
는다.
• 보르도, 코냑, 알마냑 지방 등에 영향을 준다.

① 대서양 기후   ② 내륙성 기후

③ 지중해성 기후   ④ 대륙성 기후

 걸프스트림(Gulf Stream)은 멕시코 만류라 하는
데 대서양의 해류이다.

21 와인 양조 시 1%의 알코올을 만들기 위해
약 몇 그램의 당분이 필요한가?

① 1g/L   ② 10g/L

③ 16.5g/L   ④ 20.5g/L

16~18g 당분으로 1%의 알코올을 생성한다.

22 와인 테이스팅의 표현으로 가장 부적합한 것은?

① Moldy(몰디) – 곰팡이가 낀 과일이나 나무 냄새

② Raisiny(레이즈니) – 건포도나 과숙한 포도 냄새

③ Woody(우디) – 마른 풀이나 꽃 냄새

④ Corky(코르키) – 곰팡이 낀 코르크 냄새

 Woody(우디)란 오크통에서 오랜 기간 숙성 보관된 와인에서 나는 나무 향과 맛을 말한다.

23 저온살균되어 저장 가능한 맥주는?

① Draught Beer　　② Unpasteurized Beer

③ Draft Beer　　④ Lager Beer

 Lager Beer(라거 비어)란 하면발효로 만든 저온살균맥주를 뜻한다.

24 다음의 Raw Whisky 설명 중 옳은 것은?

① 향나무 통에서 성숙시켜 바로 생산된 위스키이다.

② 증류기에 넣기 전에 준비된 것이다.

③ 참나무를 끄슬려 만든 통에서 오래 저장된 위스키이다.

④ 증류기에서 바로 나와 냉각시킨 위스키이다.

 증류를 막 끝낸 숙성하기 전의 위스키이다.

25 생강을 주원료로 만든 탄산음료는?

① Soda Water　　② Tonic Water

③ Perrier Water　　④ Ginger Ale

 Ginger Ale(진저엘)은 소다수에 생강향을 첨가한 탄산음료이다.

26 다음의 설명에 해당하는 혼성주를 옳게 연결한 것은?

> ㉠ 멕시코산 커피를 주원료로 하여 Cocoa, Vanilla 향을 첨가해서 만든 혼성주이다.
> ㉡ 야생오얏을 진에 첨가해서 만든 빨간색의 혼성주이다.
> ㉢ 이탈리아의 국민주로 제조법은 각종 식물의 뿌리, 씨, 향초, 껍질 등 70여 가지의 재료로 만들어지며 제조 기간은 45일이 걸린다.

① ㉠ 샤르트뢰즈(Chartreuse), ㉡ 시나(Cynar), ㉢ 캄파리(Campari)

② ㉠ 파샤(Pasha), ㉡ 슬로 진(Sloe Gin), ㉢ 캄파리(Campari)

③ ㉠ 칼루아(Kahlua), ㉡ 시나(Cynar), ㉢ 캄파리(Campari)

④ ㉠ 칼루아(Kahlua), ㉡ 슬로 진(Sloe Gin), ㉢ 캄파리(Campari)

 ㉠ 멕시코산의 커피술 : 칼루아(Kahlua)
㉡ 야생오얏(자두)이 원료인 술 : 슬로 진(Sloe Gin)
㉢ 이탈리아의 국민주 : 캄파리(Campari)

27 다음에서 설명하는 것은?

> • 북유럽 스칸디나비아 지방의 특산주로 어원은 '생명의 물'이라는 라틴어에서 온 말이다.
> • 제조과정은 먼저 감자를 익혀서 으깬 감자와 맥아를 당화, 발효시켜 증류시킨다.
> • 연속 증류기로 95%의 고농도 알코올을 얻은 다음 물로 희석하고 회향초 씨나, 박하, 오렌지 껍질 등 여러 가지 종류의 허브로 향기를 착향시킨 술이다.

① 보드카(Vodka)　　② 럼(Rum)

③ 브랜디(Brandy)　　④ 아쿠아비트(Aquavit)

 아쿠아비트(Aquavit)는 스칸디나비아 국가에서 곡물 및 감자를 원료로 만드는 증류주이다.

정답 　22 ③　23 ④　24 ④　25 ④　26 ④　27 ④

28 민속주 중 모주(母酒)에 대한 설명으로 틀린 것은?

① 조선 광해군 때 인목대비의 어머니가 빚었던 술이라고 알려져 있다.

② 증류해서 만든 제주도의 대표적인 민속주이다.

③ 막걸리에 한약재를 넣고 끓인 해장술이다.

④ 계핏가루를 넣어 먹는다.

 모주(母酒)는 탁주를 기반으로 하는 알코올 도수 1% 정도의 해장술이다.

29 와인을 분류하는 방법의 연결이 틀린 것은?

① 스파클링 와인(Sparkling Wine) – 알코올 유무

② 드라이 와인(Dry Wine) – 맛

③ 아페리티프 와인(Aperitif Wine) – 식사용도

④ 로제 와인(Rose Wine) – 색깔

 와인은 가스 유무에 의해 발포성의 스파클링 와인(Sparkling Wine)과 비발포성의 스틸 와인(Still Wine)으로 나눈다.

30 감미 와인(Sweet Wine)을 만드는 방법이 아닌 것은?

① 귀부포도(Noble rot Grape)를 사용하는 방법

② 발효 도중 알코올을 강화하는 방법

③ 발효 시 설탕을 첨가하는 방법(Chaptalization)

④ 햇빛에 말린 포도를 사용하는 방법

 발효 시에 설탕을 첨가하면 포도주의 알코올분을 증가시키게 된다. 감미 와인(Sweet Wine)은 발효 도중에 주정을 첨가하여 발효를 중지시켜 당분을 남기는 방법과 발효 후에 당분을 첨가하는 방법이 있다.

31 뜨거운 물 또는 차가운 물에 설탕과 술을 넣어서 만든 칵테일은?

① Toddy

② Punch

③ Sour

④ Sling

 주로 증류주에 더운물과 향료, 설탕 등을 섞어 만든 음료를 Toddy(토디)라 한다.

32 믹싱 글라스(Mixing Glass)에서 제조된 칵테일을 잔에 따를 때 사용하는 기물은?

① Measure Cup

② Bottle Holder

③ Strainer

④ Ice Bucket

 믹싱 글라스(Mixing Glass)에서 제조된 칵테일을 잔에 따를 때 얼음이 나오는 것을 방지하기 위해 믹싱 글라스에 Strainer(스트레이너)를 끼운다.

33 Portable Bar에 포함되지 않는 것은?

① Room Service Bar

② Banquet Bar

③ Catering Bar

④ Western Bar

 Portable Bar(포터블 바)란 이동식 바(Bar)를 말한다.

34 와인은 병에 침전물이 가라앉았을 때 이 침전물이 글라스에 같이 따라지는 것을 방지하기 위해 사용하는 도구는?

① 와인 바스켓

② 와인 디캔터

③ 와인 버켓

④ 코르크 스크루

 와인 디캔터(Wine Decanter)는 와인을 글라스에 따를 때 침전물이 같이 나오는 것을 방지하기 위해 와인을 따로 담아 두는 병을 말한다. 주로 적포도주 서빙에 필요하다.

35 다음 중 바텐더의 직무가 아닌 것은?

① 글라스류 및 칵테일용 기물을 세척 정돈한다.

② 바텐더는 여러 가지 종류의 와인에 대하여 충분한 지식을 가지고 서비스를 한다.

③ 고객이 바 카운터에 있을 때는 바텐더는 항상 서 있어야 한다.
④ 호텔 내외에서 거행되는 파티도 돕는다.

 와인의 서비스와 판매는 소믈리에(Sommelier)의 직무이다.

36 생맥주(Draft Beer) 취급요령 중 틀린 것은?

① 2~3℃의 온도를 유지할 수 있는 저장시설을 갖추어야 한다.
② 술통 속의 압력은 12~14pound로 일정하게 유지해야 한다.
③ 신선도를 유지하기 위해 입고 순서와 관계없이 좋은 상태의 것을 먼저 사용한다.
④ 글라스에 서비스할 때 3~4℃ 정도의 온도가 유지되어야 한다.

 생맥주는 선입선출(FIFO) 원칙을 준수한다.

37 바 카운터의 요건으로 가장 거리가 먼 것은?

① 카운터의 높이는 1~1.5m 정도가 적당하며 너무 높아서는 안 된다.
② 카운터는 넓을수록 좋다.
③ 작업대(Working Board)는 카운터 뒤에 수평으로 부착시켜야 한다.
④ 카운터 표면은 잘 닦여지는 재료로 되어 있어야 한다.

 바 카운터(Bar Counter)는 손님과 바텐더 사이에 가로 놓여 있는 카운터를 말하며 주로 손님들이 이용하는 장소로 폭 40~50cm, 높이 110~120cm 정도가 적당하다.

38 싱가폴 슬링(Singapore Sling) 칵테일의 재료로 적합하지 않은 것은?

① 드라이진(Dry Gin)

② 체리 브랜디(Cherry Flavored Brandy)
③ 레몬 주스(Lemon Juice)
④ 토닉 워터(Tonic Water)

 싱가폴 슬링(Singapore Sling)은 드라이진, 레몬 주스, 설탕을 셰이킹하여 글라스에 따르고 소다수를 채운 후 빌드(Build)한 다음 체리 브랜디를 플로트(Float)한다.

39 주장(Bar)에서 기물의 취급 방법으로 틀린 것은?

① 금이 간 접시나 글라스는 규정에 따라 폐기한다.
② 은기물은 은기물 전용 세척액에 오래 담가두어야 한다.
③ 크리스털 글라스는 가능한 한 손으로 세척한다.
④ 식기는 같은 종류별로 보관하며 너무 많이 쌓아두지 않는다.

 은기물 세척제는 화학약품이므로 오래 담가두지 않도록 한다.

40 저장관리원칙과 가장 거리가 먼 것은?

① 저장위치 표시   ② 분류저장
③ 품질보존   ④ 매상증진

 저장관리의 원칙으로 저장위치 표시, 분류저장, 품질보존, 선입선출, 공간활용을 들 수 있다.

41 와인의 빈티지(Vintage)가 의미하는 것은?

① 포도주의 판매 유효 연도
② 포도의 수확 연도
③ 포도의 품종
④ 포도주의 도수

 빈티지(Vintage)란 포도의 수확 연도를 말한다.

42 스파클링 와인(Sparkling Wine) 서비스 방법으로 틀린 것은?

① 병을 천천히 돌리면서 천천히 코르크가 빠지게 한다.

② 반드시 '뻥' 하는 소리가 나게 신경 써서 개봉한다.

③ 상표가 보이게 하여 테이블에 놓여 있는 글라스에 천천히 넘치지 않게 따른다.

④ 오랫동안 거품을 간직할 수 있는 플루트(Flute)형 잔에 따른다.

 스파클링 와인(Sparkling Wine)은 김 빠지는 소리 정도로 작게 나도록 여는 것이 좋다.

43 주장(Bar)에서 주문받는 방법으로 옳지 않은 것은?

① 가능한 한 빨리 주문을 받는다.

② 분위기나 계절에 어울리는 음료를 추천한다.

③ 추가 주문은 잔이 비었을 때에 받는다.

④ 시간이 걸리더라도 구체적이고 명확하게 주문받는다.

 추가주문은 고객이 잔을 비우기 전에 받는다.

44 칵테일 글라스를 잡는 부위로 옳은 것은?

① Rim　　　　② Stem

③ Body　　　　④ Bottom

 ① Rim(림) : 입술 닿는 부분
② Stem(스템) : 긴 막대 모양의 손잡이 부분
③ Body(보디) : 술이 담기는 몸통 부분
④ Bottom(보텀) : 바닥에 글라스가 닿는 부분

45 쿨러(cooler)의 종류에 해당되지 않는 것은?

① Jigger Cooler　　② Cup Cooler

③ Beer Cooler　　　④ Wine Cooler

 쿨러(Cooler)란 냉각기를 말하며, Jigger(지거)는 계량컵이다.

46 다음 중 소믈리에(Sommelier)의 역할로 틀린 것은?

① 손님의 취향과 음식과의 조화, 예산 등에 따라 와인을 추천한다.

② 주문한 와인은 먼저 여성에게 우선적으로 와인 병의 상표를 보여주며 주문한 와인임을 확인시켜 준다.

③ 시음 후 여성부터 차례로 와인을 따르고 마지막에 그 날의 호스트에게 와인을 따라준다.

④ 코르크 마개를 열고 주빈에게 코르크 마개를 보여주면서 시큼하고 이상한 냄새가 나지 않는지, 코르크가 잘 젖어 있는지를 확인시킨다.

 와인은 고객의 테이블로 가져가서 주문자(호스트, 호스티스)에게 상표를 확인시킨다.

47 다음 시럽 중 나머지 셋과 특징이 다른 것은?

① Grenadine Syrup　② Can Sugar Syrup

③ Simple Syrup　　　④ Plain Syrup

 Grenadine syrup(그레나딘 시럽)은 석류 시럽이다. ②, ③, ④는 설탕 시럽을 말한다.

48 맨해튼 칵테일(Manhattan Cocktail)의 가니시(Garnish)로 옳은 것은?

① Cocktail Olive　　② Pearl Onion

③ Lemon　　　　　　④ Cherry

맨해튼 칵테일(Manhattan Cocktail)에는 체리를 가니시한다.

49 바(Bar) 작업대와 가터 레일(Gutter Rail)의 시설 위치로 옳은 것은?

① Bartender 정면에 시설되게 하고 높이는 술 붓는 것을 고객이 볼 수 있는 위치

② Bartender 후면에 시설되게 하고 높이는 술 붓는 것을 고객이 볼 수 없는 위치

③ Bartender 우측에 시설되게 하고 높이는 술 붓는 것을 고객이 볼 수 있는 위치

④ Bartender 좌측에 시설되게 하고 높이는 술 붓는 것을 고객이 볼 수 없는 위치

 가터 레일(Gutter Rail)은 바텐더가 사용하는 술을 보관해두는 시설로 바텐더 정면에 시설되게 하고 높이는 술 붓는 것을 고객이 볼 수 있는 위치에 시설한다.

50 와인의 마개로 사용되는 코르크 마개의 특성으로 가장 거리가 먼 것은?

① 온도 변화에 민감하다.

② 코르크 참나무의 외피로 만든다.

③ 신축성이 뛰어나다.

④ 밀폐성이 있다.

 코르크 마개는 유연하고 신축성이 있으며 온도 변화에 쉽게 적응한다.

51 What is an alternative form of "I beg your pardon?"?

① Excuse me   ② Wait for me

③ I'd like to know   ④ Let me see

 • I beg your pardon? : 다시 한 번 말씀 해주시 겠습니까?
• Excuse me? : (실례지만) 뭐라고 하셨나요?

52 다음 중 밑줄 친 change가 나머지 셋과 다른 의미로 쓰인 것은?

① Do you have change for a dollar?

② Keep the change.

③ I need some change for the bus.

④ Let's try a new restaurant for a change.

 ①, ②, ③은 거스름을 말하는 것이고, ④는 기분전환을 위해 새로운 레스토랑을 찾아보자는 것이다.

53 다음 (   ) 안에 적합한 것은?

Are you interested in (   )?

① make cocktail   ② made cocktail

③ making cocktail   ④ a making cocktail

 칵테일 만드는 것에 관심 있습니까?
• be interested in ~ing : ~ 에 관심이 있다

54 Which is the most famous orange flavored cognac liqueur?

① Grand Marnier   ② Drambuie

③ Cherry Heering   ④ Galliano

 ① Grand Marnier(그랑 마니에) : 가장 유명한 오렌지맛의 리큐어로 프랑스에서 코냑에 오렌지 껍질을 넣어 만든다.
② Drambuie(드람부이) : 스코틀랜드에서 스카치 위스키에 벌꿀을 더해 만든다.
③ Cherry Heering(체리 히어링) : 체리를 원료로 한 리큐어이다.
④ Galliano(갈리아노) : 이탈리아가 원산지로 바닐라와 아니스의 풍미가 있다.

55 Which of the following is not fermented liquor?

① Aquavit   ② Wine

③ Sake   ④ Toddy

발효주 아닌 것은 북유럽의 증류주인 Aquavit (아쿠아비트)이다.

56 Which is the correct one as a base of Bloody Mary in the following?

① Gin   ② Rum

③ Vodka   ④ Tequila

 Bloody Mary(블러디 메리) 칵테일은 Vodka(보드카)를 베이스로 토마토 주스로 만든다.

57 다음 ( ) 안에 알맞은 것은?

> ( ) is a spirit made by distilling wines or fermented mash of fruit.

① Liqueur   ② Bitter

③ Brandy   ④ Champagne

 포도주 또는 과일을 발효시켜 만든 술을 증류한 것은 Brandy(브랜디)이다.

58 다음 ( ) 안에 적합한 것은?

> A Bartender must ( ) his helpers, waiters and waitress. He must also ( ) various kinds of records, such as stock control, inventory, daily sales report, purchasing report and so on.

① take, manage   ② supervise, handle

③ respect, deal   ④ manage, careful

 바텐더는 헬퍼, 웨이터, 웨이트리스를 관리해야 한다. 그는 또한 재고관리, 재고, 일별 매출보고서, 구매보고서 등 다양한 종류의 기록을 처리해야 한다.

59 다음 ( ) 안에 적합한 것은?

> A bartender should be ( ) with the English names of all stores of liquors and mixed drinks.

① familiar   ② warm

③ use   ④ accustom

 바텐더는 매장의 모든 주류 및 혼합 음료 영문 이름을 숙지해야 한다.

60 Which country does Campari come from?

① Scotland   ② America

③ Fran   ④ Italy

 Campari(캄파리)의 원산지는 이탈리아이다.

2019년 기출복원문제

01 곡물(Grain)을 원료로 만든 무색투명한 증류주에 두송자(Juniper Berry)의 향을 착향시킨 술은?

① Tequila   ② Rum
③ Vodka   ④ Gin

 두송자(Juniper Berry, 주니퍼 베리)의 향이 특징인 술은 Gin(진)이다.

02 다음 보기에 대한 설명으로 옳은 것은?

- 만자닐라(Manzanilla)
- 몬틸라(Montilla)
- 올로로소(Oloroso)
- 아몬틸라도(Amontillado)

① 이탈리아산 포도주   ② 스페인산 백포도주
③ 프랑스산 샴페인   ④ 독일산 포도주

 만자닐라(Manzanilla), 몬틸라(Montilla), 올로로소(Oloroso), 아몬틸라도(Amontillado)는 스페인산의 백포도주이다.

03 만들어진 칵테일에 손의 체온이 전달되지 않도록 할 때 사용되는 글라스(Glass)로 가장 적합한 것은?

① Stemmed Glass   ② Old Fashioned Glass
③ Highball Glass   ④ Collins Glass

 Stem(스템)이란 잔의 가늘고 기다란 손잡이 부분으로 체온이 전달되지 않도록 하는 손잡이 기능이 있다.

04 우리나라의 증류식 소주에 해당되지 않는 것은?

① 안동 소주   ② 제주 한주
③ 경기 문배주   ④ 금산 삼송주

 금산 삼송주는 인삼, 솔잎 등을 저온에서 발효하여 숙성시킨 발효주이다.

05 깁슨(Gibson) 칵테일에 알맞은 장식은?

① 올리브(Olive)
② 민트(Mint)
③ 체리(Cherry)
④ 칵테일 어니언(Cocktail Onion)

 깁슨(Gibson) 칵테일은 '마티니'에서 장식 과일을 '올리브' 대신 '칵테일 어니언'으로 바꾼 것이다.

06 다음 중 와인의 품질을 결정하는 요소로 가장 거리가 먼 것은?

① 환경요소(Terroir, 테루아)
② 양조기술
③ 포도 품종
④ 부케(Bouquet)

 와인의 부케(Bouquet)란 와인이 숙성되면서 생겨나는 향을 말한다.

정답   01 ④   02 ②   03 ①   04 ④   05 ④   06 ④

07 일반적으로 단식 증류기(Pot Still)로 증류하는 것은?

① Kentucky Straight Bourbon Whiskey

② Grain Whisky

③ Dark Rum

④ Aquavit

 Dark Rum(다크 럼)은 단식 증류하여 일정기간 숙성하여 짙은 호박색을 띠며 자메이카산이 유명하다.

08 상면발효맥주로 옳은 것은?

① Bock Beer   ② Budweiser Beer

③ Porter Beer   ④ Asahi Beer

 Porter Beer(포터 비어)는 영국에서 상면발효로 만든 흑맥주이다.

09 Malt Whisky를 바르게 설명한 것은?

① 대량의 양조주를 연속식으로 증류해서 만든 위스키

② 단식 증류기를 사용하여 2회의 증류과정을 거쳐 만든 위스키

③ 피트탄(Peat, 석탄)으로 건조한 맥아의 당액을 발효해서 증류한 피트향과 통의 향이 배인 독특한 맛의 위스키

④ 옥수수를 원료로 대맥의 맥아를 사용하여 당화시켜 개량 솥으로 증류한 고농도 알코올의 위스키

 Malt Whisky(몰트 위스키)는 스코틀랜드에서 맥아를 피트탄(Peat)으로 건조하여 발효 · 증류하고 오크통에서 저장한 스코틀랜드산의 위스키이다.

10 다음 중 연결이 옳은 것은?

① Absinthe − 노르망디 지방의 프랑스산 사과 브랜디

② Campari − 주정에 향쑥을 넣어 만드는 프랑스산 리큐어

③ Calvados − 이탈리아 밀라노에서 생산되는 와인

④ Chartreuse − 승원(수도원)이란 뜻을 가진 리큐어

 프랑스의 Chartreuse(샤르트리즈)는 수도원에서 수도사들이 만든 리큐어이다.

　① Absinthe(압생트) : 주정에 향쑥을 넣어 만드는 프랑스산 리큐어
　② Campari(캄파리) : 이탈리아 밀라노에서 생산되는 감미가 없는 리큐어
　③ Calvados(칼바도스) : 프랑스 노르망디 지방의 사과 브랜디

11 Scotch Whisky에 꿀(Honey)을 넣어 만든 혼성주는?

① Cherry Heering   ② Cointreau

③ Galliano   ④ Drambuie

 Drambuie(드람부이)는 스코틀랜드에서 스카치 위스키에 벌꿀을 더해 만드는 리큐어이다.

12 커피(Coffee)의 제조 방법 중 틀린 것은?

① 드립식(Drip Filter)

② 퍼콜레이터식(Percolator)

③ 에스프레소식(Espresso)

④ 디캔터식(Decanter)

 디캔터(Decanter)는 와인을 마실 때 침전물이 혼입되는 것을 방지하기 위해 와인을 옮겨 담는 병을 말한다.

13 다음 중 프랑스의 발포성 와인으로 옳은 것은?

① Vin Mousseux   ② Sekt

③ Spumante   ④ Perlwein

정답　07 ③　08 ③　09 ③　10 ④　11 ④　12 ④　13 ①

① Vin Mousseux(뱅 무스) : 프랑스 상파뉴 외의
지역에서 만드는 발포성 포도주
② Sekt(젝트) : 독일의 발포성 포도주
③ Spumante(스푸만테) : 이탈리아의 발포성 포
도주
④ Perlwein(페를바인) : 독일의 가벼운 발포성
포도주

14 '생명의 물'이라고 지칭되었던 유래가 없는 술은?

① 위스키   ② 브랜디

③ 보드카   ④ 진

 연금술사들이 연금술을 연구하는 과정에서 새로
운 증류주를 탄생시켰는데 연금술사들의 공용어
인 라틴어 '아쿠아 비테(Aqua Vitae, 생명의 물)'
에서 유래되었다.
진(Gin)은 네덜란드의 내과의사인 '실비우스
(Sylvius)'에 의해 이뇨건위제로 약용의 목적으로
만들어졌다.

15 소금을 Cocktail Glass 가장자리에 찍어서 (Rimming) 만드는 칵테일은?

① Singapore Sling   ② Sidecar

③ Margarita   ④ Snowball

 소금을 Rimming(리밍)하는 대표적인 칵테일이
Margarita(마가리타)이다.

16 보드카가 기주로 쓰이지 않는 칵테일은?

① 맨해튼   ② 스크루드라이버

③ 키스 오브 파이어   ④ 치치

 맨해튼(Manhattan)은 버번 위스키가 베이스(Base,
기주)이다.

17 1Quart는 몇 Ounce인가?

① 1oz   ② 16oz

③ 32oz   ④ 38.4oz

 1Quart(32oz), 1oz(Pony, Shot), 16oz(Pint)

18 Long Drink에 대한 설명으로 틀린 것은?

① 주로 텀블러 글라스, 하이볼 글라스 등으로
제공한다.

② 톰 콜린스, 진피즈 등이 속한다.

③ 일반적으로 한 종류 이상의 술에 청량음료를
섞는다.

④ 무알코올 음료의 총칭이다.

 Long Drink(롱 드링크)란 용량이 4oz 이상으로
하이볼 글라스 등의 텀블러 글라스에 제공하는
음료를 말한다.

19 Gin & Tonic에 알맞은 Glass와 장식은?

① Collins Glass − Pineapple Slice

② Cocktail Glass − Olive

③ Cocktail Glass − Orange Slice

④ Highball Glass − Lemon Slice

 Gin & Tonic(진토닉)은 Highball Glass(하이볼
글라스)에 얼음과 Gin(진), Tonic Water(토닉 워
터)를 넣고 Build(빌드) 기법으로 만들어 Lemon
Slice(레몬 슬라이스)를 장식한다.

20 주류의 주정도수가 높은 것부터 낮은 순서 대로 나열된 것으로 옳은 것은?

① Vermouth > Brandy > Fortified Wine >
Kahlua

② Fortified Wine > Vermouth > Brandy >
Beer

③ Fortified Wine > Brandy > Beer >
Kahlua

④ Brandy > Galliano > Fortified Wine >
Beer

Brandy(브랜디 40~50%) > Galliano(갈리아노 30%) > Fortified Wine(강화 와인 18~20%) > Beer(맥주 2~8%)

발효차이다. 한국의 작설차는 녹차로 녹차는 발효하지 않는 불발효차이다.

21 칵테일 제조에 사용되는 얼음(Ice) 종류의 설명이 틀린 것은?

① 셰이브드 아이스(Shaved Ice) : 곱게 빻은 가루얼음
② 큐브드 아이스(Cubed Ice) : 정육면체의 조각얼음 또는 육각형 얼음
③ 크랙트 아이스(Cracked Ice) : 큰 얼음을 아이스 픽(Ice Pick)으로 깨어서 만든 각얼음
④ 럼프 아이스(Lump Ice) : 각얼음을 분쇄하여 만든 작은 콩알얼음

 럼프 아이스(Lump Ice)란 덩어리 얼음을 말하고, 각얼음을 분쇄하여 만든 작은 콩알얼음은 크러시드 아이스(Crushed Ice)라 한다.

22 스카치 위스키(Scotch Whisky)와 가장 거리가 먼 것은?

① Malt
② Peat
③ Used Sherry Cask
④ Used Limousin Oak Cask

 Limousin Oak Cask(리무진 오크 캐스크)는 코냑(Cognac) 저장에 이용한다.

23 제조 방법상 발효 방법이 다른 차(Tea)는?

① 한국의 작설차
② 인도의 다즐링(Darjeeling)
③ 중국의 기문차
④ 스리랑카의 우바(Uva)

 인도의 다즐링(Darjeeling), 중국의 기문차, 스리랑카의 우바(Uva)는 세계 3대 홍차이고 홍차는

24 브랜디에 대한 설명으로 가장 거리가 먼 것은?

① 포도 또는 과실을 발효하여 증류한 술이다.
② 코냑 브랜디에 처음으로 별표의 기호를 도입한 것은 1865년 헤네시(Hennessy) 사에 의해서이다.
③ Brandy는 저장기간을 부호로 표시하며 그 부호가 나타내는 저장기간은 법적으로 정해져 있다.
④ 브랜디의 증류는 와인을 2~3회 단식 증류기(Pot still)로 증류한다.

 브랜디의 품질표시 부호는 법적인 것이 아니고 생산업자가 임의로 한다.

25 맥주의 원료 중 홉(Hop)의 역할이 아닌 것은?

① 맥주 특유의 상큼한 쓴맛과 향을 낸다.
② 알코올의 농도를 증가시킨다.
③ 맥아즙의 단백질을 제거한다.
④ 잡균을 제거하여 보존성을 증가시킨다.

 홉(Hop)은 암꽃을 사용하는데 암꽃의 안벽에 있는 황금색의 꽃가루인 루풀린(Lupulin)은 맥주 특유의 쓴맛과 향기를 부여하고 맥아즙의 단백질을 침전시켜 맥주액을 맑게 하고 살균력이 있어 잡균의 번식을 억제한다.

26 부르고뉴 지역의 주요 포도 품종은?

① 가메이와 메를로
② 샤르도네와 피노 누아
③ 리슬링과 산지오베제
④ 진판델과 카베르네 소비뇽

 부르고뉴(Bourgogne) 지역에서는 적포도주에는 피노 누아(Pinot Noir), 가메이(Gamay)종를 쓰고

정답   21 ④   22 ④   23 ①   24 ③   25 ②   26 ②

백포도주에는 샤르도네(Chardonny)종을 쓴다.

27 위스키의 제조과정을 순서대로 나열한 것으로 가장 적합한 것은?

① 맥아 – 당화 – 발효– 증류 – 숙성
② 맥아 – 당화 – 증류– 저장 – 후숙
③ 맥아 – 발효 – 증류 – 당화 – 브랜딩
④ 맥아 – 증류 – 저장– 숙성 – 발효

 위스키의 제조는 맥아에 당화효소를 넣어 당화한 후 효모를 넣고 발효하여 증류한 다음 오크통에서 숙성시킨다.

28 맨해튼 칵테일 드라이(Manhattan Cocktail Dry)를 제공하기 위해 준비해야 하는 고명(Garnish)은?

① Lemon
② Cherry
③ Pearl Onion
④ Cocktail Olive

 맨해튼 칵테일 드라이에는 Cocktail Olive(칵테일 올리브)를 가니시한다.

29 독일의 와인에 대한 설명 중 틀린 것은?

① 라인(Rhein)과 모젤(Mosel) 지역이 대표적이다.
② 리슬링(Riesling) 품종의 백포도주가 유명하다.
③ 와인의 등급을 포도 수확 시의 당분함량에 따라 결정한다.
④ 1935년 「원산지 호칭 통제법」을 제정하여 오늘날까지 시행하고 있다.

 독일의 「원산지 호칭 통제법」은 1971년 제정되었고 수차례 개정되면서 현재에 이르고 있다.

30 셰이킹(Shaking) 기법에 대한 설명으로 틀린 것은?

① 셰이커(Shaker)에 얼음을 충분히 넣어 빠른 시간 안에 잘 섞이고 차게 한다.
② 셰이커(Shaker)에 재료를 넣고 순서대로 Cap을 Strainer에 씌운 다음 Body에 덮는다.
③ 잘 섞이지 않는 재료들을 셰이커(Shaker)에 넣어 세차게 흔들어 섞는 조주 기법이다.
④ 달걀, 우유, 크림, 당분이 많은 리큐어 등으로 칵테일을 만들 때 많이 사용된다.

 셰이커(Shaker)의 Body(보디)에 얼음과 재료를 넣고 Strainer(스트레이너)를 결합한 후 Cap(캡)을 덮는다.

31 그레이트 와인(Great Wine)은 몇 년간 저장하여 숙성시킨 것인가?

① 5년 이하
② 10년 이하
③ 5~15년
④ 15년 이상

 와인은 저장기간에 따라 영 와인(Young Wine, 1~2년), 올드 와인(Old Wine, 5~15년), 에이지드 와인(Aged Wine, 5~15년), 그레이트 와인(Great Wine, 15년 이상)으로 분류한다.

32 다음 중 독일의 진(German Gin)이라고 일컬어지는 Spirit는?

① 힘버가이스트(Himbeergeist)
② 키르슈(Kirsch)
③ 슈타인헤거(Steinhager)
④ 프랑부아즈(Framboise)

 슈타인헤거(Steinhager)는 독일의 슈타인하겐 마을에서 탄생하여 마을의 이름에서 유래하였으며, 주니퍼 베리(Juniper Berry)를 발효하여 만든다.

　① 힘버가이스트(Himbeergeist) : 독일이 원산지로 나무딸기를 원료로 하는 리큐어
　② 키르슈(Kirsch) : 체리 브랜디의 일종

④ 프랑부아즈(Framboise) : 원산지는 프랑스로 나무딸기를 원료로 하는 리큐어

33 에스프레소 추출 시 너무 진한 크레마(Dark Crema)가 추출되었을 때 그 원인이 아닌 것은?

① 물의 온도가 95℃보다 높은 경우
② 펌프압력이 기준압력보다 낮은 경우
③ 포터 필터의 구멍이 너무 큰 경우
④ 물 공급이 제대로 안 되는 경우

 포터 필터의 구멍이 너무 큰 경우 추출속도가 빨라 크레마가 제대로 형성되지 않는다.

34 와인의 보관법 중 틀린 것은?

① 진동이 없는 곳에 보관한다.
② 직사광선을 피하여 보관한다.
③ 와인을 눕혀서 보관한다.
④ 습기가 없는 곳에 보관한다.

 와인보관은 적당한 온도(10~20℃)와 적당한 습도(70~80%)가 유지되어야 한다.

35 제스터(Zester)란 무엇에 쓰이는 용기인가?

① 향미를 돋보이게 하는 용기
② 레몬이나 오렌지를 조각내는 집기
③ 얼음을 넣어두는 용기
④ 향미를 보호하기 위한 밀폐되는 용기

 제스터는 레몬이나 오렌지 등의 껍질을 깎아내는 데 쓰는 일종의 칼이라 할 수 있다.

36 기물의 설치에 대한 내용으로 옳지 않은 것은?

① 바의 수도시설은 Mixing Station 바로 후면에 설치한다.
② 배수구는 바텐더의 바로 앞에, 바의 높이는

고객이 작업을 볼 수 있게 설치한다.
③ 얼음제빙기는 Back Side에 설치하는 것이 가장 적절하다.
④ 냉각기는 표면에 병따개 부착된 건성형으로 Station 근처에 설치한다.

 얼음제빙기는 언더 바(Under Bar)에 설치하는 것이 적당하다.

37 우리나라의 전통주 가운데 약주가 아닌 것은?

① 두견주   ② 한산 소곡주
③ 칠선주   ④ 문배주

 약주는 발효주를 말하는데 문배주는 조, 수수, 누룩으로 빚은 증류주이다.

38 포도주(Wine)를 서비스하는 방법 중 옳지 않은 것은?

① 포도주병을 운반하거나 따를 때에는 병 내의 포도주가 흔들리지 않도록 한다.
② 와인병을 개봉했을 때 첫 잔은 주문자 혹은 주빈이 시음을 할 수 있도록 한다.
③ 보졸레 누보와 같은 포도주는 디캔터를 사용하여 일정시간 숙성시킨 후 서비스한다.
④ 포도주는 손님의 오른쪽에서 따르며 마지막에 보틀을 돌려 흐르지 않도록 한다.

 보졸레 누보(Beaujolais Nouveau)는 숙성기간이 짧은 햇 와인으로 가볍고 캐주얼하게 마시는 와인이다.

39 저장관리 방법 중 FIFO란?

① 선입선출   ② 선입후출
③ 후입선출   ④ 임의불출

 FIFO(First In First Out)란 먼저 구입한 것을 먼저 사용한다는 선입선출법이다.

40 주장의 종류로 가장 거리가 먼 것은?

① Cocktail Bar   ② Members Club Bar

③ Pup Bar   ④ Snack Bar

 Snack Bar(스낵 바)는 간단한 음식을 파는 곳이다.

41 칵테일을 만드는 기법 중 'Stirring'에서 사용하는 도구와 거리가 먼 것은?

① Mixing Glass   ② Bar Spoon

③ Strainer   ④ Shaker

 조주 기법 중 Stirring(스터링)은 Mixing Glass(믹싱 글라스)에 얼음과 재료를 넣고 바 스푼(Bar Spoon)으로 휘저어 Strainer(스트레이너)를 끼우고 잔에 따르는 것이다.

42 브랜디 글라스(Brandy Glass)에 대한 설명 중 틀린 것은?

① 튤립형의 글라스이다.

② 향이 잔 속에서 휘감기는 특징이 있다.

③ 글라스를 예열하여 따뜻한 상태로 사용한다.

④ 브랜디는 글라스에 가득 채워 따른다.

 브랜디는 향을 즐기는 술로서 글라스(Glass)의 크기에 관계없이 1oz 정도만 따른다.

43 바텐더가 음료를 관리하기 위해서 반드시 필요한 것이 아닌 것은?

① Inventory   ② FIFO

③ 유통기한   ④ 매출

 음료관리는 재고관리(Inventory)이다. 음료의 관리는 FIFO(선입선출법)에 따르고 유통기한을 준수한다.

44 구매명세서(Standard Purchase Specification)를 사용부서에서 작성할 때 필요사항이 아닌 것은?

① 요구되는 품질 요건

② 품목의 규격

③ 무게 또는 수량

④ 거래처의 상호

 구매명세서에는 보통 품명, 규격, 수량, 단가, 금액 등을 기재한다.

45 음료가 저장고에 적정재고 수준 이상으로 과도할 경우 나타나는 현상이 아닌 것은?

① 필요 이상의 유지 관리비가 요구된다.

② 기회 이익이 상실된다.

③ 판매 기회가 상실된다.

④ 과다한 자본이 재고에 묶이게 된다.

 재고가 부족한 경우에 판매 기회가 상실된다.

46 Pilsner Glass에 대한 설명으로 옳은 것은?

① 브랜디를 마실 때 사용한다.

② 맥주를 따르면 기포가 올라와 거품이 유지된다.

③ 와인향을 즐기는 데 가장 적합하다.

④ 옆면이 둥글게 되어 있어 발레리나를 연상하게 하는 모양이다.

 Pilsner Glass(필스너 글라스)는 맥주용 글라스이다.

47 주장 종사원(Waiter)의 직무에 해당하는 것은?

① 바(Bar) 내부의 청결을 유지한다.

② 고객으로부터 주문을 받고 봉사한다.

③ 보급품과 기물주류 등을 창고로부터 보급받는다.

④ 조주에 필요한 얼음을 준비한다.

정답   40 ④   41 ④   42 ④   43 ④   44 ④   45 ③   46 ②   47 ②

웨이터(Waiter)는 고객에게서 주문을 받고 주문받은 음료를 서비스한다. ①, ③, ④는 '바 헬퍼(Bar Helper)'의 직무이다.

48 Key Box나 Bottle Member 제도에 대한 설명으로 옳은 것은?

① 음료의 판매회전이 촉진된다.

② 고정고객을 확보하기는 어렵다.

③ 후불이기 때문에 회수가 불분명하여 자금운영이 원활하지 못하다.

④ 주문시간이 많이 걸린다.

 Key Box(키 박스), Bottle Member(보틀 멤버) 제도는 일종의 회원제로 술을 병째로 구입하여 Bar(바)에 보관해두고 마신다. 따라서 선불로 구매하므로 자금회전이 원활하고 고정고객의 확보가 용이하다.

49 고객이 호텔의 음료상품을 이용하지 않고 음료를 가지고 오는 경우, 서비스하고 여기에 필요한 글라스, 얼음, 레몬 등을 제공하여 받는 대가를 무엇이라 하는가?

① Rental Charge

② VAT(Value Added Tax)

③ Corkage Charge

④ Service Charge

 고객이 외부에서 음료를 구매하여 마시고자 할 때 필요한 글라스, 얼음 등의 서비스를 제공하고 받는 요금을 Corkage Charge(콜키지 차지)라 한다.

50 다음은 무엇에 대한 설명인가?

매매계약 조건을 정당하게 이행하였음을 밝히는 것으로 판매자가 구매자에게 보내는 서류를 말한다.

① 송장(Invoice)

② 출고전표

③ 인벤토리 시트(Inventory Sheet)

④ 빈 카드(Bin Card)

 매매계약의 조건을 정당하게 이행했다는 것을 판매자가 구매자에 보내는 서류를 송장이라고 하며, 청구서의 기능을 지닌다.

51 다음 ( ) 안에 들어갈 단어로 가장 적합한 것은?

I'd like a stinger please, make it very ( ). but not too strong, please.

① hot   ② cold

③ sour   ④ dry

 스팅어 칵테일을 아주 시원하게 해 주세요. 하지만 너무 강하지 않게 부탁합니다.

52 다음 ( ) 안에 가장 적합한 것은?

W: Good evening, Mr. Carr.
　How are you this evening?
G: Fine, and you. Mr. Kim?
W: Very well, thank you.
　What would you like to try tonight?
G: ( )
W: A whisky, no ice, no water. Am I correct?
G: Fantastic!

① Just one for my health, please.

② One for the road.

③ I'll stick to my usual.

④ Another one please.

해설 오늘은 어떤 메뉴를 원하는지 물었다.
I'll stick to my usual.
(평소대로 하겠습니다.)

 정답   48 ①   49 ③   50 ①   51 ②   52 ③

53 "This milk has gone bad."의 의미는?

① 이 우유는 상했다.

② 이 우유는 맛이 없다.

③ 이 우유는 신선하다.

④ 우유는 건강에 나쁘다.

 gone bad : 상했다

54 "당신은 무엇을 찾고 있습니까?"의 올바른 표현은?

① What are you look for?

② What do you look for?

③ What are you looking for?

④ What is looking for you?

 What are you looking for?
(당신을 무엇을 찾고 있습니까?)

• be looking for ～ : ～을 찾고 있다

55 Which is the Vodka based cocktail in the following?

① Paradise Cocktail ② Million Dollars

③ Stinger ④ Kiss of Fire

 보드카 베이스 칵테일은 Kiss of Fire(키스 오브 파이어)이다. Paradise Cocktail(파라다이스 칵테일)과 Million Dollars(밀리언 달러스)는 Dry Gin(드라이진)이 베이스이고, Stinger(스팅어)는 Brandy(브랜디)가 베이스이다.

56 What is the juice of the wine grapes called?

① Mustard ② Must

③ Grapeshot ④ Grape Sugar

 와인을 만들기 위한 포도즙을 Must라 부른다.

57 Which one is the cocktail containing "Bourbon, Lemon and Sugar"?

① Whisper of Kiss ② Whiskey Sour

③ Western Rose ④ Washington

 버번, 레몬, 설탕이 들어간 칵테일은 Whiskey Sour(위스키 사워)이다.

58 Which one is the spirit made from Agave?

① Tequila ② Rum

③ Vodka ④ Gin

 Agave(용설란)를 원료로 한 증류주는 Tequila(테킬라)이다.

59 Which one is the cocktail to serve not to mix?

① B & B ② Black Russian

③ Bull Shot ④ Pink Lady

 섞이지 않게 제공하는 칵테일은 B & B이다. B & B는 베네딕틴과 브랜디를 플로트(Float) 기법으로 만든다.

60 'First come first served'의 의미는?

① 선착순 ② 시음회

③ 선불제 ④ 연장자순

 First come first served : '먼저 오면 먼저 제공 받는다'라는 뜻으로 선착순으로 제공한다는 의미이다.

정답 53 ① 54 ③ 55 ④ 56 ② 57 ② 58 ① 59 ① 60 ①

2020년 기출복원문제

01 곡류를 원료로 만드는 술의 제조 시 당화과정에 필요한 것은?

① Ethyl Alcohol   ② CO₂

③ Yeast   ④ Diastase

 Diastase(디아스타제)는 전분의 당화효소이다. 곡류에는 당이 전분의 형태로 존재하므로 전분을 당분으로 변화시킨 후 발효과정을 거치게 된다.

02 테킬라에 오렌지 주스를 배합한 후 붉은색 시럽을 뿌려서 모양이 마치 일출의 장관을 연출케 하는 환희의 칵테일은?

① Stinger   ② Tequila Sunrise

③ Screwdriver   ④ Pink Lady

 Tequila Sunrise(테킬라 선라이즈)는 테킬라에 오렌지 주스를 넣고 Build(빌드) 기법으로 혼합하고 Grenadine Syrup(그레나딘 시럽)을 Float(플로트)한다.

03 과일이나 곡류를 발효시킨 주정을 기초로 증류한 스피릿(Spirit)에 감미를 더하고 천연향미를 첨가한 것은?

① 양조주(Fermented Liquor)

② 증류주(Distilled Liquor)

③ 혼성주(Liqueur)

④ 아쿠아비트(Akvavit)

 혼성주는 스피릿(Spirit)에 초근목피, 향료, 색소 등을 넣어 색·맛·향을 내고 감미제를 넣어 단맛을 내어 만든 술이다.

04 커피의 맛과 향을 결정하는 중요한 가공요소가 아닌 것은?

① Roasting   ② Blending

③ Grinding   ④ Weathering

 커피의 맛과 향을 결정하는 중요한 가공요소로 원두의 품질, Roasting(볶음도), Blending(혼합비율), Grinding(분쇄도), 추출 방법 등이 있다.

05 보드카(Vodka)에 대한 설명 중 틀린 것은?

① 슬라브 민족의 국민주라고 할 수 있을 정도로 애음되는 술이다.

② 사탕수수를 주원료로 사용한다.

③ 무색(Colorless), 무미(Tasteless), 무취(Odorless)이다.

④ 자작나무 활성탄과 모래를 통과시켜 여과한 술이다.

 보드카는 감자 및 곡물을 원료로 한다. 사탕수수를 주원료로 하는 것은 럼(Rum)이다.

06 다음 중 용량이 가장 큰 계량단위는?

① 1Ts   ② 1Pint

③ 1Split   ④ 1Dash

 1Ts(1/6oz), 1Pint(16oz), 1Split(6oz), 1Dash(1/32oz)

정답   01 ④   02 ②   03 ③   04 ④   05 ②   06 ②

07 칵테일 장식에 사용되는 올리브(Olive)에 대한 설명으로 틀린 것은?

① 칵테일용과 식용이 있다.

② 마티니의 맛을 한껏 더해 준다.

③ 스터프트 올리브(Stuffed Olive)는 칵테일용이다.

④ 로브 로이 칵테일에 장식되며 절여서 사용한다.

 로브 로이(Rob Roy) 칵테일에는 체리를 장식한다.

08 다음 중 혼성주의 제조 방법이 아닌 것은?

① 샤마르법(Charmat Process)

② 증류법(Distilled Process)

③ 침출법(Infusion Process)

③ 배합법(Essence Process)

 혼성주의 제조 방법에는 증류법, 침출법, 에센스법이 있다. 샤마르법(Charmat Process)은 샴페인의 발효방식이다.

09 프랑스에서 가장 오래된 혼성주 중의 하나로 호박색을 띠고 '최대, 최선의 신에게'라는 뜻을 가지고 있는 것은?

① 압생트(Absente)

② 아쿠아비트(Akvavit)

③ 캄파리(Campari)

④ 베네딕틴 디오엠(Benedictine DOM)

 프랑스가 원산지인 베네딕틴의 상표에 DOM이라 쓰여 있는데, 라틴어 'Deo Optimo Maximo'의 머릿자로 '최대, 최선의 신에게'라는 뜻이다.

10 흑맥주가 아닌 것은?

① Stout Beer

② Munchener Beer

③ Kolsch Beer

④ Porter Beer

 Stout Beer(스타우트 맥주)와 Porter Beer(포터 맥주)는 영국의 흑맥주이고, Munchener Beer(뮌헨 맥주)는 독일의 흑맥주이다. Kolsch Beer(쾰시 맥주)는 독일 쾰른 지방의 맥주이다.

11 다음 중 그레나딘(Grenadine)이 필요한 칵테일은?

① 위스키 사워(Sour)

② 바카디(Bacardi)

③ 카루소(Caruso)

④ 마가리타(Margarita)

 바카디(Bacardi) 칵테일은 럼, 라임 주스, 그레나딘 시럽을 셰이킹하여 만든다.

12 스파클링 와인에 해당되지 않는 것은?

① Champagne

② Cremant

③ Vin doux Natural

④ Spumante

 뱅 두 나투렐(Vin doux Natural)은 프랑스 주정 강화 스위트 와인이다.

　① Champagne(샴페인) : 프랑스 상파뉴 스파클링 와인

　② Cremant(크레망) : 프랑스 부르고뉴 스파클링 와인

　③ Spumante(스푸만테) : 이탈리아 스파클링 와인

13 수분과 이산화탄소로만 구성되어 식욕을 돋우는 효과가 있는 음료는?

① Mineral Water

② Soda Water

③ Plain Water

④ Cider

 Soda Water(소다수)는 물에 탄산가스를 주입한 탄산음료이다.

정답   07 ④   08 ①   09 ④   10 ③   11 ②   12 ③   13 ②

14 정찬코스에서 hors-d'oeuvre 또는 Soup 대신에 마시는 우아하고 자양분이 많은 칵테일은?

① After Dinner Cocktail

② Before Dinner Cocktail

③ Club Cocktail

④ Night Cap Cocktail

 After Dinner Cocktail(애프터 디너 칵테일)은 식후용, Before Dinner Cocktail(비포 디너 칵테일)은 식전용, Night Cap Cocktail(나이트 캡 칵테일)은 취침 전에 마신다.

15 순수한 자연 그대로의 포도만으로 양조한 비포말성 와인으로 알코올 함유량이 14° 이하인 것은?

① Natural Still Wine ② Sparkling Wine

③ Fortified Wine ④ Aromatized Wine

 Natural Still Wine(내추럴 스틸 와인)이란 첨가물 없이 만드는 순수 전통 와인을 말한다.

16 알코올성 음료 중 성질이 다른 하나는?

① Kahlua ② Tia Maria

③ Vodka ④ Anisette

 ③ 보드카는 증류주이고 ①, ②, ④는 리큐어이다.

17 에일(Ale)이란 음료는?

① 와인의 일종이다. ② 증류주의 일종이다.

③ 맥주의 일종이다. ④ 혼성주의 일종이다.

 에일(Ale)은 영국의 전통적인 맥주이다.

18 다음 중 오드비(Eau-de-Vie)가 아닌 것은?

① Kirsch ② Apricot

③ Framboise ④ Amaretto

 오드비(Eau-de-Vie)는 프랑스어로 브랜디를 뜻한다. Amaretto(아마레토)는 이탈리아가 원산지로 살구씨를 주원료로 하여 아몬드향을 가한 리큐어이다.

  ① Kirsch(키르시) : 체리 또는 버찌를 발효 증류한 술

  ② Apricot(아프리콧) : 살구를 발효 증류한 술

  ③ Framboise(프랑부아즈) : 나무딸기 브랜디

19 보르도(Bordeaux) 지역에서 재배되는 레드 와인용 품종이 아닌 것은?

① 메를로(Merlot)

② 뮈스카델(Muscadelle)

③ 카베르네 소비뇽(Cabernet Sauvignon)

④ 카베르네 프랑(Cabernet Franc)

 뮈스카델(Muscadelle)은 보르도 지역의 화이트와인용 포도 품종이다.

20 맨해튼(Manhattan) 칵테일을 담아 제공하는 글라스로 가장 적합한 것은?

① 샴페인 글라스(Champagne Glass)

② 칵테일 글라스(Cocktail Glass)

③ 하이볼 글라스(Highball Glass)

④ 온더락 글라스(On the Rocks Glass)

 맨해튼(Manhattan) 칵테일은 칵테일 글라스에 제공한다.

21 포트 와인(Port Wine)이란?

① 포르투갈산 강화주

② 포도주의 총칭

③ 캘리포니아산 적포도주

④ 호주산 적포도주

 포트 와인(Port Wine)은 포르투갈의 주정 강화 스위트 와인이다.

 정답 14 ③ 15 ① 16 ③ 17 ③ 18 ④ 19 ② 20 ② 21 ①

22 세계 4대 위스키에 속하지 않는 것은?

① Scotch Whisky   ② American Whiskey
③ Canadian Whisky   ④ Japanese Whisky

 세계 4대 위스키는 Scotch Whisky(스카치 위스키, 스코틀랜드), American Whiskey(아메리칸 위스키, 미국), Canadian Whisky(캐나디안 위스키, 캐나다), Irish Whiskey(아이리시 위스키, 아일랜드)이다.

23 칵테일 도량용어로 1Finger에 가장 가까운 양은?

① 30mL 정도의 양
② 1병(Bottle)만큼의 양
③ 1대시(Dash)의 양
④ 1컵(Cup)의 양

 1Finger란 손가락 두께 정도의 양으로 약 30ml이다.

24 진(Gin)에 다음 어느 것을 혼합해야 Gin Rickey가 되는가?

① 소다수(Soda Water)
② 진저엘(Ginger Ale)
③ 콜라(Cola)
④ 사이다(Cider)

 Gin Rickey(진 리키)는 하이볼 글라스에 진, 라임 주스, 소다수로 만든다.

25 Gibson에 대한 설명으로 틀린 것은?

① 알코올 도수는 약 36도에 해당한다.
② 베이스는 Gin이다.
③ 칵테일 어니언(Onion)으로 장식한다.
④ 기법은 Shaking이다.

 Gibson(깁슨)은 믹싱 글라스를 이용한 Stir(스터) 기법으로 만든다.

26 우리나라 민속주에 대한 설명으로 틀린 것은?

① 탁주류, 약주류, 소주류 등 다양한 민속주가 생산된다.
② 쌀 등 곡물을 주원료로 사용하는 민속주가 많다.
③ 삼국시대부터 증류주가 제조되었다.
④ 발효제로는 누룩만을 사용하여 제조하고 있다.

 우리나라 증류주는 고려시대 때 몽골군의 침입을 통해 전래되었다.

27 와인의 용량 중 1.5L 사이즈는?

① 발따자르(Balthazer)
② 드미(Demi)
③ 매그넘(Magnum)
④ 제로보암(Jeroboam)

 와인의 기준용량은 스탠다드(Standaed) 750mL, 매그넘(Magnum) 1,500mL, 제로보암(Jeroboam) 3,000mL이다.

28 커피의 3대 원종이 아닌 것은?

① 로부스타종   ② 아라비카종
③ 인디카종   ④ 리베리카종

 커피의 3대 원종은 아라비카종(에티오피아), 로부스타종(콩고), 리베리카종(리베리아)이다. 인디카종은 흔히 안남미라 부르는 벼 품종이다.

29 다음 중 Bourbon Whiskey는?

① Jim Beam   ② Ballantine's
③ Old Bushmil's   ④ Cutty Sark

 Ballantine's(발렌타인)과 Cutty Sark(커티 샥)은 스카치 위스키, Old Bushmill's(올드 부시밀)은 아이리시 위스키 상표이다.

정답   22 ④   23 ①   24 ①   25 ④   26 ③   27 ③   28 ③   29 ①

30 잔 주위에 설탕이나 소금 등을 묻혀서 만드는 방법은?

① Shaking ② Building

③ Floating ④ Frosting

 글라스의 Rim(림) 부분에 설탕이나 소금을 묻히는 것을 Frosting(프로스팅) 또는 Rimming(리밍), Frozen Style(프로즌 스타일)이라고 한다.

31 원가를 변동비와 고정비로 구분할 때 변동비에 해당하는 것은?

① 임차료 ② 직접재료비

③ 재산세 ④ 보험료

 제품생산의 증감에 관계없이 고정적으로 발생하는 비용을 고정비, 증감에 따라 변동하는 비용을 변동비라고 한다.

32 발포성 와인의 서비스 방법으로 틀린 것은?

① 병을 45°로 기울인 후 세게 흔들어 거품이 충분히 나오도록 한 후 철사 열개를 푼다.

② 와인 쿨러에 물과 얼음을 넣고 발포성 와인 병을 넣어 차갑게 한 다음 서브한다.

③ 서브 후 서비스 냅킨으로 병목을 닦아 술이 테이블 위로 떨어지는 것을 방지한다.

④ 거품이 너무 나오지 않게 잔의 내측 벽으로 흘리면서 잔을 채운다.

 발포성 와인은 병을 45°로 기울인 후 조심스럽게 철사 열개를 풀어준다. 이때 흔들지 않도록 주의한다.

33 믹싱 글라스(Mixing Glass)에서 만든 칵테일을 글라스에 따를 때 얼음을 걸러주는 역할을 하는 기구는?

① Ice Pick ② Ice Tong

③ Strainer ④ Squeezer

 Ice Pick(아이스 픽)은 얼음용 송곳, Ice Tong(아이스 텅)은 얼음 집게, Squeezer(스퀴저)는 과즙을 짜는 기구이다.

34 테이블의 분위기를 돋보이게 하거나 고객의 편의를 위해 중앙에 놓는 집기들의 배열을 무엇이라 하는가?

① Service Wagon ② Show Plate

③ B & B Plate ④ Center Piece

 테이블의 중앙에 두고 장식하는 것을 Center Piece(센터 피스)라 한다.

35 바텐더(Bartender)의 수칙이 아닌 것은?

① Recipe에 의한 재료와 양을 사용한다.

② 영업 중 Bar에서 재고조사를 한다.

③ 고객과의 대화에 지장이 없도록 교양을 넓힌다.

④ 고객 한 사람마다 신경을 써서 주문에 응한다.

 재고조사는 영업종료 후에 실시한다.

36 Standard Recipe를 지켜야 하는 이유로 틀린 것은?

① 동일한 맛을 낼 수 있다.

② 객관성을 유지할 수 있다.

③ 원가정책의 기초로 삼을 수 있다.

④ 다양한 맛을 낼 수 있다.

 Standard Recipe(표준 조리법)는 일정한 품질유지를 할 수 있다.

37 레몬이나 과일 등의 가니시를 으깰 때 쓰는 목재로 된 기구는?

① 칵테일 픽(Cocktail Pick)

② 푸어러(Pourer)

▶ 정답 30 ④ 31 ② 32 ① 33 ③ 34 ④ 35 ② 36 ④ 37 ④

③ 아이스 페일(Ice Pail)

④ 우드 머들러(Wood Muddler)

 칵테일 픽(Cocktail Pick)은 장식 과일 꽂이, 푸어러(Pourer)는 술병에 꽂아 술 따르는 기구, 아이스 페일(Ice Pail)은 얼음 그릇이다.

38 음료가 든 잔을 서비스할 때 틀린 사항은?

① Tray를 사용한다.　② Stem을 잡는다.

③ Rim을 잡는다.　④ Coaster를 잡는다.

 Rim(림)은 입술이 닿는 부분으로 손이 닿지 않도록 한다.

39 바에서 사용하는 House Brand의 의미는?

① 널리 알려진 술의 종류

② 지정 주문이 아닐 때 쓰는 술의 종류

③ 상품(上品)에 해당하는 술의 종류

④ 조리용으로 사용하는 술의 종류

 House Brand(하우스 브랜드)란 고객이 특정한 상표를 요구하지 않는 경우 업소에서 임의로 사용하는 술을 말한다.

40 바텐더가 지켜야 할 바(Bar)에서의 예의로 가장 올바른 것은?

① 정중하게 손님을 환대하며 고객이 기분이 좋도록 Lip Service를 한다.

② 자주 오시는 손님에게는 오랜 시간 이야기한다.

③ Second Order를 하도록 적극적으로 강요한다.

④ 고가의 품목을 적극 추천하여 손님의 입장보다 매출에 많은 신경을 쓴다.

 바(Bar)는 서비스를 판매하는 곳이므로 고객이 환대를 받고 있다는 느낌을 주도록 한다.

41 와인 서빙에 필요하지 않은 것은?

① Decanter　② Cock Screw

③ Stir Rod　④ Pincers

 Stir Rod(스터 로드)란 휘젓는 막대로, 주로 하이볼 음료에 필요하다.

42 다음은 무엇에 대한 설명인가?

> 일정기간 동안 어떤 물품에 대한 정상적인 수요를 충족시키는 데 필요한 재고량

① 기준재고량

② 일일재고량

③ 월말재고량

④ 주단위 재고량

 정상적인 영업을 위해 필요한 재고량을 기준재고량(Par Stock)이라 한다.

43 바(Bar) 집기 비품에 속하지 않는 것은?

① Nutmeg　② Spindle Mixer

③ Paring Knife　④ Ice Pail

 Nutmeg(너트멕)이란 육두구나무 열매의 씨앗을 분말로 만든 것으로 칵테일에서 향신료로 사용한다.

44 다음 중 Decanter와 가장 관계있는 것은?

① Red Wine　② White Wine

③ Champagne　④ Sherry Wine

 Decanter(디캔터)는 와인을 따를 때 침전물이 나오는 것을 방지하기 위해 와인을 미리 옮겨 담는 병을 말하는데 주로 레드 와인 서빙 시 필요하다.

정답　38 ③　39 ②　40 ①　41 ③　42 ①　43 ①　44 ①

45 맥주의 관리 방법으로 옳은 것은?

① 습도가 높은 곳에 보관한다.

② 장시간 보관·숙성시켜서 먹는 것이 좋다.

③ 냉장보관할 필요는 없다.

④ 직사광선을 피해 그늘지고 어두운 곳에 보관하여야 한다.

 맥주병이 직사광선에 노출되면 좋지 않은 냄새가 발생하고 변질될 수 있으므로 주의한다.

46 와인의 이상적인 저장고가 갖추어야 할 조건이 아닌 것은?

① 8℃에서 14℃ 정도의 온도를 항상 유지해야 한다.

② 습도는 70~75% 정도를 항상 유지해야 한다.

③ 흔들림이 없어야 한다.

④ 통풍이 좋고 빛이 들어와야 한다.

 와인 저장고는 빛이 들지 않는 곳이 적당하다.

47 프런트 바(Front Bar)에 대한 설명으로 옳은 것은?

① 주문과 서브가 이루어지는 고객들의 이용 장소로서 일반적으로 폭 40cm, 높이 120cm가 표준이다.

② 술과 잔을 전시하는 기능을 갖고 있다.

③ 술을 저장하는 창고이다.

④ 바텐더가 조주하는 바(Bar)를 말한다.

 프런트 바(Front Bar)란 카운터 바(Counter Bar)라고도 부르는데 고객과 마주보고 주문과 서비스가 이루어지는 장소를 말한다.

48 프라페(Frappe)를 만들기 위해 준비하는 얼음은?

① Cube Ice   ② Big Ice

③ Cracked Ice   ④ Crushed Ice

 프라페(Frappe)란 얼음으로 차게 한 음료로 Crushed Ice(크러시드 아이스) 또는 Shaved Ice(셰이브드 아이스)를 사용한다.

49 Rob Roy 조주 시 사용하는 기물은?

① 셰이커(Shaker)

② 믹싱 글라스(Mixing Glass)

③ 전기 블렌더(Blender)

④ 주스 믹서(Juice Mixer)

 로브 로이(Rob Roy) 칵테일은 믹싱 글라스에 얼음과 스카치 위스키, 스위트 베르무트, 앙고스투라 비터스를 넣고 스터(Stir) 기법으로 만들어 칵테일 글라스에 따르고 체리를 장식한다.

50 선입선출의 의미로 맞는 것은?

① First In, First On

② First In, First Off

③ First In, First Out

④ First Inside, First on

 선입선출(First In, First Out)이란 먼저 구입한 것을 먼저 사용한다는 뜻이며, 약어로 FIFO라 한다.

51 What is the meaning of a walk-in guest?

① A guest with no reservation.

② Guest on charged instead of reservation guest.

③ By walk-in guest.

④ Guest that checks in through the front desk.

 walk-in guest란 예약하지 않고 방문하는 고객을 말한다.

정답   45 ④   46 ④   47 ①   48 ④   49 ②   50 ③   51 ①

52 다음 밑줄 친 단어의 의미는?

A : This beer is flat. I don't like warm beer.
B : I'll have them replace it with a cold one.

① 시원함　　　　② 맛이 좋은
③ 김이 빠진　　　④ 너무 독한

 flat beer : 김 빠진 맥주

53 다음에서 설명하는 것은?

A drinking mug, usually made of earthenware used for serving beer.

① Stein　　　　② Coaster
③ Decanter　　　④ Muddler

 머그잔은 보통 맥주를 대접하기 위해 만들어진다. Stein(슈타인)이란 16oz 크기의 맥주잔을 말한다.

54 다음에서 설명하는 것은?

It is a denomination that controls the grape quality, cultivation, unit, density, crop, production.

① VDQS　　　　② Vin de Pays
③ Vin de Table　　④ AOC

 포도의 품질, 재배, 단위, 밀도, 작황, 생산량 등을 엄격히 관리하는 통제원산지명칭을 'AOC'라 한다.

55 다음 (　) 안에 가장 알맞은 것은?

Our hotel's bar has a (　) from 6 to 9 in every Monday.

① Bargain Sales　　② Expensive Price
③ Happy Hour　　　④ Business Time

 우리 호텔 바의 Happy hour(해피아워)는 매주 월요일 6시부터 9시까지입니다.

56 Which is not Scotch Whisky?

① Bourbon　　　　② Ballantine
③ Cutty Sark　　　④ VAT 69

 스카치 위스키가 아닌 것은 Bourbon(버번)이다.

57 "우리는 새 블렌더를 가지고 있다."를 가장 잘 표현한 것은?

① We has been a new blender.
② We has a new blender.
③ We had a new blender.
④ We have a new blender.

 ①, ②, ③은 시제 또는 동사의 수일치가 맞지 않다.
　　　• have : 가지다, 소유하다

58 다음 (　) 안에 알맞은 것은?

(　) must have juniper berry flavor and can be made either by distillation or re-distillation.

① Whisky　　　　② Rum
③ Tequila　　　　④ Gin

 Juniper Berry(주니퍼 베리) 향이 있으며, 증류를 통해 제조하는 술은 진(Gin)이다.

정답　52 ③　53 ①　54 ④　55 ③　56 ①　57 ④　58 ④

59 다음 ( ) 안에 적합한 단어는?

A : What would you like to drink?
B : I'd like a ( ).

① Bread　　　② Sauce
③ Pizza　　　④ Beer

 A : 무엇을 마시겠습니까?
B : 저는 맥주를 마시겠습니다.

60 What is the difference between Cognac and Brandy?

① Material

② Region

③ Manufacturing Company

④ Nation

 코냑과 브랜디의 차이점은 Region(지역)이다.
코냑은 코냑 지방에서 만드는 브랜디를 말한다.

2021년 기출복원문제

01 보졸레 누보 양조과정의 특징이 아닌 것은?

① 기계 수확을 한다.

② 열매를 분리하지 않고 송이째 밀폐된 탱크에 집어넣는다.

③ 발효 중 CO_2의 영향을 받아 산도가 낮은 와인이 만들어진다.

④ 오랜 숙성 기간 없이 출하한다.

 보졸레 누보(Beaujolais Nouveau)는 으깨지 않은 포도송이를 직접 발효시키는 방법으로 만든다.

02 텀블러 글라스에 Dry Gin 1oz, Lime Juice 1/2oz, 그리고 Soda Water로 채우고 레몬 슬라이스로 장식하여 제공되는 칵테일은?

① Gin Fizz   ② Gimlet

③ Gin Rickey   ④ Gibson

 동일한 레시피에 라임 주스를 레몬 주스로 바꾸면 Gin Fizz(진피즈)가 된다.

03 얼음덩이와 함께 세게 셰이크해서 마실 수 있는 리큐어(Liqueur)는 어느 것인가?

① Absinthe   ② Creme de Cacao

③ Apricot Brandy   ④ Chartreuse

 초록빛의 마주라 불리는 Absinthe(압생트)는 얼음과 함께 셰이크(Shake)하여 마시면 시원한 온도와 특유의 향으로 청량감을 느낄 수 있다.

04 Irish Whiskey에 대한 설명으로 틀린 것은?

① 깊고 진한 맛과 향을 지닌 몰트 위스키도 포함된다.

② 피트 훈연을 하지 않아 향이 깨끗하고 맛이 부드럽다.

③ 스카치 위스키와 제조과정이 동일하다.

④ John Jameson, Old Bushmills가 대표적이다.

 스카치 위스키는 피트(Peat) 훈연으로 맥아를 건조하고 단식 증류법으로 2회 증류하지만, Irish Whiskey(아이리시 위스키)는 피트를 사용하지 않고 맥아를 건조하며, 3회 증류한다.

05 다음 칵테일 중 Mixing Glass를 사용하지 않는 것은?

① Martini   ② Gin Fizz

③ Gibson   ④ Rob Roy

 Gin Fizz(진피즈)는 Shake(셰이크) 기법과 Build(빌드) 기법을 혼용해서 만든다.

06 다음 중 Rum의 원산지는?

① 러시아   ② 카리브해 서인도제도

③ 북미지역   ④ 아프리카지역

 Rum(럼)의 원료는 사탕수수로 주생산지는 사탕수수가 많이 재배되는 카리브해 서인도제도의 국가들이다.

정답   01 ①   02 ③   03 ①   04 ③   05 ②   06 ②

07 화이트 포도 품종인 샤르도네만을 사용하여 만드는 샴페인은?

① Blanc de Noirs ② Blanc de Blanc
③ Asti Spumante ④ Beaujolais

 프랑스어로 Blanc(블랑)은 흰색, Noir(누아)는 검은색을 뜻한다.

08 다음 중 칵테일 조주에 필요한 기구로 가장 거리가 먼 것은?

① Jigger ② Shaker
③ Ice Equipment ④ Straw

 Straw(스트로)는 음료를 마실 때 필요하다.

09 다음 중 연결이 틀린 것은?

① 1Quart − 32oz
② 1Quart − 944mL
③ 1Quart − 1/4Gallon
④ 1Quart − 25Pony

 1Quart는 32oz이며, 1Pony는 1oz이다.

10 Sparkling Wine과 관련이 없는 것은?

① Champagne ② Sekt
③ Cremant ④ Armagnac

 Armagnac(알마냑)은 프랑스 알마냑 지방에서 생산하는 브랜디이다. Champagne(샴페인)은 프랑스 상파뉴산의 발포성 와인, Sekt(젝트)는 독일의 발포성 와인, Cremant(크레망)은 프랑스 부르고뉴 지방의 발포성 와인이다.

11 와인의 등급을 'AOC, VDQS, Vins de Pay, Vins de Table'로 구분하는 나라는?

① 이탈리아 ② 스페인
③ 독일 ④ 프랑스

 프랑스의 와인 등급은 Vins de Table → Vins de Pay → VDQS → AOC의 4등급으로 분류하고 있다.

12 음료에 대한 설명이 잘못된 것은?

① 콜린스 믹스(Collins Mix)는 레몬 주스와 설탕을 주원료로 만든 착향 탄산음료이다.
② 토닉 워터(Tonic Water)는 퀴닌(Quinine)을 함유하고 있다.
③ 코코아(Cocoa)는 코코넛(Coconut) 열매를 가공하여 가루로 만든 것이다.
④ 콜라(Coke)는 콜라닌과 카페인을 함유하고 있다.

 코코아(Cocoa)는 카카오(Cacao) 열매의 지방을 제거하여 만든다.

13 다음 중 가장 많은 재료를 넣어 셰이킹하는 칵테일은?

① Manhattan ② Apple Martini
③ Gibson ④ Pink Lady

 ① Manhattan(맨해튼) : 버번 위스키, 스위트 베르무트, 앙고스투라 비터스
② Apple Martini(애플 마티니) : 보드카, 애플 푸커, 라임 주스
③ Gibson(깁슨) : 드라이진, 드라이 베르무트
④ Pink Lady(핑크 레이디) : 드라이진, 달걀 흰자, 우유, 석류 시럽

14 다음에서 말하는 물을 의미하는 것은?

우리나라 고유의 술은 곡물과 누룩도 좋아야 하지만 특히 물이 좋아야 한다. 예부터 만물이 잠든 자정에 모든 오물이 다 가라앉은 맑고 깨끗한 물을 길어 술을 담갔다고 한다.

① 우물물　　　　② 광천수

③ 암반수　　　　④ 정화수

 정화수란 정성을 다하는 일이나 약을 달이는 데 사용하는 이른 새벽에 길은 우물물을 말한다.

15 샴페인의 'Extra Dry'라는 문구는 잔여 당분의 함량을 가리키는 표현이다. 이 문구를 삽입하고자 할 때 병에 함유된 잔여 당분의 정도는?

① 0~6g/L　　　　② 6~12g/L

③ 12~20g/L　　　④ 20~50g/L

 샴페인의 잔여 당분 함량 분류
- 브뤼 네이처(Brut Nature) 0~3g
- 엑스트라 브뤼(Extra Brut) 0~6g
- 브뤼(Brut) 6~12g
- 엑스트라 드라이(Extra Dry) 12~17g
- 섹(Sec) 17~32g
- 데미 섹(Demi Sec) 32~50g
- 두(Doux) 50g 이상

16 다음 중 코냑(Cognac)의 증류가 끝나도록 규정된 때는?

① 12월 31일　　　② 2월 1일

③ 3월 31일　　　④ 5월 1일

 코냑(Cognac)의 증류는 포도를 수확한 이듬해 3월 31일 자정까지 증류를 끝내도록 규정하고 있다.

17 브랜디의 숙성 연도 표시의 약자가 잘못 설명된 것은?

① V - Very　　　② P - Pale

③ S - Special　　④ X - Extra

 S는 Superior의 약자이다.

18 혼성주의 제조 방법이 아닌 것은?

① 양조법(Fermentation)

② 증류법(Distillation)

③ 침출법(Infusion)

④ 에센스 추출법(Essence)

 혼성주의 제조법에는 증류법, 침출법, 에센스 추출법이 있다.

19 조주 기법(Cocktail Technique)에 관한 사항에 해당하지 않는 것은?

① Stirring　　　　② Floating

③ Building　　　　④ Chilling

 조주 기법에는 Stirring(휘젓기), Floating(띄우기), Building(직접 넣기), Shaking(흔들기), Blending(블렌딩)의 5가지 기법이 있다.

20 포트 와인 양조 시 전통적으로 포도의 색과 탄닌을 빨리 추출하기 위해 포도를 넣고 발로 밟는 화강암 통은?

① 라가르(Lagar)

② 마세라시옹(Maceration)

③ 찹탈리제이션(Chaptalisation)

④ 캐스크(Cask)

 라가르(Lagar)는 돌로 된 발효조, 마세라시옹(Maceration)은 포도껍질과 씨를 함께 넣고 발효하는 과정, 찹탈리제이션(Chaptalisation)은 당도가 부족한 경우 발효하기 전에 알코올 도수를 높이기 위해서 설탕을 넣는 것이다.

21 다음 중 시음의 3요소라고 할 수 없는 것은?

① Looks Good　　　② Smells Good

③ Chillings Good　　④ Taste Good

 칵테일은 보기에 좋아야 하고, 향기가 좋아야 하며 맛이 좋아야 한다.

 정답　15 ③　16 ③　17 ③　18 ①　19 ④　20 ①　21 ③

22 다음 중 Red Wine용 포도 품종은?

① Cabernet Sauvignon

② Chardonnay

③ Pinot Blanc

④ Sauvignon Blanc

 Cabernet Sauvignon(카베르네 소비뇽)은 보르도의 레드 와인용 대표 포도 품종으로 레드 와인을 생산하는 대부분의 나라에서 재배하고 있다.

23 프로스팅(Frosting) 기법이 사용되지 않는 칵테일은?

① Margarita

② Kiss of Fire

③ Harvey Wallbanger

④ Irish Coffee

 Margarita(마가리타)는 Salt Frost(솔트 프로스트), Kiss of Fire(키스 오브 파이어)와 Irish Coffee(아이리시 커피)는 Sugar Frost(슈거 프로스트)한다.

24 Sidecar 칵테일을 만들 때 재료로 적당하지 않은 것은?

① Tequila ② Brandy

③ White Curacao ④ Lemon Juice

 Sidecar(사이드카) 칵테일은 Brandy(브랜디), White Curacao(Cointreau 또는 Triple Sec, 화이트 큐라소), Lemon Juice(레몬 주스)를 셰이킹하여 만든다.

25 「지봉유설」에 전해오는 것으로 이것을 마시면 불로장생한다 하여 장수주로 유명하며, 주로 찹쌀과 구기자, 고유약초로 만들어진 우리나라 고유의 술은?

① 두견주 ② 백세주

③ 문배주 ④ 이강주

 백세주는 찹쌀에 약초를 넣어 만들며 이 술을 마시면 백 세까지도 살 수 있다고 해서 붙여진 이름이다.

26 다음 중 Sugar Frost로 만드는 칵테일은?

① Rob Roy ② Kiss of Fire

③ Margarita ④ Angel's Tip

 Sugar Frost(슈거 프로스트)하는 대표적인 칵테일은 Kiss of Fire(키스 오브 파이어)이다.

27 칵테일 조주 시 셰이킹(Shaking) 기법을 사용하는 재료로 가장 거리가 먼 것은?

① 우유나 크림 ② 꿀이나 설탕 시럽

③ 증류주와 소다수 ④ 증류주와 달걀

 셰이커에는 소다수, 토닉수, 맥주, 샴페인 등 탄산가스가 함유된 음료는 사용하지 않는다.

28 다음 중에서 이탈리아 와인 키안티 클라시코(Chianti Classico)와 관계가 가장 먼 것은?

① Gallo Nero ② Piasco

③ Raffia ④ Barbaresco

 키안티 클라시코(Chianti Classico)는 짚으로 와인병을 감싸고 라벨에는 검은 수탉이 그려져 있다. Gallo Nero(갈로 네로)는 이탈리아어로 검은 수탉이라는 뜻으로 키안티 클라시코에 붙는 마크이며, Piasco(피아스코)는 짚으로 싼 병, Raffia(라피아)는 야자섬유, 짚을 말한다.

29 혼성주 특유의 향과 맛을 이루는 재료가 아닌 것은?

① 과일 ② 꽃

③ 천연향료 ④ 곡물

혼성주는 주정(Spirit)에 초근목피, 향료, 색소 등으로 색, 맛, 향을 내고 설탕이나 벌꿀 등의 감미료를 넣어 단맛을 내어 만든다.

✏ 정답 22 ① 23 ③ 24 ① 25 ② 26 ② 27 ③ 28 ④ 29 ④

30 혼성주(Compounded Liquor) 종류에 대한 설명이 틀린 것은?

① 아드보가트(Advocaat)는 브랜디에 달걀 노른자와 설탕을 혼합하여 만들었다.

② 드람부이(Drambuie)는 '사람을 만족시키는 음료'라는 뜻을 가지고 있다.

③ 알마냑(Armagnac)은 체리향을 혼합하여 만든 술이다.

④ 칼루아(Khalua)는 증류주에 커피를 혼합하여 만든 술이다.

 알마냑(Armagnac)은 프랑스 알마냑 지방에서 만드는 브랜디(Brandy)이다.

31 칵테일 글라스의 부위 명칭으로 틀린 것은?

① ㉠ Rim
② ㉡ Face
③ ㉢ Body
④ ㉣ Bottom

 ㉢은 Stem, ㉡은 Face 또는 Body라고 한다.

32 보조 웨이터의 설명으로 틀린 것은?

① Assistant Waiter라고도 한다.

② 직무는 캡틴이나 웨이터의 지시에 따른다.

③ 기물의 철거 및 교체, 테이블 정리 · 정돈을 한다.

④ 재고조사(Inventory)를 담당한다.

 재고조사(Inventory)는 바텐더의 직무이다.

33 다음 중 숙성기간이 가장 긴 브랜디의 표기는?

① 3 Star
② VSOP

③ VSO
④ XO

 ① 3 Star : 6~7년 ② VSOP : 25~30년
③ VSO : 15~20년 ④ XO : 45~50년

34 Liqueur Glass의 다른 명칭은?

① Shot Glass
② Cordial Glass
③ Sour Glass
④ Goblet

 혼성주를 Liqueur(리큐어) 또는 Cordial(코디얼)이라고 한다.

35 주장 경영에 있어서 프라임 코스트(Prime Cost)는?

① 감가상각과 이자율

② 식음료 재료비와 인건비

③ 임대비 등의 부동산 관련 비용

④ 초과근무수당

 프라임 코스트(Prime Cost)란 매출 대비 비용구조가 큰 부분을 차지하는 재료비와 인건비, 임대료를 말한다.

36 바(Bar)의 종류에 의한 분류에 해당하지 않는 것은?

① Jazz Bar
② Back Bar
③ Western Bar
④ Wine Bar

Back Bar(백 바)는 벽이나 바의 뒤쪽에 있는 선반 등의 공간을 말한다.

37 다음 중 Aperitif의 특징이 아닌 것은?

① 식욕촉진용으로 사용되는 음료이다.

② 라틴어 Aperire(Open)에서 유래되었다.

③ 약초계를 많이 사용하기 때문에 씁쓸한 향을 지니고 있다.

정답 **30** ③ **31** ③ **32** ④ **33** ④ **34** ② **35** ② **36** ② **37** ④

④ 당분이 많이 함유된 단맛이 있는 술이다.

 Aperitif(아페리티프)는 식욕 촉진용이므로 드라이하여야 한다.

38 셰이커(Shaker)를 이용하여 만든 칵테일을 짝지은 것으로 올바른 것은?

㉠ Pink Lady	㉡ Olympic
㉢ Stinger	㉣ Sea Breeze
㉤ Bacardi	㉥ Kir

① ㉠, ㉡, ㉤   ② ㉠, ㉣, ㉤
③ ㉡, ㉣, ㉥   ④ ㉠, ㉡, ㉥

 ㉠ Pink Lady(핑크 레이디) : Shake(셰이크)
㉡ Olympic(올림픽) : Shake(셰이크)
㉢ Stinger(스팅어) : Shake(셰이크)
㉣ Sea Breeze(시 브리즈) : Build(빌드)
㉤ Bacardi(바카디) : Shake(셰이크)
㉥ Kir(키르) : Build(빌드)

39 다음 중 Angel's Kiss를 만들 때 사용하는 것은?

① Shaker   ② Mixing Glass
③ Blender   ④ Bar Spoon

 Angel's Kiss(엔젤스 키스)는 카카오와 생크림으로 Float(플로트)하는 칵테일이므로 Bar Spoon(바 스푼)이 필요하다.

40 Port Wine을 가장 옳게 표현한 것은?

① 항구에서 막노동을 하는 선원들이 즐겨 찾던 적포도주
② 적포도주의 총칭
③ 스페인에서 생산되는 식탁용 드라이(Dry) 포도주
④ 포르투갈에서 생산되는 감미(Sweet) 포도주

 Port Wine(포트 와인)은 포르투갈의 주정 강화 스위트 와인을 말한다.

41 생맥주 취급의 기본 원칙 중 틀린 것은?

① 적정온도 준수   ② 후입선출
③ 적정압력 유지   ④ 청결 유지

 맥주는 선입선출(FIFO)을 가장 중요시해야 할 품목의 하나이다.

42 'Corkage Charge'의 의미는?

① 고객이 다른 곳에서 구입한 주류를 바(Bar)에 가져와서 마실 때 부과되는 요금
② 고객이 술을 보관할 때 지불하는 보관 요금
③ 고객이 Battle 주문 시 따라 나오는 Soft Drink의 요금
④ 적극적인 고객 유치를 위한 판촉비용

 Corkage Charge(콜키지 차지)란 고객이 외부에서 술을 구입하여 가져와 마실 때 얼음, 글라스 등을 제공하고 받는 서비스 요금을 말한다.

43 주류의 용량을 측정하기 위한 기구는?

① Jigger Glass   ② Mixing Glass
③ Straw   ④ Decanter

 용량을 측정하는 계량기구는 Jigger Glass(지거 글라스)이다.

44 잔(Glass) 가장자리에 소금, 설탕을 묻힐 때 빠르고 간편하게 사용할 수 있는 칵테일 기구는?

① 글라스 리머(Glass Rimmer)
② 디캔터(Decanter)
③ 푸어러(Pourer)
④ 코스터(Coaster)

잔의 가장자리에 소금이나 설탕을 묻힐 때 사용하는 도구를 글라스 리머(Glass Rimmer)라 한다.

 와인 보관 장소는 적당한 온도(12~14℃)와 습도(70~80%)가 유지되는 곳이 좋다.

45 글라스(Glass)의 위생적인 취급 방법으로 옳지 못한 것은?

① Glass는 불쾌한 냄새나 기름기가 없고 환기가 잘 되는 곳에 보관해야 한다.
② Glass는 비눗물에 닦고 뜨거운 물과 맑은 물에 헹궈 그대로 사용하면 된다.
③ Glass를 차갑게 할 때는 냄새가 전혀 없는 냉장고에서 Frosting시킨다.
④ 얼음으로 Frosting시킬 때는 냄새가 없는 얼음인지를 반드시 확인해야 한다.

 글라스는 중성세제 → 더운물 → 찬물의 순서로 세척하여 깨끗이 건조하여 사용한다.

46 칵테일에서 사용되는 청량음료로 Quinine, Lemon 등 여러 가지 향료 식물로 만든 것은?

① Soda Water
② Ginger Ale
③ Collins Mixer
④ Tonic Water

 소다수에 Quinine(퀴닌), Lemon(레몬) 등 향료성분을 첨가한 탄산음료는 Tonic Water(토닉 워터)이다.

47 와인의 적정온도 유지의 원칙으로 옳지 않은 것은?

① 보관 장소는 햇빛이 들지 않고 서늘하며, 습기가 없는 곳이 좋다.
② 연중 급격한 온도 변화가 없는 곳이어야 한다.
③ 와인에 전해지는 충격이나 진동이 없는 곳이 좋다.
④ 코르크가 젖어 있도록 병을 눕혀서 보관해야 한다.

48 칵테일에 관련된 각 용어의 설명이 틀린 것은?

① Cocktail Pick – 장식에 사용하는 핀
② Peel – 과일 껍질
③ Decanter – 신맛이라는 뜻
④ Fix – 약간 달고, 맛이 강한 칵테일의 종류

 Decanter(디캔터)는 와인을 옮겨 담는 병을 말하며, 신맛이라는 뜻의 용어는 Sour(사워)이다.

49 저장소(Store Room)에서 쓰이는 빈 카드(Bin Card)의 용도는?

① 품목별 불출입 재고 기록
② 품목별 상품 특성 및 용도 기록
③ 품목별 수입가와 판매가 기록
④ 품목별 생산지와 빈티지 기록

 빈 카드(Bin Card)란 입고와 출고에 따른 재고 기록카드로서 품목의 내력이 기록되어 적정재고량을 확보하는 데 사용되며, 적정시기에 적정필요량을 재주문할 수 있게 하는 자료이다. 창고 또는 물건이 비치되어 있는 장소에 비치한다.

50 Dry Martini의 레시피가 'Gin 2oz, Dry Vermouth 1/4oz, Olive 1개'이며 판매가가 10,000이다. 재료별 가격이 다음과 같을 때 원가율은?

- Dry Gin 20,000원/병(25oz)
- Olive 100원/개당
- Dry Vermouth 10,000원/병(25oz)

① 10%
② 12%
③ 15%
④ 18%

 원가를 계산하면 Dry Gin(드라이진) 1,600원 +

Olive(올리브) 100원 + Dry Vermouth(드라이 베르무트) 100원 = 1,800원이 된다. 판매가가 10,000원이므로 원가율은 18%가 된다.

51 Which is not one of four famous Whiskies in the world?

① Canadian Whisky

② Scotch Whisky

③ American Whisky

④ Japanese Whisky

 세계 4대 위스키가 아닌 것은 Japanese Whisky(재패니즈 위스키)이다.

52 다음 (   ) 안에 들어갈 알맞은 것은?

What is an air conditioner?
An air conditioner is (   ) controls the temperature in a room.

① this   ② what

③ which   ④ something

 에어컨은 실내의 온도를 조절하는 것이다.

53 다음 중 의미가 다른 하나는?

① It's my treat this time.

② I'll pick up the tab.

③ Let's go dutch.

④ It's on me.

 ①, ②, ④는 본인이 돈을 내겠다는 의미이고, ③은 각자가 계산하자는 의미이다.

54 What is a sommelier?

① Bartender   ② Wine Steward

③ Pub Owner   ④ Waiter

 Sommelier(소믈리에)는 Wine Steward(와인 스튜어드)이다.

55 다음 (   ) 안에 들어갈 단어로 알맞은 것은?

It is also a part of your job to make polite and friendly small talk with customers to (   ) them feel at home.

① doing   ② takes

③ gives   ④ make

 고객이 기분을 편안하게 느끼도록 공손하고 친절하게 간단한 대화를 나누는 것도 당신이 해야 할 일의 한 부분이다.

56 다음 (   ) 안에 들어갈 단어로 알맞은 것은?

(   ) goes well with dessert.

① Ice Wine   ② Red Wine

③ Vermouth   ④ Dry Sherry

 디저트와 잘 어울리는 것은 Ice Wine(아이스 와인)이다.

57 다음 (   ) 안에 들어갈 단어로 알맞은 것은?

(   ) is the conversion of sugar contained in the mash or must into ethyl alcohol.

① Distillation   ② Fermentation

③ Infusion   ④ Decanting

 Fermentation(발효)은 당분을 에틸알코올로 변환시키는 것이다.

58 다음 ( ) 안에 들어갈 단어로 옳은 것은?

G1 : This is the bar I told you about.
G2 : Hmm··· looks ( ) a very nice one.
W : What kind of drink would you like?
G1 : Let's see. Scotch ( ) the rocks, a double.

① be, over   ② liking, off

③ like, on   ④ alike, off

 • G1 : 여기가 내가 말했던 바(bar)예요.
• G2 : 음···. 아주 멋진 것 같네요.
• W : 어떤 음료를 드릴까요?
• G1 : 어디 보자. 스카치 온더락, 더블로 주세요.

59 Which of the following is not distilled liquor?

① Vodka   ② Gin

③ Calvados   ④ Pulque

 증류주가 아닌 것은 Pulque(풀케)이다. 풀케는 용설란 발효주로 이것을 증류하면 테킬라가 된다.

60 아래의 Guest(G)와 Receptionist(R)의 대화에서 ( ) 안에 들어갈 단어로 알맞은 것은?

G : Is there a swimming pool in this hotel?
R : Yes, there is. It is (A) the 4th floor.
G : What time does it open in the morning?
R : It opens (B) morning at 6 AM.

① A : at, B : each

② A : on, B : every

③ A : to, B : at

④ A : by, B : in

해설 G : 호텔에 수영장이 있나요?
R : 네, 있습니다. 4층에 있습니다.

G : 아침 몇 시에 여나요?
R : 매일 아침 6시에 문을 엽니다.

정답   58 ③   59 ④   60 ②

2022년 기출복원문제

01 식품접객업 종사자의 준수사항이 아닌 것은?

① 연 2회의 정기건강진단을 받아야 한다.

② 손에 상처가 있는 경우 조리에 종사하지 못한다.

③ 조리작업 시 위생복과 위생모를 착용한다.

④ 조리작업 시 장신구의 착용을 피한다.

 식품접객업 종사자는 연 1회 정기건강진단을 받아야 한다.

02 HACCP란?

① 먼저 구입한 재료를 먼저 사용하기

② 식품위해요소중점관리기준

③ 제조물 책임법

④ 무농약재배인증

 식품 및 축산물의 원료 생산에서부터 최종소비자가 섭취하기 전까지 각 단계에서 생물학적, 화학적, 물리적 위해요소가 해당 식품에 혼입되거나 오염되는 것을 방지하기 위한 위생관리시스템으로 '해썹'이라고 지칭한다.

03 물건을 운반하기 위해 쓰이는 기물은?

① Dispenser
② Trolley
③ Ice Box
④ Decanter

 Trolley(트롤리)는 '손수레'라는 뜻으로 음식이나 술 등을 얹어 나르는 카트를 말한다.

04 식욕촉진제로 마시는 칵테일(Cocktail)로서 드라이(Dry)한 칵테일에 사용하는 고명(Garnish)은?

① Cherry
② Orange
③ Olive
④ Pineapple

 일반적으로 드라이한 맛의 칵테일에는 Olive(올리브)를 장식하고, 스위트한 맛의 칵테일에는 Cherry(체리)를 장식한다. 부재료에 과즙을 사용했을 경우는 그 과일을 장식한다.

05 다음 중 완성 후 Nutmeg를 뿌려 제공하는 것은?

① Egg Nog
② Tom Collins
③ Sloe Gin Fizz
④ Paradise

 Egg Nog(에그 노그)는 미국의 크리스마스 음료로 우유, 크림, 달걀 등으로 만들며, 럼이나 위스키, 브랜디 등의 술을 첨가하기도 한다. 달걀, 우유, 크림 등이 들어가므로 특유의 냄새를 없애기 위해 Nutmeg(너트멕)을 뿌려준다.

06 1510년 프랑스 Fecamp 사원에서 성직자가 만든 술로서 DOM이라고도 불리며 주정도가 43도인 혼성주는?

① Chartreause
② Benedictine
③ Drambuie
④ Cointreau

 Benedictine(베네딕틴)의 상표에 DOM이라 쓰여 있는데 라틴어 'Deo Optimo Maximo'의 약어로 '최대, 최선의 신에게'라는 뜻이다.

정답 　01 ① 　02 ② 　03 ② 　04 ③ 　05 ① 　06 ②

07 Blended Whisky에 대한 설명 중 가장 옳은 것은?

① Whisky와 Whisky를 섞는 것을 말한다.

② 브랜드가 유명한 Whisky를 말한다.

③ Malt Whisky와 Grain Whisky를 섞어서 만든다.

④ 주로 아일랜드에서 생산되는 위스키를 말한다.

 Blended Whisky(블렌디드 위스키)란 일반적으로 Malt Whisky(몰트 위스키)와 Grain Whisky(그레인 위스키)를 섞어서 만든 Scotch Whisky(스카치 위스키)를 말한다.

08 바(Bar)의 구성 중 3가지 기능에 포함되지 않은 것은?

① 프런트 바(Front Bar)

② 사이드 바(Side Bar)

③ 백 바(Back Bar)

④ 언더 바(Under Bar)

 프런트 바(Front Bar)는 바(Bar) 시설로 손님과 바텐더가 마주보고 음료를 주문하고 제공하는 장소로 카운터 바(Counter Bar)라고도 한다.

09 브랜디(Brandy) 중에서 VSOP의 약자를 바르게 나타낸 것은?

① Very Special Old Pale

② Very Superior Old Pale

③ Very Superior Old Napoleon

④ Very Special Old Napoleon

 VSOP는 Very Superior Old Pale의 약어이다.

10 일반적으로 가장 많이 사용하는 Cocktail Glass의 용량은 몇 mL인가?

① 30mL   ② 60mL

③ 90mL   ④ 120mL

 Cocktail Glass(칵테일 글라스)는 2.5oz, 3oz, 4oz가 있으며, 주로 4oz(120mL)를 가장 많이 사용하고 있다.

11 바카디 칵테일(Bacardi Cocktail)을 스트레이트 업(Straight Up) 상태로 제공 시 알맞은 서브 온도는?

① 3℃ 정도   ② 6℃ 정도

③ 9℃ 정도   ④ 12℃ 정도

 스트레이트 업(Straight Up)이란 술에 아무것도 섞지 않은 상태로 얼음을 넣지 않고 그대로 마시는 것을 말한다.

12 앙뜨레(Entree)에는 무슨 술을 제공해야 하는가?

① 칵테일주   ② 셰리주

③ 적포도주   ④ 브랜디

 '앙뜨레'란 생선요리 다음, 로스트(Roast) 앞에 나가는 고기요리로, 메뉴 중에서 가장 주가 된다. 고기요리에는 적포도주가 제공된다.

13 숏 드링크(Short Drink)란?

① 만드는 시간이 짧은 음료

② 증류주와 청량음료를 믹스한 음료

③ 시간적인 개념으로 짧은 시간에 마시는 칵테일 음료

④ 증류주와 맥주를 믹스한 음료

 숏 드링크(Short Drink)는 4oz 이하의 글라스에 제공되는 음료로 글라스에 얼음이 들어 있지 않으므로 가급적 빨리 마시는 것이 좋다.

📖 정답   07 ③   08 ①   09 ②   10 ④   11 ①   12 ③   13 ③

14 다음 칵테일 중 여러 가지 아름다운 색깔을 시각과 맛으로 음미할 수 있는 것은?

① 블랙 러시안   ② 레인보

③ 마티니   ④ 다이키리

 레인보(Rainbow)는 7가지의 술을 플로트(Float) 하여 만든다.

15 뜨거운 물이나 차가운 물에 술과 설탕을 넣어 만드는 칵테일은?

① Toddy   ② Punch

③ Sour   ④ Sling

 Toddy(토디)는 뜨거운 물이나 차가운 물에 위스키, 진 등의 증류주와 설탕, 레몬 등을 넣어 만든다. 동남아 국가에서 야자나무의 수액을 발효하여 만드는 술을 말하기도 한다.

16 다음 중 자연효모를 이용하여 만든 맥주는?

① 람빅(Lambic)   ② 호가든(Hoegaarden)

③ 라거(Lager)   ④ 하이네켄(Heineken)

 람빅(Lambic) 맥주는 벨기에 브뤼셀과 그 주변에서만 생산되는 맥주로 대기 중의 효모와 박테리아를 이용하여 발효한다.

17 스카치 위스키(Scotch Whisky)의 5가지 법적 분류에 해당하지 않는 것은?

① 싱글 몰트 스카치 위스키(Single Malt)

② 블렌디드 스카치 위스키(Blended Scotch)

③ 블렌디드 그레인 스카치 위스키(Blended Grain)

④ 라이 위스키(Rye)

 스카치 위스키는 사용한 원료와 증류소별 위스키의 혼합 여부에 따라 5가지로 분류된다.
- 싱글 몰트 스카치 위스키(Single Malt)
- 싱글 그레인 스카치 위스키(Single Grain)

- 블렌디드 몰트 스카치 위스키(Blended Malt)
- 블렌디드 스카치 위스키(Blended Scotch)
- 블렌디드 그레인 스카치 위스키(Blended Grain)

18 맥주용 보리의 조건이 아닌 것은?

① 껍질이 얇아야 한다.

② 담황색을 띠고 윤기가 있어야 한다.

③ 전분 함유량이 적어야 한다.

④ 수분 함유량이 13% 이하로 잘 건조되어야 한다.

 맥주용 보리는 전분 함유량은 높고 단백질 함유량은 적어야 한다.

19 코냑(Cognac)의 증류가 끝나도록 규정된 때는?

① 12월 31일   ② 2월 1일

③ 3월 31일   ④ 5월 1일

 코냑(Cognac)은 포도를 수확한 이듬해 3월 31일 자정까지 증류를 끝내도록 규정하고 있다.

20 Whisky를 만드는 과정이 순서대로 나열된 것은?

① Fermentation – Mashing – Distillation – Aging

② Distillation – Mashing – Fermentation – Aging

③ Mashing – Fermentation – Distillation – Aging

④ Mashing – Distillation – Fermentation – Aging

 위스키 제조는 당화(Mashing), 발효(Fermentation), 증류(Distillation), 저장(Aging)의 4대 공정을 거친다.

21 다음 중 나머지 셋과 칵테일 만드는 기법이 다른 것은?

① Martini ② Grasshopper
③ Stinger ④ Zoom Cocktail

 ① Martini(마티니)는 Stir(스터) 기법으로 만들고 ②, ③, ④는 Shake(셰이크) 기법으로 만든다.

22 다음 중 롱 드링크(Long Drink)에 해당하는 것은?

① Sidecar ② Stinger
③ Royal Fizz ④ Manhattan

 롱 드링크(Long Drinks)는 4oz 이상의 글라스에 제공되는 음료로 Royal Fizz(로열 피즈)는 하이볼 글라스에 만든다.

23 다음 중 Cognac 지방의 Brandy가 아닌 것은?

① Remy Martin ② Hennessy
③ Hiram Walker ④ Napoleon

 Hiram Walker(하이램 워커)는 캐나다 주류기업으로 다양한 종류의 주류를 생산하고 있다.

24 맥주의 원료 중 홉(Hop)의 역할이 아닌 것은?

① 맥주 특유의 상큼한 쓴맛과 향을 낸다.
② 알코올의 농도를 증가시킨다.
③ 맥아즙의 단백질을 제거한다.
④ 잡균을 제거하여 보존성을 증가시킨다.

 홉(hop)은 꽃이 피기 직전의 암꽃만 사용하며 암꽃의 안벽에 있는 황금색의 꽃가루인 루풀린 (Lupulin)은 맥주 특유의 쓴맛과 향기를 부여하고 맥주액을 맑게 하며 살균력이 있어 효모 이외 잡균의 번식을 억제한다.

25 다음 중 가장 Dry한 표기는?

① Brut ② Sec
③ Doux ④ Demi sec

 Dry(드라이)와 Brut(브뤼)은 '단맛이 없다.'는 의미이다.

26 다음 중 칵테일 재료 선택 방법 및 보관 방법으로 틀린 것은?

① 과실은 신선하고 모양이 좋은 것을 선택하고 냉장고에 보관한다.
② 달걀은 껍데기가 매끄럽고, 흔들었을 때 소리가 나는 것을 선택한다.
③ 탄산음료는 구입 시 병마개가 녹슬지 않았는지 확인한다.
④ 포도주는 병을 눕혀 코르크 마개가 항상 젖은 상태로 보관해야 한다.

 달걀은 껍데기가 거칠고, 흔들었을 때 소리가 없는 것이 신선하다.

27 Short Drink 칵테일이 아닌 것은?

① Martini ② Manhattan
③ Gin & Tonic ④ Bronx

 Gin & Tonic(진토닉)은 하이볼 글라스(8oz)를 사용하는 롱 드링크이다.

28 다음 중 Bitters란?

① 박하냄새가 나는 녹색의 색소
② 칵테일이나 기타 드링크류에 사용하는 향미제용 술
③ 야생체리로 착색한 무색투명한 술
④ 초콜릿 맛이 나는 시럽

 Bitters(비터)는 칵테일의 향미제로 쓰이는 술로 쓴맛이 있다.

29 다음 중 병행복발효주는?

① 와인   ② 맥주

③ 사과주   ④ 청주

 원료에 포함된 포도당, 과당 등의 당류를 효모로 알코올 발효하는 사과주, 포도주 등의 과실주를 단발효주라 하고 원료에 포함된 전분을 당화하여 발효하는 맥주, 청주 등의 곡주를 복발효주라 한다. 전분의 당화가 끝나고 발효를 하는 맥주 등은 단행복발효주, 전분의 당화와 발효가 동시에 진행되는 청주 등을 병행복발효주라 한다.

30 원가의 분류에서 고정비에 해당하는 것은?

① 직접재료비

② 직접노무비

③ 공장건물에 대한 보험료

④ 일정비율로 지급되는 판매수수료

 제품생산의 증감에 따라 증감하는 비용을 변동비, 제품생산의 증감에 관계없이 고정적으로 발생하는 비용을 고정비라 한다.

31 레스토랑에서 사용하는 용어인 'Abbreviation'의 의미는?

① 헤드웨이터가 몇 명의 웨이터들에게 담당구역을 배정하여 고객에 대한 서비스를 제공하는 제도

② 주방에서 음식이 미리 접시에 담아 제공하는 서비스

③ 레스토랑에서 고객이 찾고자 하는 고객을 대신 찾아주는 서비스

④ 원활한 서비스를 위해 사용하는 직원 간에 미리 약속된 메뉴의 약어

 Abbreviation(어버리비에이션)이란 '줄임말'이라는 뜻으로 직원들 간에 미리 약속된 약어를 사용하여 의사소통을 하는 것을 말한다.

32 다음 중 Cordial이 아닌 것은?

① 베네딕틴(Benedictine)

② 쿠앵트로(Cointreau)

③ 크렘 드 카카오(Creme de Cacao)

④ 진(Gin)

 Cordial(코디얼)이란 혼성주를 말한다.

33 일반적으로 Old Fashioned Glass를 가장 많이 사용해서 마시는 것은?

① Whisky   ② Beer

③ Champagne   ④ Red Eye

 Beer(비어)는 맥주잔, Red Eye(레드 아이)는 맥주칵테일로 하이볼 글라스, Champagne(샴페인)은 샴페인 글라스를 사용한다.

34 월 재고회전율을 구하는 식은?

① 총매출원가 / 평균재고액

② 평균재고액 / 총매출원가

③ (월말재고 − 월초재고) × 100

④ (월초재고 + 월말재고) / 2

 '월 재고회전율 = 총매출액/평균재고금액'으로 수치가 높을수록 기업이 양호한 상태를 나타낸다.

35 아래에서 설명하는 Glass는?

> 위스키 사워, 브랜디 사워 등 사워 칵테일에 주로 사용되며, 3~5oz를 담기에 적당한 크기이다. Stem이 길고 위가 좁고 밑이 깊어 거의 평형 형으로 생겼다.

① Goblet   ② Wine Glass

③ Sour Glass   ④ Cocktail Glass

 Sour(사워)는 Sour Glass(사워 글라스)를 사용한다.

36 용어의 설명이 틀린 것은?

① Clos : 최상급의 원산지 관리 증명 와인

② Vintage : 원료 포도의 수확 연도

③ Fortified Wine : 브랜디를 첨가하여 알코올 농도를 강화한 와인

④ Riserva : 최저 숙성기간을 초과한 이탈리아 와인

 Clos(끌로)는 부르고뉴의 울타리를 친 포도밭을 말한다. 최상급의 원산지 관리 증명 와인은 AOC 이다.

37 Terroir의 의미는?

① 포도재배에 있어서 영향을 미치는 자연적인 환경요소

② 영양분이 풍부한 땅

③ 와인을 저장할 때 영향을 미치는 온도, 습도, 시간의 변화

④ 물이 잘 빠지는 토양

 Terroir(테루아)란 포도주가 만들어지는 자연환경 을 뜻한다.

38 와인의 등급을 'AOC, VDQS, Vins De Pays, Vins De Table'로 구분하는 나라는?

① 이탈리아 　　② 스페인

③ 독일 　　④ 프랑스

 프랑스의 와인등급은 Vins De Table → Vins De Pays → VDQS → AOC이다.

39 적색 포도주(Red Wine) 병의 바닥이 요철로 된 이유는?

① 보기 좋게 하기 위하여

② 안전하게 세우기 위하여

③ 용량표시를 쉽게 하기 위하여

④ 찌꺼기가 이동하는 것을 방지하기 위하여

 움푹 파인 부분을 펀트(Punt)라고 하는데, 침전물이 이동하는 것을 방지하기 위함이다.

40 Grappa에 대한 설명으로 옳은 것은?

① 포도주를 만들고 난 포도의 찌꺼기를 원료로 만든 술

② 노르망디의 칼바도스에서 생산되는 사과 브랜디

③ 과일과 작은 열매를 증류해서 만든 증류주

④ 북유럽 스칸디나비아 지방의 특산주

 Grappa(그라파)는 이탈리아에서 포도주를 짠 찌꺼기를 발효 증류하여 만든 브랜디이다.

41 Creme De Cacao를 사용하는 칵테일이 아닌 것은?

① Cacao Fizz 　　② Mai-Tai

③ Alexander 　　④ Grasshopper

 Mai-Tai(마이타이)는 럼(Rum) 베이스의 칵테일 이다.

42 오렌지 껍질을 이용하여 만든 리큐어는?

① Grand Marnier

② Benedictine DOM

③ Kahlua

④ Sloe Gin

 Grand Marnier(그랑 마니에)는 코냑에 오렌지향을 가미한 프랑스산 리큐어이다.

② 베네딕틴(Benedictine) : 27가지 약초와 향초 사용

③ 칼루아(Kahlua) : 멕시코산의 커피술

④ 슬로 진(Sloe Gin) : 야생자두

43 Angel's Kiss의 제조 기법은?

① Shaker　　　　② Stirring

③ Building　　　④ Floating

 Angel's Kiss(엔젤스 키스)는 카카오 브라운과 크림이 재료이며, Float(플로트) 기법으로 만든다.

44 White Wine을 차게 마시는 이유는?

① 유산은 온도가 낮으면 단맛이 더 강해지기 때문이다.

② 사과산은 온도가 차가울 때 더욱 Fruity하기 때문이다.

③ Tannin의 맛은 차가울수록 부드러워지기 때문이다.

④ Polyphenol은 차가울 때 인체에 더욱 이롭기 때문이다.

 White Wine(화이트 와인)은 레드 와인(Red wine)에 비해 산도가 높아 상대적으로 낮은 온도에서 마셔야 신선하면서 섬세한 맛을 즐길 수 있다. 레드 와인은 다소 높은 온도에서 마셔야 풍부한 아로마를 제대로 느낄 수 있으며 떫고 쓴맛이 조금 부드러워져 마시기 편한 상태가 된다.

45 다음 중 혼성주에 해당하는 것은?

① Crown Royal　　② Tangueray

③ Absolute　　　　④ Irish Mist

 '아일랜드의 안개'라는 뜻의 Irish Mist(아이리시 미스트)는 아이리시 위스키에 허브류를 더해 만드는 리큐어이다.

46 Rum의 주원료는?

① Malt　　　　　② Hop

③ Molasses　　　④ Juniper Berry

 럼은 Sugar Cane(사탕수수) 또는 Molasses(당밀)을 원료로 한다.

47 포도주 저장(Aging of Wines)을 처음 시도한 나라는?

① 프랑스(France)　　② 포르투갈(Portugal)

③ 스페인(Spain)　　　④ 그리스(Greece)

 포도주 저장은 그리스에서 처음 시도되었으며, 그 후 기원전 1,000년경에 시리아 북부 및 아프리카를 위시해서 500여 년간 스페인, 포르투갈, 남부 프랑스까지 퍼져 로마제국 전까지 북부유럽까지 번져 나갔다.

48 다음에서 설명하는 민속주는?

> 호남의 명주로서 부드럽게 취하고 뒤끝이 깨끗하여 우리의 고유한 전통술로 정평이 나있고 쌀로 빚은 30도의 소주에 배, 생강, 울금 등 한약재를 넣어 숙성시킨 약주이다.

① 이강주　　　　② 춘향주

③ 국화주　　　　④ 복분자주

 전주의 향토술인 이강주는 배 이(梨), 생강 강(薑), 배와 생강으로 만들어 이강주이다.

49 다음 중 중요무형문화재로 지정받은 민속주는?

① 전주 이강주　　② 계룡 백일주

③ 서울 문배주　　④ 한산 소곡주

 전주 이강주, 계룡 백일주, 한산 소곡주는 '지방무형문화재'로 지정되어 있고 서울 문배주는 '국가중요무형문화재'로 지정되어 있다.

50 「주세법」상 알코올분의 도수는 섭씨 몇 도에서 원용량 100분 중에 포함되어 있는 알코올분의 용량으로 하는가?

① 4℃　　　　　② 10℃

③ 15℃　　　　④ 20℃

정답 43 ④　44 ②　45 ④　46 ③　47 ④　48 ①　49 ③　50 ③

알코올 도수는 15℃에서 원용량 100분 중에 함유한 에틸알코올의 비율을 나타낸다.

51 What is the liqueur made by orange peel originated from Venezuela?

① Drambuie ② Grand Marnier

③ Benedictine ④ Curacao

 베네수엘라에서 유래한 오렌지 껍질로 만든 리큐어는 Curacao(큐라소)이다.

52 Which one is distilled from fermented fruit?

① Gin ② Wine

③ Brandy ④ Whisky

 과일을 발효하여 증류한 술은 Brandy(브랜디)이다.

53 Which one is the classical French liqueur of aperitif?

① Dubonnet ② Sherry

③ Mosel ④ Campari

 아페리티프의 고전적인 프랑스 리큐어는 Dubonnet(두보네)이다.

54 What is the meaning of A L'a Carte Menu?

① Daily special menu.

② One of the cafeteria menu.

③ Many items are included on the menu.

④ Each item can be ordered separately.

 A L'a Carte(아 라 카트)는 일품요리로 각 품목별별도로 주문이 가능하다.

55 아래는 어떤 용어에 대한 설명인가?

A small space or room in some restaurants where food items or food−related equipments are kept.

① Pantry

② Cloakroom

③ Reception desk

④ Hospitality room

 레스토랑의 작은 공간 또는 방에서 식품 또는 음식 관련 장비를 보관하는 곳을 Pantry(팬트리)라 한다.

56 아래는 무엇에 대한 설명인가?

An alcoholic beverage fermented from cereals and malt and flavored with hops.

① Wine ② Beer

③ Spirit ④ Whiskey

 곡물과 맥아로 발효되고 홉으로 맛을 낸 알코올 음료는 Beer(맥주)이다.

57 Which is a hot drink in the following?

① White Lady ② Irish Coffee

③ Frozen Daiquiri ④ Tequila Sunrise

 따뜻한 음료는 Irish Coffee(아이리시 커피)이다. 아이리시 커피는 아이리시 위스키를 따뜻하게 데워 뜨거운 블랙커피를 넣어 만든다.

정답 51 ④ 52 ③ 53 ① 54 ④ 55 ① 56 ② 57 ②

58 다음 ( ) 안에 알맞은 리큐어는?

( ) is called 'the queen of liqueur'. This is one of the French traditional liqueur and is made from several years' aging after distilling of various herbs added to spirit.

① Chartreuse   ② Benedictine
③ Kummel   ④ Cointreau

 Chartreuse(샤르트뢰즈)는 '리큐어의 여왕'이라 불린다. 이것은 프랑스 전통 리큐어의 하나로, 다양한 허브를 증류한 후 몇 년간 숙성시켜 만든다.

59 Select the place in which the French wine is not produced.

① Bordeaux   ② Bourgogne
③ Alsace   ④ Soave

 프랑스의 와인 산지가 아닌 곳은 Soave(소아베) 이다. 소아베는 이탈리아 베네토 지역에서 생산하는 대표적인 화이트 와인이다.

60 밑줄 친 it에 해당하는 술은?

It is colorless, tasteless, and odorless spirit.

① Gin   ② Vodka
③ White Rum   ④ Tequila

 Vodka(보드카)는 무색, 무미, 무취의 술이다.

2023년 기출복원문제

01 다음 중 증류주가 아닌 것은?

① Whisky ② Eau-de-Vie
③ Aquavit ④ Grand Marnier

 Grand Marnier(그랑 마니에)는 원산지가 프랑스로 오렌지계 리큐어이다.

02 우리나라의 전통 소주류에 해당되지 않는 것은?

① 안동 소주 ② 청송 불로주
③ 문배주 ④ 산수유주

 산수유주는 소주와 산수유로 담근 약용주이다.

03 「주세법」상 용어의 정의로 틀린 것은?

① 밑술 : 효모를 배양·증식한 것으로 당분이 포함되어 있지 않은 물질을 알코올 발효시킬 수 있는 물료
② 주조 연도 : 매년 1월 1일부터 12월 31일까지의 기간
③ 알코올분 : 원용량에 포함되어 있는 에틸알코올
④ 주류 : 알코올분 1도 이상의 음료

 「주세법」에서 '밑술'이라 함은 효모를 배양·증식한 것으로서 당분이 포함되어 있는 물질을 알코올 발효시킬 수 있는 물료를 말한다.

04 Metric Sizes for Wine의 양으로 틀린 것은?

① 1Jeroboam = 0.5L
② 1Tenth = 375mL
③ 1Quart = 1L
④ 1Magnum = 1.5L

 와인의 Jeroboam(제로보암) 사이즈는 3.0L이다.

05 시럽이나 비터(Bitters) 등 칵테일에 소량 사용하는 재료의 양을 나타내는 단위로 한 번 뿌려 주는 양을 말하는 것은?

① Toddy ② Double
③ Dry ④ Dash

 Dash(대시)는 한 번 뿌려 주는 양으로 1/32oz(5~6 방울)를 말한다.

06 주로 화이트 와인을 양조할 때 쓰이는 품종은?

① Syrah
② Pinot Noir
③ Cabernet Sauvignon
④ Muscadet

 Muscadet(뮈스카데)는 프랑스 루아르 지역에서 생산되는 화이트 와인 포도 품종이자 지명이기도 하다.

07 다음 칵테일 중 달걀이 들어가는 칵테일은?

① Millionaire

정답 01 ④ 02 ④ 03 ① 04 ① 05 ④ 06 ④ 07 ①

② Black Russian

③ Brandy Alexander

④ Daiquiri

 Millionaire(밀리오네이어)는 버번(라이) 위스키 3/4oz, 트리플 섹 1/4oz, 그레나딘 시럽 2tsp, 달걀 흰자 1개를 셰이킹하여 칵테일 글라스에 따른다.

08 와인의 산지별 특징에 대한 설명으로 틀린 것은?

① 프랑스 Provence : 프랑스에서 가장 오래된 포도 재배지로 주로 Rose Wine을 많이 생산한다.

② 프랑스 Bourgogne : 프랑스 동부지역으로 Claret Wine으로 알려져 있다.

③ 독일 Mosel-Saar-Ruwer : 세계에서 가장 북쪽에 위치한 포도주 생산지역이다.

④ 이탈리아 Toscana : White Wine과 Red Wine을 섞어 양조한 Chianti가 생산된다.

 Bourgogne(부르고뉴)는 프랑스 중부지역으로 영어는 Burgundy(버건디)라 한다. Bordeaux(보르도)는 남서부지역으로 Claret Wine(클라렛 와인)으로 알려져 있다.

09 오드비(Eau-de-Vie)와 관련 있는 것은?

① Tequila   ② Grappa

③ Gin   ④ Brandy

 오드비(Eau-de-Vie)는 프랑스에서 '생명의 물'이라는 의미로 브랜디를 말한다.

10 Angostura Bitter가 1Dash 정도로 혼합된 것은?

① Daiquiri   ② Grasshopper

③ Pink lady   ④ Manhattan

 Manhattan(맨해튼) 칵테일은 Bourbon Whiskey(버번 위스키), Sweet Vermouth(스위트 베르무트), Angostura Bitters(앙고스투라 비터스)로 Stir(스터) 기법을 이용해 만든다.

11 얼음(On the Rocks)을 넣어서 마실 수 있는 것은?

① Champagne   ② Vermouth

③ White Wine   ④ Red Wine

 와인(Wine)은 얼음을 넣지 않고 병째로 차게 한다.

12 Whisky의 유래가 된 어원은?

① Usque baugh   ② Aqua Vitae

③ Eau-de-Vie   ④ Voda

 위스키는 우스게 바하(Uisge Beatha, 켈트어로 '생명의 물') → Usque Baugh → Usky 등으로 변형되었고, 18세기에 들어와서 Whisky(위스키)로 불렸다.

13 매년 보졸레 누보의 출시일은?

① 11월 1째 주 목요일

② 11월 3째 주 목요일

③ 11월 1째 주 금요일

④ 11월 3째 주 금요일

 보졸레 누보(Beaujolais Nouveau)는 매년 11월 셋째 주 목요일 자정을 기해 전 세계 동시판매라는 상술로 유명해졌다.

14 식품 등의 표시기준에 의한 알코올 1g당 열량은?

① 1kcal   ② 4kcal

③ 5kcal   ④ 7kcal

 알코올 1g은 7kcal의 열량이 발생한다.

15 프랑스어로 수도원, 승원이라는 뜻으로 리큐어의 여왕이라고 불리는 것은?

① Chartreuse　　② Benedictine DOM

③ Campari　　④ Cynar

 Chartreuse(샤르트뢰즈)는 그랑드 샤르트뢰즈 (Grande Chartreuse) 수도원에서 수도사들에 의해 만들어졌다.

16 일드 테스트(Yield Test)란?

① 산출량 실험

② 종사원들의 양보성향 조사

③ 알코올 도수 실험

④ 재고 조사

 일드 테스트(Yield Test)란 산출량 실험으로 술 한 병으로 몇 잔을 산출할 수 있는가 직접 재어보는 것을 말한다.

17 연회용 메뉴 계획 시 애피타이저 코스 주류로 알맞은 것은?

① Cordials　　② Port Wine

③ Dry Sherry　　④ Cream Sherry

 애피타이저(appetizer) 식사 전에 식욕을 돋우기 위한 것으로 감미가 있는 것은 피해야 하므로 Dry Sherry(드라이 셰리)가 적당하다.

18 Grain Whisky에 대한 설명으로 옳은 것은?

① Silent Spirit라고도 불린다.

② 발아시킨 보리를 원료로 해서 만든다.

③ 향이 강하다.

④ Andrew Usher에 의해 개발되었다.

 Grain Whisky(그레인 위스키)는 주로 맥아 이외의 밀, 호밀, 옥수수 등의 곡물을 주재료로 사용해서 만든 위스키로 저장 숙성을 하지 않으므로 Silent Spirits(사일런트 스피릿)이라고도 불린다.

19 종자를 이용한 리큐어가 아닌 것은?

① Sabra　　② Drambuie

③ Amaretto　　④ Creme de Cacao

 Drambuie(드람부이)는 스카치 위스키에 벌꿀을 더해 만든 스코틀랜드산의 리큐어이다.

20 스카치 위스키에는 다음 중 어떤 음료를 혼합하는 것이 가장 좋은가?

① Cider　　② Tonic Water

③ Soda Water　　④ Collins Mix

 스카치 위스키에 Soda Water(소다수)를 혼합한 것을 스카치 & 소다라 하는데, 하이볼의 원조로 알려져 있다. 적절하게 탄산이 들어간 소다수가 위스키의 강한 맛을 희석시켜 깔끔하고 부드러운 맛을 준다.

21 오늘날 우리가 사용하고 있는 병마개를 최초로 발명하여 대량생산이 가능하게 한 사람은?

① William Painter　　② Hiram Conrad

③ Peter F. Heering　　④ Elijah Craig

 흔히 사용하고 있는 왕관병마개는 미국인 'William Painter(윌리엄 페인터)'가 1890년에 발명하였다.

22 판매시점에 매출을 등록, 집계하여 경영자에게 필요한 영업 및 경영정보를 제공하는 시스템은?

① SMS　　② MRP

③ CRM　　④ POS

 POS란 'Point Of Sales'의 약어로 금전등록기와 컴퓨터 단말기의 기능을 결합한 시스템으로 판매 시점 관리 시스템이라고 한다.

23 간장을 보호하는 음주법으로 가장 바람직한 것은?

① 도수가 낮은 술에서 높은 술 순으로 마신다.
② 도수가 높은 술에서 낮은 술 순으로 마신다.
③ 도수와 관계없이 개인의 기호대로 마신다.
④ 여러 종류의 술을 섞어 마신다.

 여러 종류의 술을 마실 때는 알코올 도수가 낮은 술에서 높은 술 순으로 마시는 것이 간장에 부담을 적게 준다.

24 주로 일품요리를 제공하여 매출을 증대시키고, 고객의 기호와 편의를 도모하기 위해 그날의 특별 요리를 제공하는 레스토랑은?

① 다이닝룸　　　　② 그릴
③ 카페테리아　　　④ 케이터링

 그릴(Grill)은 간단한 음료 및 일품요리를 제공, 다이닝룸(Dining Room)은 정식을 제공하는 식당, 카페테리아(Cafeteria)는 셀프서비스 식당, 케이터링(Catering)은 행사나 연회 등에 음식을 만들어 제공하고 서빙해주는 서비스이다.

25 '약 30mL, 1Finger, 1Pony, 1Shot, 1single'의 계량단위와 동일하거나 가장 유사하게 사용되는 것은?

① 1Cup　　　　　② 1Pound
③ 1oz　　　　　　④ 1Liter

 1Cup(8oz), 1Pound(16oz), 1Liter(33.8oz)

26 칵테일의 종류에 따른 설명으로 틀린 것은?

① Fizz : 진, 리큐어 등을 베이스로 하여 설탕, 진 또는 레몬 주스, 소다수 등을 사용한다.
② Collins : 술에 레몬이나 라임즙, 설탕을 넣고 소다수로 채운다.
③ Toddy : 뜨거운 물, 또는 차가운 물에 설탕

과 술을 넣어 만든 칵테일이다.
④ Julep : 레몬 껍질이나 오렌지 껍질을 넣은 칵테일이다.

 Julep(줄렙)은 민트(Mint) 줄기를 넣은 칵테일을 말한다.

27 'Twist of Lemon Peel'의 의미로 옳은 것은?

① 레몬 껍질을 비틀어 그 향을 칵테일에 스며들게 한다.
② 레몬을 반으로 접듯이 하여 과즙을 짠다.
③ 레몬 껍질을 가늘고 길게 잘라 칵테일에 넣는다.
④ 과피를 믹서기에 갈아 즙 성분을 2~3방울 칵테일에 떨어뜨린다.

 Twist of Lemon Peel(트위스트 오브 레몬 필)은 레몬 껍질을 비틀어 넣어 레몬의 풍미가 스며들게 하는 것이다.

28 프랑스 와인의 「원산지 통제 증명법」으로 가장 엄격한 기준은?

① DOC　　　　　② AOC
③ VDQS　　　　④ QMP

 프랑스 와인등급
VdT(테이블 와인) → VdP(지역등급 와인) → VVDQS(우수 품질 제한 와인) → AOC(원산지 명칭 통제 와인)

29 담색 또는 무색으로 칵테일의 기본주로 사용되는 Rum은?

① Heavy Rum　　　② Medium Rum
③ Light Rum　　　　④ Jamaica Rum

 Light Rum(라이트 럼)은 연속식 증류하여 저장하지 않으므로 색이 없으며 주로 칵테일의 베이스로 사용한다.

정답　23 ①　24 ②　25 ③　26 ④　27 ①　28 ②　29 ③

30 호텔에서 호텔홍보, 판매촉진 등 특별한 접대목적으로 일부를 무료로 제공하는 것은?

① Complimentary Service

② Complaint

③ F/O Cashier

④ Out of Order

 고객에게 돈을 받지 않고 제공하는 물품이나 서비스를 Complimentary Service(컴플리멘터리 서비스)라 한다.

31 여러 가지 양주류와 부재료, 과즙 등을 적당량 혼합하여 칵테일을 조주하는 방법으로 가장 바람직한 것은?

① 강한 단맛이 생기도록 한다.

② 식욕과 감각을 자극하는 샤프함을 지니도록 한다.

③ 향기가 강하게 한다.

④ 색(Color), 맛(Taste), 향(Flavour)이 조화롭게 한다.

 칵테일은 맛과 향기와 색채의 예술이다.

32 조주 용어인 패니어(Pannier)란?

① 데커레이션용 과일껍질을 말한다.

② 엔젤스 키스 등에서 사용하는 비중이 가벼운 성분을 '띄우는 것'을 뜻한다.

③ 레몬, 오렌지 등을 얇게 써는 것을 말한다.

④ 와인용 바구니를 말한다.

 패니어(Pannier)란 와인병을 눕혀 놓을 수 있는 와인용 바구니로 와인을 따를 때 앙금이 일어나지 않도록 하기 위한 도구이다.

33 칵테일을 고객에게 직접 서비스할 때 사용되는 Glass로 적합하지 않은 것은?

① Sour Glass

② Mixing Glass

③ Saucer Champagne Glass

④ Cocktail Glass

 Mixing Glass(믹싱 글라스)는 혼합용 기구이다.

34 유리제품 Glsss를 관리하는 방법으로 잘못된 것은?

① 스템이 없는 Glass는 트레이를 사용하여 운반한다.

② 한꺼번에 많은 양의 Glass를 운반할 때는 Glass Rack을 사용한다.

③ 타월을 펴서 Glass 밑부분을 감싸 쥐고 Glass의 윗부분을 타월로 닦는다.

④ Glass를 손으로 운반할 때는 손가락으로 글라스를 끼워 받쳐 위로 향하도록 든다.

 Glass(글라스)를 손으로 운반할 때는 스템을 잡거나 글라스 아랫부분을 잡도록 한다.

35 코냑의 세계 5대 메이커에 해당하지 않는 것은?

① Hennessy　　② Remy Martin

③ Camus　　　④ Tauqueray

 세계 5대 코냑 메이커는 Hennessy(헤네시), Remy Martin(레미 마르탱), Camus(카뮈), Martell(마르텔), Courvoisier(쿠르봐지에)이다. Tauqueray(탱커레이)는 드라이진 브랜드이다.

36 Cocktail Shaker에 넣어 조주하는 것이 부적합한 재료는?

① 럼(Rum)　　② 소다수(Soda Water)

③ 우유(Milk)　　④ 달걀 흰자

 Shaker(셰이커)에는 탄산음료를 넣어서는 안 된다.

37 조선시대에 유입된 외래주가 아닌 것은?

① 천축주   ② 섬라주

③ 금화주   ④ 두견주

 두견주는 청주에 진달래꽃을 넣어 만든 고려시대의 가향주이다.

38 독일의 와인 생산지가 아닌 것은?

① Ahr 지역

② Mosel 지역

③ Rheingau 지역

④ Penedes 지역

 Penedes(페네데스) 지역은 스페인의 와인 산지이다.

39 이탈리아 와인 중 지명이 아닌 것은?

① 키안티   ② 바르바레스코

③ 바롤로   ④ 바르베라

 바르베라(Barbera)는 이탈리아 피에몬테에서 두 번째로 중요한 레드 품종이다.

40 와인 제조 시 이산화황을 사용하는 이유가 아닌 것은?

① 황산화제 역할

② 부패균 생성 방지

③ 갈변 방지

④ 효모 분리

 이산화황은 아황산가스라고도 부르는 화학물질로 산화 방지와 보존제로 사용된다.

41 일반적으로 국내 병맥주의 유통기한은 얼마 동안인가?

① 6개월   ② 9개월

③ 12개월   ④ 18개월

 국내 병맥주의 유통기한(품질유지기한)은 1년(12개월)이다.

42 다음 탄산음료 중 없을 경우 레몬 1/2oz, 슈가시럽 1tsp, 소다수를 사용하여 만들 수 있는 음료는?

① 시드르   ② 사이다

③ 콜린스 믹스   ④ 스프라이트

 콜린스 믹스(Collins Mix)는 소다수, 설탕, 레몬 주스로 만드는 탄산음료이다.

43 'Straight Up'이란 용어는 무엇을 뜻하는가?

① 술이나 재료의 비중을 이용하여 섞이지 않게 마시는 것

② 얼음을 넣지 않은 상태로 마시는 것

③ 얼음만 넣고 그 위에 술을 따른 상태로 마시는 것

④ 글라스 위에 장식하여 마시는 것

 얼음을 넣지 않은 상태로 마시는 것을 Straight Up(스트레이트 업)이라 한다.

44 다음은 어떤 포도 품종에 관하여 설명한 것인가?

> 작은 포도알, 깊은 적갈색, 두꺼운 껍질, 많은 씨앗이 특징이며 씨앗은 탄닌 함량을 풍부하게 하고, 두꺼운 껍질은 색깔을 깊이 있게 나타낸다. 블랙 커런트, 체리, 자두 향을 지니고 있으며, 대표적인 생산지역은 프랑스 보르도 지방이다.

① 메를로(Merlot)

② 피노 느와르(Pinot Noir)

③ 카베르네 소비뇽(Cabernet Sauvignon)

④ 샤르도네(Chardonnay)

 카베르네 소비뇽(Cabernet Sauvignon)은 거의 모든 와인생산국에서 재배되는 레드 품종으로 특히 보르도처럼 자갈토양에서 잘 자란다. 블랙커런트, 블랙체리, 자두 향이 특징이다.

45 프랑스의 위니 블랑을 이탈리아에서는 무엇이라 일컫는가?

① 트레비아노(Trebbiano)

② 산조베제(Sangiovese)

③ 바르베라(Barbera)

④ 네비올로(Nebbiolo)

 위니 블랑(Ugni Blanc)은 프랑스에서 코냑을 만드는 데 사용하는 백포도주용 품종으로 코냑지방에서는 생떼밀리옹(Saint-Émilion)으로 부르고, 이탈리아에서는 트레비아노(Trebbiano)라 부른다.

46 와인 제조 과정 중 말로락틱 발효(Malolactic Fermentation)란?

① 알코올 발효   ② 1차 발효

③ 젖산 발효   ④ 탄닌 발효

 '말로락틱 발효'는 젖산균만 관여하여 사과산을 젖산으로 변환시키는 2차 발효를 말한다.

47 맥주잔으로 적당하지 않은 것은?

① Pilsner Glass

② Stemless Pilsner Glass

③ Mug Glass

④ Snifter Glass

 Snifter Glass(스니프터 글라스)는 브랜디 글라스이다.

48 로제 와인(Rose Wine)에 대한 설명으로 틀린 것은?

① 대체로 붉은 포도로 만든다.

② 제조 시 포도껍질을 같이 넣고 발효시킨다.

③ 오래 숙성시키지 않고 마시는 것이 좋다.

④ 일반적으로 상온(17~18℃) 정도로 해서 마신다.

 로제 와인(Rose Wine)은 7~12℃ 정도로 차게 해서 마신다.

49 다음 중 주류의 용량이 잘못 표시된 것은?

① Whisky 1Quart = 32Ounce(1L)

② Whisky 1Pint = 16Ounce(500mL)

③ Whisky 1Miniature = 8Ounce(200mL)

④ Whisky 1Magnum = 2Bottle(1.5L)

 위스키 1미니어처(Whisky 1Miniature)는 약 1oz(30mL)이다.

50 영업 중에 항상 물에 담겨 있어야 하는 기물이 바르게 짝지어진 것은?

① Bar Spoon – Jigger

② Bar Spoon – Shaker

③ Jigger – Shaker

④ Bar Spoon – Opener

 Bar Spoon(바 스푼)과 Jigger(지거)는 영업 중에 항상 물에 담겨 있어야 한다.

51 'Straight Bourbon Whiskey'의 기준으로 틀린 것은?

① Produced in the USA

② Distilled at less than 106Proof(80% ABV)

③ No addirives allowed(except water to reduce proof where necessary)

정답   45 ①   46 ③   47 ④   48 ④   49 ③   50 ①   51 ④

④ Made of a grain mix of at maxium 51%

 버번 위스키는 옥수수 51% 이상을 원료로 한다.

52 When do you usually serve cognac?

① Before the meal   ② After meal

③ During the meal   ④ With the meal

 코냑은 식후주이다.

53 아래에서 설명하는 용어는?

A wine selected by manager and served unless the customer specifies a different one.

① Wine List   ② House Wine

③ Vintage   ④ White Wine

 고객이 와인을 지정하여 주문하지 않는 경우 매니저가 선택하여 제공하는 와인을 House Wine(하우스 와인)이라고 한다.

54 "같은 음료로 드릴까요?"의 표현은?

① May I bring the same drink for you?

② Do you need another drinks?

③ Do you want to try another one?

④ What would you like to drinks?

 ② 한 잔 더 드릴까요?
③ 다른 것으로 시도해 보시겠습니까?
④ 음료는 무엇으로 하시겠습니까?

55 "스카치 위스키는 내가 가장 좋아하는 술입니다."의 영어 표현으로 가장 적합한 것은?

① Scotch whisky is the best wine.

② I like scotch wisky very much.

③ Scotch whisky is my favorite drink.

④ I like the oder of scotch whisky.

 ① 스카치 위스키는 최고의 와인이다.
② 나는 스카치 위스키를 매우 좋아한다.
④ 나는 스카치 위스키를 좋아한다.

56 다음 (　) 안에 알맞은 것은?

(　) must have juniper berry flavor and can be made either by distillation or re-distillation.

① Whisky   ② Rum

③ Tequila   ④ Gin

 Gin(진)은 주니퍼 베리 향을 가져야 하며 증류 또는 재증류를 통해 제조할 수 있다.

57 "5월 5일에는 이미 예약이 다 되어 있습니다." 의 표현은?

① We look forward to seeing you on May 5th.

② We are fully booked on May 5th.

③ We are available on May 5th.

④ I will check availability on May 5th.

 ① 5월 5일에 뵙기를 기대합니다.
③ 우리는 5월 5일에 가능합니다.
④ 5월 5일에 가능한지 확인해 보겠습니다.

58 "우리 호텔을 떠나십니까?"의 표현은?

① Do you start our hotel?

② Are you leave our hotel?

③ Are you leaving our hotel?

④ Do you go our hotel?

 현재 하고 있는 행동을 물어보는 것이므로 현재

진행형을 사용해야 한다. 현재진행형은 be 동사 (am, are, is)+동사원형+~ing의 형태로 사용한다.

59 바텐더가 손님에게 처음 주문을 받을 때 할 수 있는 표현은?

① What do you recommend?

② Would you care for a drink?

③ What would you like with that?

④ Do you have a reservation?

 ① 무엇을 추천하시겠습니까?
② 한 잔 하시겠습니까?
③ 그것과 함께 무엇을 드시겠습니까?
④ 예약하셨습니까?

60 Which one is not aperitif cocktail?

① Dry Martini   ② Kir

③ Campari Orange   ④ Grasshopper

 아페리티프 칵테일이 아닌 것은 Grasshopper(그래스호퍼)이다.

조주기능사 실기

실기시험 정보

CHAPTER 01

SECTION 1 요구사항

40가지 실기 공개문제 중 감독위원이 제시하는 3가지 작품을 시험 시간(7분) 이내에 조주하여 제출하여야 한다.

SECTION 2 수검자 유의사항

(1) 시험 시간 전 2분 이내에 재료의 위치를 확인한다.

(2) 개인위생 항목에서 0점 처리되는 경우는 다음과 같다.

　① 두발 상태가 불량하고 복장 상태가 비위생적인 경우

　② 손에 과도한 액세서리를 착용하여 작업에 방해가 되는 경우

　③ 작업 전에 손을 씻지 않는 경우

(3) 감독위원이 요구한 3가지 작품을 7분 이내에 완료하여 제출한다.

(4) 완성된 작품을 제출 시 반드시 코스터를 사용해야 한다.

(5) 검정장 시설과 지급재료 이외의 도구 및 재료를 사용할 수 없다.

(6) 시설이 파손되지 않도록 주의하며, 실기시험이 끝난 수험자는 본인이 사용한 기물을 3분 이내에 세척 · 정리하여 원위치에 두고 퇴장한다.

(7) 과도 등을 조심성 있게 다루어 안전사고가 발생되지 않도록 주의해야 한다.

(8) 채점대상에서 제외되는 경우는 다음과 같다.

　① 오작

　　• 3가지 과제 중 2가지 이상의 주재료(주류) 선택이 잘못된 경우

　　• 3가지 과제 중 2가지 이상의 조주법(기법) 선택이 잘못된 경우

　　• 3가지 과제 중 2가지 이상의 글라스 사용 선택이 잘못된 경우

　　• 3가지 과제 중 2가지 이상의 장식 선택이 잘못된 경우

- 1과제 내에 재료(주 · 부재료) 선택이 2가지 이상 잘못된 경우

② **미완성** : 요구된 과제 3가지 중 1가지라도 제출하지 못한 경우

(9) 다음의 경우에는 득점과 관계없이 채점 대상에서 제외된다.

① 시험 도중 포기한 경우

② 시험 도중 시험장을 무단이탈하는 경우

③ 부정한 방법으로 타인의 도움을 받거나 타인의 시험을 방해하는 경우

④ 기타 국가자격검정 규정에 위배되는 부정행위 등을 하는 경우

참고

- 지역에 따라 시험장 환경의 차이가 있어 실기시험 진행 방식이 약간씩의 차이가 있을 수 있으므로 시험 시작 전 감독관의 설명을 잘 듣고 따르도록 한다.
- 사용하는 글라스류는 동일한 이름일지라도 여러 형태가 있으므로 시험장에서 낯선 글라스 및 기구 등이 있으면 반드시 질문 시간에 질문하여 알아두도록 한다.
- 실기시험 시작 전 준비 시간이 2분 주어진다. 이때 시험에 필요한 모든 기물이 있는지 확인하고 의문사항은 질문한다. 시험이 시작되면 질문은 하지 못한다.
- 완성된 과제 제출 시에는 지정된 과제번호에 반드시 코스터를 깔고 제출한다.
- 주어진 과제를 제출하고 나면 정리 시간이 3분 주어진다. 이때 사용한 물품을 정리 · 정돈한다.
- 수검자 준비물 : 행주 1장(2~3장 정도 여유 있게 준비하는 것이 좋다)
- 빌드 기법은 제공하는 글라스에 직접 만드는 기법으로 스템이 없는 글라스가 사용되며, 반드시 글라스에 얼음이 들어간다. 따라서 조주 시 글라스에 얼음을 먼저 넣고 재료를 넣는다.
- 재료는 항상 베이스인 술을 먼저 넣는다.
- 얼음을 적게 넣으면 양이 부족해 보일 수 있으므로 양을 고려하여 얼음을 넣도록 한다.

CHAPTER 02 실기시험에 사용하는 글라스

실기시험장에 따라 준비되어 있는 글라스에 차이가 있을 수 있다. 용량은 같지만 종류가 다른 글라스가 제공될 수도 있으므로 대기실에서 사전에 안내하는 설명을 잘 들어야 한다. 예를 들어, '셰리 와인 글라스' 대신 '더블 스트레이트 글라스'가 제공되기도 하며, '사워 글라스' 대신 '위스키 테이스팅 글라스'가 제공되기도 한다.

◆◆ 글라스 종류

구분	사진	구분	사진
스템드 리큐어 글라스 (Stemed Liqueur Glass)		칵테일 글라스 (Cocktail Glass)	
셰리 와인 글라스 (Sherry Glass)		더블 스트레이트 글라스 (Double Straight Glass)	
사워 글라스 (Sour Glass)		위스키 테이스팅 글라스 (Whisky Tasting Glass)	

구분	사진	구분	사진
소서형 샴페인 글라스 (Champagne Glass, Saucer형)		플루트형 샴페인 글라스 (Champagne Glass, Flute형)	
풋티드 필스너 글라스 (Footed Pilsner Glass)		올드 패션드 글라스 (Old Fashioned Glass)	
하이볼 글라스 (Highball Glass)		콜린스 글라스 (Collins Glass)	
화이트 와인 글라스 (White Wine Glass)		지거 글라스 (Jigger Glass)	

※ 하이볼 글라스와 콜린스 글라스는 모양이 똑같으며 용량의 차이에 따라 그 이름이 다르다. 용량이 작은 것은 하이볼 글라스, 용량이 큰 것은 콜린스 글라스이다.

가니시하는 모양이나 방법은 정해진 것이 없다. 창의력을 발휘하여 칵테일에 어울리게 하면 된다.

체리 가니시

1 과일 집게로 체리를 집어 칵테일 핀에 끼운다.
2 글라스에 가니시한다.

1

2

올리브 가니시

1 과일 집게로 올리브를 집어 칵테일 핀에 끼운다.
2 글라스에 가니시한다.

1   2

레몬(라임) 슬라이스

1 레몬을 길이로 이등분한다.
2 한쪽 끝을 살짝 잘라 정리한 후 0.5~1.0cm 두께로 자른다.
3 한가운데 칼집을 넣는다.
4 글라스에 끼운다.

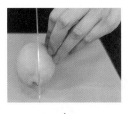   

| 1 | 2 | 3 | 4 |

레몬(라임) 필 트위스트

1 레몬을 슬라이스한다.
2 레몬 껍질과 과육 사이에 칼집을 넣는다.
3 깨끗이 칼집을 넣어 껍질을 분리한다.
4 글라스 위에서 양손으로 껍질을 쥐고 비틀어 준다.

| 1 | 2 | 3 | 4 |

레몬(라임) 웨지, 웨지 & 체리

1 레몬(라임)을 세로로 이등분한다.
2 이등분한 것을 다시 세로로 3~4등분한다. 웨지란 경사지게 썬 것을 말한다.
3 양 끝을 잘라 정리한 후 과육과 껍질 사이에 2/3 정도 칼집을 넣는다.
4 칼집 낸 레몬을 글라스에 끼운다.
5 과육의 중간 부분에 칼집을 넣어 글라스에 끼우기도 한다.

6 칵테일 핀에 체리를 끼우고, 레몬 과육에 칼집을 넣은 다음 칵테일 핀에 끼운다(또는 레몬의 칼집을 넣은 부분을 글라스에 끼운다).

1   2   3
4   5   6

오렌지 슬라이스 & 체리

1 오렌지를 세로로 이등분한다.
2 한쪽 끝을 잘라 정리한다.
3 0.5~1.0cm 두께로 슬라이스한다.
4 칵테일 핀에 체리를 끼우고 오렌지 슬라이스를 끼워 글라스에 가니시한다.

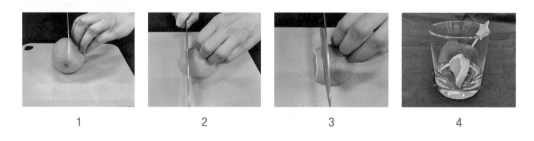

1   2   3   4

오렌지 필 트위스트

1 오렌지를 슬라이스한다.
2 오렌지 껍질과 과육 사이에 칼집을 넣는다.

3 깨끗이 칼집을 넣어 껍질을 분리한다.

4 글라스 위에서 양손으로 껍질을 쥐고 비틀어 준다.

1

2

3

4

애플 슬라이스

1 사과 꼭지 반대쪽을 편평하도록 자른다.

2 사과를 바로 놓고 반으로 자른다.

3 0.5~1.0cm 두께로 슬라이스한다.

4 씨 부분이 없도록 정리하고 가운데 칼집을 넣는다.

5 글라스에 가니시한다.

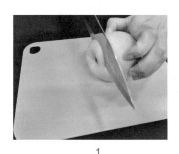
1

2

3

4

5

파인애플 웨지 & 체리

1 파인애플 잎을 잘라낸다.

2 파인애플을 1.0~1.5cm 두께로 슬라이스한다. 반으로 잘라 슬라이스해도 된다.

3 슬라이스한 파인애플을 이등분한다.

4 이등분한 파인애플을 다시 웨지형으로 3~4등분한다.

5 파인애플의 심지 부분을 정리한다.

6 과육의 가운데 부분에 칼집을 넣는다.

7 칵테일 핀에 체리를 끼운 다음 파인애플은 껍질 쪽으로 끼운다.

8 파인애플 과육의 칼집 넣은 부분을 글라스에 끼워 가니시한다.

memo

빌드(Build) 기법

- 빌드 기법은 제공하는 글라스에 직접 만드는 기법으로 스템이 없는 글라스가 사용되며, 반드시 글라스에 얼음이 들어간다. 따라서 조주 시 글라스에 얼음을 먼저 넣고 재료를 넣는다.
- 재료는 항상 베이스인 술을 먼저 넣는다.
- 얼음을 적게 넣으면 양이 부족해 보일 수 있으므로 양을 고려하여 얼음을 넣도록 한다.

Old Fashioned
올드 패션드

1 조주 작업 시 글라스에 얼음을 담아 냉각부터 하는 것이 기본이지만 올드 패션드 칵테일은 얼음을 먼저 넣으면 안 된다.

2 얼음을 먼저 넣으면 파우더 슈거를 녹이기가 어렵다. 따라서 올드 패션드 글라스에 파우더 슈거 1tsp, 앙고스투라 비터스 1dash, 소다수 1/2oz를 넣고 바 스푼으로 잘 저어 파우더 슈거를 녹인 다음 얼음과 버번 위스키를 넣고 다시 바 스푼으로 잘 저어 마무리해야 한다.

3 1880년대 미국 켄터키주 루이빌의 한 클럽 바텐더가 클럽에 모인 경마팬을 위해 만들었다고 전해진다. 당시 유행하던 '토디(Toddy)'와 형태와 풍미가 비슷하여 '옛날 방식', 즉 '올드 패션드'라는 이름이 붙여졌다고 한다. 위스키를 베이스로 만든 칵테일로 아주 오랜 역사를 지니고 있다.

재료 및 분량

🍸 **조주 기법** 빌드(Build)

🍷 **글라스** 올드 패션드 글라스(Old Fashioned Glass)

🍶 **재료** 버번 위스키(Bourbon Whiskey) 1¹/₂oz
파우더 슈거(Powdered Sugar) 1tsp
앙고스투라 비터스(Angostura Bitters) 1dash
소다수(Soda Water) 1/2oz

🍋 **가니시** 오렌지 슬라이스, 체리(A Slice of Orange and Cherry)

🍹 만드는 법

1 올드 패션드 글라스를 준비한다.

2 글라스에 파우더 슈거 1tsp을 넣는다. ❶

3 앙고스투라 비터스를 1dash 넣는다. ❷

4 소다수 1/2oz를 넣고 바 스푼으로 저어 파우
더 슈거를 잘 녹여 준다. ❸ ❹

5 올드 패션드 글라스에 얼음 몇 개를 넣는다. ❺

6 버번 위스키 1¹/₂oz를 넣는다. ❻

7 바 스푼으로 잘 저어 준다. ❼

8 도마와 칼을 이용하여 오렌지를 슬라이스
(Half Slice)한다.

9 오렌지 슬라이스와 체리를 장식한다. ❽

Black Russian
블랙 러시안

Tip

1 여러 종류의 커피 리큐어가 있으며, 멕시코의 칼루아(Kahlua)가 대표적이다.

2 '블랙 러시안'이라는 이름은 러시아를 대표하는 보드카에 검은 칼루아가 더해져 칵테일이 검은색인 것에서 유래 하였다는 이야기와 철의 장벽 구 소련의 암울함을 표현한 칵테일이라는 이야기 등 여러 설이 있다.

3 블랙 러시안에 프레시 크림(Fresh Cream)을 추가하면 화이트 러시안(White Russian)이 되고, 베이스를 브랜디 로 바꾸면 더티 마더(Dirty Mother), 테킬라로 바꾸면 브레이브 불(Brave Bull) 칵테일이 된다.

재료 및 분량

- 🍶 **조주 기법** 빌드(Build)

- 🍸 **글라스** 올드 패션드 글라스(Old Fashioned Glass)

- 🍾 **재료** 보드카(Vodka) 1oz
  커피 리큐어(Coffee Liqueur) 1/2oz

- 🥄 **가니시** 없음

📷 만드는 법

1 올드 패션드 글라스에 얼음을 넣는다. ❶

2 보드카 1oz를 넣는다. ❷

3 커피 리큐어 1/2oz를 넣는다. ❸

4 바 스푼으로 잘 저어 준다. ❹

❶

❷

❸

❹

Rusty Nail
러스티 네일

1 '녹슨 못' 또는 '고풍스러운'이라는 뜻의 이 칵테일은 오래된 옛날 음료라는 의미도 있으나, 칵테일의 색깔에 비유하여 붙여진 이름이다.

2 스카치 위스키를 베이스로 만든 리큐어인 드람부이의 풍미가 조화를 이루는 중후한 맛의 칵테일로 식후에 마시기 좋은 칵테일로 손꼽힌다. 여기에 오렌지 비터스를 2dash 넣으면 '스카치 킬트(Scotch Kilt)'라는 칵테일이 된다.

재료 및 분량

- 🍶 **조주 기법** 빌드(Build)
- 🍷 **글라스** 올드 패션드 글라스(Old Fashioned Glass)
- 🥃 **재료** 스카치 위스키(Sotch Whisky) 1oz
  드람부이(Drambuie) 1/2oz
- 🍃 **가니시** 없음

🎲 만드는 법

1 올드 패션드 글라스에 얼음을 넣는다. ❶
2 스카치 위스키 1oz를 넣는다. ❷
3 드람부이 1/2oz를 넣는다. ❸
4 바 스푼으로 잘 저어 준다. ❹

 ❶
 ❷
 ❸
 ❹

Cuba Libre
쿠바 리브레

Tip

1 레시피에서 'Fill with'는 글라스의 8부 정도를 채우라는 뜻이다.

2 라이트 럼(Light Rum)은 화이트 럼(White Rum), 실버 럼(Silver Rum)이라고도 한다.

3 1890년대 후반 쿠바의 해방을 위해 미국이 스페인과 전쟁을 할 때 한 미군장교가 하바나의 어느 바에 들어가서
   당시 새로 나온 음료인 미국의 코크(Coke)와 쿠바의 럼(Rum)을 혼합하여 'Cuba Libre!(자유 쿠바 만세)'를 외치
   며 건배한 데서 유래하였다고 전해진다.

4 'Viva Cuba Libre'는 식민지 시절 독립암호에서 붙여진 이름으로 당시 식민지 해방의 밝은 분위기를 담고 있다.
   1902년 쿠바가 스페인의 식민지에서 독립하면서 그 기쁨을 누리며 마셨던 칵테일이다.

재료 및 분량

🍸 **조주 기법** 빌드(Build)

🍷 **글라스** 하이볼 글라스(Highball Glass)

🥃 **재료** 라이트 럼(Light Rum) $1^1/_2$oz
라임 주스(Lime Juice) 1/2oz
콜라(Fill with Cola)

🍋 **가니시** 레몬 웨지(A Wedge of Lemon)

🧊 만드는 법

1 하이볼 글라스를 준비하여 얼음을 넣는다. ❶

2 라이트 럼 $1^1/_2$oz를 넣는다. ❷

3 라임 주스 1/2oz를 넣는다. ❸

4 콜라를 잔의 8부 정도 채운다. ❹

5 바 스푼으로 잘 저어 준다. ❺

6 레몬 웨지를 장식한다. ❻

❶

❷

❸

❹

❺

❻

Sea Breeze
시 브리즈

1 칵테일 이름 '시 브리즈(Sea Breeze)'는 '바다에서 부는 산들바람'이라는 뜻이다. 미국의 금주법 시대인 1920년 대에 탄생한 칵테일로 크랜베리와 그레이프프루트의 새콤달콤함이 느껴지는 칵테일이다.

2 1995년 개봉한 영화 '프렌치 키스(French Kiss)'에서 주인공이 프랑스 칸(Cannes)의 해변에서 즐겼던 칵테일이 기도 하다.

재료 및 분량

🍶 **조주 기법** 빌드(Build)

🍸 **글라스** 하이볼 글라스(Highball Glass)

🥃 **재료** 보드카(Vodka) 1¹/₂oz
크랜베리 주스(Cranberry Juice) 3oz
그레이프프루트 주스(Grapefruit Juice) 1/2oz

🍋 **가니시** 라임 또는 레몬 웨지(A Wedge of Lime or Lemon)

🧊 만드는 법

1 하이볼 글라스에 얼음을 넣는다. ❶

2 보드카 1¹/₂oz를 넣는다. ❷

3 크랜베리 주스 3oz를 넣는다. ❸

4 그레이프프루트 주스(자몽 주스) 1/2oz를 넣는다. ❹

5 바 스푼으로 잘 저어 준다. ❺

6 라임 또는 레몬 웨지를 만들어 장식한다. ❻

❶

❷

❸

❹

❺

❻

Negroni
네그로니

Tip

이탈리아의 피렌체에 있는 '카소니' 레스토랑의 단골손님인 '네그로니(Negroni)' 백작이 식전주로 즐겨 마셨으며, 이 레스토랑의 바텐더가 백작의 승낙을 받아 1962년에 그의 이름을 붙여 소개하였다.

재료 및 분량

🍶 **조주 기법** 빌드(Build)

🍸 **글라스** 올드 패션드 글라스(Old Fashioned Glass)

🥃 **재료** 드라이진(Dry Gin) 3/4oz
  스위트 베르무트(Sweet Vermouth) 3/4oz
  캄파리(Campari) 3/4oz

🍋 **가니시** 레몬 필 트위스트(Twist of Lemon Peel)

🔲 만드는 법

1 올드 패션드 글라스에 얼음을 넣는다. ❶
2 드라이진 3/4oz를 넣는다. ❷
3 스위트 베르무트 3/4oz를 넣는다. ❸
4 캄파리 3/4oz를 넣는다. ❹
5 바 스푼으로 잘 저어 준다. ❺
6 레몬 필 트위스트를 장식한다. ❻

❶

❷

❸

❹

❺

❻

Long Island Iced Tea
롱 아일랜드 아이스티

1 1970년대 미국 뉴욕주 남동부에 있는 섬 '롱 아일랜드(Long Island)'의 한 바에서 탄생한 칵테일로 색과 맛이 아이스티와 비슷해서 '롱 아일랜드 아이스티(Long Island Iced Tea)'라는 이름이 붙여졌다.

2 또 다른 이야기로 1920년대 미국의 금주법 시대에 단속을 피하기 위해 남아 있는 술들을 한 번에 섞어 마시려고 탄생한 칵테일이라 전한다.

3 다양한 레시피가 존재하며, 스위트 앤드 사워 믹스와 콜라가 섞여 부드럽게 마실 수 있지만 5가지의 술이 혼합되어 있으므로 과음하지 않도록 주의해야 한다.

재료 및 분량

🍶 **조주 기법** 빌드(Build)

🍸 **글라스** 콜린스 글라스(Collins Glass)

🥃 **재료** 진(Gin) 1/2oz
　　　　보드카(Vodka) 1/2oz
　　　　라이트 럼(Light Rum) 1/2oz
　　　　테킬라(Tequila) 1/2oz
　　　　트리플 섹(Triple Sec) 1/2oz
　　　　스위트 앤드 사워 믹스(Sweet & Sour Mix) 1¹/₂oz
　　　　콜라(On Top with Cola)

🍋 **가니시** 라임 또는 레몬 웨지(A Wedge of Lime or Lemon)

🍹 만드는 법

1 콜린스 글라스를 준비하여 얼음을 넣는다. ❶
2 진 1/2oz를 넣는다. ❷
3 보드카 1/2oz를 넣는다. ❸
4 라이트 럼 1/2oz를 넣는다. ❹
5 테킬라 1/2oz를 넣는다. ❺
6 트리플 섹 1/2oz를 넣는다. ❻
7 스위트 앤드 사워 믹스 1¹/₂oz를 넣는다. ❼
8 콜라를 잔의 8부 정도 채운다. ❽
9 바 스푼으로 잘 저어 준다. ❾
10 라임 또는 레몬 웨지를 만들어 장식한다. ❿

 ❶
 ❷
 ❸
 ❹

 ❺
 ❻
 ❼
 ❽

 ❾
 ❿

Moscow Mule
모스코 뮬

1 '모스코 뮬(Moscow Mule)'이란 '모스크바의 노새', '모스크바의 고집불통'이란 뜻으로 보드카의 명문 '스미노프 (Smirnoff)' 사에서 자사 제품의 홍보를 위해 만들었다고 한다.

2 LA의 레스토랑 '코큰 불(Coke'n Bull)'의 잭 모건이 재고로 쌓여 있는 진저엘을 소비하려고 만든 칵테일이라 전해진다. 그는 보드카의 판로 확장으로 고민하고 있던 휴브라인 사의 존 마틴이라는 친구와 동제(銅製) 머그를 팔려고 하는 여자친구를 끌어들여 모스코 뮬 캠페인을 벌였다. 그들은 레스토랑과 바를 찾아가 바텐더가 동제 머그로 모스코 뮬을 마시는 사진을 찍어 선물하고는 다른 업장에 찾아가서 이 사진을 보여주면서 많은 사람들이 모스코 뮬을 선호하는 듯한 인상을 주었다. 이것이 크게 성공하여 보드카는 물론이고 진저엘과 동제 머그도 잘 팔렸다고 전해진다.

재료 및 분량

- 🍾 **조주 기법**   빌드(Build)
- 🍸 **글라스**   하이볼 글라스(Highball Glass)
- 🍶 **재료**   보드카(Vodka) 1¹/₂oz
  라임 주스(Lime Juice) 1/2oz
  진저엘(Fill with Ginger Ale)
- 🍋 **가니시**   라임(레몬) 슬라이스(A Slice of Lime or Lemon)

📷 만드는 법

1. 하이볼 글라스에 얼음을 넣는다. ❶
2. 보드카 1¹/₂oz를 넣는다. ❷
3. 라임 주스 1/2oz를 넣는다. ❸

4. 진저엘을 잔의 8부 정도 채운다. ❹
5. 바 스푼으로 가볍게 저어 준다. ❺
6. 라임(레몬) 슬라이스를 장식한다. ❻

❶

❷

❸

❹

❺

❸

1 와인을 베이스로 하며 얼음을 사용하지 않는 칵테일이다. 얼음을 사용하지 않는다는 점에 유의해야 한다.

2 1945년부터 20여 년간 프랑스 부르고뉴 지방의 디종(Dijon)시장을 지낸 '캐농 펠릭스 키르(Canon Felix Kir)'가
고안한 칵테일로 그의 이름에서 유래하였다.

3 베이스를 화이트 와인에서 스파클링 와인으로 바꾸면 '키르 로열(Kir Royal)'이 된다.

재료 및 분량

- 🍶 **조주 기법** 빌드(Build)
- 🥃 **글라스** 화이트 와인 글라스(White Wine Glass)
- 🥂 **재료** 화이트 와인(White Wine) 3oz
  크렘 드 카시스(Creme De Cassis) 1/2oz
- 🍋 **가니시** 레몬 필 트위스트(Twist of Lemon Peel)

🍸 만드는 법

1 화이트 와인 글라스를 준비한다.
2 화이트 와인 3oz를 넣는다. ❶
3 크렘 드 카시스 1/2oz를 넣는다. ❷
4 바 스푼으로 잘 저어 준다. ❸
5 레몬 필 트위스트를 장식한다. ❹

 ❶  ❷  ❸  ❹

Fresh Lemon Squash
프레시 레몬 스쿼시

1 '스쿼시(Squash)'란 과즙을 소다수로 희석한 음료를 뜻하며, 물로 희석하면 '에이드(Ade)'가 된다.

2 레몬 1/2개를 스퀴즈하여 하이볼 글라스에 따르고, 파우더 슈거 2tsp을 넣고 잘 저어 슈거를 녹인 후 얼음을 넣고 소다수를 8부 채운 다음 바 스푼으로 저어주는 방법으로 만들어도 된다.

재료 및 분량

🍶 **조주 기법** 빌드(Build)

🥃 **글라스** 하이볼 글라스(Highball Glass)

🥤 **재료** 레몬 스퀴즈(Fresh Squeezed Lemon) 1/2개
파우더 슈거(Powdered Sugar) 2tsp
소다수(Fill with Soda Water)

🍋 **가니시** 레몬 슬라이스(A Slice of Lemon)

🧊 만드는 법

1 하이볼 글라스에 얼음을 넣는다. ❶

2 레몬 1/2개를 스퀴즈하여 즙을 넣는다. ❷ ❸

3 파우더 슈거 2tsp을 넣는다. ❹

4 소다수를 잔의 8부 정도 채운다. ❺

5 바 스푼으로 가볍게 저어 준다. ❻

6 레몬 슬라이스를 장식한다. ❼

❶

❷

❸

❹

❺

❻

❼

스터(Stir) 기법

- 스터 기법은 혼합이 용이한 재료의 혼합에 사용하는 기법으로, 믹싱 글라스에 얼음과 재료를 넣고 바 스푼으로 휘 저기한 다음 믹싱 글라스에 스트레이너를 끼우고 얼음이 나오지 않도록 글라스에 따른다.
- 재료는 항상 베이스인 술을 먼저 넣는다.
- 조주 시에는 믹싱 글라스를 20° 정도 옆으로 기울여 휘젓기한다.

11 Manhattan
맨해튼

1 '맨해튼'은 인디언의 고어로 '술주정꾼'이라는 뜻을 지닌다. 칵테일의 여왕으로 불리는 '아페리티프'용으로 적합하 며 어둠이 밀려오는 초저녁 분위기를 연상케 한다. 비터의 쓴맛을 스위트 베르무트가 감춰주는 세련된 맛이 특 징이며 마티니와 더불어 유명한 칵테일이다.

2 영국 처칠 수상의 어머니인 '제니 제롬(Jennie Jerome)' 여사는 뉴욕 은행가의 딸로 처녀시절 뉴욕의 사교계에서 명성이 높았는데, 1876년 제19대 미국 대통령 선거에서 뉴욕 주지사인 '틸덴(Samuel J. Tilden)'을 지원하기 위한 맨해튼 클럽의 사교모임에서 맨해튼 칵테일을 만들었다는 설과 맨해튼시가 메트로폴리탄으로 승격한 것을 축하 하는 의미로 1890년 맨해튼의 한 바에서 만들었다는 설 등 여러 가지 이야기가 있다.

3 스위트 베르무트(Sweet Vermouth) 대신 드라이 베르무트(Dry Vermouth)로 바꾸고 올리브를 장식하면 드라이 맨해튼(Dry Manhattan)이 되며, 베이스를 버번 위스키(Bourbon Whiskey) 대신 스카치 위스키(Scotch Whisky) 로 바꾸면 로브 로이(Rob Roy) 칵테일이 된다.

재료 및 분량

조주 기법   스터(Stir)

글라스   칵테일 글라스(Cocktail Glass)

재료   버번 위스키(Bourbon Whiskey) 1¹/₂oz
스위트 베르무트(Sweet Vermouth) 3/4oz
앙고스투라 비터스(Angostura Bitters) 1dash

가니시   체리(Cherry)

만드는 법

1 칵테일 글라스에 얼음을 담아 냉각한다. ❶

2 믹싱 글라스에 얼음을 넣는다. ❷

3 버번 위스키 1¹/₂oz를 넣는다. ❸

4 스위트 베르무트 3/4oz를 넣는다. ❹

5 믹싱 글라스를 약간 기울여 앙고스투라 비터스를 1dash 넣는다. ❺

6 바 스푼으로 잘 저어 혼합한다. ❻

7 냉각한 칵테일 글라스의 얼음을 비운다. ❼

8 믹싱 글라스에 스트레이너를 끼우고 칵테일 글라스에 따른다. ❽ ❾

9 칵테일 픽에 체리를 끼워 장식한다. ❿

 ❶

 ❷

 ❸

 ❹

 ❺

 ❻

 ❼

 ❽

 ❾

 ❿

Dry Martini
드라이 마티니

Tip

1 '칵테일은 마티니(Martini)로 시작해서 마티니로 끝난다.'라는 말이 있을 정도로 유명한 칵테일로 칵테일의 왕이라 불린다. 이탈리아의 유명한 베르무트(Vermouth) 회사인 마티니 사에서 자사 제품의 베르무트 홍보에 적극 활용함으로써 유명해졌다.

2 마티니 칵테일의 종류는 286가지가 있을 정도로 드라이진(Dry Gin)과 드라이 베르무트(Dry Vermouth)의 비율에 따라 이름이 달라지므로 정확한 양을 계량하여 만들어야 한다. 드라이진과 드라이 베르무트의 비율에 얽힌 많은 에피소드가 있는데, 헤밍웨이는 15 : 1의 비율의 마티니를, 처칠 수상은 베르무트병을 바라보는 것만으로 마티니를 즐겼다고 한다.

3 가니시를 그린 올리브 대신 칵테일 어니언으로 바꾸면 깁슨(Gibson) 칵테일이 된다.

재료 및 분량

🥃 **조주 기법** 스터(Stir)

🍸 **글라스** 칵테일 글라스(Cocktail Glass)

🧴 **재료** 드라이진(Dry Gin) 2oz

드라이 베르무트(Dry Vermouth) 1/3oz

🍋 **가니시** 그린 올리브(Green Olive)

📟 만드는 법

1 칵테일 글라스에 얼음을 담아 냉각한다. ❶

2 믹싱 글라스에 얼음을 넣는다. ❷

3 드라이진 2oz를 넣는다. ❸

4 드라이 베르무트 1/3oz를 넣는다. ❹

5 바 스푼으로 잘 저어 혼합한다. ❺

6 냉각한 칵테일 글라스의 얼음을 비운다. ❻

7 믹싱 글라스에 스트레이너를 끼우고 칵테일 글라스에 따른다. ❼ ❽

8 칵테일 픽에 올리브를 끼워 장식한다. ❾

❶

❷

❸

❹

❺

❻

❼

❽

❾

13 Boulevardier
불바디에

1 '파리의 큰 거리를 서성거리는 건달'이라는 뜻의 이 칵테일은 1920년대 후반 파리에 거주하던 미국인 작가 '에리스킨 그웬(Erskine Gwynne)'이 처음 만들었다고 전한다.

2 '네그로니(Negroni)'에서 베이스를 '드라이진' 대신 '버번 위스키'로 바꾼 칵테일이다.

3 일반적으로 올드 패션드 글라스를 사용하는 경우 빌드 기법으로 만들지만 이 칵테일은 믹싱 글라스에서 스터 기법으로 만들어 올드 패션드 글라스에 따르는 점에 유의한다.

재료 및 분량

🍶 **조주 기법** 스터(Stir)

🍷 **글라스** 올드 패션드 글라스(Old Fashioned Glass)

🥃 **재료** 버번 위스키(Bourbon Whiskey) 1oz
스위트 베르무트(Sweet Vermouth) 1oz
캄파리(Campari) 1oz

🍋 **가니시** 오렌지 필 트위스트(Twist of Orange Peel)

📋 만드는 법

1 올드 패션드 글라스에 얼음을 담아 냉각한다. ❶

2 믹싱 글라스에 얼음 몇 조각을 담는다. ❷

3 버번 위스키 1oz를 넣는다. ❸

4 스위트 베르무트 1oz를 넣는다. ❹

5 캄파리 1oz를 넣는다. ❺

6 바 스푼으로 잘 저어 혼합한다. ❻

7 믹싱 글라스에 스트레이너를 끼우고 ❶의 글라스에 따른다. ❼ ❽

8 오렌지 필 트위스트를 장식한다. ❾

 ❶

 ❷

 ❸

 ❹

 ❺

 ❻

 ❼

 ❽

 ❾

Gochang
고창

1 복분자주는 2005년 부산 APEC 공식 만찬주로 채택되며 전통주로서의 명성을 재확인하면서 유명해진 술이다.
'복분자'라는 이름은 이 열매를 먹으면 요강이 뒤집힐 만큼 소변 줄기가 세어진다는 민담에서 유래되어 '엎어질
복(覆), 요강 분(盆), 아이 자(子)'라는 이름을 얻었다.

2 안토시아닌 성분이 많은 복분자는 항산화 기능이 뛰어나며, 비타민 A, C 등과 각종 미네랄이 풍부하여 피로 회복
에 효과가 좋은 것으로 알려져 있다.

🍶 **조주 기법** 스터(Stir)

🍸 **글라스** 플루트 샴페인 글라스(Flute Champagne Glass)

🍶 **재료** 선운산 복분자주(Sunwoonsan Bokbunja Wine) 2oz
쿠앵트로 또는 트리플 섹(Cointreau or Triple Sec)
1/2oz
스프라이트(Sprite) 2oz

🥄 **가니시** 없음

🍶 만드는 법

1 플루트형 샴페인 글라스에 얼음을 담아 냉각한다. ❶

2 믹싱 글라스에 얼음을 넣는다. ❷

3 선운산 복분자주 2oz를 넣는다. ❸

4 쿠앵트로 또는 트리플 섹 1/2oz를 넣는다. ❹

5 바 스푼으로 잘 저어 혼합한다. ❺

6 냉각한 글라스의 얼음을 비운다. ❻

7 믹싱 글라스에 스트레이너를 끼우고 냉각한 글라스에 따른다. ❻

8 스프라이트(사이다) 2oz를 넣는다. ❼

9 바 스푼으로 잘 저어 준다. ❽

 ❶  ❷  ❸  ❹

 ❺  ❻  ❼  ❽

셰이크(Shake) 기법

- 셰이크 기법은 달걀, 우유, 크림, 설탕 등 혼합이 어려운 재료들로 칵테일을 만들 때 사용하는 기법이다.
- 셰이커의 보디에 얼음과 재료를 넣고 스트레이너, 캡의 순서로 결합한다. 올바르게 결합되지 않으면 내용물이 새어 나올 수 있으므로 주의한다.

Brandy Alexander
브랜디 알렉산더

1 이 칵테일은 1863년 영국 빅토리아 여왕의 장남인 에드워드 7세와 덴마크 공주 알렉산드라(Alexandra)의 결혼식에 바쳐져 처음에는 알렉산드라 칵테일이라 불렸다.
2 베이스를 브랜디 대신 드라이진을 사용하면 '프린세스 메리(Princess Mary)'가 된다.
3 우리나라에서는 크림(Fresh Cream) 대신 우유(Light Milk)를 사용하여 만든다.

재료 및 분량

🥂 **조주 기법** 셰이크(Shake)

🍸 **글라스** 칵테일 글라스(Cocktail Glass)

🍶 **재료** 브랜디(Brandy) 3/4oz
크렘 드 카카오 브라운(Creme De Cacao Brown)
3/4oz
우유(Light Milk) 3/4oz

🍋 **가니시** 너트멕 파우더(Nutmeg Powder)

🔲 만드는 법

1 칵테일 글라스에 얼음을 담아 냉각한다. ❶
2 셰이커 보디에 얼음을 넣는다. ❷
3 브랜디 3/4oz를 넣는다. ❸
4 카카오 브라운 3/4oz를 넣는다. ❹
5 우유 3/4oz를 넣는다. ❺

6 셰이커를 결합하여 셰이킹한다. ❻
7 냉각한 칵테일 글라스의 얼음을 비운다. ❼
8 셰이커의 캡을 열고 냉각한 글라스에 얼음이 나오지 않게 따른다. ❽
9 너트멕 파우더를 살짝 뿌린다. ❾

 ❶
 ❷
 ❸
 ❹

 ❺
 ❻
 ❼
 ❽

 ❾

Margarita
16 마가리타

1 Rimming with Salt를 할 때 깨끗이 건조된 글라스의 림(Rim) 바깥쪽에 레몬 조각을 대고 문지르면 일정한 폭으로 레몬즙이 묻는다. 이렇게 레몬즙을 묻힌 후 소금 접시에 글라스의 림 부위를 톡톡 두드리듯 돌리면 깨끗이 소금을 묻힐 수 있다.

2 LA에 있는 한 레스토랑의 바텐더인 '존 듀레서'가 여자친구의 이름을 따서 만든 로맨틱한 칵테일로 1949년 미국 칵테일 콘테스트에 입상한 작품이다. 존 듀레서의 첫사랑이었던 멕시코 태생의 마가리타는 사냥에 나갔다 오발사고로 죽었다고 한다. 마가리타를 잊지 못한 존 듀레서는 그녀의 고향 술인 테킬라와 그녀가 술을 마실 때 항상 곁들이던 소금을 글라스에 묻혀 이 칵테일을 만들었고, 그녀의 이름을 붙였다고 전해진다.

재료 및 분량

🥃 **조주 기법** 셰이크(Shake)

🍸 **글라스** 칵테일 글라스(Cocktail Glass)

🍶 **재료** 테킬라(Tequila) 1¹/₂oz

트리플 섹(Triple Sec) 1/2oz

라임 주스(Lime Juice) 1/2oz

🍋 **가니시** 소금(Rimming with Salt)

📷 만드는 법

1 칵테일 글라스를 준비한다.

2 레몬 조각으로 글라스의 림(Rim) 부분을 돌려가며 문질러 레몬즙을 묻힌다. ❶

3 소금 접시에 글라스의 림 부분을 돌려가며 소금을 입힌다(Rimming with Salt). ❷

4 소금을 입힌 글라스에 얼음을 담아 냉각한다. ❸

5 셰이커 보디에 얼음을 넣는다. ❹

6 테킬라 1¹/₂oz를 넣는다. ❺

7 트리플 섹 1/2oz를 넣는다. ❻

8 라임 주스 1/2oz를 넣는다. ❼

9 셰이커를 결합하여 셰이킹한다. ❽

10 셰이커의 캡을 열고 글라스에 얼음이 나오지 않게 따른다. ❾

 ❶
 ❷
 ❸
 ❹

 ❺
 ❻
 ❼
 ❽

 ❾

New York
뉴욕

1 미국의 대도시 뉴욕의 일출을 연상하게 하는 붉은색이 특징으로, 그레나딘 시럽의 양이 중요한 포인트로 너무 붉게 만들지 않도록 주의한다.

2 1625년 네덜란드인이 맨해튼에 건설한 뉴암스테르담(New Amsterdam)은 허드슨강 하구에 건설된 식민지로서 1664년 영국함대에 점령되어 요크(York)라는 의미로 뉴욕으로 바뀌었다.

재료 및 분량

- 🥃 **조주 기법** 셰이크(Shake)
- 🍸 **글라스** 칵테일 글라스(Cocktail Glass)
- 🧴 **재료** 버번 위스키(Bourbon Whiskey) 1¹/₂oz
  라임 주스(Lime Juice) 1/2oz
  파우더 슈거(Powdered Sugar) 1tsp
  그레나딘 시럽(Grenadine Syrup) 1/2tsp
- 🍋 **가니시** 레몬 필 트위스트(Twist of Lemon Peel)

🖼 만드는 법

1 칵테일 글라스에 얼음을 담아 냉각한다. ❶
2 셰이커 보디에 얼음을 넣는다. ❷
3 버번 위스키 1¹/₂oz를 넣는다. ❸
4 라임 주스 1/2oz를 넣는다. ❹
5 파우더 슈가 1tsp을 넣는다. ❺
6 그레나딘 시럽 1/2tsp을 넣는다. ❻
7 셰이커를 결합하여 셰이킹한다. ❼
8 냉각한 글라스의 얼음을 비운다. ❽
9 셰이커의 캡을 열고 냉각한 글라스에 얼음이
  나오지 않게 따른다. ❾
10 레몬 필 트위스트를 장식한다. ❿

❶

❷

❸

❹

❺

❻

❼

❽

❾

❿

Daiquiri
다이키리

1 다이키리(Daiquiri)는 쿠바에 있는 광산의 이름이다. 1898년 스페인으로부터 독립한 쿠바의 다이키리 광산에 파견된 미국인 기술자 '제닝 콕스(Jenning's Cox)'가 쿠바의 특산주인 럼(Rum)에 라임 주스와 설탕을 넣고 만들어 마신 것이 계기가 되어 광산의 이름이 붙여졌다고 전해진다.

2 라임의 상쾌함이 무더위를 잊게 해 주는 칵테일로 라임 주스 대신 그레나딘 시럽을 사용하면 바카디 칵테일 (Bacardi Cocktail)이 된다.

재료 및 분량

🍶 **조주 기법** 세이크(Shake)

🍸 **글라스** 칵테일 글라스(Cocktail Glass)

🍾 **재료** 라이트 럼(Right Rum) 1 3/4oz
라임 주스(Lime Juice) 3/4oz
파우더 슈거(Powdered Sugar) 1tsp

🥄 **가니시** 없음

📋 만드는 법

1 칵테일 글라스에 얼음을 담아 냉각한다. ❶
2 세이커 보디에 얼음을 넣는다. ❷
3 라이트 럼 1 3/4oz를 넣는다. ❸
4 라임 주스 3/4oz를 넣는다. ❹

5 파우더 슈거 1tsp을 넣는다. ❺
6 세이커를 결합하여 세이킹한다. ❻
7 냉각한 글라스의 얼음을 비운다. ❼
8 세이커의 캡을 열고 냉각한 글라스에 얼음이
나오지 않게 따른다. ❽

 ❶
 ❷
 ❸
 ❹

 ❺
 ❻
 ❼
 ❽

June Bug

준 벅

1 '준 벅(June Bug)'이란 '6월의 벌레'라는 뜻으로 이 칵테일의 색이 여름의 곤충색과 비슷하여 붙여진 이름이다.
   외식업체인 'TGI 프라이데이스' 바텐더팀에서 개발하여 세계적으로 유명한 칵테일이 되었다는 이야기가 있다.
2 '미도리(みどり)'는 일본어로 초록색이라는 뜻으로, 술의 색깔이 초록색이어서 이 이름이 붙었다. 멜론 리큐어는
   일본의 산토리 사에서 최초로 개발하였고, 미도리는 멜론 리큐어의 대명사가 되었다.
3 '미도리' 대신 다른 회사의 멜론 리큐어를 사용해도 무방하다.

재료 및 분량

🍶 **조주 기법** 세이크(Shake)

🍸 **글라스** 칵테일 글라스(Cocktail Glass)

🥃 **재료** 미도리 멜론 리큐어(Midori, Melon Liqueur) 1oz
코코넛 플레이버드 럼(Coconut Flavored Rum) 1/2oz
바나나 리큐어(Banana Liqueur) 1/2oz
파인애플 주스(Pineapple Juice) 2oz
스위트 앤드 사워 믹스(Sweet & Sour mix) 2oz

🍹 **가니시** 파인애플 웨지와 체리(A Wedge of Fresh Pineapple
& Cherry)

🧊 만드는 법

1 콜린스 글라스에 얼음을 담아 냉각한다. ❶
2 셰이커 보디에 얼음을 넣는다. ❷
3 미도리(멜론 리큐어) 1oz를 넣는다. ❸
4 코코넛 플레이버드 럼 1/2oz를 넣는다. ❹
5 바나나 리큐어 1/2oz를 넣는다. ❺
6 파인애플 주스 2oz를 넣는다. ❻
7 스위트 앤드 사워 믹스 2oz를 넣는다. ❼
8 셰이커를 결합하여 셰이킹한다. ❽
9 셰이커의 캡을 열고 얼음이 나오지 않게 글라스에 따른다. ❾
10 파인애플 웨지와 체리를 장식한다. ❿

❶

❷

❸

❹

❺

❻

❼

❽

❾

❿

Bacardi Cocktail
바카디 칵테일

1 바카디(Bacardi)는 푸에르토리코에 소재한 대표적인 럼 브랜드로 1933년 자사 제품의 홍보를 위해 만들었다고 한다. 바카디 칵테일의 인기가 높아지자 뉴욕의 한 술집에서 다른 브랜드의 럼으로 이 칵테일을 만들었는데, 미국 법원에 소송을 제기하여 바카디 칵테일(Bacardi Cocktail)은 바카디 상표의 럼을 사용해야 한다는 판결을 받아낸 일화는 유명하다.

2 그레나딘 시럽 대신 라임 주스를 사용하면 '다이키리 칵테일(Daiquiri Cocktail)'이 된다.

재료 및 분량

🍶 **조주 기법** 셰이크(Shake)

🍸 **글라스** 칵테일 글라스(Cocktail Glass)

🍶 **재료** 바카디 화이트 럼(Bacardi Rum White) 1³/4oz
라임 주스(Lime Juice) 3/4oz
그레나딘 시럽(Grenadine Syrup) 1tsp

🥄 **가니시** 없음

💾 만드는 법

1 칵테일 글라스에 얼음을 담아 냉각한다. ❶
2 셰이커 보디에 얼음을 넣는다. ❷
3 바카디 화이트 럼 1³/4oz를 넣는다. ❸
4 라임 주스 3/4oz를 넣는다. ❹
5 그레나딘 시럽 1tsp을 넣는다. ❺
6 셰이커를 결합하여 셰이킹한다. ❻
7 냉각한 글라스의 얼음을 비운다. ❼
8 셰이커의 캡을 열고 글라스에 얼음이 나오지 않게 따른다. ❽

 ❶
 ❷
 ❸
 ❹
 ❺
 ❻
 ❼
 ❽

Grasshopper
그래스호퍼

1 청메뚜기란 뜻의 이 칵테일은 처음에는 셰이크(Shake)하지 않고 플로트(Float)하였다. 카카오(Cacao)와 우유 (Light Milk) 사이에 초록색의 멘트(Menthe)가 메뚜기를 연상시킨다고 하여 붙여진 이름으로 디저트로 즐기기 좋은 칵테일이다.

2 크렘 드 멘트(Creme De Menthe) 대신 갈리아노(Galliano)를 사용하면 골든 캐딜락 칵테일(Golden Cadillac Cocktail)이 된다.

3 크렘 드 멘트(Creme De Menthe)를 글라스에 붓고 그 위에 스위트 크림(Sweet Cream)을 플로트(Float)하면 큐컴버 칵테일(Cucumber Cocktail)이 된다.

4 크렘 드 멘트(Creme De Menthe)를 그린(Green) 대신 화이트(White)를 사용하고 우유(Light Milk) 대신 보드카 (Vodka)를 사용하면 플라잉 그래스호퍼 칵테일(Flying Grasshopper Cocktail)이 된다.

 조주 기법   셰이크(Shake)

 글라스   소서형 샴페인 글라스(Champagne Glass, Saucer형)

 재료   크렘 드 멘트 그린(Creme De Menthe Green) 1oz
       크렘 드 카카오 화이트(Creme De Cacao White)
       1oz
       우유(Light Milk) 1oz

 가니시   없음

🧊 만드는 법

1 소서형 샴페인 글라스에 얼음을 담아 냉각한다. ①

2 셰이커 보디에 얼음을 넣는다. ②

3 크렘 드 멘트 그린 1oz를 넣는다. ③

4 크렘 드 카카오 화이트 1oz를 넣는다. ④

5 우유 1oz를 넣는다. ⑤

6 셰이커를 결합하여 셰이킹한다. ⑥

7 냉각한 글라스의 얼음을 비운다. ⑦

8 셰이커의 캡을 열고 얼음이 나오지 않게 거품을 살려 글라스에 따른다. ⑧

Apple Martini
애플 마티니

1 마티니의 변형으로 '애플 마티니(Apple Martini)'는 미국 드라마 '섹스 앤 더 시티(Sex and the City)'에서 '코스모폴리탄(Cosmopolitan)'과 더불어 주인공들이 자주 마시는 칵테일로 유명하며, 다양한 레시피가 있다.
2 마티니 칵테일의 변형이라고 하지만 재료를 보면 마티니와는 전혀 관련 없는 것처럼 보인다. '애플 티니'라 부르기도 하며, 다양한 레시피의 애플 마티니가 있다.

재료 및 분량

🍶 **조주 기법**   셰이크(Shake)

🍸 **글라스**   칵테일 글라스(Cocktail Glass)

🍷 **재료**   보드카(Vodka) 1oz

            애플 퍼커(사워 애플 리큐어)[Apple Pucker(Sour
            Apple Liqueur)] 1oz

            라임 주스(Lime Juice) 1/2oz

🥄 **가니시**   사과 슬라이스(A Slice of Apple)

📷 만드는 법

1 칵테일 글라스에 얼음을 담아 냉각한다. ❶
2 셰이커 보디에 얼음을 넣는다. ❷
3 보드카 1oz를 넣는다. ❸
4 애플 퍼커(사워 애플 리큐어) 1oz를 넣는다. ❹
5 라임 주스 1/2oz을 넣는다. ❺

6 셰이커를 결합하여 셰이킹한다. ❻
7 냉각한 글라스의 얼음을 비운다. ❼
8 셰이커의 캡을 열고 글라스에 얼음이 나오
   지 않게 따른다. ❽
9 사과 슬라이스를 장식한다. ❾

❶

❷

❸

❹

❺

❻

❼

❽

❾

Sidecar
사이드카

1 사이드카는 사람이나 화물을 실을 수 있는 칸을 옆에 붙인 오토바이를 말하는데, 이 칵테일의 유래에 관하여는 많은 이야기가 전해지고 있다. 제1차 세계대전 당시 독일 사이드카 부대의 한 장교가 프랑스의 민가에서 찾아낸 코냑(Cognac)과 쿠앵트로(Cointreau)에 레몬 주스를 섞어 마신 것에서 유래하였다는 설과 프랑스군의 한 장교가 독일의 민가에서 발견한 쿠앵트로에 브랜디를 섞어 마신 것에서 유래하였다는 설, 제1차 세계대전 당시 한 병사가 사이드카를 타고 와서 브랜디에 쿠앵트로와 레몬 주스를 혼합한 칵테일을 주문한 데서 비롯되었다는 설 등이 있다.

2 사이드카 칵테일(Sidecar Cocktail)에서 레몬 주스 대신 오렌지 주스를 사용하면 '올림픽 칵테일(Olympic Cocktail)', 라이트 럼을 추가하면 '비트윈 더 시트 칵테일(Between the Sheets Cocktail)'이 된다.

재료 및 분량

- 🍶 **조주 기법** 셰이크(Shake)
- 🍸 **글라스** 칵테일 글라스(Cocktail Glass)
- 🍶 **재료** 브랜디(Brandy) 1oz
  트리플 섹(Triple Sec) 1oz
  레몬 주스(Lemon Juice) 1/4oz
- 🍋 **가니시** 없음

🍶 만드는 법

1 칵테일 글라스에 얼음을 담아 냉각한다. ❶

2 셰이커 보디에 얼음을 넣는다. ❷

3 브랜디 1oz를 넣는다. ❸

4 쿠앵트로 또는 트리플 섹 1oz를 넣는다. ❹

5 레몬 주스 1/4oz를 넣는다. ❺

6 셰이커를 결합하여 셰이킹한다. ❻

7 냉각한 글라스의 얼음을 비운다. ❼

8 셰이커의 캡을 열고 글라스에 얼음이 나오지 않게 따른다. ❽

❶

❷

❸

❹

❺

❻

❼

❽

Cosmopolitan Cocktail
코스모폴리탄 칵테일

1 '코스모폴리탄(Cosmopolitan)'이란 '세계적인', '세계인' 등의 뜻으로 1980년대에 유명했던 칵테일이었으나 미국 드라마 '섹스 앤 더 시티(Sex and the City)'에서 주인공들이 마셔 다시 주목받게 되었다. 이 칵테일의 유래에 대한 많은 이야기와 다양한 레시피가 전해지고 있다.

2 크랜베리 주스는 색을 내기 위해서 사용하는 부재료이므로 계량에 유의한다.

재료 및 분량

🍶 **조주 기법** 셰이크(Shake)

🍸 **글라스** 칵테일 글라스(Cocktail Glass)

🥃 **재료** 보드카(Vodka) 1oz
트리플 섹(Triple Sec) 1/2oz
라임 주스(Lime Juice) 1/2oz
크랜베리 주스(Cranberry Juice) 1/2oz

🍋 **가니시** 라임(레몬) 필 트위스트(Twist of Lime or Lemon Peel)

🎲 만드는 법

1 칵테일 글라스에 얼음을 담아 냉각한다. ❶

2 셰이커 보디에 얼음을 넣는다. ❷

3 보드카 1oz를 넣는다. ❸

4 트리플 섹 1/2oz를 넣는다. ❹

5 라임 주스 1/2oz를 넣는다. ❺

6 크랜베리 주스 1/2oz를 넣는다. ❻

7 셰이커를 결합하여 셰이킹한다. ❼

8 냉각한 글라스의 얼음을 비운다. ❽

9 셰이커의 캡을 열고 글라스에 얼음이 나오지 않게 따른다. ❾

10 라임(레몬) 필 트위스트를 장식한다. ❿

❶ ❷ ❸ ❹ ❺ ❻ ❼ ❽ ❾ ❿

Apricot Cocktail
아프리콧 칵테일

25

1 아프리콧 플레이버드 브랜디(Apricot Flavored Brandy)를 베이스로 하는 대표적인 칵테일로 살구향이 레몬 주스, 오렌지 주스와 조화되어 부드러운 맛을 준다.

2 아프리콧 플레이버드 브랜디는 살구를 발효 증류하여 만든 것이 아니며, 주정이나 브랜디에 살구향을 첨가한 리큐어의 일종이다.

재료 및 분량

🥤 **조주 기법** 셰이크(Shake)

🍸 **글라스** 칵테일 글라스(Cocktail Glass)

🍶 **재료** 아프리콧 플레이버드 브랜디(Apricot Flavored Brandy) 1¹/₂oz
드라이진(Dry Gin) 1tsp
레몬 주스(Lemon Juice) 1/2oz
오렌지 주스(Orange Juice) 1/2oz

🍋 **가니시** 없음

🧊 만드는 법

1 칵테일 글라스에 얼음을 담아 냉각한다. ❶
2 셰이커 보디에 얼음을 넣는다. ❷
3 아프리콧 플레이버드 브랜디 1¹/₂oz를 넣는다. ❸
4 드라이진 1tsp을 넣는다.❹

5 레몬 주스 1/2oz를 넣는다. ❺
6 오렌지 주스 1/2oz를 넣는다. ❻
7 셰이커를 결합하여 셰이킹한다. ❼
8 냉각한 글라스의 얼음을 비운다. ❽
9 셰이커의 캡을 열고 얼음이 나오지 않게 글라스에 따른다. ❾

 ❶
 ❷
 ❸
 ❹

 ❺
 ❻
 ❼
 ❽

 ❾

26 Honeymoon Cocktail
허니문 칵테일

1 애플 브랜디(Apple Brandy)는 사과주를 증류하여 만든 술로서, 프랑스 북부 노르망디산의 칼바도스(Calvados)
가 대표적이다.
2 허니문(Honeymoon)의 어원에는 여러 설이 있다. 북유럽에서는 한 달간의 신혼여행 기간을 가지는데, 이때 신부
의 아버지는 이들 부부에게 '미드(Mead)'라고 하는 벌꿀술을 마시게 하였다고 한다. 이러한 전통적 결혼 풍습에
서 허니(Honey, 벌꿀, 좋아하는 사람)와 문(Moon, 달)이 합성된 단어로 칵테일의 이름에서 알 수 있듯이 첫날밤
을 맞는 신혼부부에게 인기가 있으며, 애플 브랜디의 사과향과 베네딕틴(Benedictine)의 허브향이 조화된 달콤한
칵테일이다.

재료 및 분량

🥃 **조주 기법**　셰이크(Shake)

🍸 **글라스**　칵테일 글라스(Cocktail Glass)

🥤 **재료**　애플 브랜디(Apple Brandy) 3/4oz
　　　　베네딕틴(Benedictine) 3/4oz
　　　　트리플 섹(Triple Sec) 1/4oz
　　　　레몬 주스(Lemon Juice) 1/2oz

🍋 **가니시**　없음

🍹 만드는 법

1 칵테일 글라스에 얼음을 담아 냉각한다. ❶

2 셰이커 보디에 얼음을 넣는다. ❷

3 애플 브랜디 3/4oz를 넣는다. ❸

4 베네딕틴 3/4oz를 넣는다. ❹

5 트리플 섹 1/4oz를 넣는다. ❺

6 레몬 주스 1/2oz를 넣는다. ❻

7 셰이커를 결합하여 셰이킹한다. ❼

8 냉각한 글라스의 얼음을 비운다. ❽

9 셰이커의 캡을 열고 얼음이 나오지 않게 글라스에 따른다. ❾

❶

❷

❸

❹

❺

❻

❼

❽

❾

Healing
힐링

1 '달고(甘) 붉은 빛(紅)의 이슬(露) 같은 술'이란 뜻을 가진 감홍로와 프랑스산의 리큐어인 베네딕틴으로 만든 칵테일로 2010년 전통주 칵테일 대회에서 선보인 칵테일이다.

2 감홍로는 평안도 지역에서 조선시대 때부터 생산된 명주로 8가지 약재를 넣어 만든 술이다. 이강고, 죽력고와 함께 조선의 3대 명주로 꼽힌다.

재료 및 분량

- 📖 조주 기법   셰이크(Shake)
- 🍸 글라스   칵테일 글라스(Cocktail Glass)
- 🍶 재료   감홍로(40도) 1¹/₂oz
  -               베네딕틴(Benedictine) 1/3oz
  -               크렘 드 카시스(Creme De Cassis) 1/3oz
  -               스위트 & 사워 믹스(Sweet & Sour Mix) 1oz
- 🍋 가니시   레몬 필 트위스트(Twist of Lemon Peel)

🍹 만드는 법

1. 칵테일 글라스에 얼음을 담아 냉각한다. ❶
2. 셰이커 보디에 얼음을 넣는다. ❷
3. 감홍로(40도) 1¹/₂oz를 넣는다. ❸
4. 베네딕틴 1/3oz를 넣는다. ❹
5. 크렘 드 카시스 1/3oz를 넣는다. ❺
6. 스위트 & 사워 믹스 1oz를 넣는다. ❻
7. 셰이커를 결합하여 셰이킹한다. ❼
8. 냉각한 글라스의 얼음을 비운다. ❽
9. 셰이커의 캡을 열고 얼음이 나오지 않게 글라스에 따른다. ❾
10. 레몬 필 트위스트를 장식한다. ❿

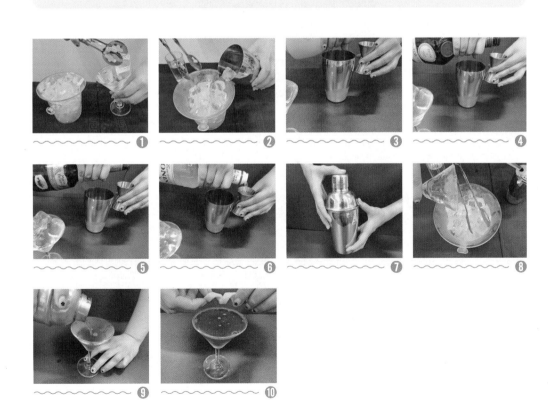

Jindo
진도

 Tip

진도 홍주는 원료인 지초의 색소가 착색되어 붉은색을 띠고 있는 술로서, 청포도 주스와 라즈베리 시럽을 사용하여
달콤하고 부드러운 전통주 칵테일이다.

재료 및 분량

🥄 **조주 기법**   셰이크(Shake)

🍸 **글라스**   칵테일 글라스(Cocktail Glass)

🍶 **재료**   진도 홍주(40도) 1oz
        크렘 드 멘트 화이트(Creme De Menthe White)
        1/2oz
        청포도 주스(White Grape Juice) 3/4oz
        라즈베리 시럽(Raspberry Syrup) 1/2oz

🍋 **가니시**   없음

🍶 만드는 법

1 칵테일 글라스에 얼음을 담아 냉각한다. ❶

2 셰이커 보디에 얼음을 넣는다. ❷

3 진도 홍주(40도) 1oz를 넣는다. ❸

4 크렘 드 멘트 화이트 1/2oz를 넣는다. ❹

5 청포도 주스 3/4oz를 넣는다. ❺

6 라즈베리 시럽 1/2oz를 넣는다. ❻

7 셰이커를 결합하여 셰이킹한다. ❼

8 냉각한 글라스의 얼음을 비운다. ❽

9 셰이커의 캡을 열고 글라스에 얼음이 나오지 않게 따른다. ❾

 ❶
 ❷
 ❸
 ❹

 ❺
 ❻
 ❼
 ❽

 ❾

Puppy Love
풋사랑

1 안동 소주는 경상북도 안동지방에서 전수되어 오던 증류식 소주로, 이것에 초록색의 애플 퍼커(Apple Pucker)가 사용되어 초록색을 띤다. 풋풋한 풋사랑을 떠올리게 하는 전통주 칵테일이다.

2 고려시대 때 몽골의 침입으로 소주가 전래되었는데 안동이 소주로 유명하게 된 것은 이때 몽골군의 주둔지가 안동이었기 때문이라고 한다.

재료 및 분량

🍶 **조주 기법** 셰이크(Shake)

🍸 **글라스** 칵테일 글라스(Cocktail Glass)

🍶 **재료** 안동 소주(35도) 1oz

트리플 섹(Triple Sec) 1/3oz

애플 퍼커(사워 애플 리큐어)[Apple Pucker(Sour Apple Liqueur)] 1oz

라임 주스(Lime Juice) 1/3oz

🍃 **가니시** 사과 슬라이스(A Slice of Apple)

📷 만드는 법

1 칵테일 글라스에 얼음을 담아 냉각한다. ❶

2 셰이커 보디에 얼음을 넣는다. ❷

3 안동 소주(35도) 1oz를 넣는다. ❸

4 트리플 섹 1/3oz를 넣는다. ❹

5 애플 퍼커 1oz를 넣는다. ❺

6 라임 주스 1/3oz를 넣는다. ❻

7 셰이커를 결합하여 셰이킹한다. ❼

8 냉각한 글라스의 얼음을 비운다. ❽

9 셰이커의 캡을 열고 글라스에 얼음이 나오지 않게 따른다. ❾

10 사과 슬라이스를 장식한다. ❿

❶

❷

❸

❹

❺

❻

❼
❽

❾

❿

Geumsan
금산

 Tip

금산은 한국을 대표하는 인삼 생산지인 지역명을 칵테일 이름으로 쓰고 있는 칵테일로 전통주 칵테일 레시피 공모
전에 소개되면서 널리 알려졌다.

재료 및 분량

🍶 **조주 기법** 셰이크(Shake)

🍸 **글라스** 칵테일 글라스(Cocktail Glass)

🍾 **재료** 금산 인삼주(43도) 1½oz
커피 리큐어(칼루아)[Coffee Liqueur(Kahlua)] 1/2oz
애플 퍼커(사워 애플 리큐어)[Apple Pucker(Sour Apple Liqueur)] 1oz
라임 주스(Lime Juice) 1tsp

🍹 **가니시** 없음

🧊 만드는 법

1 칵테일 글라스를 준비하여 얼음을 담아 냉각한다. ❶
2 셰이커 보디에 얼음을 넣는다. ❶
3 금산 인삼주(43도) 1½oz를 넣는다. ❸
4 커피 리큐어(칼루아) 1/2oz를 넣는다. ❹
5 애플 퍼커 1oz를 넣는다. ❺

6 라임 주스 1tsp을 넣는다. ❺
7 셰이커를 결합하여 셰이킹한다. ❼
8 냉각한 글라스의 얼음을 비운다. ❽
9 셰이커의 캡을 열고 글라스에 얼음이 나오지 않게 따른다. ❾

 ❶
 ❷
 ❸
 ❹

 ❺
 ❻
 ❼
 ❽

 ❾

- 플로트 기법은 술의 비중 차이를 이용하여 층을 쌓는(띄우는) 기법이다.
- 비중 차이가 크지 않은 경우 섞일 수 있으므로 조심하여 붓는다.
- 새로운 술을 사용할 때마다 바 스푼과 지거를 깨끗이 한다.

Pousse Cafe
31 푸스 카페

1 '푸스 카페(Pousse Cafe)'는 술을 혼합하지 않고 비중의 차이를 이용하여 만드는 칵테일이다.

2 다양한 레시피가 있으며, 조주기능사 레시피는 플로트(Float) 기법의 수행을 평가하기 위해 약식으로 만든 것이다.

3 레시피 중 7가지의 술을 플로트하여 레인보(Rainbow)라 부르며, 마지막에 불을 붙인다.

4 사용하는 술의 분량이 oz가 아닌 part라는 점을 유의하며, 지거를 깨끗이 하여 술을 따라 만들어야 깨끗하게 만들 수 있다.

재료 및 분량

🍶 조주 기법　플로트(Float) 기법

🍸 글라스　스템드 리큐어 글라스(Stemed Liqueur Glass)

🍾 재료　그레나딘 시럽(Grenadine Syrup) 1/3part

　　　크렘 드 멘트 그린(Creme De Menthe Green) 1/3part

　　　브랜디(Brandy) 1/3part

🍃 가니시　없음

🧊 만드는 법

1 리큐어 글라스를 준비한다.

2 지거에 그레나딘 시럽 1/3part를 따른다. ❶

3 리큐어 글라스에 조심스럽게 그레나딘 시럽을 붓는다. 이때 글라스의 내벽에 시럽이 묻지 않도록 해야 깨끗한 '푸스 카페(Pousse Cafe)'를 만들 수 있다. ❷

4 지거를 깨끗하게 하여 크렘 드 멘트 그린 1/3part를 따른 후 바 스푼을 글라스에 엎어대고 그 위에 조심스럽게 흘려 부어 플로트한다. ❸❹❺

5 지거를 깨끗하게 하여 브랜디 1/3part를 따른 후 바 스푼을 글라스에 엎어대고 그 위에 브랜디를 조심스럽게 흘려 부어 플로트한다. ❻❼❽

❶

❷

❸

❹

❺

❻

❼

❽

B-52
비-52

1 B-52는 미국의 주력 폭격기 이름이다. 재료의 비중 차이를 이용하여 만드는 칵테일로 한 잔을 마시면 폭격을 맞은 것처럼 혼미해진다고 하여 붙여진 이름이다.
2 사용하는 술의 분량이 oz가 아닌 part라는 점을 주의해야 한다.
3 여기에 '바카디 151(Bacardi 151)'을 플로트하고 불을 붙이면 '플라밍 B-52(Flaming B-52)'가 된다.

재료 및 분량

- 🍶 **조주 기법** 플로트(Float) 기법
- 🍷 **글라스** 셰리 글라스(Sherry Glass, 2oz)
- 🥃 **재료** 커피 리큐어(Coffee Liqueur) 1/3part
  베일리스 아이리시 크림(Bailey's Irish Cream
  Liqueur) 1/3part
  그랑 마니에(Grand Marnier) 1/3part
- 🥄 **가니시** 없음

🍸 만드는 법

1 셰리 글라스를 준비한다.
2 지거에 커피 리큐어 1/3part를 따른다. ❶
3 조심스럽게 커피 리큐어를 흘려 붓는다.
4 지거를 깨끗하게 하여 베일리스 아이리시 크림 1/3part를 따른 후 바 스푼을 글라스에 엎어대고 그 위에 조심스럽게 베일리스 아이리시 크림을 흘려 부어 플로트한다. ❷❸❹

5 지거를 깨끗하게 하여 그랑 마니에 1/3part를 따른 후 바 스푼을 글라스에 엎어대고 그 위에 조심스럽게 그랑 마니에를 흘려 부어 플로트한다. ❺❻❼

 ❶  ❷  ❸  ❹

 ❺  ❻  ❼

Tequila Sunrise
테킬라 선라이즈

1 일출이라는 뜻의 이 칵테일은 오렌지 주스를 채운 다음 그레나딘 시럽을 흘려 부으면 그레나딘 시럽의 비중으로 인하여 층이 형성된다. 완성 후 저어서는 안 된다.

2 70년대 록밴드 그룹 롤링스톤즈(Rolling Stones)가 멕시코에서 공연을 할 때 이 칵테일에 매료되어 가는 곳마다 애음하였다고 한다.

3 베이스를 보드카로 바꾸면 보드카 선라이즈(Vodka Sunrise)가 된다.

재료 및 분량

🥃 **조주 기법** 빌드 / 플로트(Build / Float)

🍸 **글라스** 풋티드 필스너 글라스(Footed Pilsner Glass)

🥃 **재료** 테킬라(Tequila) 1¹/₂oz
오렌지 주스(Fill with Orange Juice) Fill
그레나딘 시럽(Grenadine Syrup) 1/2oz

🍋 **가니시** 없음

🍶 만드는 법

1 풋티드 필스너 글라스를 준비하여 얼음을 넣는다. ❶

2 테킬라 1¹/₂oz를 넣는다. ❷

3 오렌지 주스를 잔의 8부 정도 채운다. ❸

4 바 스푼으로 잘 저어 준다. ❹

5 그레나딘 시럽 1/2oz를 조심스럽게 플로트 한다. ❺

6 완성 후 젓지 않는다.

❶

❷

❸

❹

❺

Singapore Sling
싱가폴 슬링

34

1 '싱가폴(Singapore)'은 산스크리트어로 '사자의 마을'이라는 뜻으로 말레이 반도 남단에 위치한 도시국가이다. '슬링(Sling)'이란 진 · 브랜디 · 위스키 등의 증류주에 과즙 · 설탕 등을 넣고 얼음으로 채운 음료를 뜻한다.

2 '싱가폴 슬링(Singapore Sling)'은 1915년 싱가폴의 래플스(Raffles) 호텔의 바에서 처음 선보였으며 아름다운 싱가폴의 저녁 노을을 표현한 칵테일이다. 이 칵테일은 래플스 호텔 스타일이 따로 있으며, 부재료의 사용 범위가 넓어 다양한 레시피가 다양하다.

3 체리 플레이버드 브랜디(Cherry Flavored Brandy)를 넣은 후에는 바 스푼으로 저어 혼합하지 않는다.

재료 및 분량

🍶 **조주 기법** 셰이크 & 빌드(Shake & Build)

🍸 **글라스** 풋티드 필스너 글라스(Footed Pilsner Glass)

🥛 **재료** 드라이진(Dry Gin) 1¹/₂oz
레몬 주스(Lemon Juice) 1/2oz
파우더 슈거(Powdered Sugar) 1tsp
클럽 소다(Fill with Club Soda)
체리 플레이버드 브랜디(On Top with Cherry
Flavored Brandy) 1/2oz

🍋 **가니시** 오렌지 슬라이스, 체리(A Slice of Orange and Cherry)

🍹 만드는 법

1 풋티드 필스너 글라스에 얼음을 담아 냉각한다. ❶

2 셰이커 보디에 얼음을 넣는다. ❷

3 드라이진 1¹/₂oz를 넣는다. ❸

4 레몬 주스 1/2oz를 넣는다. ❹

5 파우더 슈거 1tsp을 넣는다. ❺

6 셰이커를 결합하여 셰이킹한다. ❻

7 셰이커의 캡을 열고 글라스에 얼음이 나오지 않게 따른다. ❼

8 클럽 소다를 8부 정도 붓고 바 스푼으로 잘 저어준다. ❽ ❾

9 체리 플레이버드 브랜디 1/2oz를 조심스럽게 흘려 붓는다. ❿

10 오렌지 슬라이스와 체리를 장식한다. ⓫

❶

❷

❸

❹

❺

❻

❼

❽

❾

❿

⓫

Gin Fizz
진피즈

1 1888년 뉴올리언스에서 탄생한 진피즈는 소다수의 상쾌함이 기분 좋은 피즈(Fizz)의 전형적인 스타일로 다양한 종류의 증류주를 베이스로 피즈를 만들 수 있어 그 종류가 다양하다.

2 피즈(Fizz)는 탄산음료의 병마개를 열 때 나는 소리 '피익'의 의성어로 베이스에 따라 부르는 이름이 달라진다.

- 조주 기법   셰이크 & 빌드(Shake & Build)
- 글라스   하이볼 글라스(Highball Glass)
- 재료   드라이진(Dry Gin) 1¹/₂oz
  레몬 주스(Lemon Juice) 1/2oz
  파우더 슈거(Powdered Sugar) 1tsp
  클럽 소다(Fill with Club Soda)
- 가니시   레몬 슬라이스(A Slice of Lemon)

만드는 법

1 하이볼 글라스에 얼음을 담아 냉각한다. ❶

2 셰이커 보디에 얼음을 넣는다. ❷

3 진 1¹/₂oz를 넣는다. ❸

4 레몬 주스 1/2oz를 넣는다. ❹

5 파우더 슈거 1tsp을 넣는다. ❺

6 셰이커를 결합하여 셰이킹한다. ❻

7 셰이커의 캡을 열고 글라스에 얼음이 나오지 않게 따른다. ❼

8 클럽 소다를 8부 정도 붓고 바 스푼으로 잘 저어준다. ❽ ❾

9 레몬 슬라이스를 장식한다. ❿

❷

❸

❹

❺

❻

❼

❽

❾

❿

Whisky Sour

36 위스키 사워

1 사워(Sour)는 '신맛이 나는', '시큼한'이란 뜻으로 레몬의 향기가 기분까지 상쾌하게 하는 새콤한 칵테일이다.

2 소다수(Soda Water)를 사용하지 않고 짙은 맛을 즐기기도 하며, 베이스에 따라 브랜디 사워, 진 사워 등으로 이름이 붙는다.

재료 및 분량

📷 조주 기법   셰이크 & 빌드(Shake & Build)

🍸 글라스   사워 글라스(Sour Glass)

🥃 재료   버번 위스키(Bourbon Whiskey) 1¹/₂oz
레몬 주스(Lemon Juice) 1/2oz
파우더 슈거(Powdered Sugar) 1tsp
소다수(On Top with Soda Water) 1oz

🍋 가니시   레몬 슬라이스, 체리(A Slice of Lemon and Cherry)

📋 만드는 법

1 사워 글라스에 얼음을 담아 냉각한다. ①

2 셰이커 보디에 얼음을 넣는다. ②

3 버번 위스키 1¹/₂oz를 넣는다. ③

4 레몬 주스 1/2oz를 넣는다. ④

5 파우더 슈거 1tsp을 넣는다. ⑤

6 셰이커를 결합하여 셰이킹한다. ⑥

7 냉각한 글라스의 얼음을 비운다.

8 셰이커의 캡을 열고 얼음이 나오지 않게 글라스에 따른다. ⑦

9 소다수 1oz를 붓고 바 스푼으로 잘 저어준다. ⑧ ⑨

10 레몬 슬라이스와 체리를 장식한다. ⑩

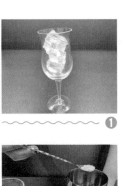
①

②

③

④

⑤

⑥

⑦

⑧

⑨

⑩

블렌드(Blend) 기법

- 블렌드 기법은 크러시드 아이스(Crushed Ice, 잘게 부순 얼음)를 사용한다. 블렌드 용기에 얼음을 먼저 넣고 재료를 넣어도 되고, 재료를 먼저 넣고 얼음을 넣어도 된다.
- 블렌드 작동은 8초 정도만 한다.

Mai-Tai
마이타이

1 마이타이(Mai-Tai)란 '타히티 사람'이란 뜻으로 '최고', '매우 좋다'라는 의미가 있다. 와이키키의 로열 하와이안 (Royal Hawaiian) 호텔에 있는 마이타이 바(Mai-Tai Bar)에서 스페셜 칵테일로 만들어졌다고 전한다.
2 열대과일이 조화를 이룬 트로피컬 칵테일(Tropical Cocktail)로 열대과일 장식의 화려함이 돋보이는 칵테일이다.

재료 및 분량

🍶 **조주 기법** 블렌드(Blend)

🍸 **글라스** 풋티드 필스너 글라스(Footed Pilsner Glass)

🥃 **재료**
라이트 럼(Light Rum) 1¼oz
트리플 섹(Triple Sec) 3/4oz
라임 주스(Lime Juice) 1oz
파인애플 주스(Pineapple Juice) 1oz
오렌지 주스(Orange Juice) 1oz
그레나딘 시럽(Grenadine Syrup) 1/4oz

🍃 **가니시** 파인애플(오렌지) 웨지, 체리[A Wedge of Fresh Pineapple(Orange) & Cherry]

🧊 만드는 법

1 풋티드 필스너 글라스에 얼음을 담아 냉각한다. ①
2 블렌더에 크러시드 아이스를 적당량 넣는다. ②
3 라이트 럼 1¼oz를 넣는다. ③
4 트리플 섹 3/4oz를 넣는다. ④
5 라임 주스 1oz를 넣는다. ⑤
6 파인애플 주스 1oz를 넣는다. ⑥
7 오렌지 주스 1oz를 넣는다. ⑦
8 그레나딘 시럽 1/4oz를 넣는다. ⑧
9 블렌더를 작동하여 음료를 만든다. 이때 작동시간을 조절하여 얼음이 남아 있도록 한다. ⑨
10 냉각한 잔의 얼음을 비운다. ⑩
11 조주한 음료를 따른다. ⑪
12 파인애플(오렌지) 웨지와 체리를 장식한다. ⑫

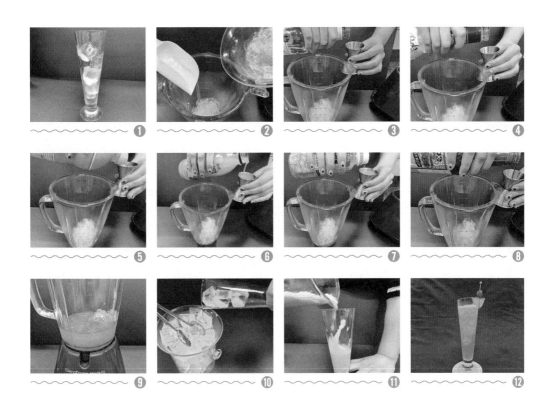

Pina Colada
피나 콜라다

1 '피나 콜라다(Pina Colada)'는 스페인어로 '파인애플이 무성한 언덕'이라는 뜻이다. 파인애플 주스와 파인 콜라다 믹스(Pina Colada Mix)를 잘게 부순 얼음과 함께 블렌드하여 만드는 롱 드링크로 단맛이 강하다.
2 베이스를 '화이트 럼' 대신에 '보드카'로 바꾸면 하와이에서 탄생한 '치치(Chi Chi)'라는 트로피컬 칵테일이 된다.

🍶 **조주 기법** 블렌드(Blend)

🍸 **글라스** 풋티드 필스너 글라스(Footed Pilsner Glass)

🥛 **재료** 라이트 럼(Light Rum) 1¼oz
피나 콜라다 믹스(Pina Colada Mix) 2oz
파인애플 주스(Pineapple Juice) 2oz

🍒 **가니시** 파인애플 웨지, 체리(A Wedge of Fresh Pineapple & Cherry)

🧊 만드는 법

1 풋티드 필스너 글라스에 얼음을 담아 냉각한다. ❶

2 블렌더에 크러시드 아이스를 적당량 넣는다. ❷

3 라이트 럼 1¼oz를 넣는다. ❸

4 피나 콜라다 믹스 2oz를 넣는다. ❹

5 파인애플 주스 2oz를 넣는다. ❺

6 블렌더를 작동하여 음료를 만든다. 이때 작동시간을 조절하여 얼음이 남아 있도록 한다. ❻

7 냉각한 잔의 얼음을 비운다.

8 조주한 음료를 따른다. ❼

9 파인애플 웨지와 체리를 장식한다. ❽

❶

❷

❸

❹

❺

❻

❼

❽

Blue Hawaiian
블루 하와이안

1 럼(Rum)을 베이스로 하고 오렌지 계열의 리큐어인 블루 큐라소(Blue Curacao)가 들어간다. 싱그러운 바다와 시원한 맛을 연상하게 하는 트로피컬 칵테일(Tropical Cocktail)로 열대과일 장식의 화려함이 돋보인다.
2 코코넛 플레이버드 럼(Coconut Flavored Rum)은 코코넛향이 가미된 럼으로 국내에서는 말리부(Malibu) 상표가 널리 알려져 있다.

재료 및 분량

🍶 **조주 기법** 블렌드(Blend)

🍸 **글라스** 풋티드 필스너 글라스(Footed Pilsner Glass)

🥃 **재료** 라이트 럼(Light Rum) 1oz
블루 큐라소(Blue Curacao) 1oz
코코넛 플레이버드 럼(Coconut Flavored Rum) 1oz
파인애플 주스(Pineapple Juice) 2¹/₂oz

🍃 **가니시** 파인애플 웨지, 체리(A Wedge of Fresh Pineapple & Cherry)

🍶 만드는 법

1 풋티드 필스너 글라스에 얼음을 담아 냉각한다. ❶

2 블렌더에 크러시드 아이스를 적당량 넣는다. ❷

3 라이트 럼 1oz를 넣는다. ❸

4 블루 큐라소 1oz를 넣는다. ❹

5 코코넛 플레이버드 럼 1oz를 넣는다. ❺

6 파인애플 주스 2¹/₂oz를 넣는다. ❻

7 블렌더를 작동하여 음료를 만든다. 이때 작동 시간을 조절하여 얼음이 남아 있도록 한다. ❼

8 냉각한 잔의 얼음을 비우고, 조주한 음료를 따른다. ❽

9 파인애플 웨지와 체리를 장식한다. ❾

 ❶

 ❷

 ❸

 ❹

 ❺

 ❻

 ❼

 ❽

 ❾

Virgin Fruit Punch
버진 프루츠 펀치

1 칵테일의 이름에 '버진(Virgin)'이라는 수식어가 있는 경우 대부분 무알코올 음료(Non Alcoholic Drinks)이다.

2 '프루츠 펀치(Fruit Punch)'란 여러 가지 과일음료와 시럽 등의 감미료를 혼합한 음료를 말한다.

재료 및 분량

🍸 **조주 기법**   블렌드(Blend)

🍷 **글라스**   풋티드 필스너 글라스(Footed Pilsner Glass)

🥃 **재료**   오렌지 주스(Orange Juice) 1oz
파인애플 주스(Pineapple Juice) 1oz
크랜베리 주스(Cranberry Juice) 1oz
그레이프프루트 주스(Grapefruit Juice) 1oz
레몬 주스(Lemon Juice) 1/2oz
그레나딘 시럽(Grenadine Syrup) 1/2oz

🍒 **가니시**   파인애플 웨지, 체리
(A Wedge of Fresh Pineapple & Cherry)

🧊 만드는 법

1 풋티드 필스너 글라스에 얼음을 담아 냉각한다. ❶

2 블렌더에 크러시드 아이스를 적당량 넣는다. ❷

3 오렌지 주스 1oz를 넣는다. ❸

4 파인애플 주스 1oz를 넣는다. ❹

5 크랜베리 주스 1oz를 넣는다. ❺

6 그레이프프루츠 주스 1oz를 넣는다. ❻

7 레몬 주스 1/2oz를 넣는다. ❼

8 그레나딘 시럽 1/2oz를 넣는다. ❽

9 블렌더를 작동하여 음료를 만든다. 이때 작동시간을 조절하여 얼음이 남아 있도록 한다. ❾

10 냉각한 잔의 얼음을 비운다. ❿

11 조주한 음료를 따른다. ⓫

12 파인애플 웨지와 체리를 장식한다. ⓬

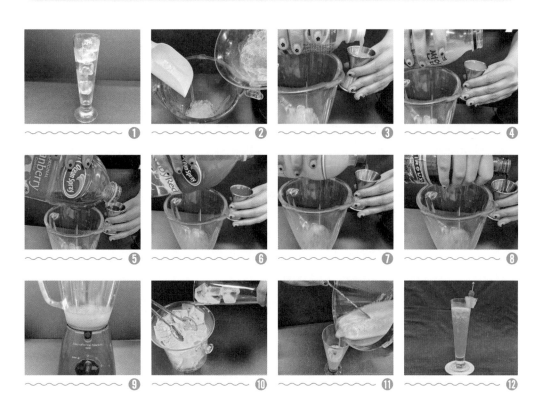

참고문헌

칵테일 해설집	동아칵테일학원(1986)
칵테일 레시피북	동아칵테일학원(1986)
식음료서비스관리론	박영배, 백산출판사(2002)
전통주	박록담, 대원사(2004)
주장관리와 양주학	김경옥 외, 교문사(2005)
와인에 담긴 역사와 문화	최영수 외, 북코리아(2005)
식음료경영론	이혜숙 외, 교문사(2014)
바리스타와 카페창업	신용호, 예문사(2014)
한국음식문화	윤서석 외, 교문사(2015)
전통주 칵테일	농촌진흥청 국립농업과학원(2015)
NCS 학습모듈	https://www.ncs.go.kr
한국민속대백과사전	https://folkency.nfm.go.kr
문화재청	https://www.heritage.go.kr

조주기능사 필기 + 실기

발행일 | 2024년 02월 25일 초판 발행

저 자 | 신 지 해

발행인 | 정 용 수

발행처 | 예문사

주 소 | 경기도 파주시 직지길 460(출판도시) 도서출판 0

T E L | 031) 955-0550

F A X | 031) 955-0660

등록번호 | 11-76호

정가 : 28,000원

ISBN 978-89-274-5384-0 13590